国家科学技术学术著作出版基金资助出版

农产品黄曲霉毒素抗体创制原理与检测技术

李培武　著

科学出版社

北　京

内 容 简 介

　　黄曲霉毒素是迄今发现污染农产品毒性最强的一类真菌毒素，其高灵敏检测技术对保障农产品食品消费安全具有特别重要的意义。作者及其课题组将近二十年系统研究取得的重要突破和创新性成果凝练成此著作。本书阐明了黄曲霉毒素分子免疫活性位点及其对抗体的高亲和力靶向诱导效应学说、靶向诱导效应从免疫动物到体外杂交瘤的高效传递途径，系统介绍了黄曲霉毒素总量与分量单克隆抗体、基因重组抗体、纳米抗体创制与特性表征、黄曲霉毒素高灵敏检测技术与标准体系构建、试剂盒和检测仪器等系列产品研发及其在植物源性农产品、饲料、饼粕、中药材及食用油、调味品、乳品等食品领域的应用。

　　本书适用于农产品种、收、储、运、加等各个环节黄曲霉毒素污染关键点控制以及食品生产过程控制、风险监测与风险评估等领域，可作为农产品食品质量安全科研、教学、推广、管理工作者及检验检测人员参考用书。

图书在版编目(CIP)数据

　　农产品黄曲霉毒素抗体创制原理与检测技术/李培武著. —北京：科学出版社，2016.10

　　ISBN 978-7-03-050264-3

　　Ⅰ.①农… Ⅱ.①李… Ⅲ.①农产品–黄曲霉毒素–真菌抗原–研究②农产品–黄曲霉毒素–微生物检测–研究　Ⅳ.①S379.5

　　中国版本图书馆 CIP 数据核字（2016）第 248594 号

责任编辑：霍志国/责任校对：张小霞
责任印制：肖　兴/封面设计：东方人华

科 学 出 版 社 出版
北京东黄城根北街16号
邮政编码：100717
http://www.sciencep.com

北京通州皇家印刷厂印刷

科学出版社发行　各地新华书店经销

*

2016 年 10 月第 一 版　　开本：787×1092　1/16
2016 年 10 月第一次印刷　　印张：24　插页：4
字数：530 000

定价：138.00 元
（如有印装质量问题，我社负责调换）

序　一

　　黄曲霉毒素是迄今发现的污染农产品的一类剧毒真菌毒素，其污染面广、致癌力强、危害重。玉米、花生、大米、牛奶、食用油等均易受到污染，严重影响这些产品的质量安全，威胁广大消费者的身体健康乃至生命安全，制约农业产业发展和农产品国际贸易。黄曲霉毒素是天然污染物，不同于农兽药残留，难以通过药源管理实现有效控制。因此，黄曲霉毒素高灵敏检测技术，尤其是适合现场使用的高灵敏快速检测技术，对保障农产品消费安全具有特别重要的意义。

　　针对我国农产品及食品生产、质量安全监管和加工流通等领域对黄曲霉毒素高灵敏检测的迫切需求，李培武研究员带领的研究团队深入农产品生产和储藏、流通及检验检测第一线，调研我国农产品黄曲霉毒素污染现状、技术需求和国内外检测技术发展动态，分析黄曲霉毒素检测与控制中存在的技术难题，并经过近二十年锲而不舍的系统研究，在黄曲霉毒素抗体创制与高灵敏检测技术研究方面取得了突破性进展，研制成功的系列检测产品和专用仪器已在我国 20 多个省（直辖市、自治区）广泛应用，部分技术产品远销海外，在国内外同行中产生了重要影响。

　　该著作是作者基于其团队在国内外发表的学术论文和获得的发明专利凝练编写而成，从黄曲霉毒素抗体源头创制到高灵敏检测技术方法建立，再到检测产品与仪器研发三个层次，对黄曲霉毒素现代高灵敏检测技术进行了系统阐述，是一部凝聚多项研究成果，精心编写而成的专著，学术价值大，应用前景广阔，是农产品质量安全学科发展的重要标志和宝贵结晶。该书的出版，将在保障农产品食品质量安全、促进农产品国际贸易、推进农产品质量安全科技进步等方面发挥重要作用。

中国工程院副院长、院士　刘旭

2016 年 8 月于北京

序　二

黄曲霉毒素主要包括 B、G 和 M 族，其中 B_1 毒性最强，为氰化钾的 10 倍、砒霜的 68 倍，致癌力为六六六的 10 000 倍，1993 年被 WHO 定义为 I 类致癌物，限量标准日趋严格，对检测技术灵敏度要求越来越高。我国地处黄曲霉毒素污染较严重区域，玉米、花生、牛奶等农产品和食用油、花生酱、米制品等食品及饲料易受黄曲霉毒素污染，威胁消费安全，制约产业发展，高灵敏检测与控制技术对保障农产品消费安全具有特别重要的意义。

在国家自然科学基金、科技攻关及支撑计划、科技部科研条件专项、"863"课题、农业部质量安全专项等项目的连续资助下，作者及其课题组历经近二十年系统研究，提出了黄曲霉毒素免疫活性位点决定抗体亲和力的靶向诱导效应学说，构建了靶向诱导效应从免疫动物到体外杂交瘤选育的高效途径，创制出黄曲霉毒素总量与 M_1、B_1、G_1 分量高灵敏单克隆抗体、基因重组抗体和纳米抗体，创建了黄曲霉毒素高灵敏检测技术与控制标准体系，在国内外权威核心期刊发表研究论文近百篇，获得国内外发明专利三十多项，研制出黄曲霉毒素高灵敏检测系列试剂盒产品和仪器，并在转化应用中取得了显著的社会与经济效益，在国内外产生了重要影响。

为了总结黄曲霉毒素抗体创制与高灵敏检测技术研究经验，明确新的研究方向，作者将上述研究理论与技术成果系统总结，凝练成此著作。全书共九章，第一章对发展黄曲霉毒素检测技术的重要意义、现状和发展趋势进行概述，第二章和第三章分述了黄曲霉毒素靶向抗体创制的重要理论基础和实践，第四章至第八章分别总结了黄曲霉毒素的酶联免疫吸附检测技术、免疫亲和检测技术、新型免疫层析检测技术及绿色免疫检测技术，第九章介绍了黄曲霉毒素专用检测仪器研究进展与转化应用。著作观点新颖，数据翔实，图文并茂，理论与实用价值大，是农产品质量安全学科发展的重要标志。该书的出版对提升我国农产品与食品黄曲霉毒素检测水平，保障农产品消费安全，促进农业产业可持续发展都具有重要的意义。

中国工程院院士　陈学懋

2016 年 9 月于杭州

前　言

黄曲霉毒素是迄今发现污染农产品毒性最强的一类真菌毒素，主要包括 B 族、G 族和 M 族，其中 B_1 毒性为氰化钾的 10 倍、砒霜的 68 倍，致癌力为六六六的 10 000 倍，1993 年被 WHO 的 IARC（International Agency for Research on Cancer，国际癌症研究机构）定义为 I 类致癌物，严重影响农产品消费安全，威胁人民身体健康与生命安全，制约农业产业发展和国际贸易，产品中限量标准日趋严格，对高灵敏检测技术要求越来越高。

我国地处黄曲霉毒素污染较严重区域，尤其湖北、江西、安徽等长江流域及以南地区属重污染区。花生、玉米、大米、小麦等农产品易受黄曲霉毒素污染，全国每年因霉变毒素污染造成粮油损失近 300 多亿千克，还污染牛奶、油、果、茶、酱油、醋、饮料及中药材等 100 多种农产品、食品及饲料。据统计，近十年国际贸易中由黄曲霉毒素引发的预警通报比例占 28.6%。国内外发生过多起因黄曲霉毒素污染导致的人畜群体死亡事件。例如，英国因饲料污染导致 10 万多只火鸡暴死；印度、肯尼亚等都发生过超过 100 人死亡的群体中毒事件；2010 年我国中山大学随机抽取 310 名男生检测尿液 M_1，阳性率达 29%。由于黄曲霉毒素主要是由黄曲霉（Aspergillus flavus）、寄生曲霉（Aspergillus parasiticus）和集蜂曲霉（Aspergillus nomius）等在自然条件下产生的毒素，不同于农兽药残留，它无法通过药源管理实现有效控制，通过检测及时发现污染，才能避免进入食物链造成危害。因此，高灵敏检测技术对保障农产品消费安全具有特别重要的意义。

作者及课题组成员针对上述重大需求，研究探明了黄曲霉毒素分子免疫活性位点，发现了黄曲霉毒素免疫活性位点决定抗体亲和力的靶向诱导效应，建立了外源细胞因子调控的半固体培养-梯度筛选法，构建了靶向诱导效应从免疫动物传递到体外杂交瘤的高效通路；创制出系列黄曲霉毒素总量与 M_1、B_1、G_1 分量高灵敏单克隆抗体、基因重组抗体和纳米抗体，并进而创建了黄曲霉毒素高灵敏检测技术与标准体系，研制出黄曲霉毒素高灵敏检测系列产品，包括黄曲霉毒素总量和分量检测试剂盒系列产品和专用检测仪器，实现了技术发明的产品转化与应用，在农产品、乳品、饲料等不同领域示范推广应用，获得了显著的经济效益和社会效益。

本书旨在系统总结和提炼课题组近二十年来在黄曲霉毒素抗体创制和检测技术方面的研究成果，为课题组明确新的研究方向，进一步深入开展黄曲霉毒素污染检测、风险预警、风险评估和防控研究奠定基础，也为农产品与食品生产及质量安全科研、推广、教学、管理工作者提供参考。希望本书的出版有助于推进农产品质量安全及生物毒素检测与控制等相关研究的发展，对提升农产品质量安全水平，减轻或避免黄曲霉毒素污染危害，保障农产品消费安全，促进农产品贸易起到积极作用。

作者在工作学习与研究过程中，长期得到中国工程院张改平院士、陈宗懋院士的悉心教育、关怀与帮助，在此表示衷心的感谢。中国工程院副院长刘旭院士在百忙之中为本书欣然作序，作者谨此致以诚挚的谢忱。作者团队成员及指导的多位博士、硕士研究生参加了不同时期的研究工作，在此致以深深的谢意。本书涉及的研究成果得到多项国家自然科学基金项目（30800771、31171702、31101299、31471650、21205133）和"十五"国家科技攻关项目（2001BA501A16B-05）、科技部科研条件专项（JG-2002-33）、"十一五"国家"863"课题（2007AA10Z427-6）、科技部科研条件专项（2006JG003700）、"十二五"国家科技支撑计划课题（2012BAB19B09）、国家粮油作物产品质量安全风险评估重大专项和湖北省科技计划等项目的资助，科学出版社对此书的编辑出版给予了鼎力支持，一并表示衷心的感谢。

　　由于作者水平有限，书中难免存在缺点和不足，恳请读者批评指正。

李培武

2016 年 9 月

目　　录

第一章 总 论

黄曲霉毒素是人类迄今发现的污染农产品食品毒性最大、致癌力最强的一类真菌毒素，主要由黄曲霉和寄生曲霉等曲霉属真菌产生，在植物性农产品中主要是 B 族和 G 族，在动物体内转化为 M 族，从而污染食物链。黄曲霉毒素可致癌、致畸、致突变，具有毒性强、污染广、危害重等特点，极易污染农产品食品，严重威胁农产品食品消费安全。因此，黄曲霉毒素自发现以来，国内外对其主要结构特征、产生机理、理化特性、毒性毒理、污染分布与危害、检测与控制技术等开展了大量研究（白艺珍等，2013；白艺珍等，2015）。

黄曲霉毒素污染范围广，已在花生、玉米、大米、坚果、油脂、乳及乳制品、饲料、肉、水产品、家庭自制发酵食品等 100 多种农产品食品中发现了黄曲霉毒素污染。因黄曲霉毒素毒性极强，且结构稳定，不仅容易引起人畜群体急性中毒，而且具有很强的累积毒性，引发免疫抑制，成为威胁农产品食品安全的一类主要高风险危害因子（丁小霞等，2011a；李培武等，2013a；Ding et al., 2015）。

为有效控制黄曲霉毒素污染，世界各国纷纷制定了农产品食品中黄曲霉毒素的最大允许限量标准。由于黄曲霉毒素是自然条件下产生的天然毒素，可发生在种植、养殖、收获、储存、运输、加工等多个环节，不同于农兽药残留，难以通过药源管理实现有效控制，及时检测发现污染，才能避免进入食物链，因此高灵敏检测技术对保障农产品食品消费安全具有特别重要的意义，黄曲霉毒素检测技术也因此成为黄曲霉毒素污染管控的重要抓手（丁小霞等，2011b）。

本章介绍黄曲霉毒素的发现、发生、结构特征、理化特性、毒性毒理、生物合成路径、污染分布等内容，并重点介绍黄曲霉毒素检测技术的发展过程与现状，扼要阐述黄曲霉毒素酶联免疫吸附检测技术、免疫亲和检测技术、免疫层析检测技术和新型绿色免疫检测技术等黄曲霉毒素免疫检测技术研究进展与发展趋势（李培武等，2005a；李培武等，2011a；李培武等，2014g；Li et al., 2009b；Li et al., 2011）。

第一节 黄曲霉毒素的发现与危害

自 20 世纪 60 年代初黄曲霉毒素在英国被发现并命名为"aflatoxin"以来，相关研究工作已经历五十多年，解析了黄曲霉毒素生物合成路径及直接参与合成的相关基因，明确了系列黄曲霉毒素分子结构、理化特性、毒性与毒理等，并研究探明了农业生产、农产品储藏运输、食品、饲料加工等过程黄曲霉毒素污染发生及影响因素，建立了系列检测方法。

一、黄曲霉毒素的发现与生物合成

（一）黄曲霉毒素的发现

人们对黄曲霉毒素的认识始于 20 世纪 60 年代初。1960 年，在英国境内爆发了不知病因的火鸡突发性群体死亡事件，导致 10 万多只火鸡死亡。起初该病被称为"火鸡 X 病"，经过排查后确认与火鸡饲喂从巴西进口的花生粕有关。随后，研究人员对该饲料开展了大量研究分析工作，从中筛选、提取、浓缩、分离出一类荧光化合物，并证实止是这类荧光化合物导致了火鸡的死亡。因最初发现这类荧光化合物是由黄曲霉菌（*Aspergillus flavus*）产生的毒素，故取了黄曲霉菌的词头，加上毒素，被命名为"黄曲霉毒素"（aflatoxin）。

经过结构解析，黄曲霉毒素分子含有双呋喃环和香豆素结构，自然条件下化学结构十分稳定，且具有非常强的毒性和致癌性，在农作物产品及其加工产品中极易发生。在花生、玉米、大米、小麦、豆类、坚果类、肉类、饲料、乳及乳制品、水产品、家庭自制发酵食品等多种农产品食品中均有检出。尤其在高温高湿的热带和亚热带地区，农产品食品黄曲霉毒素污染更为严重。因此，黄曲霉毒素引起了世界各国研究人员的广泛关注，在黄曲霉毒素的发生与分布、积累与转化、检测和脱毒减毒及防控等方面展开了深入研究。

（二）黄曲霉毒素的生物合成路径

自然界中，与农产品食品质量安全密切相关的黄曲霉毒素种类主要包括：黄曲霉毒素 B_1（aflatoxin B_1, AFB_1）、黄曲霉毒素 B_2（aflatoxin B_2, AFB_2）、黄曲霉毒素 G_1（aflatoxin G_1, AFG_1）、黄曲霉毒素 G_2（aflatoxin G_2, AFG_2）、黄曲霉毒素 M_1（aflatoxin M_1, AFM_1）和黄曲霉毒素 M_2（aflatoxin M_2, AFM_2）6 种。其中，黄曲霉毒素 B_1、B_2、G_1、G_2 主要存在于粮油等植物性农产品及饲料中，黄曲霉毒素 M_1 和黄曲霉毒素 M_2 主要存在于肉、蛋、奶等动物性产品中，目前已经研究明确了这些黄曲霉毒素的化学结构及其生物合成路径。

20 世纪 70 年代，科学工作者便开始对黄曲霉毒素生物合成过程开展系统研究，并最终确立了主要黄曲霉毒素生物合成路径，如图 1-1 所示。研究发现黄曲霉毒素合成路径中受 24 个结构基因和一个调控基因控制，至少发生 18 个酶促反应，主要中间产物包括乙酰辅酶 A、丙二酸单酰辅酶 A、诺素罗瑞尼克酸（norsolorinic acid，NOR）、奥佛兰提素（averantin，AVN）、奥佛鲁凡素（averufanin，AVNN）、奥佛尼红素（averufin，AVF）、羟基杂色酮（hydroxyversico lorone，HVN）、杂色半缩醛乙酸（versiconal hemiacetal acetate，VHA）、杂色曲菌素 B（versico lorin B，VerB）、杂色曲菌素 A（versico lorin A，VerA）、柄曲霉素或杂色曲霉素（sterigmatocystin，ST）、氧-甲基柄曲霉素（*O*-methylsterigmatocystin，OMST）、黄曲霉毒素 B_1、黄曲霉毒素 G_1 或 VerB、二氢柄曲霉素（dihydro-ST，DHST）、二氢氧-甲基柄曲霉素（dihydro-OMST，DHOMST）、黄曲霉毒素 B_2 和黄曲霉毒素 G_2。其中，诺素罗瑞尼克酸是第一个稳定的中间产物，呈鲜艳的橙红色。黄曲霉毒素 M_1 是黄曲霉毒素 B_1 的羟基化代谢产物，是由人或动物摄入黄曲霉毒素 B_1 污染的食品或饲料后，在体内代谢转化形成，常在牛奶、肉等产品及体液中被发现。

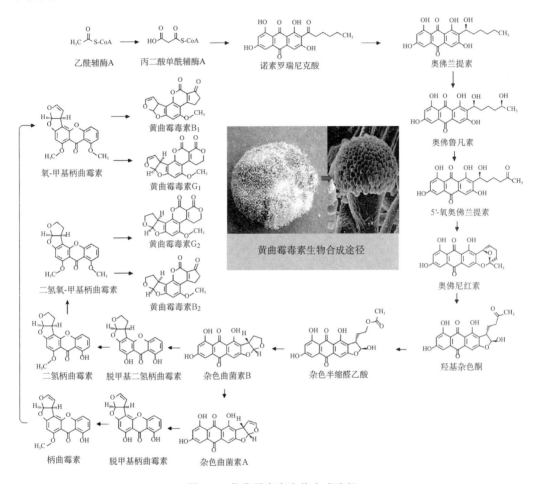

图 1-1 黄曲霉毒素生物合成路径

二、黄曲霉毒素产生的主要影响因素与污染分布

黄曲霉毒素主要是由黄曲霉、寄生曲霉和集蜂曲霉等真菌产生的次生代谢产物，这些真菌散布在空气和土壤中，或寄生在动植物体。因此，黄曲霉毒素的产生及污染程度取决于真菌的种类和菌株所处的环境。寄生曲霉的所有菌株几乎都能产生黄曲霉毒素。相比之下，黄曲霉是分布最广的黄曲霉毒素产毒霉菌。黄曲霉普遍存在于花生、玉米、坚果等产品中，在田间种植、收获、储藏和运输等环节均可产生毒素。黄曲霉产毒菌株类型、环境温度和湿度是影响黄曲霉产毒的主要因素，研究发现黄曲霉在 12~42 ℃均可产生黄曲霉毒素，最适温度为 28~30 ℃，在花生中产生黄曲霉毒素所必需的最低水分含量为 8%~10%，最适产毒水分含量为 15%~35%；寄生曲霉在 6~46 ℃范围内均

可产生黄曲霉毒素,最低生长温度为 6～8 ℃,最高生长温度为 44～46 ℃,最适温度为 25～32 ℃。

黄曲霉菌广泛分布于亚洲、非洲、南美洲、北美洲南部等地域,特别是在温湿度较高的热带和亚热带地区更为常见。例如,在我国华南、华中、华北等地,黄曲霉毒素产毒菌株分布较多,产毒量也比较大,东北、西北地区分布较少。

被黄曲霉、寄生曲霉等真菌侵染的农产品、食品及饲料等都有可能存在黄曲霉毒素污染。在花生、坚果、玉米、大米、豆类、肉类、乳及乳制品、水产品、水果、干果、蔬菜、调味品、烟草、中草药和发酵类产品等百余种农产品及食品中都发现了黄曲霉毒素。其中花生和玉米是污染最严重的农产品,而生长在高温高湿地区的粮油作物及其制品中黄曲霉毒素的检出率更高。张宸等对全国 18 个大中城市的 632 个主要粮油样品进行黄曲霉毒素污染调查,结果显示,粮食样品和植物油样品中阳性样品黄曲霉毒素 B_1 含量范围为 0.02～54.20 μg/kg 和 0.41～36.54 μg/kg,平均值分别为 1.33 μg/kg 和 2.20 μg/kg,阳性率分别为 0.41%和 2.06%。同时,调查发现全国农产品食品中黄曲霉毒素 B_1 污染总体水平南方地区比北方地区严重。

我国对黄曲霉毒素污染高度重视,已组织开展粮油、饲料等黄曲霉毒素污染分布与风险评估系统研究。以花生为例,样品覆盖中国花生生产面积的近 90%,采用国家标准免疫亲和层析液相色谱法进行检测分析结果表明,黄曲霉毒素 B_1 是中国产后花生黄曲霉毒素污染的主要成分,占黄曲霉毒素总量的百分比平均值为 86.2%;长江流域主产区产后花生黄曲霉毒素污染最重,东北主产区产后花生污染最轻;产后花生黄曲霉毒素污染呈现明显的地域特征(Ding et al., 2011)。近年来,花生质量安全风险评估连续研究结果表明,我国花生黄曲霉毒素污染总体仍趋向加重,并有由南方向北方蔓延的趋势;风险监测结果表明全国花生黄曲霉毒素 B_1 超标率曾一度从 2012 年的 4.4%升到 2014 年的 10%左右。

基于中国产后花生黄曲霉毒素污染分布和污染数据库,采用建立的花生黄曲霉毒素风险评估方法,评估我国产后花生黄曲霉毒素膳食摄入风险结果表明,在中国不同年龄人群中,45 岁以上中老年人群产后花生膳食摄入风险最大,乙肝表面抗原阳性中老年人群膳食摄入风险平均值和 97.5 百分位值分别为 0.1356 例癌症/(100 000 人·年)和 0.2169 例癌症/(100 000 人·年),占中国年肝癌发病率的 0.6%和 0.96%。

我国四大花生主产区中,长江流域主产区花生膳食摄入风险最大,18～45 岁人群膳食摄入风险平均值和 97.5 百分位值分别为 0.00641 例癌症/(100 000 人·年)和 0.05977 例癌症/(100 000 人·年),占中国年肝癌发病率的 0.03%和 0.27%。除个别地区的高风险人群外,产后花生黄曲霉毒素膳食摄入对肝癌的贡献率不足 1%,说明我国花生生产和收获过程中黄曲霉毒素污染程度低,对花生膳食摄入风险很小,应重点开展花生储藏、流通过程中黄曲霉毒素污染风险评估,锁定花生黄曲霉毒素的主要污染环节、影响因素和关键控制点,采取有针对性控制措施,保障花生消费安全和出口贸易,支撑产业发展。

三、黄曲霉毒素的理化性质

除已知黄曲霉毒素 B_1、B_2、G_1、G_2、M_1、M_2 六种常见黄曲霉毒素外,近年来仍有新的黄曲霉毒素被发现并鉴定出来。据研究报道，迄今为止已发现的黄曲霉毒素达 20 多种，其中 18 种成分的分子结构已被鉴定。根据紫外线照射下产生荧光颜色的不同，可以把黄曲霉毒素分为 B 族和 G 族及其衍生物，其中 B 族黄曲霉毒素在紫外线照射下发蓝色荧光，而 G 族黄曲霉毒素在紫外线照射下发绿色荧光。

各种黄曲霉毒素的化学结构极为相似，都是二氢呋喃香豆素的衍生物，都含有一个双呋喃环和氧杂萘邻酮（香豆素），前者为基本毒性结构，后者与致癌有关。紫外光谱扫描结果显示，B 族黄曲霉毒素在 223 nm、265 nm 和 363 nm 有最大吸收峰，G 族黄曲霉毒素则在 265 nm 和 363 nm 有最大吸收峰。在 363 nm 激发光的照射下，B 族黄曲霉毒素产生 429 nm 波长的荧光，而 G 族黄曲霉毒素则产生波长为 450 nm 的荧光。

黄曲霉毒素无色、无味，分子量分布在 312～350 范围内，熔点在 230～300 ℃范围内，在熔解时会发生分解，但一般烹调加工条件难以将其结构破坏。黄曲霉毒素易溶于氯仿、丙酮、乙腈、甲醇和二甲基甲酰胺等溶剂，但在水、己烷、石油醚等溶剂中溶解度很低，在水中的饱和浓度为 10～20 mg/L。污染农产品食品的五种常见黄曲霉毒素（黄曲霉毒素 B_1、B_2、G_1、G_2、M_1）物理化学参数见表 1-1。

表 1-1　农产品食品中五种常见黄曲霉毒素的理化性质

种类	结构式	分子式	分子量	熔点/℃	旋光度/（°）
AFB_1		$C_{17}H_{12}O_6$	312	268～269	−558
AFB_2		$C_{17}H_{14}O_6$	314	286～289	−492
AFG_1		$C_{17}H_{12}O_7$	328	244～246	−556
AFG_2		$C_{17}H_{14}O_7$	330	237～240	−473

续表

种类	结构式	分子式	分子量	熔点/℃	旋光度/(°)
AFM$_1$		C$_{17}$H$_{12}$O$_7$	328	299	−280

四、黄曲霉毒素的毒性及危害

(一) 黄曲霉毒素的毒性与危害表现

黄曲霉毒素是一类剧毒化合物,可致癌、致畸、致突变,是目前为止发现的致癌力最强的致癌物之一。其中,黄曲霉毒素 B$_1$ 的毒性是氰化钾的 10 倍、砒霜的 68 倍、三聚氰胺的 416 倍,其致癌力是二甲基亚硝胺的 70 倍、苯并芘的 4000 倍、六六六的 10 000 倍,1993 年被世界卫生组织(World Health Organization,WHO)国际癌症研究机构(International Agency for Research on Cancer,IARC)列为 Ⅰ 类致癌物。

流行病学及动物学实验研究表明,在我国和一些非洲国家,慢性乙型肝炎病毒(hepatitis B virus,HBV)感染和饮食中黄曲霉毒素污染是原发性肝癌高发人群的两个主要诱导因素,而且这两个因素之间存在相互协同作用,共同促进肝癌的发生。最新研究表明在全球每年新增的 60 万肝癌患者中,直接由黄曲霉毒素暴露引起的比例最高可达28.2%。

黄曲霉毒素的危害主要表现在以下三个方面。

第一是损害组织器官。在六种常见黄曲霉毒素 B$_1$、B$_2$、G$_1$、G$_2$、M$_1$、M$_2$ 中,毒性大小的排列顺序为 B$_1$>M$_1$>G$_1$>B$_2$>M$_2$>G$_2$。黄曲霉毒素 B$_1$ 以损坏人或动物肝脏为主要特征,主要临床表现为胆囊水肿、肝小叶中心坏死、浆膜下和黏膜下肌层积液,严重的甚至会肝脏出血直至死亡。此外,黄曲霉毒素 B$_1$ 还会对许多其他组织器官(如肾脏)造成十分严重的破坏。

第二是致癌、致畸、致突变。国内外多项研究表明黄曲霉毒素 B$_1$ 具有诱发畸形、癌症以及细胞突变的作用,是目前公认的天然存在的致癌力最强的物质。此外,黄曲霉毒素 B$_1$ 还能通过抑制蛋白质的合成而影响原始细胞的发育,进而对胎儿的分化造成影响,可导致胎儿畸形。

第三是抑制免疫机能。黄曲霉毒素还影响免疫系统,引发免疫抑制,其抑制机理可能是通过黄曲霉毒素与 DNA 或者 RNA 结合影响蛋白质的合成。黄曲霉毒素 B$_1$ 可以通过多种方式对淋巴组织发挥作用从而影响机体免疫功能。对火鸡的研究结果表明,黄曲霉毒素 B$_1$ 引起火鸡胸腺的萎缩,对其体内干扰素的产生、淋巴细胞的生成以及淋巴因子的激活等均造成负面影响。此外,还会抑制补体的产生,这种抑制作用可能是通过影响巨噬细胞以及肝脏功能造成的。

(二)黄曲霉毒素的致癌机理

黄曲霉毒素能导致 DNA 损伤与基因突变,但其并不直接致癌,而是前致癌物质,只有在体内经过生物转化形成活性中间体才具有致癌性。研究表明,黄曲霉毒素 B_1 进入体内以后首先转变为 8,9-环氧 AFB_1(AFB_1-8,9-epoxide,AFBO);催化这一代谢的关键酶为细胞色素 P450,其在肝细胞内普遍存在。因此,黄曲霉毒素 B_1 具有倾向于肝细胞内聚集的亲肝性。根据空间构象的不同,AFBO 存在有异构体:外 AFBO(exo-AFBO)和内 AFBO(intro-AFBO)。目前认为能诱发癌变的黄曲霉毒素 B_1 代谢产物是 exo-AFBO,该产物主要在 P450 3A4 的作用下形成。exo-AFBO 能自发与生物大分子(如蛋白质、核酸等)结合,形成加合物,并主要存在于肝细胞内。

并非所有的 AFB_1-DNA 共价结合物都会造成 DNA 损伤,也有部分能在体内某些解毒酶(如谷胱甘肽硫转移酶)的作用下转化为无毒物质并排出体外。造成 DNA 损伤的 AFB_1-DNA 共价结合物,主要是在分子内吸电子或斥电子作用下形成其他种类的 DNA 加合物。例如,AFBO 一旦与 DNA 链上鸟苷残基的 N7 发生共价结合,便会因原子核的吸电子作用,使两者之间电子云发生漂移,从而自发形成多种不同形式的 DNA 损伤,包括碱基修饰、形成无嘌呤/无嘧啶位点、DNA 单链断裂(single-strand break,SSB)和双链断裂(double-strand break,DSB)损伤、DNA 氧化性损伤及 DNA 碱基错配损伤等。

黄曲霉毒素还影响抑癌基因的作用。研究表明,作为一种细胞增殖的负调控基因——p53 抑癌基因,与人类肿瘤的发生密切相关。野生型 p53 基因主要通过辅助 DNA 修复、使突变细胞发生凋亡两种作用方式来阻止细胞产生癌变,而其突变型 p53 基因则完全失去抑癌活性,而且还拥有了引发细胞恶性转化、抑制凋亡等癌基因的性质,导致细胞大量异常扩增,最终形成肿瘤。

此外,黄曲霉毒素 B_1 及其代谢产物能诱导 p53 基因的第 249 号密码子的第三位碱基由 G 突变成 T,从而增强 p53 的突变敏感性,导致 p53 突变率大幅度升高。p53 基因的突变导致其编码蛋白 p53 的构象产生变化,稳定性增强,构象变化后的蛋白质还能与某些癌基因的蛋白质形成稳定的复合物,使这些癌基因蛋白不仅半衰期延长,且聚集于细胞核内,癌基因的过度表达最终引发细胞癌变。

第二节 农产品黄曲霉毒素污染与食品安全

由于黄曲霉毒素剧毒、强致癌,误食受黄曲霉毒素污染的农产品食品极易引起人畜中毒事件,严重威胁农产品食品消费安全,影响农产品食品等相关产业可持续发展和国际贸易。为了保障消费安全,维护本国、本地区利益,世界许多国家和地区纷纷设立了黄曲霉毒素限量标准,且限量值日趋严格。

一、黄曲霉毒素污染与农产品食品安全事件

（一）黄曲霉毒素污染引发的农产品食品安全事件

受黄曲霉毒素污染的花生、生鲜乳及乳制品、玉米、大米等农产品食品对人和动物具有极大的毒害作用，国内外发生过多起因食用被黄曲霉毒素污染的农产品食品而导致的人畜群体中毒死亡恶性事件。1960 年，英国 10 万多只火鸡因饲用黄曲霉毒素污染的花生饼粕饲料而死亡；1974 年，印度西部发生急性黄曲霉毒素中毒事件，居民吃了发霉（黄曲霉毒素污染）的玉米后，有 397 人发生急性中毒，106 人死亡，还有成批的狗发生腹水和黄疸，多在 2~3 周内死亡；1985 年 10 月印度安得拉邦兰加雷迪县的禽类群体死亡，原因是花生及玉米饲料受黄曲霉毒素严重污染（1400~3600 µg/kg），期间在安得拉邦的瓦朗加尔地区的鸡蛋产量也下降 40%~85%。1994 年，印度安得拉邦兰加雷迪县 20 万只肉鸡发生黄曲霉毒素中毒死亡，原因是饲用了黄曲霉毒素污染的花生饼粕。2004 年，肯尼亚东部地区因食用霉变玉米爆发了黄曲霉毒素引起的肝炎，1000 多人中毒，397 人发病，125 人死亡。2011 年，南非豪登省 220 多只狗由于食用了污染有高浓度黄曲霉毒素的廉价狗粮而死亡，经检测狗粮中黄曲霉毒素高达 4946 µg/kg。

1980 年夏收后，我国广西某农场因饲用玉米受到黄曲霉毒素污染，致使大批生猪发生黄曲霉毒素中毒事件。该农场共有 102 个猪场，其中 31 个猪场 5707 头猪发生黄曲霉毒素中毒，占全农场生猪存栏数的 38%，799 头猪中毒死亡，占发病头数的 14%。2006 年，中国疾病预防控制中心营养与食品安全所调查发现，从江苏、上海、浙江等九省市采集的市售玉米中，黄曲霉毒素 B_1 的检出率为 70.27%，平均含量 36.51 µg/kg，是国家限量标准的 1.8 倍（国家标准规定玉米黄曲霉毒素 B_1 限量为 20 µg/kg），最高为 1098.36 µg/kg，超过国家标准限量的 50 倍。2010 年，对中山大学北校区某年级 310 名男生营养状况调查发现，29% 的学生尿检黄曲霉毒素 M_1 呈阳性；2011 年，普洱茶检出黄曲霉毒素 B_1，某大型牛奶企业生产的牛奶黄曲霉毒素 M_1 超标。2012 年广东等地花生油黄曲霉毒素 B_1 超标，引发人们对食用油消费安全恐慌。美国"9·11 事件"后，黄曲霉毒素被美国列为特级反恐品，一度禁止向包括我国在内的发展中国家出售分析检测用标准样品。以上列举的几例黄曲霉毒素引发的农产品食品安全事件可以看出，黄曲霉毒素污染不仅成为农产品食品安全消费的重大风险隐患，并对社会稳定构成严重威胁。

（二）黄曲霉毒素污染引发的国际贸易纠纷

农产品食品黄曲霉毒素污染严重影响到国际贸易。2008 年以来，我国出口食用农产品因黄曲霉毒素超标遭欧盟食品和饲料类快速预警系统（Rapid Alert System for Food and Feed, RASFF）通报，通报比例占欧盟对我国通报总数的近 30%，其中 2008 年高达 45%，在 2008 年通报的 164 批次花生中，因黄曲霉毒素超标的有 162 批，占总通报花生批次的 98.8%，给我国农产品国际贸易造成惨重损失，严重影响了我国国际形象和声誉。据中国食品土畜进出口商会 2003—2012 年数据统计，10 年间因黄曲霉毒素超标遭通报批次数占所有通报产品的 28.6%，是农药残留超标遭通报次数的 20 倍（图 1-2）。

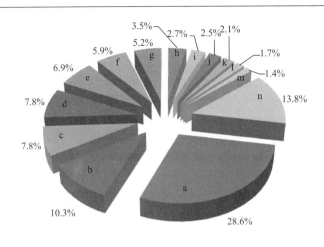

图 1-2　我国出口食用农产品遭欧盟食品和饲料类快速预警系统通报情况

二、黄曲霉毒素限量标准

（一）世界各国黄曲霉毒素限量标准概况

由于黄曲霉毒素对人畜的危害极大,世界各国纷纷制定农产品食品和饲料中黄曲霉毒素限量标准,以保护本国利益和消费安全。目前,至少有 100 多个国家（地区）制定了农产品食品或饲料中黄曲霉毒素 B_1、黄曲霉毒素 M_1 或黄曲霉毒素总量（为黄曲霉毒素 B_1、B_2、G_1、G_2 之和,下同）的限量标准,比 1995 年增加 30% 以上,已制定限量标准的国家人口总数占世界人口总数的 87% 左右。发达国家黄曲霉毒素限量值日趋严格,例如,1999 年欧盟黄曲霉毒素 B_1 限量由 20 μg/kg 严格至黄曲霉毒素 B_1 2 μg/kg,黄曲霉毒素总量限量 4 μg/kg；日本由黄曲霉毒素 B_1 限量 10 μg/kg 严格至黄曲霉毒素总量限量 10 μg/kg。

（二）世界黄曲霉毒素限量值及区域分布

1. 农产品食品黄曲霉毒素限量值及区域分布

（1）黄曲霉毒素 B_1 限量值及区域分布

全球对农产品食品中黄曲霉毒素 B_1 制定限量的国家超过 60 个,限量值范围为 1～20 μg/kg,限量值为 2 μg/kg 的有 29 个国家,多为欧盟、欧洲自由贸易联盟和欧盟候选国国家,限量为 5 μg/kg 的有 21 个国家,主要分布在非洲、亚洲、拉丁美洲和欧洲。总体上看,欧洲黄曲霉毒素 B_1 限量值比其他地区更为严格。

（2）黄曲霉毒素总量限量值及区域分布

各国对黄曲霉毒素总量限量值的规定不同,部分国家既制定了农产品食品中黄曲霉毒素 B_1 限量标准,又制定了黄曲霉毒素总量限量标准。全球共有约 80 个国家制定了农产品食品中黄曲霉毒素总量限量标准,限量值范围为 1～35 μg/kg。其中,限量值为 4 μg/kg 的国家有 29 个,主要为欧盟、欧洲自由贸易联盟和欧盟候选国国家,这些国家既制定了黄曲霉毒素 B_1 限量（≤2 μg/kg）,也制定了黄曲霉毒素总量限量（≤4 μg/kg）。黄曲霉毒素总量限量为 20 μg/kg 的国家有 17 个，多为拉丁美洲国家。

（3）黄曲霉毒素 M_1 限量值及区域分布

全球共有 60 多个国家制定了乳及乳制品中黄曲霉毒素 M_1 限量值，限量值范围从不得检出至 15 μg/kg，其中，34 个国家乳及乳制品中黄曲霉毒素 M_1 限量值为 0.05 μg/kg。这些国家中除欧盟、欧洲自由贸易联盟和欧盟候选国外，还包括一些非洲、亚洲和拉丁美洲的国家。黄曲霉毒素 M_1 限量值为 0.5 μg/kg 的有 22 个国家，主要分布在拉丁美洲、北美洲、部分亚洲和欧洲国家，0.5 μg/kg 也是拉美地区南方共同市场指定的奶及奶制品中黄曲霉毒素 M_1 统一限量标准。

2. 饲料中黄曲霉毒素限量值及区域分布

有近 40 个国家制定了饲料中黄曲霉毒素 B_1 限量标准，21 个国家制定了饲料中黄曲霉毒素总量限量标准。饲料中黄曲霉毒素 B_1 限量设定为 5 μg/kg 的国家有 27 个，占 69.2%，这些国家主要为欧盟、欧洲自由贸易联盟、欧盟候选国，以及个别欧洲以外的国家。

饲料中黄曲霉毒素总量限量在 20～50 μg/kg 的国家有 15 个，占 21 个制定饲料中黄曲霉毒素总量限量标准国家的 71.4%。

（三）主要贸易国和国际组织黄曲霉毒素限量标准

1. 欧盟黄曲霉毒素限量标准

欧洲是花生主要进口地，也是黄曲霉毒素限量标准最严格的地区，我国曾发生多起出口欧盟的花生因黄曲霉毒素含量超标被迫转口、销毁等事件，给我国花生等农产品食品出口贸易造成严重损失。

1998 年，欧盟通过第 1525/98 号指令规定：在供人类直接食用或直接用作食品原料的花生、坚果及干果中，黄曲霉毒素 B_1 限量为 2 μg/kg，黄曲霉毒素总量限量为 4 μg/kg；而在需经分类或其他物理方法处理的花生原料中，黄曲霉毒素 B_1 限量为 8 μg/kg，黄曲霉毒素总量限量为 15 μg/kg。该指令于 1999 年 1 月 1 日起在所有欧盟成员国实施，后又多次对其进行修订。欧盟 2010 年 3 月 6 日生效的（EU）No. 165/2010 *Maximum Levels for Contaminants*，对食用前需经分类或其他物理处理或用于食品成分的花生和其他油脂等 17 类产品制定了最大限量标准，与第 1525/98 号指令相比，供人类直接食用或直接用作食品原料的花生、坚果及干果中黄曲霉毒素限量值未作修改，仅对产品描述进行了细微修改。

欧盟除制定黄曲霉毒素最大限量标准外，还制定了配套的抽样和分析方法标准（EU）No. 178/2010 *Sampling and Analysis for Mycotoxins*。

2. 日本黄曲霉毒素限量标准

日本每年从我国进口花生约 8 万吨，对中国花生的依存度达 70% 以上，其中，中国输日大粒花生占日本大粒花生市场的 99%，小粒花生占日本小粒花生市场的 51%。日本对食品中黄曲霉毒素限量日趋严格，2011 年 3 月生效的日本《食品卫生法》第 6 条第（2）

款食品中黄曲霉毒素限量及抽样量中规定，黄曲霉毒素总量不得大于 10 μg/kg，与之前的限量标准规定黄曲霉毒素 B$_1$ 小于 10 μg/kg 相比，限量进一步趋严。抽样检测的样品量也由之前的 0.5 kg 或 1 kg 增加到 1 kg 或 5 kg。

3. 澳大利亚和新西兰黄曲霉毒素限量标准

澳大利亚和新西兰是世界花生等主要农产品进口国家，也是我国花生主要出口市场之一，澳大利亚和新西兰每年从我国进口花生约 1 万吨。2013 年 2 月 21 日实施的澳新标准 STANDARD 1.4.1 *Contaminants and Natural Toxicants* 中规定花生和树坚果（tree nuts）中黄曲霉毒素总量不得超过 15 μg/kg。

4. CAC 黄曲霉毒素限量标准

1995 年，国际食品法典委员会（Codex Alimentarius Commission，CAC）制定了食品中黄曲霉毒素限量标准 CODEX ATAN 193—1995 *Codex General Standard for Contaminants and Toxins in Food and Feed*，该标准参考食品添加剂联合专家委员会（Joint FAO/WHO Expert Committee on Food Additives，JECFA）1987 年 31 次会议、1996 年 46 次会议、1997 年 49 次会议、2007 年 68 次会议上对黄曲霉毒素风险评估结果，于 1997 年、2006 年、2008 年、2009 年、2010 年和 2012 年对标准进行了修订，现行标准中对花生、杏仁、巴西坚果等产品黄曲霉毒素总量制定了限量值。

CAC 黄曲霉毒素限量标准见表 1-2。此外，CAC 制定了配套的黄曲霉毒素防控技术规范，如 CAC/RCP 55—2004 *Code of Practice for the Prevention and Reduction of Aflatoxin Contamination in Peanuts*、CAC/RAP 59—2005 *Code of Practice for the Prevention and Reduction of Aflatoxin Contamination in Tree Nuts*、CAC/ RCP 45—1997 *Code of Practice for the Reduction of aflatoxin B$_1$ in Raw Materials and Supplemental Feedingstuffs for Milk Producing Animals*、CAC/RCP 65—2008 *Code of Practice for the Prevention and Reduction of Aflatoxin Contamination in Dried Figs* 等，CAC 新修订的黄曲霉毒素防控技术规范已经于 2016 年 7 月在第 39 届 CAC 大会上通过，将为农产品食品黄曲霉毒素污染预防与减控提供更加实用有效的技术。

表 1-2　CAC 黄曲霉毒素限量标准

产品名称（商品代码）	黄曲霉毒素总量限量/（μg/kg）	备注
花生（SO 0697）	15	加工原料
杏仁（TN 0660）	15	加工原料
杏仁（TN 0660）	10	直接食用
巴西坚果（TN 0660）	15	加工原料
巴西坚果（TN 0660）	10	直接食用
榛子（TN 0666）	15	加工原料
榛子（TN 0666）	10	直接食用
阿月浑子果（TN 0675）	15	加工原料
阿月浑子果（TN 0675）	10	直接食用
牛奶（ML 0106）	0.5（AFM$_1$）	—

（四）我国黄曲霉毒素限量标准

我国 GB/T 2761—2011《食品安全国家标准　食品中真菌毒素限量》中规定了玉米、玉米面（渣、片）及玉米制品、大米、小麦、大麦及麦片、发酵豆制品、花生及制品和植物油脂、酱油、醋等谷物及制品、豆类及制品、坚果及籽类、油脂及制品、调味品及特殊膳食用食品等 14 类产品中黄曲霉毒素 B_1 限量，限量值从麦类、豆类制品中的 5.0 µg/kg 到花生、玉米制品中的 20 µg/kg，见表 1-3；同时，还规定了乳及乳制品、特殊膳食用食品等 4 类食品中黄曲霉毒素 M_1 限量为 0.5 µg/kg，见表 1-4。

表 1-3　我国食品中黄曲霉毒素 B_1 限量

食品类别（名称）	限量/（µg/kg）
谷物及其制品	
玉米、玉米面（渣、片）及玉米制品	20
稻谷 [a]、糙米、大米	10
小麦、大麦、其他谷物	5.0
小麦粉、麦片、其他去壳谷物	5.0
豆类及其制品	
发酵豆制品	5.0
坚果及籽类	
花生及其制品	20
其他熟制坚果及籽类	5.0
油脂及其制品	
植物油脂（花生油、玉米油除外）	10
花生油、玉米油	20
调味品	
酱油、醋、酿造酱（以粮食为主要原料）	5.0
特殊膳食用食品	
婴幼儿配方食品	
婴幼儿配方食品 [b]	0.5（以粉状产品计）
较大婴儿和幼儿配方食品 [b]	0.5（以粉状产品计）
特殊医学用途婴儿配方食品	0.5（以粉状产品计）
婴幼儿辅助食品	
婴幼儿谷类辅助食品	0.5

注：a 稻谷以糙米计。

b 以大豆及大豆蛋白制品为主要原料的产品。

表 1-4　食品中黄曲霉毒素 M_1 限量

食品类别（名称）	限量/（μg/kg）
乳及乳制品 [a]	0.5
特殊膳食用食品	
婴幼儿配方食品 [b]	0.5（以粉状产品计）
较大婴儿和幼儿配方食品 [b]	0.5（以粉状产品计）
特殊医学用途婴儿配方食品	0.5（以粉状产品计）

注：a 乳粉按生乳折算。

　　b 以乳类及乳蛋白制品为主要原料的产品。

三、黄曲霉毒素污染对农产品生产与食品加工的影响

（一）黄曲霉毒素污染对农业产业的影响

黄曲霉毒素污染可发生在农产品田间种植、收获、晾晒、储藏及运输等各个环节，受气候、农艺生产措施等多种因素的影响，农业生产中一旦出现大面积黄曲霉毒素污染，不仅造成大量农产品损失，导致巨大经济损失，而且农产品为食品主要原料，影响农产品食品加工业发展，带来严重的消费安全隐患（李培武等，2002）。近年来，世界各国农产品黄曲霉毒素污染有加重趋势，风险隐患增大（Ding et al., 2012）。

根据 2012～2014 年连续 3 年对我国花生产品的质量安全普查和风险评估结果分析，我国黄曲霉毒素污染总体上持续加重，超标率有升高的趋势，曾一度 3 年上升 7 个百分点。在世界范围内，2010～2011 年，肯尼亚东部和西南地区出现大范围玉米黄曲霉毒素污染，东部地区田间 31% 的样品黄曲霉毒素含量超过 10 μg/kg（肯尼亚政府和联合国世界粮食计划所规定的上限），而西南地区超标样品多达 40%。ACDI/VOCA 主席 Steve Collins 说："肯尼亚许多区域包括低风险区域爆发黄曲霉毒素污染给我们敲响了警钟，给农户和消费者造成了巨大的经济损失和严重的健康影响。"2011 年 1 月 13 日，来自世界各国的专家齐聚肯尼亚，共同商议如何减少因黄曲霉毒素污染对农业产业的影响和安全消费风险，国际食物政策研究所等组织还专门设立了黄曲霉毒素研究专项，支持黄曲霉毒素防控、减少危害风险研究。

在非洲，黄曲霉毒素可能是导致约有 450 万 5 岁以下儿童死亡的重要诱因，同时每年黄曲霉毒素造成的经济损失近 4.5 亿美元。而在欧洲和北美，大量严格的规定限制了黄曲霉毒素污染产品的市场流通，达到保护本国消费者利益目的同时，也导致非洲的主要出口产品（如花生、玉米等）贸易损失。为此，非洲启动了非洲黄曲霉毒素控制合作伙伴（the Partnership for Aflatoxin Control in Africa，PACA）计划，旨在使非洲降低或摆脱黄曲霉毒素的危害。PACA 计划得到了 54 个国家政府的支持，这种创新的合作伙伴关系联合了欧洲大陆的 50 多个组织共同应对复杂的黄曲霉毒素污染问题。PACA 正在与六个试点国家（冈比亚、马拉维、尼日利亚、塞内加尔、坦桑尼亚和乌干达）积极协作，探明黄曲霉毒素的污染状况与成因，以研究并实施全面可行的黄曲霉毒素防控计划。

我国政府对黄曲霉毒素污染防控研究高度重视，先后组建了农业部生物毒素检测重点实验室、农业部油料产品质量安全风险评估实验室（武汉）等国家级专业性研究平台，设立了科技部专项、行业科技、863 计划及重大基础性研究专项等科研项目。为减轻黄曲霉毒素污染对我国花生产业发展的影响，中国农业科学院油料作物研究所从 20 世纪80 年代末以来，系统开展了花生黄曲霉毒素污染检测与防控研究，包括花生种质资源黄曲霉抗性鉴定、抗黄曲霉花生品种选育、黄曲霉毒素产毒菌株分布与产毒力鉴定、黄曲霉毒素检测与风险评估、黄曲霉毒素降解与吸附去除以及黄曲霉毒素污染全程防控技术与标准化等（肖达人等，1999；姜慧芳等，2002；李培武等，2005b；周海燕等，2012；李培武等，2012b；李培武等，2012d；李培武等，2012j；张奇等，2013b；李培武等，2013c；李培武等，2013k；Chen et al.，2014；Wu et al.，2016）。从 2009 年起，连续每年从我国 15 个花生主产省，100 多个花生主产县市抽取代表性的产后花生样品 2000 余份，进行花生质量安全的风险监控与评估，覆盖我国花生产区的 80%以上，为及时发现风险隐患、指导生产，为保障花生消费安全，为我国花生黄曲霉毒素污染防控和粮油产业发展提供了关键技术和科学依据。

（二）黄曲霉毒素污染对食品加工业的影响

黄曲霉毒素同样是食品加工业重点关注的危害因子之一。随着社会经济的发展和生活水平的提高，人们越来越多地关注食品对生命安全和身体健康的影响，食品安全成为食品加工业关注的首要问题。黄曲霉毒素因其剧毒、强致癌性及累积毒性，在食品加工业中备受关注，食品一旦受到黄曲霉毒素污染，将严重危害人类健康，对食品加工业造成毁灭性打击。黄曲霉毒素污染对食品加工业的影响主要有以下几个方面。

一是影响食品消费安全。由于黄曲霉毒素的剧毒、强致癌性，为食品安全必检的污染物，世界上 100 多个国家制定了黄曲霉毒素限量标准，黄曲霉毒素 B_1 或总量成为食品质量安全强制性检测指标，食品黄曲霉毒素污染直接影响食品消费安全和人民群众身体健康与生命安全。

二是影响食品市场竞争力。国内外发生过多起因食用被黄曲霉毒素污染的农产品食品而导致的人畜中毒死亡事件，随着对农产品食品质量安全科学知识的了解以及科学消费、安全消费知识的普及，消费者对黄曲霉毒素的关注度越来越高，一旦发生食品黄曲霉毒素污染事件，食品市场竞争力就会急剧下降，甚至会对企业造成毁灭性打击。

三是影响企业诚信和消费者信心。黄曲霉毒素作为食品准入市场的强制性检测指标之一，一旦超标曝光，将直接影响企业的诚信以及消费者对企业产品的消费信心。例如，2011 年媒体报道的某大型乳品企业黄曲霉毒素 M_1 超标事件引起社会广泛关注，给企业造成重大经济损失，严重影响企业形象，甚至危及公众对国产奶的消费信心。

为了减小食品黄曲霉毒素污染危害，保障消费安全、降低经济损失，国内外开展了黄曲霉毒素的降解、去除、脱毒减毒以及风险监测与风险评估等科学研究，并取得了良好进展（李培武等，2010b；丁小霞等，2011a；Chen et al.，2014），但尚不能完全满足实际农产品食品种、收、储、运、加全程管控的需求，有待多环节、多学科、多单位、跨领域协同创新取得突破。

黄曲霉毒素污染环节多、管控难、难以彻底消除，及时检测发现污染才能避免危害，因此需要采用先进高灵敏检测技术实施全程管控。例如，牛奶中出现黄曲霉毒素 M_1 超标是因为未对饲料黄曲霉毒素严格检测控制，奶牛吃了黄曲霉毒素污染超标的饲料，饲料中的黄曲霉毒素 B_1 经过奶牛体内代谢转化，形成牛奶中的黄曲霉毒素 M_1。牛奶中黄曲霉毒素 M_1 超标说明饲料源头检测控制和生产过程质控体系存在缺陷。从饲料到检测技术和牛奶加工过程质控，各个环节的漏洞连接在一起，形成危险的质量陷阱，危及企业发展和消费者的身体健康，甚至损害企业形象乃至整个行业的信誉。因此，应引起农产品食品加工业高度重视，及时采用先进灵敏的黄曲霉毒素检测技术，加强黄曲霉毒素全程监测与防控，以减少或避免对食品加工行业发展的不良影响（李培武等，2011a；李培武等，2014g）。

第三节 黄曲霉毒素检测技术现状

黄曲霉毒素检测技术作为农产品食品及饲料严格监管的重要抓手，对农产品食品监管与生产过程控制具有特别重要的意义。

自 20 世纪 60 年代初期建立黄曲霉毒素薄板层析法以来，国内外对黄曲霉毒素检测技术开展了大量研究，建立了基于不同原理的黄曲霉毒素检测技术，大体可以分为基于色谱分离、荧光检测或质谱检测原理的大型仪器检测技术和基于免疫学原理的快速检测技术（Li X et al.，2013d）。基于色谱分离原理的大型仪器检测技术因其检测精确度高、技术成熟、研究历史长而被广泛采纳为标准方法，并成为各国的官方检测方法。基于免疫学原理的检测技术则因简便、快速、低成本、高通量和便于现场操作的特点，近年来引起了世界各国科学家广泛关注和浓厚兴趣，并成为黄曲霉毒素快速检测研究的热点。

一、黄曲霉毒素检测技术

（一）薄层色谱法

1963 年，Coomes 和 Sanders 首次采用纸层析法分离和测定了花生中黄曲霉毒素含量（Coomes & Sanders，1963），Broadbent 等（Broadbent et al.，1963）建立了黄曲霉毒素薄层色谱法（thin layer chromatography，TLC）。

薄层色谱法是早期广泛应用的黄曲霉毒素检测方法。该方法先针对不同种类的样品，采用适宜提取溶剂萃取黄曲霉毒素，根据提取液中不同黄曲霉毒素成分在薄层板上移动的速度差异，黄曲霉毒素在 365 nm 紫外光激发下产生荧光的特性差异，以及毒素含量不同样品的荧光斑点大小和强弱程度差异，并与相应浓度标准品溶液对照比较来测定其含量。薄层色谱法包括单向薄层色谱法和双向薄层色谱法，双向薄层色谱法更能有效分离样品中的杂质，提高检测灵敏度，检测结果优于单向薄层色谱法。

薄层色谱法可对黄曲霉毒素进行定性和半定量测定，测定过程中需要每次使用黄曲霉毒素标准品，因此对环境和操作人员危害风险较大，但因其设备简单，分析测试成本低，国内外仍有使用。我国国家标准中 GB/T 5009.22—2003《食品中黄曲霉毒素 B_1 的测定》、GB 5009.24—2010《食品中黄曲霉毒素 M_1 和 B_1 的测定》、GB/T 8381—2008/ISO 6651:2001《饲料中黄曲霉毒素 B_1 的测定　半定量薄层色谱法》和 GB/T 5009.23—2006《食品中黄曲霉毒素 B_1、B_2、G_1、G_2 的测定》都曾采用了薄层色谱法检测黄曲霉毒素。

（二）微柱法

微柱法（micro-column method）是将样品提取液通过以氧化铝与硅镁吸附剂为固定相的微层析柱，杂质被氧化铝吸附，黄曲霉毒素被硅镁吸附剂吸附，在 365 nm 紫外线下呈蓝紫色荧光，其荧光强度在一定范围内与黄曲霉毒素的含量成正比，由于微柱不能使黄曲霉毒素 B_1、B_2、G_1、G_2 分开，故检测结果为黄曲霉毒素总量。国家标准 GB/T 5009.23—2006 中曾采用此方法检测黄曲霉毒素总量。

（三）免疫亲和-荧光光度法

免疫亲和-荧光光度法（immuno-affinity column fluorescence spectrophotometry）是以黄曲霉毒素抗体与载体共价偶联制备成的免疫亲和柱为净化手段，实现对样品提取液中黄曲霉毒素的特异性吸附而建立的荧光光度检测技术。基本原理是试样经过提取、离心、脱脂、过滤，滤液经含有黄曲霉毒素特异性抗体的免疫亲和柱层析净化，黄曲霉毒素被特异性吸附在层析介质的抗体上，用淋洗液将免疫亲和柱上杂质除去；以洗脱液洗脱免疫亲和柱上的黄曲霉毒素并测定其荧光强度，确定黄曲霉毒素含量。

为了提高待测样品黄曲霉毒素荧光强度以提高灵敏度，通常采用衍生液衍生后再用荧光光度计测定荧光强度。GB 5413.37—2010 采用了黄曲霉毒素免疫亲和柱与荧光分光光度计联用的检测方法，乳中黄曲霉毒素 M_1 的检出限为 0.1 μg/L，乳粉中黄曲霉毒素 M_1 的检出限为 0.1 μg/kg；GB/T 18979—2003 也规定采用黄曲霉毒素免疫亲和柱净化-液相色谱荧光检测方法测定食品中黄曲霉毒素，检出限为 1.0 μg/kg，酱油中检出限为 2.5 μg/kg。

（四）高效液相色谱法

高效液相色谱法（high performance liquid chromatography，HPLC）是 20 世纪 70 年代初发展起来的一种以液体为流动相的色谱技术，也是目前国内外定量检测黄曲霉毒素的经典标准方法。1973 年，即黄曲霉毒素薄板层析法建立十年后，Rao 等首次采用高压液相色谱分离了从黄曲霉菌株中提取出的黄曲霉毒素 B_1 和黄曲霉毒素 G_1，并采用质谱方法证实了这种方法可检测低至 1 μg 的黄曲霉毒素 B_1 或黄曲霉毒素 G_1。

液相色谱法基本原理是样品经过免疫亲和柱或多功能净化柱净化后再进样到高效液相色谱仪，在适宜流动相下，采用反相 C_{18} 色谱柱对多种黄曲霉毒素进行分离，再依据黄曲霉毒素的荧光特性，配以荧光检测器，就可对多种黄曲霉毒素同时进行定性和定量检测。我国国家标准 GB/T 5009.23—2006（第三法高效液相色谱法）中规定采用乙腈-水提取后，经装有反相离子交换吸附剂的多功能净化柱净化，三氟乙酸衍生，用带有荧光检测器的液相色谱仪分析检测，标准中方法的检出限为黄曲霉毒素 B_1、黄曲霉毒素 G_1：0.20 μg/kg；黄曲霉毒素 B_2、黄曲霉毒素 G_2：0.05 μg/kg。

自 20 世纪 90 年代，免疫亲和-高效液相色谱技术（immuno-affinity column high

performance liquid chromatography，IAC-HPLC）在食品分析领域得到广泛应用。免疫亲和-液相色谱法是利用抗体抗原特异性吸附原理，以填充结合了黄曲霉毒素特异性抗体（多克隆抗体、单克隆抗体或纳米抗体）的载体（如凝胶等）制备免疫亲和柱，样品流过免疫亲和柱时，载体上的特异性抗体选择性吸附溶液中的黄曲霉毒素，而让其他杂质通过柱子流出，同时这种吸附又可被极性有机溶剂解离，实现被吸附黄曲霉毒素的洗脱，最后洗脱液中黄曲霉毒素含量可采用高效液相色谱仪等进行测定。

免疫亲和-液相色谱法在各国食品安全检测和进出口贸易检测中广泛应用。美国、欧盟等发达国家和国际组织在黄曲霉毒素污染监测中均要求优先采用此方法，我国国家标准也采用了此方法。例如，GB/T 18979—2003 中规定了食品中黄曲霉毒素的免疫亲和-高效液相色谱法，检出限为 1 μg/kg。GB/T 23212—2008 和 GB 5413.37—2010 中规定了采用免疫亲和柱纯化，高效液相色谱法或高效液相色谱-质谱联用法检测样品中黄曲霉毒素含量。由于采用免疫亲和柱对样品浓缩净化，方法灵敏度得到提高，免疫亲和-液相色谱-质谱联用法定量限为 0.01 μg/kg；免疫亲和-液相色谱法检测乳粉中黄曲霉毒素 M_1 的检出限为 0.08 μg/kg，乳中黄曲霉毒素 M_1 的检出限为 0.008 μg/L。免疫亲和-高效液相色谱方法的应用，大大提高了黄曲霉毒素检测数据的准确性与科学性，推动了黄曲霉毒素危害识别、风险评估等相关领域的科学研究。

（五）液相色谱-质谱联用法

随着分析测试技术的不断发展，高性能质谱仪器不断被开发出来，色谱与质谱联用已经成为黄曲霉毒素确证性检测技术发展的趋势。质谱分析中，黄曲霉毒素等待测化合物先被离子化，再在电场和磁场作用下，将所得不同质荷比的离子（包括分子离子和碎片离子）分离，从而可得到一组特征质谱图。由于特定分子在确定的质谱分析条件下，具有特征的碎裂和离子化规律，并呈良好的重现性，因此，质谱测定可为未知组分的分析提供丰富的结构信息，被公认为最有效的定性分析手段之一。

黄曲霉毒素液相色谱-质谱联用法就是在高效液相色谱分离基础上，结合了质谱分析原理而发展起来的一种精确检测技术。用于检测黄曲霉毒素的质谱离子源包括电喷雾离子源（electrospray ionization，ESI）和大气压化学电离源（atmospheric pressure chemical ionization，APCI）等；质量分析器主要包括单四极杆、三重四极杆和离子阱等。国家标准方法 GB 5413.37—2010 规定免疫亲和层析净化液相色谱-串联质谱法检测乳和乳制品中黄曲霉毒素 M_1，定量限为 0.01 μg/kg（以乳计）。近年来，有不少文献报道高效液相色谱-质谱联用（high performance liquid chromatography mass spectrometry，HPLC-MS）、超高效液相色谱-串联质谱联用（ultra performance liquid chromatography mass spectrometry/mass spectrometry，UPLC-MS/MS）等黄曲霉毒素确证性检测方法，定量限可达到 ppt（ng/kg）级水平。

（六）免疫分析法

免疫分析法（immunoassay，IA）是指利用黄曲霉毒素与其抗体特异性免疫反应的原理建立的一类检测技术。根据标记信号不同，免疫分析法可包括放射免疫测定法

（radioimmunoassay，RIA）、酶免疫分析法（enzyme immunoassay，EIA）、荧光免疫分析法（fluorescent immunoassay，FIA）、金标免疫分析法（gold nanoparticle immunoassay，GNPIA）、时间分辨荧光免疫分析法（time-resolved fluorescent immunoassay，TRFIA）、化学发光免疫分析法（chemiluminescence immunoassay，CLIA）及其他免疫传感检测法等。

黄曲霉毒素免疫分析技术与其他检测技术相比，具有选择性强、灵敏度高、检测时间短、速度快、费用低、使用安全等优点，一直是国内外黄曲霉毒素快速检测研究的热点。免疫分析的经典方法——酶联免疫吸附测定法（enzyme-linked immunosorbent assay，ELISA）是农产品食品及饲料领域应用最广泛的检测技术。我国国家标准方法 GB/T 17480—2008《饲料中黄曲霉毒素 B_1 的测定　酶联免疫吸附法》规定了直接竞争酶联免疫分析模式测定饲料中黄曲霉毒素 B_1 的方法，其基本原理为：将试样中黄曲霉毒素 B_1、酶标黄曲霉毒素 B_1（酶标半抗原）与包被于微量反应板中的黄曲霉毒素 B_1 特异性抗体进行免疫竞争性反应，洗涤去除游离物后加入酶底物显色，试样中黄曲霉毒素 B_1 的含量与颜色深浅成反比。用目测法或仪器法，通过与黄曲霉毒素 B_1 标准溶液比较，判断或计算试样中黄曲霉毒素 B_1 的含量，方法的检出限为 0.1 μg/kg。此外，我国国标 GB 5413.37—2010 中采用双流向酶联免疫吸附法检测黄曲霉毒素 M_1，检出限为 0.5 μg/kg。

二、黄曲霉毒素各种检测技术的特点与适用范围

20 世纪 60 年代以来，国内外研究建立了黄曲霉毒素薄层法、酶联免疫法和液相色谱大型仪器分析法等黄曲霉毒素检测方法，每种检测技术有其各自的优势、特点和适用范围，具体比较见表 1-5。薄层法虽简便易行，但耗时长、效率低，且对检测人员及环境危害风险大；酶联免疫法因黄曲霉毒素抗原免疫活性位点不清、抗体创制盲目、抗体亲和力低、探针灵敏度差，假阳性率高；液相色谱法和液相色谱-串联质谱联用法虽精确度高，但免疫亲和柱及大型仪器依赖进口，检测程序烦琐，成本高，难以满足农产品食品全程控制不同环节现场检测的需求。因此，黄曲霉毒素高灵敏快速检测技术成为研究的热点之一。

表 1-5　各种黄曲霉毒素检测技术的特点

检测技术	优点	缺点
薄层色谱法	对仪器设备要求低，一般实验室即可满足条件，易于普及推广	选择性差，易受多种因素影响，精确性差，变异系数高，前处理步骤耗时费力，对实验人员与环境危害风险大
微柱法	可快速筛选出超标样品	无法区分黄曲霉毒素种类，难以定量检测
免疫亲和-荧光光度法	选择性强，富集纯化效果好，样品前处理简便快速、特异性强	前处理免疫亲和柱费用较高
高效液相色谱法	准确性高、灵敏度高、重现性好，可同时分离检测多种黄曲霉毒素	前处理要求高，仪器价格高，需衍生化反应，对环境及操作技术要求较高，仅适合专业实验室使用
液相色谱-质谱联用法	质谱检测器具有独特选择性和高灵敏性，准确性高、灵敏度高、重现性好，可避免液相色谱法所需复杂衍生化反应	仪器昂贵，对环境及操作技术要求高，只适合专业检测实验室使用

检测技术	优点	缺点
酶联免疫吸附法	灵敏度高、通量高、特异性强、样品前处理简单、测试成本低	酶活性易受反应条件影响,测定结果假阳性率高,对试剂盒保藏条件要求高,试剂盒保质期较短
其他新型免疫分析法	灵敏度高、特异性强、干扰小、是将来发展方向,应用前景好	技术有待规范化、标准化

三、黄曲霉毒素检测技术发展方向

为保障农产品食品消费安全,世界各国对黄曲霉毒素检测技术都非常重视。经过多年的发展,逐渐建立了多种检测方法,每种方法在不同的历史时期均发挥了重要作用。随着社会发展和科技进步,更多的新型检测方法被开发出来,以满足黄曲霉毒素灵敏、准确、方便、快速、安全的检测要求。

在黄曲霉毒素实验室官方检测技术发展方面,液相色谱和质谱联用高灵敏度、高选择性仪器的研发(如高分辨质谱等),特别是免疫亲和柱与大型液质在线联用将成为黄曲霉毒素实验室官方检测技术的发展方向。

在黄曲霉毒素现场快速检测技术发展方面,随着免疫学技术的不断发展,免疫检测技术和检测设备不断涌现,具有灵敏度高、特异性强、检测成本低、快速简便、重现性好、短时间能处理大批量样品等优点,尤其对生产过程黄曲霉毒素的快速筛查与控制,技术优势突显无疑,可能成为未来黄曲霉毒素现场快速检测技术发展的主流方向。

第四节 黄曲霉毒素免疫检测技术研究进展与发展趋势

20 世纪 70 年代以来,黄曲霉毒素免疫检测技术得到持续不断发展,并成为黄曲霉毒素现场快速检测的重要手段。回顾黄曲霉毒素免疫检测技术发展历程,主要包括特异性抗体创制、免疫标记材料研制和免疫检测装置与仪器的研发,各领域均取得了突破性进展。

黄曲霉毒素抗体创制先后经历了黄曲霉毒素多克隆抗体研制、单克隆抗体研制、基因重组抗体研制,乃至当前的纳米抗体研制等阶段。抗体研制技术的创新与技术进步,使黄曲霉毒素免疫检测技术在选择性、灵敏度、稳定性等主要性能参数方面得到不断提升,促进了黄曲霉毒素免疫检测技术的推广与应用。

黄曲霉毒素免疫标记材料研制从最早的放射性同位素标记,发展到酶标记、荧光标记、金标记、镧标记等标记新材料,推动了黄曲霉毒素检测由放射免疫分析法,到酶免疫分析法、荧光免疫分析法、胶体金免疫分析法、时间分辨荧光免疫分析法等的技术跨越。虽然每种检测技术具有自身的优势和局限,总体上,实用性、可靠性和抗干扰能力得到稳步提升。

黄曲霉毒素免疫检测装置是黄曲霉毒素免疫检测技术的重要物化载体,先后出现了微孔分析板、免疫层析试纸条、免疫亲和柱、专用检测仪及其他免疫检测装置和仪器。黄曲霉毒素免疫检测装置的演进，不断推动着黄曲霉毒素免疫检测技术产品的产业化和市场化进程。

随着当今生物技术、材料化学和仪器科学技术的进步，黄曲霉毒素免疫亲和技术与大型精密仪器联用、抗体分子改良技术以及微纳标记技术将推动黄曲霉毒素免疫检测技术革新，免疫传感器专用化与高度集成化以及绿色免疫检测技术，将成为黄曲霉毒素免疫检测技术新的发展趋势。

一、黄曲霉毒素免疫检测技术发展历程

黄曲霉毒素免疫检测方法特异性强、灵敏度高、方法简捷、分析容量大、成本低，一般不需要贵重仪器，可简化或省去前处理步骤，并且容易提供系列商品化的技术产品，具有常规理化分析技术难以比拟的优势，适合进行复杂基质中痕量组分的分析。随着特异性抗体、标记材料、免疫检测装置的发展，黄曲霉毒素免疫检测技术发展迅速，成为主要发展趋势（Li et al., 2009b）。

（一）黄曲霉毒素特异性抗体的演进

抗体是免疫检测技术最关键的材料和基础。黄曲霉毒素免疫检测技术发展 40 年来，抗体种类增加、性能不断提高，经历了多克隆抗体（polyclonal antibody，pAb）、单克隆抗体（monoclonal antibody，mAb）和基因工程抗体（genetically engineered antibody）三个阶段。

1. 黄曲霉毒素多克隆抗体阶段

历史上第一个黄曲霉毒素多克隆抗体是由 Langone 和 van Vunakis 在 1976 年采用免疫兔子制备的。兔血清中的多克隆抗体对黄曲霉毒素 B_1、G_1、G_2 等均有免疫反应。随后，不同类型、不同亲和力及灵敏度的黄曲霉毒素多克隆抗体相继被研制出来。例如，Chu 和 Ueno 在 1977 年制备了黄曲霉毒素 B_1 的兔多克隆抗体，对黄曲霉毒素 B_1 的检测灵敏度（IC_{50}）范围是 $0.4 \sim 4$ ng/mL；Harder 和 Chu 在 1979 年制备了黄曲霉毒素 M_1 的兔多克隆抗体，对黄曲霉毒素 M_1 检测灵敏度为 $1 \sim 10$ ng/孔；Chu 等在 1985 年制备了黄曲霉毒素 G_1 的兔多克隆抗体。

制备多克隆抗体不仅需要不断免疫动物，且极易产生抗体批间差异，难以大规模批量制备。近年来，人们对黄曲霉毒素多克隆抗体的研究逐渐减少，转而研究可以通过细胞培养，无限生产且特异性更高的黄曲霉毒素单克隆抗体。

2. 黄曲霉毒素单克隆抗体阶段

1975 年，Kohler 和 Milstein 发现将小鼠骨髓瘤细胞和用绵羊红细胞免疫的小鼠脾细胞进行融合，形成的杂交细胞既可产生抗体，又可无限增殖，从而创立了单克隆抗体杂交瘤技术。利用杂交瘤技术，筛选出黄曲霉毒素杂交瘤细胞株，从而制备出黄曲霉毒素单克隆抗体，极大地提高了黄曲霉毒素免疫测定的灵敏度和特异性，为不同免疫测定方

法的设计与研究建立开辟了广阔的空间。

历史上第一个黄曲霉毒素单克隆抗体是 Groopman 等于 1984 年研发成功的，研制出的单抗 2B11 属于高亲和力的免疫球蛋白 M（IgM），对黄曲霉毒素 B_1、B_2、M_1 均有较好的识别能力。近年来，随着对单克隆抗体技术研究的深入，已经研制出更多的黄曲霉毒素单克隆抗体，对黄曲霉毒素的特异性、亲和力、检测灵敏度越来越高，同时还促进了其他真菌毒素单克隆抗体的研制。

张道宏等筛选出杂交瘤细胞株 1C11，对黄曲霉毒素 B_1、B_2、G_1、G_2 的检测灵敏度分别为 1.2 pg/mL、1.3 pg/mL、2.2 pg/mL 和 18.0 pg/mL（Zhang D H et al.，2009）。管笛等筛选出的黄曲霉毒素 M_1 的高特异性杂交瘤细胞株 2C9，其分泌的抗体对黄曲霉毒素 M_1 的检测灵敏度达到 0.067 ng/mL，与黄曲霉毒素 B_1、B_2、G_1、G_2 交叉反应率小于 0.1%，测定结果显示无交叉反应（Guan et al.，2011b）。研制出黄曲霉毒素 B_1 的杂交瘤细胞株 3G1，抗体对黄曲霉毒素 B_1 的检测灵敏度可达 1.6 ng/mL，抗体与黄曲霉毒素 B_2 的交叉反应率为 6.4%，与黄曲霉毒素 G_1 和黄曲霉毒素 G_2 的交叉反应率均小于 1%（Li P W et al.，2013a）。此外，研制出其他真菌毒素，如脱氧雪腐镰刀菌烯醇、赭曲霉毒素（ochratoxin，OTA）、玉米赤霉烯酮（zearalenone，ZEA 或 ZEN）、伏马毒素、T-2 毒素、杂色曲霉素等系列单克隆抗体，可满足黄曲霉毒素混合污染同步检测技术研究与推广应用需求（唐晓倩等，2012；王海彬等，2012b；Li X et al.，2013b；Li M et al.，2014；Zhang Z W et al.，2013）。

3. 黄曲霉毒素基因工程抗体阶段

20 世纪 90 年代以来，基因工程免疫测定试剂和基因工程抗体的发展，再次拓宽了免疫测定技术的发展空间。利用基因工程手段制备的重组抗体在黄曲霉毒素检测中逐渐被关注，成为研究热点之一。

重组抗体有单链 Fv 抗体和单链抗原结合片段两种。单链 Fv 抗体（single chain fragment of variable region，scFv）结构包含轻链可变区（light chain variable region，VL）和重链可变区（heavy chain variable region，VH）；单链抗原结合片段（single chain fragment of antigen binding，scFab）结构包含重链功能区（fragment domain，FD）和轻链恒定区（light chain constant region，LC）。与传统的多克隆抗体、单克隆抗体相比，重组抗体的生产不需要动物，只需将单克隆抗体的一些功能基因片段克隆转导到原核或真核生物体内，重组抗体就能够在短时间内在原核或真核表达体系里大量生产，从而降低生产成本，有利于满足黄曲霉毒素低成本、大规模检测需求。

Moghaddam 等于 2001 年制备出黄曲霉毒素 B_1 重组抗体，但未报道其对黄曲霉毒素 B_1 的检测方法和灵敏度。2002 年 Daly 等研制出黄曲霉毒素 B_1 的单链抗体，检测灵敏度为 400 ng/mL。李鑫等开展黄曲霉毒素单链抗体筛选与建株研究，利用构建的黄曲霉毒素噬菌体展示阳性抗体库，成功筛选到两株黄曲霉毒素单链抗体 1A7 和 2G7，其中 1A7 对黄曲霉毒素 B_1、B_2、G_1、G_2 的检测灵敏度为 0.02～0.18 ng/mL，可应用于黄曲霉毒素总量的检测；2G7 对黄曲霉毒素 B_1 的检测灵敏度可达 0.01 ng/mL，适合于黄曲霉毒素 B_1 的特异性检测（Li X et al.，2013a）。

（二）黄曲霉毒素免疫标记材料的演进

免疫标记测定技术标志着免疫检测技术进入高灵敏免疫测定的时代。免疫标记是将一些既易测定又具有高度敏感性的物质标记到特异性抗体或抗原分子上，通过这些标记物的增强放大效应来显示反应系统中抗体或抗原的性质与含量。由于抗体与其相应抗原具有很高的亲和力，因此带有易识别标记物的抗体或抗原可以用于反应体系的定量分析，是一种比较理想的快速低成本定量测定方法。

1. 黄曲霉毒素放射性同位素标记

放射免疫测定法是以放射性同位素 ^{3}H 或 ^{14}C 标记黄曲霉毒素，定量的放射性黄曲霉毒素和样品中的黄曲霉毒素竞争结合定量抗体，除去未结合的部分后，测定其放射性强度，放射性强则说明样品中黄曲霉毒素含量低，反之黄曲霉毒素含量高。

在 20 世纪 50 年代以前，免疫测定技术仅用于医学定性诊断；直到 50 年代末 60 年代初才出现定量测定方法，即放射免疫测定法。黄曲霉毒素放射性同位素标记免疫测定在 20 世纪 70 年代多有报道。例如，Qian 等建立了一种直接竞争放射性同位素标记免疫分析法，测定牛奶中黄曲霉毒素 M_1，检出限为 3 ng/mL；Korder 等建立了一种黄曲霉毒素 B_1 的放射性同位素标记免疫测定方法，检测范围为 0.2～5 ng/mL。尽管放射免疫测定技术的出现是免疫测定技术发展史上的一个里程碑，但由于试剂半衰期过长、实验放射性废液难以处理、容易污染环境等缺点，已经逐步退出了在免疫测定中的应用，而采用非放射性同位素标记物建立标记免疫测定技术成为发展的主流方向。

2. 黄曲霉毒素酶免疫标记

1966 年，法国巴斯德研究所的 Avrameas 和 Uriel 以及美国的 Nakane 和 Pierce 同时报道了酶免疫测定技术，Avrameas 报道公开了将酶通过戊二醛方法标记抗原和抗体的理想条件。20 世纪 60 年代末，在酶免疫组织化学的基础上，瑞典斯德哥尔摩大学的 Engvall 和 Perlmann、荷兰 Organon 公司的 vanWeeman 和 Schuurs 等以及法国巴斯德研究所的 Avrameas 等同时发展了一种酶标固相免疫测定技术，即酶联免疫吸附测定法（enzyme-linked immunosorbent assay，ELISA）。

酶标记免疫测定技术逐步取代了放射免疫技术，成为一种非常简便有效的研究工具，迅速应用于各种生物活性物质及标志物的测定。20 世纪 70 年代后期被引入到黄曲霉毒素的检测中。用于标记的酶通常是辣根过氧化物酶（horse radish peroxidase，HRP）或碱性磷酸酶（alkaline phosphatase，AP）。1977 年，Lawellin 等首次报道了酶标记半抗原的直接竞争 ELISA 法，用辣根过氧化物酶标记黄曲霉毒素 B_1 检测玉米中黄曲霉毒素 B_1，检出限达到 10 pg/mL。

黄曲霉毒素 ELISA 检测方法简单易操作、灵敏度高，沿用至今，但在实际样品检测中易出现假阳性或假阴性的检测结果，特别是生物样品中的氧化酶、蛋白酶等可能会干扰酶标记免疫分析。

3. 黄曲霉毒素荧光免疫标记

现有荧光标记物包括荧光素和量子点等。荧光素标记是将已知的抗体或抗原分子标记上荧光素，当与其相对应的抗原或抗体结合后，在形成的复合物上就带有一定量的荧光物质，在荧光显微镜下就可以观察到发出荧光的抗原抗体结合部位，检测出抗原或抗体。

20 世纪 40 年代，Coons 采用异氰酸蒽（anthracene isocyanate）荧光素标记抗体检测可溶性肺炎球菌多糖抗原，首次创建了荧光抗体检测技术，用于医学诊断研究。荧光免疫分析发展迅速，现已广泛应用于微量、超微量物质的分析测定。荧光免疫分析具有专一性强、灵敏度高、价格低廉、无放射性污染等优点。荧光素标记可以是有机和无机物质或者特殊的蛋白质。常用的荧光素有异硫氰酸荧光素（fluorescein isothiocyanate，FITC）和四甲基异氰酸罗丹明（tetramethyl rhodamine isothiocyanate，TRITC）。

量子点（quantum dot，QDs）是一类由 II-VI 族，如硒化镉（CdSe）、碲化镉（CdTe）、硫化镉（CdS）、硒化锌（ZnSe）等，或 III-V 族，如磷化铟（InP）、砷化铟（InAs）等元素组成的纳米颗粒，是近年发展起来的一种新型荧光纳米材料。与传统有机荧光染料相比，量子点吸收光谱宽、发射光谱窄而对称，斯托克斯位移（Stokes shift）大及荧光稳定性高、荧光寿命长（许琳等，2015）。

CdTe 量子点是最常用的生物标记及成像光学探针的纳米材料之一。Zhang 等合成出 CdTe 量子点，与黄曲霉毒素 B_1 单克隆抗体偶联，建立直接竞争荧光免疫吸附测定方法，用于检测花生样品中的黄曲霉毒素 B_1，灵敏度达到 0.149 ng/mL，检出限为 0.016 ng/mL（Zhang et al., 2014a）。李园园等利用合成的 CdTe 量子点，与兔抗鼠二抗进行共价偶联，建立黄曲霉毒素间接竞争荧光免疫吸附测定方法，灵敏度和检出限分别为 0.023 ng/mL 和 0.001 ng/mL，与传统的有机染料 FITC-二抗法比较，灵敏度提高了 30 倍（李园园等，2012）。

4. 黄曲霉毒素胶体金免疫标记

胶体金（colloidal gold）也称纳米金（nanogold），是氯金酸（$HAuCl_4$）被还原成单质金后形成的金颗粒悬液，具有胶体的多种特性。1971 年，Faulk 和 Taylor 首先将纳米金引入到免疫化学中。20 世纪 90 年代，胶体金标记方法得到快速发展并在药物检测、生物医学诊断等许多领域得到越来越广泛的应用。

胶体金标记技术是四大免疫标记技术之一，与放射性同位素、酶、荧光素其他三大标记技术相比，胶体金本身有鲜艳的颜色，检测结果直接用颜色显示，肉眼容易判断，无需仪器设备即可定性，结果直观，特别适合于现场检测。运用胶体金标记制备出黄曲霉毒素胶体金免疫层析试纸条，在黄曲霉毒素现场测定中就能够给出"有"或"没有"、"超标"或"不超标"的定性检测结论，方法简便、快速。

传统的胶体金标记技术主要是指胶体金免疫层析试纸条方法。随着纳米技术的发展，纳米金颗粒不仅局限于用作示踪标志物，还可将其作为生物分子偶联及信号放大的载体，应用于 ELISA、电化学等方法中。例如，采用双标记方法将纳米金标记在酶标二抗上，形成纳米金探针,将酶免疫标记与纳米金免疫标记技术结合在一起,一方面与常规 ELISA 测定原理相同,可以利用酶催化底物显色程度测定抗原的量;另一方面,利用纳米金优异的电化学响应特性,还可以采用电化学方法来进行测定,由于一个 15 nm 的纳米金颗粒上可以吸附 10 个左右的酶标二抗分子,因此检测灵敏度与常规 ELISA 方法相比得到大大提高。

5. 黄曲霉毒素其他免疫标记

用于黄曲霉毒素抗体标记的其他物质还有生物素、猝灭剂、胶体银、胶体硒、稀土元素等。生物素标记反应简单、温和且抗体活性抑制作用小,将生物素与抗体共价结合是一种非常简便、直接的标记方法。猝灭剂标记主要应用到黄曲霉毒素荧光猝灭反应中,胶体硒、胶体银标记与胶体金标记类似。此外,采用稀土元素标记抗体,可利用稀土元素荧光寿命长的特性,进行黄曲霉毒素的时间分辨荧光测定,能够显著降低或避免本底荧光干扰,提高检测灵敏度。

(三)黄曲霉毒素免疫检测装置的演进

基于黄曲霉毒素不同免疫测定原理,免疫分析检测装置也不断推陈出新,不仅方便了黄曲霉毒素检测,且测定结果趋向于更加稳定,定量更加准确可靠,很大程度上推动了黄曲霉毒素免疫检测技术和产品的产业化与市场化进程。

1. 黄曲霉毒素微孔分析板

微孔分析板具有均匀吸附蛋白质的特性,如黄曲霉毒素检测抗原、特异性抗体或二抗等容易均匀吸附在微孔分析板。比较常用的是 48 孔和 96 孔聚苯乙烯微孔板,基于微孔分析板的黄曲霉毒素免疫检测技术主要采用竞争 ELISA 模式。相应的读数装置能够读取微孔分析板中吸光度、化学发光或荧光的强度,经过数据处理软件的处理建立标准曲线,根据标准曲线得出黄曲霉毒素的含量。

与早期建立的检测方法相比,微孔分析板具有操作简单、检测成本低的优势,利用 96 孔或 384 孔微孔分析板可以实现大批样品定量或半定量的高通量筛选。

2. 黄曲霉毒素免疫层析试纸条

免疫层析试纸条技术一般是基于抗体设计的固相免疫分析法。根据标记物的不同,主要有两种免疫层析试纸条:胶体金免疫层析试纸条和时间分辨荧光免疫层析试纸条。胶体金免疫层析试纸条包括四个部分:吸水垫、NC 膜(硝酸纤维素膜,nitrocellulose filter membrane)、金标释放垫和样品垫。时间分辨荧光免疫层析试纸条不含金标垫,稀土元素标记的抗体位于检测瓶中。免疫层析试纸条的 NC 膜上有两条基本线:上端的质控线,用于判断试纸条的质量;下端的检测线,用于反映样品中被测物质的浓度。

免疫层析试纸条是一种简单、对操作者友好、不需要复杂仪器装置的检测模式,在短时间内即可得到检测结果。黄曲霉毒素快速检测试纸条可在 5～10 min 完成对样品中黄曲霉毒素的定性测定,适用于现场测试和大量样品的初筛,因此,作为定性或半定量的工具，免疫层析试纸条具有巨大的商业潜力。目前，黄曲霉毒素免疫层析试纸条已成功商业化生产并广泛应用于农产品食品及饲料等黄曲霉毒素的筛查分析。

3. 黄曲霉毒素免疫亲和柱

20世纪90年代起，免疫亲和柱（immunoaffinity column，IAC）在食品分析领域得到了广泛应用。免疫亲和柱是利用免疫化学反应原理，柱内填充了偶联有单克隆抗体的微球，样品流过时，微球上的单抗选择性吸附提取液中的待测物——黄曲霉毒素，经洗脱后使用高效液相色谱仪、荧光分光光度计或酶联免疫吸附方法检测黄曲霉毒素的含量。由于抗原-抗体反应具有高灵敏、高特异性和高选择性等特点，从而可大大提高试样的净化效果及检测灵敏度。近年来国内外采用此类方法检测黄曲霉毒素的研究报道较多。

以前黄曲霉毒素免疫亲和柱主要是美国、德国等外国专利产品，价格昂贵，制备方法未见报道，使我国黄曲霉毒素免疫亲和测定方法的应用受到严重制约，经常在农产品食品国际贸易中遭遇贸易技术壁垒。2005年，杨春洪、张文等成功自主研制出免疫亲和微球，突破了黄曲霉毒素抗体偶联关键核心技术，研制出黄曲霉毒素免疫亲和柱，实现了免疫亲和柱的大批量生产，打破了国外产品的垄断局面，尤其是纳米抗体免疫亲和柱的研制成功，不仅攻克了免疫亲和柱抗体不耐高温和不耐有机溶剂的难题，而且使我国跃居国际领先行列。

4. 黄曲霉毒素专用检测仪

黄曲霉毒素毒性强，危害大，开发专用检测仪或便携式快速检测仪有利于保护检测人员身体健康，对黄曲霉毒素快速、灵敏、便捷的现场定量检测具有重要的现实意义。近年来，联合国内仪器生产企业自主研发出黄曲霉毒素免疫亲和荧光检测仪、黄曲霉毒素单光谱成像检测仪、黄曲霉毒素时间分辨荧光检测仪等系列专用检测仪器，已成功推广应用。

黄曲霉毒素免疫亲和荧光检测仪是一种专用的荧光光谱仪，通过免疫亲和柱截获和净化黄曲霉毒素，用波长为365 nm的光源激发黄曲霉毒素产生荧光或其被荧光增强后，通过检测荧光强度或者荧光增强的变化来实现对样品中黄曲霉毒素的定量分析。黄曲霉毒素单光谱成像检测仪和黄曲霉毒素时间分辨荧光检测仪分别是针对胶体金免疫层析试纸条、时间分辨荧光免疫层析试纸条的专用检测仪器，能够直接输出检测结果，具有操作简单、成本低、便携、可定量检测的特点，适用于大批量样品的现场检测。

5. 酶标仪等其他检测装置

酶标仪、生物芯片仪作为ELISA法、生物芯片法检测的读数仪器，也常被用作黄曲霉毒素免疫测定装置。

纵观黄曲霉毒素免疫测定技术的发展历程，可以看出，建立在抗原和抗体特异性相互作用基础上的免疫检测技术，是其他检测方法难以替代的，如果说抗原和抗体特异性相互作用是免疫测定技术的基本框架，抗体、标记物、固相支持物等就像是这个框架上丰富多彩的外部装饰。

二、黄曲霉毒素主要免疫检测技术及特点

（一）黄曲霉毒素免疫亲和-荧光检测技术

黄曲霉毒素免疫亲和-荧光检测技术（immuno-affinity column fluorescence spectrophotometry）是利用黄曲霉毒素分子荧光特性，采用免疫亲和柱对样品中的黄曲霉毒素净化、富集、洗脱后，再用荧光检测仪进行定量的检测技术。可以根据标记材料荧光特性分为直接激发荧光（或经诱导增强）、偏振荧光和时间分辨荧光等荧光检测。

免疫亲和-荧光检测技术近年来得到较快发展。马良等建立了花生及其制品中黄曲霉毒素 B_1 免疫亲和柱净化-荧光快速检测技术，定量限达 0.3 μg/kg（马良等，2007a）；李静等建立的时间分辨荧光检测技术测定油料饼粕中黄曲霉毒素 B_1，回收率为 70%～120%，批间和批内变异系数均小于 15%，检测结果相对相差小于 15%（李静等，2014）。

（二）黄曲霉毒素免疫亲和-高效液相色谱检测技术

将免疫亲和柱与高效液相色谱仪联用检测黄曲霉毒素，是目前应用最多的黄曲霉毒素精确测定方法。黄曲霉毒素免疫亲和-高效液相色谱法比传统的高效液相色谱法更加稳定、可靠，通过免疫亲和柱的高效富集纯化作用大大提高了检测灵敏度和准确度，推动了黄曲霉毒素大型仪器精确测定的简便化和快速化,利用免疫亲和-高效液相色谱法同步净化、同时检测多种真菌毒素及在线检测逐步成为发展趋势。

范素芳等建立了花生、玉米和大米中黄曲霉毒素的免疫亲和-高效液相色谱法，测定黄曲霉毒素 B_1、B_2、G_1、G_2 的检出限分别为 0.5～1.5 μg/kg（范素芳等，2011）；鲍蕾等建立的免疫亲和柱同时净化-高效液相色谱法检测植物油中黄曲霉毒素 B_1、B_2、G_1、G_2 和玉米赤霉烯酮的分析方法，对黄曲霉毒素 B_1、B_2、G_1、G_2 的定量限均为 0.1 μg/kg，对玉米赤霉烯酮的定量限为 5.0 μg/kg，相对标准偏差（relative standard deviation，RSD）低于 10.4%，回收率为 82.0%～95.5%；丁俭等建立的在线固相萃取富集-高效液相色谱法，测定牛奶中黄曲霉毒素 M_1 的检出限达 0.04 μg/kg，定量限为 0.10 μg/kg（丁俭等，2013）。

（三）黄曲霉毒素免疫亲和-色谱质谱联用检测技术

免疫亲和-高效液相色谱法通常使用荧光检测器，虽然其灵敏度高，但需要将样品在柱前或柱后进行衍生化，操作烦琐、分析时间较长。近几年发展起来的免疫亲和-色谱质谱联用法，将免疫亲和-色谱的高效分离富集纯化能力和质谱检测的高灵敏度两大优势结合在一起，大大提高了分析速度、检测灵敏度和选择性，在食品安全领域得到广泛应用。另外，质谱作为确证性检测手段，对化合物的定性更准确。谭宏涛和简兵云通过免疫亲和柱净化与高效富集，建立的超高效液相色谱-串联质谱法测定牛奶中黄曲霉毒素 M_1 含量的方法，定量限达 0.005 μg/kg，用于分析牛奶样品，回收率为 89.5%～101.5%，相对标准偏差为 2.8%～9.5%。王秀嫄等建立的免疫亲和柱净化、超高效液相色谱-串联质谱法同时测定玉米、大米、大豆等固体粮油样品中 4 种黄曲霉毒素，对黄曲霉毒素 B_1、B_2、G_1、G_2 的检出限分别为 0.002 μg/kg、0.004 μg/kg、0.004 μg/kg 和 0.012 μg/kg，回收率为

87%~111%（王秀嫔等，2011）。

近年来，免疫亲和-色谱质谱联用法检测黄曲霉毒素等真菌毒素的文献报道快速增加，在农产品食品黄曲霉毒素确证性检测中将发挥越来越重要的作用。

（四）黄曲霉毒素酶联免疫吸附检测技术

酶联免疫吸附技术（ELISA）是 20 世纪 60 年代末期发展起来的一种固相酶免疫分析方法，已经被广泛应用于农产品食品、饲料和环境中有毒有害物质的检测。

黄曲霉毒素 ELISA 法是将抗原、抗体的特异性反应与酶对底物的高效催化作用相结合的一种测定方法，根据 ELISA 检测体系中是否引入第二抗体，可分为直接法和间接法两种；根据检测体系中抗原与抗体反应模式差异，ELISA 又可分为竞争法和双抗体夹心法等。由于黄曲霉毒素为小分子物质，难以采用双抗体夹心法进行测定，目前黄曲霉毒素免疫检测技术中主要采用竞争法检测。

黄曲霉毒素间接竞争法的原理是先将黄曲霉毒素完全抗原包被在固相载体上，测定时将待测样品和黄曲霉毒素特异性抗体的混合物加入到固定有检测抗原的固相载体表面，溶液中游离的黄曲霉毒素便与被固定的黄曲霉毒素抗原竞争性结合特异性抗体，再用洗涤方法去除游离黄曲霉毒素与抗体形成的复合物，然后加入酶底物，催化显色，即可直接反映出与被固定抗原发生了结合反应的特异性抗体的量，并反推出与游离黄曲霉毒素发生结合反应的特异性抗体的量，从而计算出游离黄曲霉毒素的含量。样品中游离的黄曲霉毒素与固相化黄曲霉毒素抗原竞争有限的抗体结合位点，样品中待测黄曲霉毒素含量越多，结合在固相上的抗体就越少，相应地被固定化结合的酶标二抗也越少，最后的显色就越浅，即颜色的深浅与待测物浓度成反相关。例如，Li 等基于自主研制的黄曲霉毒素总量单克隆抗体，研究建立的黄曲霉毒素间接竞争 ELISA 方法，对 4 种黄曲霉毒素的检测灵敏度为 2.1~3.1 μg/L，检测花生中 4 种黄曲霉毒素的回收率为 87.5%~102.0%（Li et al., 2009a）。Guan 等建立的一种检测奶制品中黄曲霉毒素 M_1 的间接竞争 ELISA 法，检出限达 3 ng/L，批间、批内 RSD 均小于 10%，回收率为 91%~110%（Guan et al., 2011b）。

直接竞争法的原理是将酶直接标记在黄曲霉毒素特异性抗体（酶标一抗）或半抗原（酶标半抗原）上，采用先固定黄曲霉毒素检测抗原（或特异性抗体）；再加入待测液和酶标一抗（或酶标半抗原）的混合溶液；最后与间接竞争法一样，进行显色、终止显色及测定与计算黄曲霉毒素含量。例如，美国 Lawellin 等 1977 年首次报道了酶标半抗原直接竞争 ELISA 法，即将辣根过氧化物酶标记黄曲霉毒素 B_1，用于检测玉米中黄曲霉毒素 B_1；Kolosova 等建立的一种基于单克隆抗体的直接竞争 ELISA 法，用于检测谷物中黄曲霉毒素 B_1，检测灵敏度为 0.62 ng/mL，检测范围为 0.1~10 ng/mL；我国李秀芳等曾报道了酶标半抗原直接竞争 ELISA 法测定黄曲霉毒素 B_1 的研究结果。

黄曲霉毒素 ELISA 检测方法是目前实验室应用较多且比较成熟的免疫检测方法，国内外已有商品化的黄曲霉毒素 B_1 检测试剂盒。ELISA 方法虽然理论上具有灵敏度高、特异性好的特点，但也存在重复性差、假阳性率高等缺点。

（五）黄曲霉毒素免疫层析技术

1. 胶体金标记免疫层析技术

胶体金标记免疫层析技术也常被称为纳米金粒子免疫层析技术（gold nano particle immunochromatography assay，GNP-ICA），是 20 世纪 80 年代发展起来的一种将胶体金免疫技术和色谱层析技术相结合的固相膜免疫分析方法。

胶体金免疫快速检测技术是继三大标记技术（荧光素、放射性同位素和酶）之后发展起来的固相标记免疫测定技术。利用胶体金作为标记物，以 NC 膜为载体，根据样品的流动方式不同分为两种模式：免疫渗滤和免疫层析。

胶体金标记免疫层析法将各种反应试剂以条带形式固定于同一试纸条上，以微孔滤膜为载体，包被已知抗体或抗原。加入待测样品后，经滤膜毛细作用使样品中的黄曲霉毒素和金标抗体（或金标抗原）渗滤、移行，到达膜上包被抗原（或抗体）位置时，发生竞争性结合反应，金标抗体结合到包被抗原上使检测线呈现红色，未被结合的金标抗体继续前移至质控线呈现红色，显示阴性结果；或者与待测液中黄曲霉毒素形成免疫复合物，越过检测线继续前移，检测线不显色，直至被质控线固定的第二抗体捕获，质控线显红色，显示阳性结果。黄曲霉毒素胶体金免疫层析检测大多基于这种分析模式。

黄曲霉毒素 B_1 胶体金免疫层析试纸条具有快速简便、灵敏度高、特异性好的特点，无需大型仪器设备，不需添加其他试剂和孵育洗涤步骤，结果判断直观可靠，大大地提高了检测效率，容易被基层单位人员掌握，十分适合现场快速检测，可以有效地解决基层单位因设备和经费而无法开展农产品食品黄曲霉毒素检测和监控的问题，实用性强、应用前景广阔。

邓省亮等制备的黄曲霉毒素 B_1 快速检测试纸条，测试的灵敏度为 5 ng/mL，检测时间为 10 min。张道宏等研发的黄曲霉毒素半定量免疫层析试纸条，在检测区域有三条检测线，观察三条检测线的显色，即可判断样品中黄曲霉毒素的浓度范围（Zhang D H et al.，2012a）。此外，张道宏等还首创了可同时检测黄曲霉毒素 B_1、B_2、G_1、G_2 的胶体金试纸条，对花生中黄曲霉毒素 B_1、B_2、G_1、G_2 的检出限分别达到 0.03 ng/mL、0.06 ng/mL、0.12 ng/mL、0.25 ng/mL（Zhang et al.，2011b）。李鑫等研发的同时检测黄曲霉毒素 B_1、赭曲霉毒素 A、玉米赤霉烯酮的胶体金试纸条，对黄曲霉毒素 B_1、赭曲霉毒素 A 和玉米赤霉烯酮的检出限分别达到 0.25 ng/mL、0.5 ng/mL、1 ng/mL（Li X et al.，2013c）。此外，应用黄曲霉毒素单光谱成像检测仪可直接对胶体金免疫层析试纸条上的检测线和控制线的颜色变化进行读数，直接输出检测结果，实现黄曲霉毒素定量检测。

2. 时间分辨荧光免疫分析技术

时间分辨荧光免疫分析技术是 20 世纪 80 年代初在传统荧光免疫分析的基础上发展起来的一种新型非放射性标记免疫分析技术，灵敏度可与放射免疫分析相媲美。与传统的荧光素标记不同，时间分辨荧光免疫分析所用的标记物是具有独特荧光特性的稀土离子螯合物。稀土离子螯合物与通常的荧光物质相比，衰变时间长，为传统荧光的 $10^3\sim$

10^6 倍，荧光寿命长。在用时间分辨荧光检测仪测量荧光时，可以先进行时间延迟，待本底物质及其他非目标物质的荧光衰变后再测量，这时测量的只是稀土标记物的特异性荧光，从而极大地降低了本底荧光，实现 TRFIA 高灵敏度和低背景干扰测定。

黄飚等将赭曲霉毒素 A 抗原包被在 96 孔板上，封闭后加入赭曲霉毒素 A 标准品或待测液，标准品或待测液中游离的毒素共同竞争有限的抗毒素的单克隆抗体，以稀土离子螯合物标记羊抗鼠抗体，采用间接竞争免疫分析模式，建立了 TRFIA 方法。近年来，我国成功研制出时间分辨荧光免疫层析试纸条及配套的时间分辨荧光检测仪，用于检测粮油及牛奶中黄曲霉毒素 B_1、黄曲霉毒素 M_1，灵敏度最高可达到 0.003 μg/kg。这种时间分辨荧光免疫分析技术，竞争反应在时间分辨荧光免疫层析试纸条上进行，再通过时间分辨荧光检测仪读数，快速定量输出检测结果，前处理过程简单，并省去了 ELISA 检测时在 96 孔板上频繁加样、洗板等烦琐步骤，检测时间短，能在 5～10 min 内完成整个检测过程。同时，黄曲霉毒素时间分辨荧光检测仪小型、便携，非常适合现场检测。

（六）黄曲霉毒素免疫芯片检测技术

免疫芯片是一种特殊的蛋白芯片，芯片上的探针可根据研究目的选用抗体、抗原等具有生物活性的蛋白质。芯片上的探针点阵通过特异性免疫反应捕获样品中的靶标，然后通过专用激光扫描系统和软件进行图像扫描、分析及结果解析，具有高通量、自动化、灵敏度高和多组分分析等优点。由于黄曲霉毒素单克隆抗体具有高度的特异性及亲和性，因此是一种较好的探针蛋白，用其构筑的芯片可用于检测相应的靶标分子。在农产品食品黄曲霉毒素检测中应用较多的有液相芯片、微阵列芯片等。

液相芯片技术是近几年兴起的一种高通量检测技术。由于液相芯片具有高通量、多组分检测的特点，在大量样品同步检测方面有广阔的发展前景（李鑫等，2012c）。此外，液相芯片的检测范围广，对靶标物检测的灵活性强，能根据实际检测需求获取对应检测信息，在实际样品浓度较高时，不需要对样品进行稀释，更容易应用于现场检测；液相芯片检测平台所需样品量很少、获得信息量大，不需要 ELISA 测定中烦琐的操作步骤和有机、无机试剂，对环境友好，检测成本可显著降低。宋慧君等采用间接竞争原理和液相芯片技术平台，建立黄曲霉毒素 B_1 的液相芯片定量检测方法，对黄曲霉毒素 B_1 的检测灵敏度为 2.33 ng/mL，与黄曲霉毒素 B_2、黄曲霉毒素 G_1、玉米赤霉烯酮的交叉反应率分别为 9.34%、2.88%、<0.10%。

微阵列芯片研究始于 20 世纪 80 年代末，起初主要应用于生物遗传学领域，以高密度阵列为特征。李鑫等报道的能同时检测黄曲霉毒素 B_1、赭曲霉毒素 A、玉米赤霉烯酮三种真菌毒素的高灵敏微阵列芯片，对三种真菌毒素的检出限分别能达到 4 pg/mL、4 pg/mL、3 pg/mL（Li X et al.，2013c）。

由于免疫芯片具备分析速度快、灵敏度高、选择性好、响应速度快、坚固耐用、微型化以及绿色环保等特点，逐渐受到人们关注。随着分析测试科技的发展，集便携化、集成化、自动化、低损耗和多组分等诸多优点于一体的免疫芯片将来可能成为微分析系统中活跃的研究领域和发展前沿之一。

（七）黄曲霉毒素其他免疫分析技术

黄曲霉毒素其他免疫分析技术主要有免疫传感器技术（immunosensor）、荧光偏振免疫分析技术（fluorescence polarization immunoassay，FPIA）、化学发光免疫分析技术（chemiluminescence immune assay，CLIA）等。

免疫传感器一般由生物识别元件和信号转换元件组成，当生物识别元件与底物（即待测物）接触时，在合适的条件下反应，反应产物或反应过程所产生的物理或化学变化，通过转换器转换成可以检测的电信号或光信号输出，实现检测的目的。免疫传感器有很多种，检测黄曲霉毒素比较常见的有压电免疫传感器、光学免疫传感器、电化学免疫传感器等（Xu et al.，2016）。

压电免疫传感器是一种质量测量型免疫传感器。Jin 等以金纳米颗粒作为"重量标签"的信号增强系统，研究制作了一种压电免疫传感器，对黄曲霉毒素 B_1 的添加浓度在 $0.1 \sim 100$ ng/mL 时，其浓度数值和频率响应呈线性相关。

光学免疫传感器检测黄曲霉毒素主要是利用表面等离子体共振（surface plasmon resonance，SPR）技术。SPR 技术是把特异性的抗体固定在一个敏感的光学系统中（如金薄膜覆盖的玻璃表面），当待测样品流过固定有特异性抗体的表面时，若样品中有待检物质，该物质会被其捕捉而引起金膜表面折射率变化，最终导致 SPR 角变化。SPR 角的变化与检测物质的量在一定范围呈线性相关，所以通过检测 SPR 角度变化，即可获得被分析物的信息。Daly 等报道了一种黄曲霉毒素表面等离子体共振型免疫传感器，采用间接竞争法的原理测定黄曲霉毒素 B_1，测定范围为 $3.0 \sim 98.0$ ng/mL。

电化学免疫传感器是研究较多的传感器之一，主要采用竞争模式来检测黄曲霉毒素。基于竞争性的 ELISA 模式，黄曲霉毒素特异性抗体（或黄曲霉毒素抗原）被固定在电极上，而酶标半抗原（或酶标特异性抗体）处于游离状态。在免疫反应中，酶标半抗原与待测液中黄曲霉毒素竞争性地与固定在电极上的特异性抗体结合，或被固定在电极上的黄曲霉毒素抗原与待测液中黄曲霉毒素竞争性地与酶标特异性抗体结合，最后根据酶催化氧化底物所产生的电流强度进行定量。例如，Piermarini 等报道的采用竞争免疫原理，通过间歇脉冲安培技术测定黄曲霉毒素 B_1，对玉米样品提取液中黄曲霉毒素 B_1 的测定范围为 $0.05 \sim 2.00$ ng/mL。

荧光偏振免疫分析法是基于荧光标记的黄曲霉毒素与未进行荧光标记的黄曲霉毒素在反应缓冲液中竞争性结合特异性抗体来实现的。荧光标记的毒素与抗体结合后分子量变大，分子旋转速度变慢，荧光偏振值变大；样品待测液中未标记的毒素竞争结合抗体，使荧光偏振值降低，降低的程度与待测液未标记毒素的含量在一定范围内成正比。国外已有基于荧光偏振装置检测不同谷物中黄曲霉毒素的报道。

化学发光免疫分析是将高灵敏的化学发光分析和高特异性的免疫反应相结合而建立的一种检测微量抗原或抗体的标记免疫分析技术，是继放射免疫分析、酶联免疫分析、荧光免疫分析和时间分辨荧光免疫分析之后发展起来的新型免疫测定技术，可用于各种抗原、半抗原、抗体、激素、酶、脂肪酸、维生素和药物等的检测。虽然这项技术应用在黄曲霉毒素检测的研究报道还很少，但基于免疫化学发光阿达玛变换检测，在黄曲霉毒素等真菌毒素多组分高灵敏、高通量检测领域有很大的发展潜力和应用前景。Magliulo 等建立的化学发光免疫方法检测牛奶中黄曲霉毒素 M_1，定量限为 1 ng/kg，回收率为 96%～122%。

综上所述，黄曲霉毒素免疫分析方法已经有多种，检测黄曲霉毒素表现出灵敏度高、特异性强、简便快速的特点，尤其是新型标记材料与新技术的应用，对黄曲霉毒素检测方法学研究做了有益探索，部分技术已得到广泛推广应用，但多数还停留在实验室研究阶段，有待完善开发应用。

三、黄曲霉毒素免疫检测技术发展趋势

（一）免疫技术与大型精密仪器联用

农产品食品安全问题常与农产品食品中痕量有害污染物相关。建立农产品食品中痕量有害物质高灵敏分析方法，对建立食品有效监督体系、保证食品安全、保障人民身体健康、稳定我国进出口农产品食品贸易具有重要意义。随着国内外食品标准体系的不断完善和食品安全标准水平的不断提高，食品中有害物质的限量值日趋严格。因此，研究开发灵敏度更高、确证性更强、分析速度更快的分析测试技术成为必然发展趋势。

黄曲霉毒素免疫检测技术中，免疫技术与大型精密仪器联用检测方法在确证性检测中占有重要的地位。例如，黄曲霉毒素免疫亲和柱前处理技术与高效液相色谱、液相色谱串联质谱等仪器联用，已被国内外农产品及食品检验检疫部门采纳接受，并成为国内外公认的确证性检测技术。我国目前农产品食品、饲料中黄曲霉毒素测定的国家标准，就包括免疫亲和层析净化-高效液相色谱法、免疫亲和层析净化-荧光光度法以及免疫亲和层析净化-液相色谱串联质谱法。同时，随着色谱质谱仪器的不断发展，色谱仪已从单一检测器向双检测器定性、多检测器串并联的方向发展。新型联用技术包括仪器的联用也包括技术方法的联用。将免疫分析技术与不同检测原理的仪器相结合，可研发建立黄曲霉毒素各种新型检测技术。可以预见，免疫分析与大型仪器联用技术将在黄曲霉毒素确证性检测中发挥越来越重要的作用。

（二）抗体分子改良与检测灵敏度提高

免疫检测技术的核心是抗体，亲和力高、灵敏度高、特异性强的抗体是提高免疫检测技术水平的关键。1976 年，历史上第一个黄曲霉毒素多克隆抗体被应用于花生、玉米黄曲霉毒素 B_1 放射免疫测定中；1984 年，世界上第一个黄曲霉毒素单克隆抗体被应用于牛奶黄曲霉毒素 M_1 放射免疫测定中。

经过四十多年的发展，黄曲霉毒素的抗体研制与制备技术取得了突破性进展。发明的基于外源细胞因子（人类干细胞生长因子）调控的半固体培养-梯度筛选法，将黄曲霉毒素单克隆抗体的检测灵敏度提高到 1.2 pg/mL，亲和力常数提高到 1.74×10^9 L/mol；特异性最强的抗体 2C9 实现了与其他黄曲霉毒素无交叉反应。基于这些高灵敏单克隆抗体，已研制出免疫亲和柱、ELISA 试剂盒、胶体金免疫层析试纸条、时间分辨荧光免疫层析试纸条、免疫传感器等技术产品，实现了对粮油、乳品及饲料中黄曲霉毒素的高灵敏检测。

越来越多性能优异的黄曲霉毒素单克隆抗体的研制成功,归因于抗原分子设计不断创新与方法的不断改良,以及单克隆抗体杂交瘤选育技术的突破。例如,2009 年以来,张金阳、张道宏、李鑫等发明的基于外源细胞生长因子的半固体培养-梯度筛选法、黄曲霉毒素抗原免疫活性位点及其对抗体亲和力的靶向诱导效应,为创制灵敏度更高的单克隆抗体提供了有效的方法(李培武等,2008;Zhang D H et al.,2009)。此外,1995 年,Katherine Knight 在芝加哥洛约拉大学(Loyola University of Chicago)成功地在转基因兔中获得浆细胞瘤(plasmacytoma)后, Robert Pytela 和 Weimin Zhu 将此技术进一步改进,使兔单克隆抗体的制备产量得以大幅提升。

兔源单克隆抗体比鼠源单克隆抗体具有更多优势:兔抗血清通常含有高亲和力抗体,可以比鼠抗血清识别更多种类的抗原表位;兔单克隆抗体能够识别许多在小鼠中不产生免疫的抗原;由于兔脾脏较大,可以进行更多的融合实验,使得高通量筛选融合细胞成为可能。研究证明,兔源单克隆抗体往往比鼠源单克隆抗体在 ELISA 实验中拥有更高的亲和力和特异性。将来,人们有望研究制备出高灵敏度的黄曲霉毒素兔源单克隆抗体(RabMab),为更灵敏、准确、低成本的黄曲霉毒素免疫检测技术的研发提供可能。

(三)微纳标记推动免疫检测技术革新

在免疫标记历史上,放射免疫标记法是免疫标记方法应用的开始,开创了免疫标记的先河,但放射免疫分析法的环境污染和试剂保存期短等缺点也很明显。酶免疫分析的发展十分迅猛,多种新兴酶免疫技术的建立,使之成为 20 世纪 80 年代后市场上的主导产品。黄曲霉毒素荧光免疫分析方法在时间分辨荧光免疫分析技术出现后有了突破性飞跃,极大地提高了检测方法的灵敏度。胶体金纳米粒子标记技术不依赖大型检测仪器,肉眼可视,在基层单位得到广泛应用。近年来,现代材料科学的发展,催生了诸如纳米金、纳米银、荧光量子点、石墨烯等众多微纳新材料,因其具有更加稳定的光学信号,为免疫标记分析技术发展不断注入新的活力。随着分子生物学、细胞生物学、基础免疫学和免疫化学等学科的快速发展以及现代先进科学仪器的广泛应用,以微纳标记为标志的免疫标记技术将可能带来黄曲霉毒素免疫检测技术新的飞跃(Zhang Z W et al., 2012;Zheng et al., 2013)。

(四)高度集成化专用免疫传感器

以抗原-抗体特异性结合为基础,结合各种免疫标记新技术,集成化免疫传感器成为黄曲霉毒素检测的发展方向之一。免疫传感器的灵敏度高、检测时间短、成本低廉、轻巧方便、可随身携带,容易操作,这些优点决定了免疫传感器在未来黄曲霉毒素检测中的应用潜力。

随着材料科学的发展,不断有新型材料应用在免疫传感器的生物识别元件上,例如,纳米材料,包括纳米金、碳纳米管和其他纳米复合物等,具有体积小、比表面积大等优点,同时表现出独特的光学、电学和异相催化特性(Tang et al., 2013;Zhang Z W et al., 2012)。可以预见,新材料的使用将进一步提高黄曲霉毒素免疫传感器的各项性能,能实时监测到传感器表面抗原抗体的反应,并能将输出结果数字化,达到定量检测的效果。

未来黄曲霉毒素等真菌毒素免疫传感器的研究热点之一可能是将各种生物活性材料与传感器结合，研发具有识别功能的换能器。此外，缩微芯片等芯片技术将越来越多地应用于免疫传感器领域，实现免疫传感器检测系统的集成化、一体化，达到对样品的即时、高通量检测（Zhang et al., 2014b）。随着分子生物学、材料学、微电子技术和光纤化学等高科技的迅速发展，特别是黄曲霉毒素高灵敏特异性抗体的研制成功，专用免疫传感器会趋向于集成化应用，由小规模制作转变为大规模批量生产，逐步走向市场化和商品化。

（五）绿色免疫检测技术悄然兴起

黄曲霉毒素免疫测定过程中，通常需使用抗原、剧毒标准品及有毒有害试剂，操作不慎，就会危害操作人员的身体健康，对环境也可能造成二次污染。人们期望能发展无毒的黄曲霉毒素替代标准品、替代抗原技术，以减少有毒有害试剂的使用，使检测过程更安全、更环保，有利于免疫检测方法的广泛使用。

管笛等已成功研究制备出黄曲霉毒素独特型抗体，与黄曲霉毒素 M_1 标准品之间存在"内影像"关系，能够模拟其三维结构，在 ELISA 分析中替代黄曲霉毒素标准品，与国家标准方法高效液相色谱法的检测结果有很好的符合性。进一步运用抗黄曲霉毒素单克隆抗体 IgG 免疫新西兰大白兔，制备出非标记二抗，研究非标记二抗作为黄曲霉毒素通用替代标准品的可行性，结果表明在基于四种不同的黄曲霉毒素单克隆抗体的 ELISA 体系中，黄曲霉毒素均与非标记二抗有稳定的定量对应关系，采用两步计算法，可以完成从样品抑制率到替代品浓度，再到目标物浓度的替代转换过程，由此可避免黄曲霉毒素检测中剧毒标准品的应用，实现检测过程的绿色化，使人们看到了对黄曲霉毒素绿色化检测的曙光和希望。

基于纳米抗体的绿色检测技术已取得突破性进展。王妍入等利用噬菌体展示技术筛选到 5 个黄曲霉毒素 B_1 模拟表位肽，用这些模拟表位肽替代黄曲霉毒素抗原建立间接竞争 ELISA 方法，用于检测实际样品时，样品稀释 8 倍后，方法的灵敏度为 14 μg/kg，线性范围 4～24 μg/kg，检测花生、大米、玉米样品时回收率能达到 60%～120%（Wang et al., 2013b）。此后，用黄曲霉毒素单克隆抗体免疫羊驼，利用羊驼血淋巴细胞建立噬菌体展示纳米抗体库，经过淘选得到 3 种可以作为黄曲霉毒素替代抗原的抗独特型纳米抗体，其中一种纳米抗体作为替代抗原在黄曲霉毒素 B_1 的 ELISA 实验中灵敏度达 0.16 ng/mL，与黄曲霉毒素 B_2、G_1、G_2 的交叉反应率分别为 90.4%、54.4%、37.7%，促进了黄曲霉毒素绿色检测技术的发展（Wang et al., 2013a）。

虽然一些免疫检测新技术已经实现实验室检测过程的绿色化，但受核心抗体材料的亲和力、特异性的限制，目前总体还处在实验室研究阶段，尚未能大规模地推广应用，有待进一步深入研究。此外，黄曲霉毒素非竞争免疫检测技术备受关注，虽然还在积极探索中，也将是绿色化检测前沿的重要发展方向。因此，未来各种新型绿色免疫检测技术是黄曲霉毒素免疫检测技术发展的热点之一，具有广阔的发展空间和应用前景。

第二章　黄曲霉毒素人工抗原

抗原是抗体研制的基础。只有结构合理的人工抗原，才有可能制备出满足黄曲霉毒素目标物免疫检测需求的特异性抗体。因此，研发黄曲霉毒素免疫检测技术，首要面临的任务就是黄曲霉毒素系列人工抗原的合理设计、合成、鉴定等研究工作。而实现黄曲霉毒素人工抗原合理设计，需要明确黄曲霉毒素分子上可诱导抗体高亲和力的关键化学基团——黄曲霉毒素抗原免疫活性位点。

利用黄曲霉毒素抗原免疫活性位点创制高亲和力抗体，还需根据黄曲霉毒素具体种类和组分，充分考虑不同种类黄曲霉毒素分子的特征结构。因此，黄曲霉毒素人工抗原的设计与研制涉及黄曲霉毒素半抗原结构设计，包括黄曲霉毒素抗原免疫活性位点的探索、连接臂的选择、载体蛋白种类和偶联方法的选择、偶联结果鉴定和结合比测算等。

黄曲霉毒素属小分子化合物，其人工抗原既有与其他分析物抗原共性的一面，也有其特殊性的一面。本章将以黄曲霉毒素人工抗原特性为主线，重点介绍黄曲霉毒素抗原免疫活性位点及其对抗体亲和力的靶向诱导效应、在半抗原分子结构设计中应用和人工抗原合成与鉴定。

第一节　黄曲霉毒素抗原免疫活性位点

黄曲霉毒素分子基本结构由呋喃环和香豆素组成，其分子量为312～350，是一系列结构十分相近的类似物。因为黄曲霉毒素系列结构类似物均属于小分子化合物，免疫原性很差，所以必须借助载体蛋白的免疫原性才能引起动物免疫应答反应，从而诱导产生黄曲霉毒素特异性抗体。

由于黄曲霉毒素毒性极强，自然条件下难以降解，且具有累积毒性，黄曲霉毒素污染的农产品食品容易引发人畜中毒，因此对黄曲霉毒素的检测灵敏度要求特别高，一般亲和力的黄曲霉毒素抗体往往难以满足高灵敏检测需求。为了获得高亲和力的黄曲霉毒素特异性抗体，在黄曲霉毒素人工抗原的设计和合成中，必须充分考虑黄曲霉毒素人工抗原结构的合理性，使其在设计理论上具有诱导产生高亲和力抗体的可能性。因此，揭示并利用黄曲霉毒素抗原免疫活性位点对高亲和力特异性抗体的创制具有重要理论指导意义。

一、黄曲霉毒素人工抗原与免疫活性位点的概念

（一）黄曲霉毒素抗原决定簇和半抗原

抗原决定簇（antigenic determinant）又称抗原表位（antigenic epitope），是指抗原分子中决定抗原特异性的特殊化学基团。所有构成抗原表位的化学基团（残基）共同决定一个抗原表位的特异性，如每个多肽分子的抗原表位可由5～6个氨基酸残基组成，每个

多糖分子的抗原表位由 5～7 个单糖残基组成，每个核酸分子的表位可由 6～8 个核苷酸残基组成。黄曲霉毒素是小分子化合物，属于半抗原范畴，这类小分子半抗原通常就是一个抗原表位。

半抗原（hapten）的经典概念是指自身只具有反应原性，经偶联到大分子载体蛋白质上以后才具有免疫原性的小分子化合物。早在 1917 年 Karl Landsteiner 就提出了半抗原这一概念（Landsteiner，1945），发展到今天，半抗原的概念已有广义和狭义之分。广义上，所有具有反应原性而不具有免疫原性的小分子化合物均称之为半抗原，即除了那些具有活性基团可以与载体蛋白偶联的靶标化合物类似物外，靶标化合物自身也都是半抗原；而狭义上，只有那些具有活性基团可以与载体蛋白偶联的靶标化合物类似物才被称为半抗原。在很多抗小分子化合物抗体的研究中，首要任务就是靶标化合物半抗原分子结构的设计与合成。黄曲霉毒素半抗原通常都是指狭义上的半抗原——经过化学改造后具有偶联活性基团的黄曲霉毒素衍生物（Li et al.，2009b）。

黄曲霉毒素分子小，自身无法诱导动物免疫系统产生特异性抗体，但可以与黄曲霉毒素特异性抗体发生亲和反应。因此，广义概念上，黄曲霉毒素自身也是一种半抗原；而狭义上，其自身往往不具备与蛋白质共价偶联的活性基团，只有黄曲霉毒素被改造成能与载体蛋白共价偶联的类似物才称为黄曲霉毒素半抗原。显然，这些黄曲霉毒素类似物具有很容易与载体蛋白发生化学反应的化学基团，如羧基（—COOH）、氨基（—NH$_2$）等（王海彬等，2012a）。

黄曲霉毒素半抗原分子通常由三部分结构组成（图 2-1）：黄曲霉毒素残基、黄曲霉毒素半抗原连接臂和活性基团。其中黄曲霉毒素残基是黄曲霉毒素半抗原的主体结构，而黄曲霉毒素抗原免疫活性位点是黄曲霉毒素残基的核心结构。

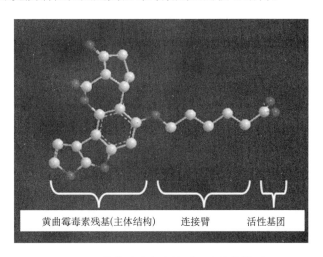

图 2-1　黄曲霉毒素半抗原组成结构模型

（二）黄曲霉毒素抗原免疫活性位点

黄曲霉毒素半抗原主体结构是借助载体蛋白抗原表位诱导特异性抗体的关键结构，

也是目标抗体特异性识别的主体结构。黄曲霉毒素半抗原连接臂是指连接黄曲霉毒素半抗原主体结构和载体蛋白的化学基团，通常为碳链状结构，其作用是使黄曲霉毒素主体结构在人工抗原分子上能够充分暴露。黄曲霉毒素半抗原活性基团是指半抗原与载体蛋白发生化学反应并共价偶联的基团，如羧基（—COOH）、氨基（—NH$_2$）等。

　　所有黄曲霉毒素分子都有其空间立体结构。在合成黄曲霉毒素人工抗原（通过化学方法将黄曲霉毒素分子偶联到载体蛋白上的过程）时，究竟需要充分暴露黄曲霉毒素分子的哪些基团、什么位点？或者说，黄曲霉毒素的什么基团、哪个位点充分暴露后最有利于诱导出高亲和力抗体？这些能够诱导产生高亲和力抗体的基团即为黄曲霉毒素抗原分子的免疫活性位点，它可能是完整的抗原决定簇，也可能是抗原决定簇中一部分关键基团。

　　黄曲霉毒素抗原免疫活性位点是黄曲霉毒素半抗原主体结构的核心组成，因此，黄曲霉毒素抗原免疫活性位点即黄曲霉毒素半抗原免疫活性位点或黄曲霉毒素免疫活性位点。

　　黄曲霉毒素抗原免疫活性位点是黄曲霉毒素人工抗原的关键基团（或者说是黄曲霉毒素抗原表位的关键活性位点），既是诱导产生高亲和力抗体的关键基团，也是与抗体间形成分子间作用力的关键基团。因此，探明和利用黄曲霉毒素抗原免疫活性位点对黄曲霉毒素高亲和力抗体的创制和高灵敏免疫检测技术的创建至关重要。

（三）黄曲霉毒素人工抗原

　　黄曲霉毒素人工抗原是指黄曲霉毒素分子经过结构改造并与载体蛋白发生偶联后形成的偶联产物，主要由两部分构成：黄曲霉毒素半抗原和载体蛋白，所以经常被称为黄曲霉毒素的蛋白偶联物（conjugate）。黄曲霉毒素及其半抗原分子量很小，不具有免疫原性，但其与载体蛋白（如牛血清白蛋白、卵清蛋白、血蓝蛋白等）偶联后的偶联物同时具备了抗原的两大特性，即免疫原性和反应原性，因此，黄曲霉毒素人工抗原有时也被称为黄曲霉毒素完全抗原。

　　根据应用目的与功能差异，黄曲霉毒素人工抗原可以分为免疫抗原和检测抗原两类。黄曲霉毒素免疫抗原是指用于免疫动物诱导抗体产生的黄曲霉毒素半抗原分子与载体蛋白偶联物。在黄曲霉毒素免疫抗原分子中，免疫活性位点是关键，其主要作用是诱导免疫动物产生黄曲霉毒素高亲和力特异性抗体。黄曲霉毒素检测抗原是指在黄曲霉毒素免疫检测体系中用到的黄曲霉毒素半抗原与载体蛋白共价偶联物。黄曲霉毒素等小分子免疫检测分析通常采用竞争反应模式，因此黄曲霉毒素检测抗原也常被称为竞争原（competitor），而在 ELISA 等检测反应体系中常被固定化，因此也多被称为包被抗原（coating antigen）或包被偶联物（coating conjugate）。

　　根据黄曲霉毒素种类差异，黄曲霉毒素人工抗原还可以分为黄曲霉毒素 B$_1$ 人工抗原、黄曲霉毒素 G$_1$ 人工抗原（李培武等，2010d）、黄曲霉毒素 M$_1$ 人工抗原等（Li et al., 2009）。黄曲霉毒素人工抗原的免疫活性除了受抗原免疫活性位点等半抗原结构因素影响外，还会受到黄曲霉毒素半抗原与载体蛋白偶联方法、偶联比等因素的影响。

二、黄曲霉毒素抗原免疫活性位点的发现与靶向诱导效应

在黄曲霉毒素抗体与靶标分子的互作复合物（免疫复合体，immunocomplex）中，通常会存在一些关键氨基酸残基，关键氨基酸残基与黄曲霉毒素分子的某些基团之间形成特异性相互结合作用。由于抗体的特征结构是由相应黄曲霉毒素抗原诱导产生的，因此推断黄曲霉毒素分子中与抗体形成主要作用力的基团，很有可能正是黄曲霉毒素抗原免疫活性位点，即黄曲霉毒素抗原决定簇或抗原决定簇中部分关键基团。因此，揭示黄曲霉毒素抗体与黄曲霉毒素高亲和力互作的分子机理，有利于探明黄曲霉毒素抗原分子的免疫活性位点。

针对黄曲霉毒素抗原与抗体分子互作位点不明，杂交瘤选育盲目性大，抗体亲和力低、灵敏度低的技术难题和对高亲和力抗体的迫切需求，通过抗体识别功能区氨基酸序列比对分析、Autodock 分子对接和定点突变验证等方法，系统揭示了模式抗体与黄曲霉毒素互作的分子机理，首次探明了黄曲霉毒素抗原分子免疫活性位点（张奇等，2013a; Li X et al., 2012），对指导黄曲霉毒素高亲和力抗体创制具有重要意义。

（一）黄曲霉毒素抗体多重序列比对分析锁定抗体关键区域

黄曲霉毒素抗体分子中，位于 N 端的氨基酸序列变异较大，决定抗体分子对抗原识别的特异性，称为可变区（variable region，V 区）。重链（VH）与轻链（VL）的高变区片段共同作用，形成高亲和力和高特异性的抗原结合位点，也被称为互补决定区（complementarity-determining region, CDR）。黄曲霉毒素抗体对黄曲霉毒素的识别正是通过 CDR 区与靶分子形成分子间作用力的过程，是决定互作特异性与亲和力大小的关键。

黄曲霉毒素抗体分子的多重序列比对分析主要针对的就是以上两个部分。以序列同源性较高但抗体灵敏度差异明显的黄曲霉毒素抗体组序列作为研究对象，所选抗体组对五种常见黄曲霉毒素的灵敏度数据见表 2-1（Li X et al., 2012）。

表 2-1 七株候选单克隆抗体对五种主要黄曲霉毒素的检测灵敏度

单克隆抗体	亚型	IC_{50} in ELISA[a]/(ng/mL)				
（mAb）	（isotype）	AFB_1	AFB_2	AFG_1	AFG_2	AFM_1
1C11	IgG_{2a}	0.0012	0.0013	0.0022	0.018	0.013
4F12	IgG_{2a}	0.09	0.10	0.10	0.42	0.20
4F3	IgG_1	0.29	0.17	0.14	0.50	0.27
1D3	IgG_1	0.41	0.77	0.36	2.53	1.25
10G4	IgG_1	0.73	0.54	0.47	1.46	1.44
10C9	IgG_1	2.09	2.23	2.19	3.21	2.95
1E10	IgG_{2b}	2.42	—[b]	5.44	—	—

注：a 间接竞争 ELISA 方法测定。

b IC_{50} 值超出测定范围。

七株不同黄曲霉毒素单克隆抗体对黄曲霉毒素 B_1 的检测灵敏度差异很大，抑制中浓度（IC_{50}）从 0.0012 ng/mL 到 2.42 ng/mL。根据 IC_{50} 值，可以将这七株单克隆抗体大致分成三组：1C11 与其他抗体相比，对黄曲霉毒素 B_1 的检测灵敏度极高，被独立列为第一组；与 1C11 相比，抗体 4F12、4F3、1D3 与 10G4 对黄曲霉毒素 B_1 的检测灵敏度约有数百倍的降低，因此这四株抗体被列为第二组；而抗体 1E10 与 10C9 对黄曲霉毒素 B_1 的检测灵敏度与 1C11 相比下降了三个数量级，被划分为第三组。

将表 2-1 中杂交瘤细胞克隆得到的抗体可变区序列上传至国际免疫遗传学信息系统（International ImMunoGeneTics information system）中的 IGMT/V-QUEST（http://www.imgt.org/IMGT_vquest/），并进行基因家族分析，结果表明所有抗体重链可变区均属于 IGHV5 基因家族，而所有轻链可变区基因均属于 IGKV3 基因家族，可见所克隆抗体可变区序列相似性很高（Li X et al., 2012）。

将克隆得到的序列翻译成氨基酸序列之后，利用生物信息学工具软件 Informax 2003 Vector NTI Suite 9 中的 AlignX 功能进行多重序列的比对分析，发现所有克隆得到的轻链可变区完全一致，而重链可变区序列在互补决定区（CDR 区）的差异明显，图 2-2（Li X et al., 2012）是七株抗体重链可变区氨基酸序列比对结果。基于对黄曲霉毒素抗体检测灵敏度差异的分析，推测抗体对抗原的识别与亲和力大小差异主要由重链可变区决定，可能正是这些区域的差异导致了黄曲霉毒素与抗体互作亲和力的不同。这些重链可变区域的锁定为抗体关键氨基酸残基的确定提供了技术思路和科学依据。

```
                    CDR1                                          CDR2
1C11   VQLQESGGGLVKPGGSLKLSCSAS GFTFSNYGM SWLRQTAEKRLEWVA SIS-GGGYSYYPDSVKG R
4F12   VQLQESGGGFVEPGGSLKLSCAAS GFSLSSYAM SWVRQTPEKRLEWVA TISSGGGKNYYPDSMKG R
4F3    VQLQESGGGSVKPGGSLKLSCAAS GFTFSSYAM SWVRQTPGKRLEWVA --STGGSLTYYPDSVKG R
1D3    VQLQESGGDLVKPGGSLKLSCAAS GFTFSSYGL SWVRQTPDKRLEWVA TISGGGGFTYYPDSVKG R
10G4   VQLQQSGGGFVEPGGSLKLSCAAS GFSLSSYAM SWVRQTPEKRLEWVA TISSGGGKNYYPDSMKG R
1E10   VQLQESGGGLVQPGGSRKLSCAAS GFTFSSFGM HWVRQAPEKGLEWVA YISSGSSTLHYADTVKG R
10C9   VQLQESGGGLVQPGGSRKLSCAAS GFTFSSFGM HWVRQAPEKGLEWVA YISSGSSTLHYADTVKG R

                    CDR3
1C11   FTISRDNAKNNLYLQMSSLKSEDTALYFC ASHD-YAWSFGV WGQGTTVTVSS
4F12   LTISRDNAKNTYLQVSSLRSEDTAMYFC VRHN-YRWTMDY WGQGTTVTVSS
4F3    FTISRDNAKNTYLQMSSLRSEDTAMYYC ARHD-FHWSFDV WGQGTTVTVSS
1D3    FTISRDNAKNTYLQMSSLRSEDTAMYYC ARHRGTNYYFDY WGQGTTVTVSS
10G4   LTISRDNAKNTYLQVSSLRSEDTAMYFC VRHN-YRWTMDY WGQGTTVTVSS
1E10   FTISRDNPKNTLFLQMK-LPSLCYG---- -----------L LGPRDHGHRLL
10C9   FTISRDNPKNTLFLQMK-LPSLCYG---- -----------L LGPRDHGHRLL
```

图 2-2 黄曲霉毒素抗体重链可变区氨基酸序列

根据以上分析结果，将解析重点锁定在抗体重链可变区。利用生物信息学工具软件 Informax 2003 Vector NTI Suite 9 中的 AlignX 功能，将灵敏度最高的 1C11 序列作为同源性 100%的模板，对两两序列之间进行同源性计算，结果见表 2-2（Li X et al., 2012）。

对比表 2-2 可以看出，其他抗体与 1C11 的序列同源性也与该抗体对黄曲霉毒素检测灵敏度的高低有一定关联性；第二组抗体（4F12、4F3、1D3 与 10G4）与 1C11 检测灵敏度差异较小，与 1C11 的同源性也较高，均超过 70%；而第三组抗体（1E10 与 10C9）与 1C11 检测灵敏度差异很大，与 1C11 的同源性也较低，只有 50%左右。这一实验结果验证了黄曲霉毒素抗体对抗原识别能力的差异主要由重链可变区决定的推论。

表 2-2　黄曲霉毒素抗体重链可变区序列同源性比较

单克隆抗体 （mAb）	抗体重链可变区（VH）	
	基因序列同源性/%	氨基酸序列同源性/%
1C11	100	100
4F12	85.3	76.9
4F3	89.5	79.4
1D3	86.1	76.7
10G4	85.3	72.4
10C9	70.4	54.7
1E10	69.2	54.7

从上述分析结果中还可以看出：第三组抗体与第一组抗体序列之间的同源性不高，难以进一步寻找抗体抗原识别关键氨基酸的定点突变分析。因此，将分析重点放在序列差别较小的第一组和第二组抗体之间，选取 1C11 与 4F12 做进一步的同源模建与分子对接分析，以寻找对抗体抗原识别起关键作用的氨基酸残基。

（二）特异性抗体的同源模建

同源模建（homology modeling）是根据模板蛋白将一级序列转成三维结构的技术总称，很多软件中都提供了相应的功能，如商业软件 INSIGHTii 以及 MODELLER 等。对于一些三维结构未知的抗体，如黄曲霉毒素抗体，往往可以通过同源模建的方法模拟其结构，从而为通过黄曲霉毒素与抗体的分子对接寻找候选互作位点提供重要信息。需要注意的是，一般同源模建选择的模板需要序列一致度达到30%以上，BLAST 的 e 值（对两序列同源性数值可靠性的评价值）小于 10^{-5} 和较接近的序列一致度，有利于同源模建成功。

在黄曲霉毒素抗体同源模建研究中，采用工具软件 MODELLER，对抗体 1C11 与 4F12 可变区进行三维结构的同源模建，结果如图 2-3（Li X et al., 2012）所示。从图中可以

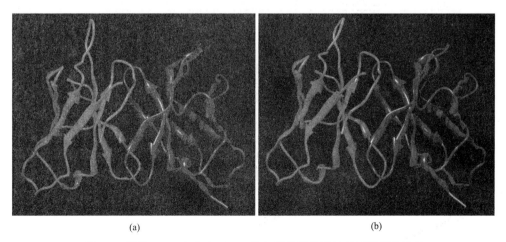

(a)　　　　　　　　　　　　(b)

图2-3　抗体 1C11（a）与 4F12（b）黄曲霉毒素抗体同源模建结果

看出所构建模型符合典型的免疫球蛋白结构，均是由环状结构连接而成的反向平行的 β-折叠片。另外，可以看出，1C11 与 4F12 模型之间的差别非常小，抗原结合区域由重链可变区（深色链）与轻链可变区（浅色链）共同组成，拥有非常相似的空间结构。

利用 MolProbity 网站中的 Ramachandran 功能，分析所构建模型的合理性，结果显示所构建 1C11 模型有 93.8%的氨基酸落在最适合区域，4.8%落在允许区域，只有 3 个氨基酸（2.4%）落在区域外，而这 3 个区域外氨基酸均不涉及与黄曲霉毒素 B_1 的相互作用；而所构建的 4F12 模型有 91.5%的氨基酸落在最适合区域，6.2%落在允许区域，只有 5 个氨基酸（2.4%）落在区域外，而这 5 个区域外氨基酸只有 Trp102 涉及与黄曲霉毒素 B_1 形成大 π 键。

（三）抗体与黄曲霉毒素 B_1 分子对接

分子对接（molecular docking）就是在已知两个不同分子三维结构基础上，对它们之间能否结合进行考察，并对复合物的结合模式进行预测。热力学上通常认为生物分子的稳定构象一般是其自由能最低时的构象，分子对接的目的也就是找到某个配体在受体的活性区域与之结合时所有可能构象中能量最低的构象，从而对受体与配体之间的结合模式进行初步预测。

将分子对接这个计算机辅助技术应用于抗体抗原分子直接的识别机理研究，会更有利于找到抗体与抗原直接作用的关键位点，可为黄曲霉毒素与特异性抗体互作机理研究提供更有力的理论支撑。常用分子对接软件有 Dock、Auto Dock、surflex、glide、gold、MVD 等。

利用 AutoDockVina 程序进行抗体模型与黄曲霉毒素 B_1 之间的分子对接研究已经取得突破性进展。从蛋白质数据库找到已知的黄曲霉毒素 B_1 结构，将其分子对接入抗体的抗原结合区，并在对接过程中最大程度保持抗体抗原间的疏水作用。黄曲霉毒素 B_1 与抗体分子对接后得到的复合物利用 AMBER11 软件进行能量最小化，并对分子对接模型进行修正，最终获得分子对接模型，见图 2-4（Li X et al., 2012）。

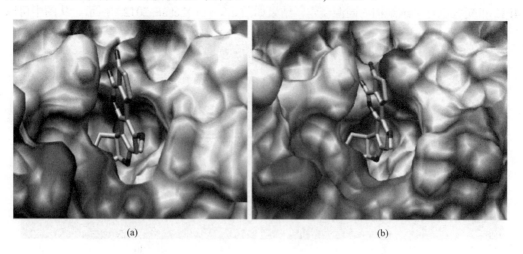

(a)　　　　　　　　　　　　　(b)

图 2-4　抗体 1C11（a）和 4F12（b）与黄曲霉毒素 B_1 的分子对接结果

解析图 2-4 发现，抗体形成了一个口袋状的抗原结合区域，并且结合区域形状与黄曲霉毒素 B_1 的分子结构高度互补。分别将 1C11 和 4F12 的半抗原结合区域放大，并详细标注抗体与黄曲霉毒素 B_1 之间的作用力寻找差异位点，推测对抗体抗原识别起关键作用的氨基酸，其中涉及与抗原作用氨基酸残基用球棍模型表示，重链可变区用蓝色表示，轻链可变区用红色表示，绿色线段代表氢键（彩图 1，Li X et al.，2012）。可以看出，不管是 1C11 还是 4F12，与黄曲霉毒素 B_1 的相互作用力主要由重链可变区的氨基酸残基形成（1～116 号氨基酸）。这一分子对接模型结果再次验证了序列比对分析的推论，即黄曲霉毒素抗体对抗原的识别能力大小差异主要由重链可变区氨基酸残基决定。

通过分子对接模型，深度分析 1C11 和 4F12 与黄曲霉毒素 B_1 之间的作用力差异（彩图 1，Li X et al.，2012），寻找对抗体抗原识别起关键作用的氨基酸。深度分析发现 1C11 和 4F12 与黄曲霉毒素 B_1 之间的识别差异主要由氢键和疏水作用两种作用力所致。

第一，氢键。从图 2-5 可以看出，抗体 1C11 与黄曲霉毒素 B_1 之间分别由位于轻链 CDR3 区的 Asp-L217、重链 CDR2 区的 Ser-H49 形成两个氢键；而抗体 4F12 与黄曲

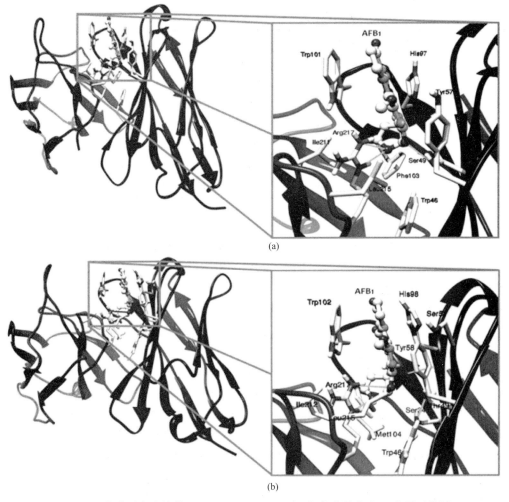

图 2-5　黄曲霉毒素抗体 1C11（a）、4F12（b）与黄曲霉毒素 B_1 分子对接图

霉毒素 B_1 之间只有一个氢键,由轻链 CDR3 区的 Asp-L217 与黄曲霉毒素 B_1 五元环上的氧原子形成,而其重链 CDR2 区的 H49 位置的氨基酸残基与 1C11 的丝氨酸不同,取而代之的是一个苏氨酸残基,该残基与其自身 H34 位的丝氨酸形成氢键,从而减弱了与黄曲霉毒素 B_1 之间的相互作用。

第二,疏水作用。图 2-5 结果显示,抗体 1C11 的 H103 位是一个苯丙氨酸残基,与该残基的苯环结构形成一个大的疏水表面,能与黄曲霉毒素 B_1 形成很强的疏水作用;而在抗体 4F12 的相同位置,是一个甲硫氨酸,该氨基酸残基没有苯环结构,因此疏水作用较苯丙氨酸大幅度减弱。

表 2-3（Li X et al., 2012）标示出在分析抗体-抗原识别能力过程中所涉及的七株单克隆抗体重链可变区三个 CDR 区的序列比较,以及各个抗体检测黄曲霉毒素 B_1 的灵敏度。对表中数据分析发现,上述分析的重链 H49 位与 H103 位的氨基酸并不保守,尤其是与黄曲霉毒素 B_1 形成额外氢键的 Ser-H49,是灵敏度最高的 1C11 抗体所特有的。因此可以推测:重链 H49 位的丝氨酸残基为决定抗体抗原识别灵敏性的关键氨基酸。

表 2-3　黄曲霉毒素七株抗体重链可变区 CDR 区序列比较

mAb	IC_{50}（AFB_1）	H-CDR1 序列	H-CDR2 序列	H-CDR3 序列
1C11	0.0012	GFTFSNYG	SI-SGGG-YSYYPDSVKG	ASHDYAWSFGV
4F12	0.086	GFSLSSYA	TISSGGGKNYYPDSMKG	VRHNYRWTMDY
4F3	0.286	GFTFSSYA	---ST-GGSLTYYPDSVKG	ARHDFHWSFDV
1D3	0.411	GFTFSSYG	TI-SGGGGFTYYPDSVKG	ARHRGTNYYFDY
10G4	0.730	GFSLSSYA	TISSGGGKNYYPDSMKG	VRHNYRWTMDY
10C9	2.092	GFTFSSFG	YISS--GSSTLHYADTVKG	ND
1E10	2.420	GFTFSSFG	YISS--GSSTLHYADTVKG	ND

注:ND 表示未检出。

另外,在重链 H103 位具有巨大疏水表面苯丙氨酸残基的抗体 1C11、4F3 和 1D3 均比同样序列条件下只有苏氨酸残基的抗体 4F12 和 10G4 对黄曲霉毒素 B_1 的检测灵敏度要高,因此可以推测:另一个对黄曲霉毒素抗体抗原识别起关键作用的氨基酸残基是 H103 苯丙氨酸。

（四）定点突变验证关键氨基酸推论

为了验证上述对关键氨基酸的推断,选用不具备关键氨基酸的两株抗体 4F12 和 10G4 作为突变对象,选取 H49 位和 H103 位作为突变位点,共构建四种不同的突变体,分别是 4F12（Thr^{H49}Ser）、10G4（Thr^{H49}Ser）单点突变体和 4F12（Thr^{H49}Ser, Met^{H103}Phe）、10G4（Thr^{H49}Ser, Met^{H103}Phe）双点突变体（Li X et al., 2012）。首先从单克隆杂交瘤细胞株 4F12 和 10G4 中分别克隆得到重链可变区、轻链可变区片段,并利用 SOE PCR 方法将各自重链可变区、轻链可变区片段拼接成为野生型重组单链抗体（scFv）;然后利用 Stratagene 公司快速定点突变试剂盒分别引入不同的突变位点,突变后挑取单克隆进行测序，测序结果用 BLAST 与各自野生型序列进行比对分析。

　　BLAST 结果见图 2-6 和图 2-7（Li X et al.，2012）。结果分析表明，4F12（Thr^{H49}Ser）、10G4（Thr^{H49}Ser）两个单点突变体序列中编码苏氨酸的密码子 ACC 已被编码丝氨酸的密码子 AGC 取代；而 4F12（Thr^{H49}Ser, Met^{H103}Phe）、10G4（Thr^{H49}Ser, Met^{H103}Phe）两个双点突变体中，除了以上密码子的取代外，编码甲硫氨酸的密码子 ATG 已成功被编码苯丙氨酸的密码子 TTC 取代，从而证明了四种突变体的成功构建。

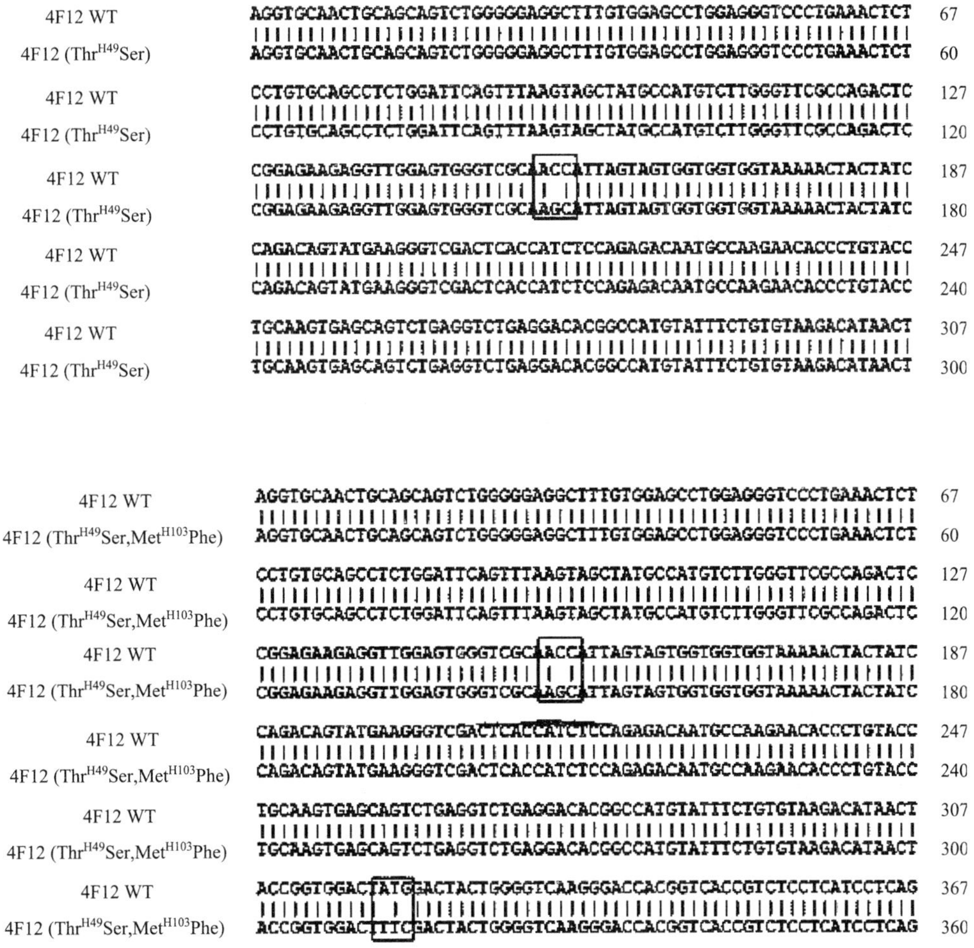

图 2-6　4F12 野生型与突变体序列比对

"WT" 指 "wild-type"，即未突变处理的原始序列

　　将构建成功的野生型与突变体 scFv 连接到噬菌体展示载体 PCANTAB 5E 上，利用噬菌体展示技术将表达后的单链抗体展示在 M13 噬菌体的表面，通过间接竞争 ELISA 法对 scFv 与黄曲霉毒素 B$_1$ 识别灵敏度进行鉴定，同一时间段、同样实验条件下实验研究结果见表 2-4（Li X et al.，2012）。

　　根据表 2-4 中数据结果，比较突变前后单链抗体对黄曲霉毒素 B$_1$ 检测灵敏度的变化，发现将 H49 位的苏氨酸突变为可以与黄曲霉毒素 B$_1$ 形成氢键的丝氨酸后，4F12 单点突

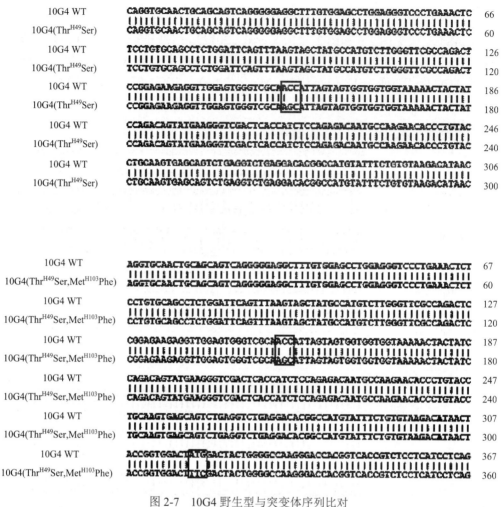

图 2-7　10G4 野生型与突变体序列比对

表 2-4　单链抗体 4F12 和 10G4 突变前后对 AFB₁ 检测灵敏度的变化

突变株	IC_{50}（AFB_1）/（ng/mL）
4F12（wild-type）	10
4F12（Thr[H49]Ser）	1.0
4F12（Thr[H49]Ser, Met[H103]Phe）	0.5
10G4（wild-type）	0.59
10G4（Thr[H49]Ser）	0.15
10G4（Thr[H49]Ser, Met[H103]Phe）	0.03

变体对黄曲霉毒素 B₁ 的检测灵敏度提高了一个数量级，10G4 单点突变体对黄曲霉毒素 B₁ 的检测灵敏度也提高了 4 倍；在此基础上，再将单点突变体的 H103 位突变成具有大疏水表面的苯丙氨酸后，两种双点突变体对黄曲霉毒素 B₁ 的检测灵敏度均较各自野生型提高了 20 倍。

上述实验数据与分子对接模型推测的结论完全一致，由此证明了 H49 位的丝氨酸与 H103 位的苯丙氨酸是影响黄曲霉毒素与抗体之间相互作用的关键氨基酸，对抗体检测灵敏度的提高具有决定性作用。

综上所述，通过黄曲霉毒素系列抗体多重序列比对、同源模建、结合分子对接研究结果发现，黄曲霉毒素分子中呋喃环氧基与抗体重链 49 位丝氨酸形成氢键，黄曲霉毒素分子中苯基与抗体重链 103 位苯丙氨酸形成 π-π 疏水力，从而实现黄曲霉毒素抗原抗体间的高灵敏特异性识别，揭示了黄曲霉毒素抗原与抗体发生亲和反应的特异性互作的分子机理。因此，抗原抗体间的氢键与疏水作用的差异可能是造成抗体对黄曲霉毒素 B_1 识别灵敏性差异的主要原因，重链 H49 位丝氨酸与 H103 位的苯丙氨酸可能是保证 1C11 抗体高灵敏识别能力形成的关键氨基酸。

采用定点突变方法，对推论的两个关键氨基酸进行验证，验证实验结果与理论推测完全一致，证明所推测的抗体重链 H49 位的丝氨酸与 H103 位的苯丙氨酸确实是对黄曲霉毒素抗体抗原高灵敏识别起关键作用的氨基酸。从而，首次从分子水平上揭示了黄曲霉毒素抗体抗原高灵敏特异性识别的分子机理。

（五）黄曲霉毒素抗原免疫活性位点的发现和验证

对模式抗体 1C11 与黄曲霉毒素 B_1 互作的分子机理研究，揭示了抗体 1C11 高亲和力特异识别的关键氨基酸是抗体重链 H49 丝氨酸和 H103 苯丙氨酸，其中抗体重链 H49 丝氨酸与黄曲霉毒素分子呋喃环上的氧形成氢键，抗体重链 H103 苯丙氨酸与黄曲霉毒素分子苯环形成 π-π 共轭疏水力，从而形成黄曲霉毒素抗体抗原高亲和力互作的主要分子间作用力（Li X et al., 2012）。据此推断，黄曲霉毒素分子的苯环与呋喃环上的氧基可能是诱导黄曲霉毒素高亲和力抗体的抗原免疫活性位点。

为验证这一推论，利用该活性位点和黄曲霉毒素 B_1、M_1、G_1 特征基团，进行抗原免疫活性位点连接臂分子设计及亲和力效应实验，通过载体蛋白连接使黄曲霉毒素分子的苯环与呋喃环氧基最大化暴露，连接臂设计使苯环与呋喃环氧基最大化暴露对抗体亲和力影响的实验结果见图 2-8。结果表明免疫活性位点最大化暴露后显著提高了抗体的亲和力，亲和力常数提高 3~5 倍。从而实验证明了黄曲霉毒素分子的苯环与呋喃环氧基是黄曲霉毒素免疫活性位点的推论。

（六）黄曲霉毒素抗原免疫活性位点对抗体亲和力的靶向诱导效应

对黄曲霉毒素抗体与黄曲霉毒素免疫亲和互作分子机理的解析，探明了黄曲霉毒素分子的免疫活性位点是苯环及呋喃环氧基。进一步研究发现，通过载体蛋白与连接臂分子设计使苯环及呋喃环氧基最大化暴露，充分利用黄曲霉毒素苯环及呋喃环氧基诱导效应的抗原，其诱导产生抗体的亲和力均显著比对照提高，最高可使抗体亲和力提高 5 倍以上，见图 2-8。据此，提出黄曲霉毒素抗原免疫活性位点决定抗体亲和力的靶向诱导效应学说，主要含义如下。

第一，黄曲霉毒素抗原免疫活性位点为黄曲霉毒素分子的苯环及呋喃环氧基。

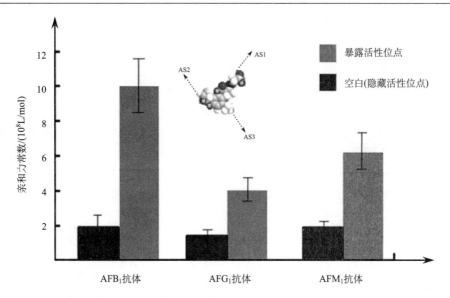

图 2-8　黄曲霉毒素抗原免疫活性位点连接臂设计及对抗体亲和力效应实验结果

第二，在黄曲霉毒素合理的人工抗原结构中，黄曲霉毒素抗原免疫活性位点具有靶向诱导高亲和力抗体的效应。

第三，在黄曲霉毒素合理人工抗原结构设计中，应通过分子设计充分暴露上述苯环及呋喃环氧基活性基团，充分发挥黄曲霉毒素抗原免疫活性位点靶向诱导效应，从而有利于创制出高亲和力抗体。

黄曲霉毒素免疫活性位点决定抗体亲和力的靶向诱导效应学说的提出，突破了以往黄曲霉毒素单克隆抗体研制中仅依靠电荷、位阻等化学参数或试错法等抗体创制中盲目性大、亲和力低的局限。根据这一学说，不仅成功创制出系列高亲和力黄曲霉毒素特异性抗体，而且为其他真菌毒素污染物抗体创制开辟了新途径，不仅已研制出赭曲霉毒素、玉米赤霉烯酮、T-2 毒素及菊酯类农残等系列高亲和力单克隆抗体，也可为其他生物毒素及农药残留等小分子污染物抗体研发提供可供参考的技术思路。

第二节　黄曲霉毒素半抗原分子结构设计

黄曲霉毒素半抗原结构是影响黄曲霉毒素人工抗原免疫活性的关键因素。因此，黄曲霉毒素半抗原结构设计是研制抗体的关键步骤，不仅决定抗体的亲和力和特异性，也是影响黄曲霉毒素免疫检测灵敏度最重要的起始环节。半抗原结构中可能会影响黄曲霉毒素人工抗原免疫活性的因素包括半抗原主体结构效应、连接臂效应、空间位阻效应、电子排布效应等，其中，黄曲霉毒素抗原免疫活性位点则是决定抗体互作亲和力大小的最关键的因素（Li et al., 2009b）。此外，载体蛋白种类和偶联方法等也会影响黄曲霉毒素人工抗原的免疫活性。

一、黄曲霉毒素半抗原设计

（一）黄曲霉毒素半抗原主体结构效应

黄曲霉毒素半抗原分子设计中首先要考虑的就是半抗原主体结构，主体结构不同会直接导致抗体识别特性的差异。黄曲霉毒素半抗原主体结构主要依据抗体研制目标和半抗原设计一般规则来设计。例如，研制黄曲霉毒素 G_1 特异性抗体，黄曲霉毒素 G_1 与黄曲霉毒素 B_1 的差异结构就需要保留在半抗原分子上，并且尽可能远离与载体蛋白偶联的位点。

根据黄曲霉毒素抗原免疫活性位点决定抗体亲和力的靶向诱导效应学说，黄曲霉毒素分子中苯环与相邻呋喃环上的氧基是高亲和力免疫识别的活性位点，这些因素在黄曲霉毒素半抗原设计中应重点加以考虑。因此，半抗原设计中既要考虑诱导抗体亲和力的抗原免疫活性位点，同时要兼顾黄曲霉毒素不同种类之间结构差异的最大化暴露。

（二）黄曲霉毒素半抗原连接位点效应

黄曲霉毒素半抗原连接位点是指黄曲霉毒素分子上引出连接臂的位点，是影响黄曲霉毒素抗体特异性的重要因素。半抗原连接臂位点不同，意味着暴露在最外层的半抗原主体结构的差异（图 2-9）。因此，决定黄曲霉毒素半抗原连接位点主要因素有两个方面：一方面要针对目标黄曲霉毒素结构，让连接位点尽可能远离目标黄曲霉毒素特征基团；另一方面要考虑从目标黄曲霉毒素分子上引出连接臂的方法需切实可行，并且简单有效。

（三）黄曲霉毒素半抗原连接臂效应

黄曲霉毒素半抗原连接臂效应是指连接臂长度和连接臂末端活性基团种类对黄曲霉毒素人工抗原的影响。一般情况下，黄曲霉毒素半抗原连接臂太短不利于黄曲霉毒素半抗原主体结构的充分暴露，但若连接臂太长，可能会引起半抗原结构因氢键（某些极性间隔臂）或疏水作用（非极性间隔臂）而产生"折叠"。通常连接臂碳链长度以 3～6 个碳原子为佳，同时，引入的连接臂必须自身不能引起免疫反应（图 2-10）。此外，黄曲霉毒素半抗原连接臂末端活性基团种类直接影响到半抗原与载体蛋白的偶联方法选择以及偶联的效果。

（四）黄曲霉毒素半抗原空间位阻效应

黄曲霉毒素半抗原空间位阻效应是指黄曲霉毒素分子上的修饰基团产生的空间位阻对抗体识别的影响。在研制针对某一种黄曲霉毒素特异性的抗体时，往往需要充分考虑如何利用其他黄曲霉毒素分子上的差异基团，并使其尽可能产生空间位阻效应，从而最大程度降低交叉反应，提高抗体特异性。而在研制黄曲霉毒素广谱高亲和力特异性抗体（通用抗体）时，则需要尽可能避免或减少各种黄曲霉毒素分子上差异基团的空间位阻效应，以提高抗体的通用性。

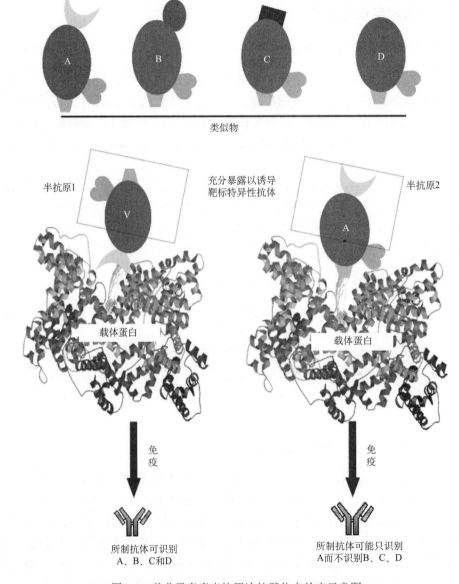

图 2-9　黄曲霉毒素半抗原连接臂位点效应示意图

(五) 黄曲霉毒素半抗原电子排布效应

黄曲霉毒素半抗原电子排布效应是指黄曲霉毒素半抗原分子和靶标黄曲霉毒素分子之间电子空间排布的差异对抗体识别特性的影响, 见图 2-11。

一般情况下, 半抗原分子和靶标分子之间电子空间排布的差异越小, 越有利于诱导产生特异性识别靶标的抗体; 反之, 诱导产生的抗体对半抗原的亲和力会远大于对靶标黄曲霉毒素的亲和力, 基于这种抗体建立的免疫检测方法灵敏度会非常低, 甚至在竞争反应中很难看到抑制现象, 难以建立免疫检测方法。因此, 黄曲霉毒素半抗原设计与合成中，黄曲霉毒素分子上引入连接臂时，引入基团的电子云越稀疏，引入基团的极性越弱，越有利于减少黄曲霉毒素半抗原分子与靶标黄曲霉毒素分子之间的电子排布差异。

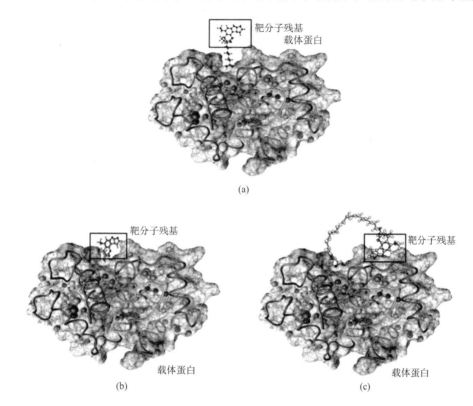

图 2-10　黄曲霉毒素半抗原连接臂长度效应示意图

（a）连接臂长度合理，靶分子残基恰好充分暴露；（b）连接臂长度偏短，靶分子残基暴露不充分；（c）连接臂偏长，引起弯曲折叠，不利于靶分子残基充分暴露

二、影响黄曲霉毒素半抗原偶联的因素

黄曲霉毒素人工抗原的免疫活性除受到其半抗原结构影响外，还会受到载体蛋白的种类、共价偶联方法以及黄曲霉毒素半抗原与载体蛋白的偶联比等因素的影响。

（一）载体蛋白种类的影响

常用的黄曲霉毒素载体蛋白种类包括牛血清白蛋白、人血清白蛋白、卵清蛋白、血蓝蛋白、其他球蛋白等。载体蛋白对黄曲霉毒素人工抗原免疫活性可能受以下三个因素的影响：一是载体蛋白分子大小和分支结构不一样，具有不同数量的可供连接黄曲霉毒素半抗原的位点；二是这些蛋白质具有不同数量的抗原表位，偶联物在免疫过程中递逞靶标（antigen-presenting）的机会不一样；三是载体蛋白亲缘关系不一样，可以根据免疫动物的种类选择远缘载体蛋白。

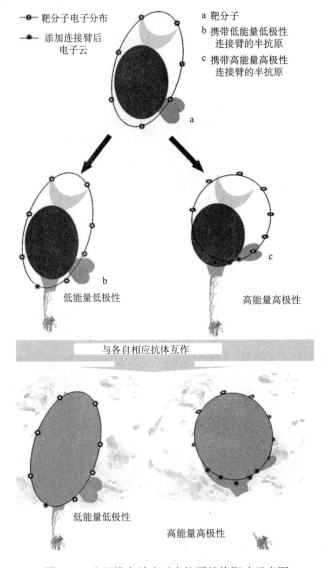

图 2-11　电子排布效应对半抗原结构影响示意图

（二）偶联方法的影响

黄曲霉毒素半抗原与载体蛋白的偶联需要通过特定的化学合成方法进行。偶联方法的设计除依据半抗原的活性基团外，还要考虑化学偶联反应的难易程度。因此，偶联方法不仅会影响黄曲霉毒素半抗原在载体蛋白上的空间位置，还会影响半抗原与载体蛋白的结合比，最终影响半抗原暴露的多样性及免疫效果。一般情况下，希望免疫抗原中半抗原暴露的概率尽可能高一些，以增加诱导靶标特异性抗体的概率，所以免疫抗原制备通常会采用反应过程温和的偶联方法，如活泼酯法等就是最常用的黄曲霉毒素人工抗原制备方法。

（三）偶联比的影响

偶联比即结合比，是指制备人工抗原中所有半抗原的摩尔数与载体蛋白摩尔数的比值，即每一个载体蛋白分子上结合的半抗原的分子数目。黄曲霉毒素半抗原与载体蛋白偶联比至少通过以下两个方面影响抗原的免疫活性：一是偶联比会影响黄曲霉毒素半抗原结构暴露的概率以及刺激机体诱导抗体的概率，通常偶联比较高的情况下，诱导产生黄曲霉毒素特异性抗体的概率较高，实际操作中，虽然偶联比太高会影响人工抗原的水溶性，但尚没有数据证明高结合比会影响免疫效果；二是偶联比会影响黄曲霉毒素半抗原暴露的多样性，一般情况下，高偶联比容易增加半抗原在人工抗原分子上的暴露多样性，这样更有利于增加抗体的识别谱，从而增加产生对黄曲霉毒素半抗原具有特异性抗体的概率。

第三节　黄曲霉毒素人工抗原合成与鉴定

黄曲霉毒素自身分子结构缺乏与载体蛋白直接共价偶联的活性基团，通常需要经分子结构修饰后，才能合成出黄曲霉毒素半抗原及人工抗原。黄曲霉毒素人工抗原合成就是利用反应步骤简单、收率高的化学方法把改造成功的黄曲霉毒素半抗原分子共价连接到载体蛋白分子上的过程。根据黄曲霉毒素及其半抗原分子结构特点，黄曲霉毒素人工抗原合成方法主要有肟化法、半缩醛法、还原法等。合成的黄曲霉毒素人工抗原偶联产物通常需要进行纯化、鉴定后，方可保存备用。

一、黄曲霉毒素人工抗原合成方法

（一）肟化法

肟化法是指通过羰基化合物与氨基化合物的反应合成人工抗原的技术。黄曲霉毒素含有羰基能够与羟胺类化合物发生亲核加成-消除反应，黄曲霉毒素环戊烯酮环上的羰基衍生化为 N-O-甲基羧酸类化合物，再利用羧基与载体蛋白偶联，生成黄曲霉毒素与载体蛋白的偶联物，即黄曲霉毒素人工抗原。

肟化法适用于含戊酮基团的黄曲霉毒素（主要为 B 族）人工抗原的合成。以黄曲霉毒素为主原料，吡啶为催化剂，以甲醇溶液作为反应溶剂，在加热回流条件下，黄曲霉毒素环戊烯酮羰基与羧甲基羟胺半盐酸盐的氨基缩合，得到黄曲霉毒素 B_1-N-O-甲基羧酸（半抗原）产物。黄曲霉毒素半抗原的羧基和载体蛋白牛血清白蛋白（BSA）、卵清蛋白（OVA）等载体蛋白中的赖氨酸、精氨酸等碱性氨基酸的氨基、咪唑基、胍基等反应，实现与载体蛋白的偶联。以黄曲霉毒素 B_1 与 OVA 偶联为例（Zhang D H et al., 2009），化学反应过程见图 2-12，以黄曲霉毒素 B_1（AFB$_1$）为主原料，经肟化反应生成黄曲霉毒素 B_1 半抗原，再与 OVA 共价偶联，即得黄曲霉毒素 B_1 人工抗原。

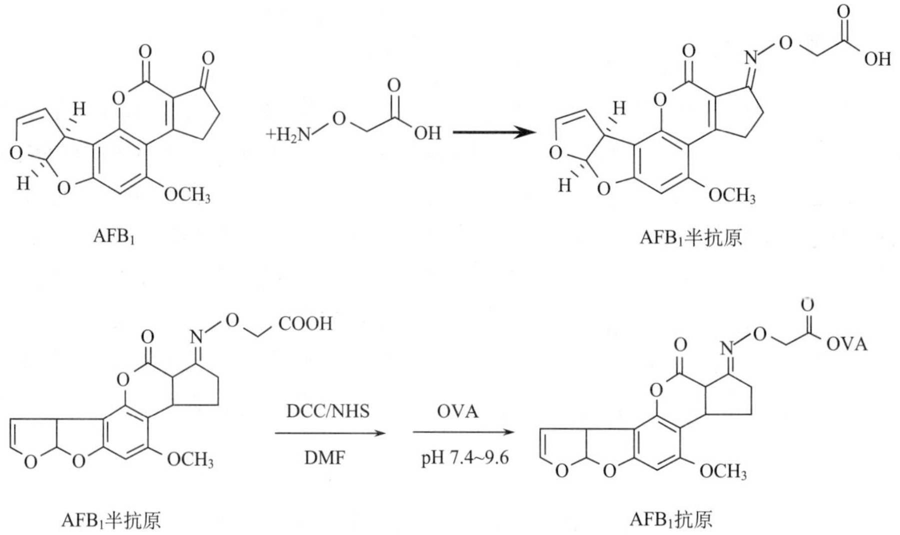

图 2-12　黄曲霉毒素 B_1 人工抗原肟化法合成反应式

理论上具有戊酮基团的黄曲霉毒素均可以采用该方法进行人工抗原的合成，如黄曲霉毒素 B_1 人工抗原和黄曲霉毒素 M_1 人工抗原等都可通过肟化过程形成半抗原，再经过活泼酯方法合成人工抗原。

（二）半缩醛法

黄曲霉毒素分子中含有二呋喃香豆素结构，利用酸性、氧化、氯化水解等条件，转化为半缩醛黄曲霉毒素 B_{2a}（或 G_{2a}）或黄曲霉毒素 B_1-diol（或 G_1-diol），含有羟基的黄曲霉毒素 B_{2a}（或 G_{2a}）、黄曲霉毒素 B_1-diol（或 G_1-diol）和黄曲霉毒素 B_1Cl_2（或 G_1Cl_2）与具有氨基的蛋白质共价结合，制备得到黄曲霉毒素人工抗原。

李敏等采用羟基乙酸对黄曲霉毒素 B_1 进行结构修饰（半缩醛化），合成出黄曲霉毒素 B_1 半抗原（AFB_2-GA），并进一步通过活泼酯法成功制备出黄曲霉毒素 B_1 的人工抗原（李敏等，2014b），其合成反应流程见图 2-13。

理论上只要黄曲霉毒素结构边侧呋喃环为碳碳双键，均可通过半缩醛法合成其人工抗原，如黄曲霉毒素 B_1、G_1、M_1 及黄曲霉毒素生物合成前体杂色曲霉素均符合边侧呋喃环为碳碳双键的条件，因此这些黄曲霉毒素应该都可以通过半缩醛法合成其人工抗原（Li M et al., 2014）。

（三）还原法

黄曲霉毒素 B_{2a} 为黄曲霉毒素 B_1 的半缩醛形式，在水溶液中能够以二醛酚盐的形式存在，含有醛基的黄曲霉毒素 B_{2a} 与具有氨基的载体蛋白共价偶联，载体蛋白中带有孤电子对的氮原子进攻醛基上含有正电荷的碳原子，形成中间产物 α-羟基胺类化合物，分子间脱水形成不稳定席夫碱，然后与还原剂作用将 C＝N 双键加氢，生成稳定的黄曲霉毒素 B_{2a}-载体蛋白偶联物，即黄曲霉毒素 B_1 人工抗原，反应式见图 2-14（肖智等，2011）。

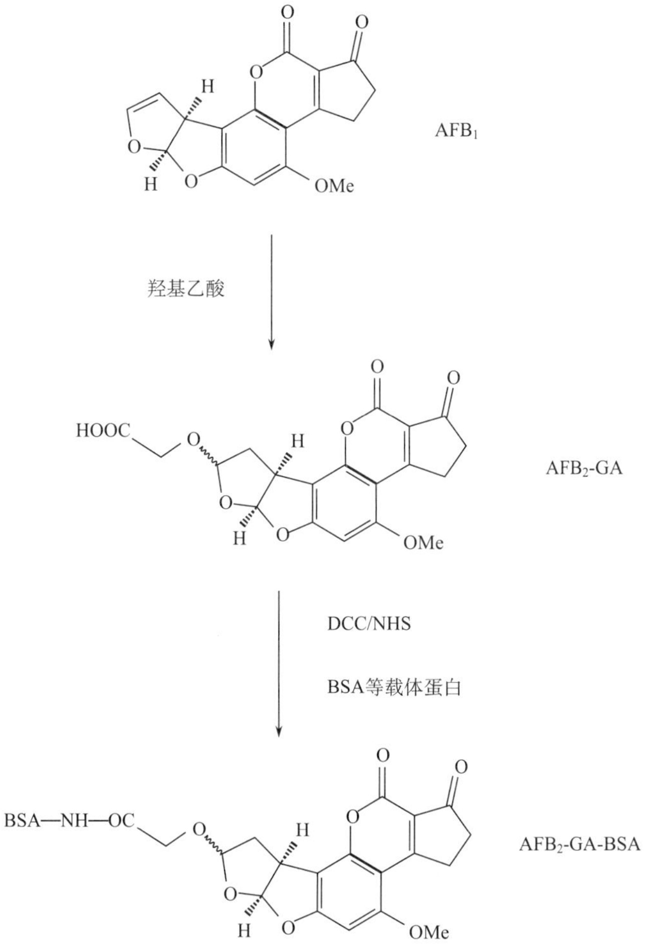

图 2-13 黄曲霉毒素 B_1 人工抗原半缩醛法合成反应式

　　理论上只要黄曲霉毒素结构边侧具有碳碳双键,均可采用还原法进行人工抗原合成,如黄曲霉毒素 B_1、黄曲霉毒素 G_1 及黄曲霉毒素前体杂色曲霉素等均可以采用还原法合成人工抗原（李培武等,2008;张金阳等,2008;周茜等,2010;Li et al.,2015b）。由于这类完全抗原分子上黄曲霉毒素两个呋喃环结构的破坏,其诱导产生的抗体往往对完全抗原亲和力远高于其对靶标黄曲霉毒素的亲和力,从而导致抗体检测灵敏度偏低,实用性相对较差。

（四）其他方法

　　除上述肟化法、半缩醛法、还原法外,也可采用胺甲基缩合反应制备黄曲霉毒素人工抗原。在弱酸性条件下,黄曲霉毒素 B_1、甲醛和载体蛋白的游离氨基能够发生缩合反应,反应过程如下:甲醛羰基质子化,载体蛋白游离氨基对羰基发生亲核加成、去质子、氮上电子转移,最后脱水得到亚胺离子中间体,亚胺离子作为亲电试剂,进攻黄曲霉毒素 B_1 环戊烯酮环上两个 α-活泼氢,使其失去质子,生成黄曲霉毒素 B_1 与载体蛋白偶联物。

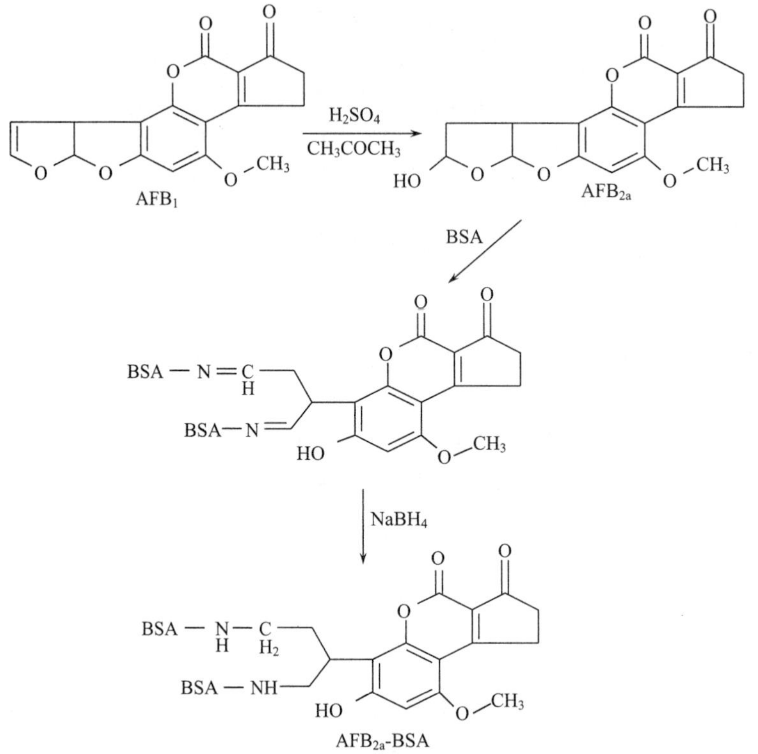

图 2-14　还原法合成黄曲霉毒素 B_1 人工抗原的反应式

此外，还可以利用黄曲霉毒素 Q_1（AFQ_1）环戊烯酮环上的羟基与丁二酸酐反应，生成黄曲霉毒素半抗原（AFQ_1-HS），再与载体蛋白偶联，制备成人工抗原。

二、黄曲霉毒素人工抗原的鉴定

黄曲霉毒素人工抗原合成反应完成并且经过透析或过柱纯化后，需要对纯化的人工抗原进行鉴定，一方面是定性判断半抗原与载体蛋白是否偶联成功，另一方面是定量测定结合比（偶联比）和载体蛋白浓度等。黄曲霉毒素人工抗原鉴定方法主要有紫外-可见光谱扫描法、荧光法、电泳法、质谱法等。

（一）紫外-可见光谱扫描法

紫外-可见光谱扫描法是判断半抗原与载体蛋白是否偶联成功最简单而且常用的方法。如果人工抗原的紫外吸收特征兼具有或不同于原半抗原和载体蛋白的紫外吸收特征，则可初步判断偶联成功，以黄曲霉毒素 B_1 半抗原（AFB_{2a}）与载体蛋白偶联物为例，紫外-可见光谱扫描鉴定方法如下。

将载体蛋白 BSA、OVA 及黄曲霉毒素抗原 AFB_{2a}-BSA 和 AFB_{2a}-OVA 溶在最后一次透析液中，并配成一定浓度。以最后一次透析液为空白，在 200～600 nm 波长范围内分别对 BSA、OVA、AFB_{2a}-BSA、AFB_{2a}-OVA 进行紫外扫描，分析扫描图谱（图 2-15）。结果显示，BSA、OVA 在 278 nm 处有一特征吸收峰，而偶联产物（AFB_{2a}-BSA 和

AFB$_{2a}$-OVA）在 346 nm 和 406 nm 处出现了特征吸收峰。偶联物与其前体物有不同的紫外吸收特征，表明黄曲霉毒素 B$_1$ 与载体蛋白实现成功偶联，即黄曲霉毒素 B$_1$ 人工抗原合成成功（肖智等，2011）。

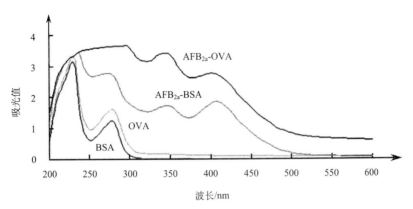

图 2-15　黄曲霉毒素完全抗原的紫外-可见扫描光谱图

（二）荧光法

利用黄曲霉毒素荧光特性，可以通过测定并比较载体蛋白偶联前后荧光强度差异，判断黄曲霉毒素是否成功与载体蛋白偶联。图 2-16 为黄曲霉毒素 G$_1$ 偶联物荧光法鉴定实例，具体步骤如下。

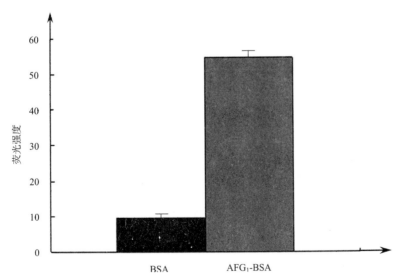

图 2-16　黄曲霉毒素完全抗原合成前后荧光强度变化（365 nm/440 nm）

称取 BSA 和黄曲霉毒素 G$_1$ 偶联物分别溶于 pH 7.4 0.01 mol/L 磷酸盐缓冲液（phosphate buffer solution，PBS），配制成为 0.33 mg/mL 的溶液，由于黄曲霉毒素 G$_1$ 在 365 nm 激发光下发射波长为 440 nm 的荧光，因此在激发波长为 365 nm，发射波长为

440 nm 的条件下测定其相应的荧光强度。结果表明（图 2-16；周茜等，2010）相同蛋白质浓度的黄曲霉毒素 G_1-BSA（AFG$_1$-BSA）与 BSA 相比，其荧光强度增强了近 6 倍，表明完全抗原合成成功。

（三）电泳法

电泳法是利用溶液中的离子在电场作用下迁移从而达到分离的技术。电泳法在生物大分子的鉴别中应用非常广泛。在黄曲霉毒素人工抗原鉴定中，主要采用的电泳法为 SDS-PAGE，由于人工抗原与载体蛋白的分子量及带电性不同，导致电泳条带位置差异，可通过比较人工抗原和载体蛋白在凝胶上出现条带位置的不同来判定人工抗原的合成是否成功，即根据人工抗原与载体蛋白的分子量的差异来判定（理论上，人工抗原分子量比载体蛋白大，电泳时泳动速度相对较慢，在电泳图上表现为条带位置与载体蛋白不同）。该方法的特点是操作方便、设备简单。

（四）其他方法

除上述鉴定方法外，ELISA 法、质谱法等也是鉴定黄曲霉毒素人工抗原的可选方法。
ELISA 法是酶联免疫吸附法的简称，基于合成抗原与黄曲霉毒素特异性抗体是否发生亲和反应来鉴定黄曲霉毒素人工抗原是否合成成功。采用该方法的前提是必须已具备目标黄曲霉毒素抗体，其优点在于鉴定结果相较其他方法更为准确，不仅能定性反映人工抗原是否合成成功，还能间接定量反映其偶联效率。

质谱（MS）作为一种精确分析仪器，长期以来一直用于小分子化合物的分子量分析，直到 20 世纪 80 年代，随着质谱（MS）软电离技术[如电喷雾软电离技术（ESI）和基质辅助激光解吸离子化技术（MALDI）等]的出现，才将质谱的分析范围扩大到生物大分子分析领域。采用基质辅助激光解吸电离飞行时间质谱测定黄曲霉毒素人工抗原的结合比不需要复杂的前处理过程，只需把微量样品点到靶上即可开始测定，数秒钟即可得到谱图和数据，根据分子量的变化来判定黄曲霉毒素人工抗原的合成是否成功。

黄曲霉毒素人工抗原质谱鉴定方法优点在于结果相对准确可靠，需要的样品量极少，尤其是可不用分离纯化，黄曲霉毒素半抗原与载体蛋白偶联反应结束后，直接取样上机测定并可获取混合物中黄曲霉毒素人工抗原单个组分结构信息。因此，黄曲霉毒素人工抗原质谱鉴定方法不仅可用于黄曲霉毒素半抗原与载体蛋白偶联反应终产物的鉴定，还可用于偶联反应过程的监测。但这种方法需要昂贵的质谱仪器和专业人员操作。

三、黄曲霉毒素与载体蛋白结合比的估算方法

（一）紫外-可见光谱扫描法

将黄曲霉毒素半抗原、BSA、OVA 以及两种人工抗原配制成一定浓度的溶液，以最后一次的透析外液作空白对照，分别对上述溶液进行紫外扫描，根据紫外扫描图谱确定半抗原是否与载体蛋白成功偶联。再根据某同一波长（一般为半抗原的特征吸收波长）各自的吸光度值（optical density，OD）和浓度，分别计算摩尔吸光系数 ε，利用式（2-1）

估算黄曲霉毒素半抗原与载体蛋白结合的分子数之比即为结合比（或称偶联比）：

$$半抗原与载体蛋白结合比 = （\varepsilon_{偶联物} - \varepsilon_{载体蛋白}）/\varepsilon_{半抗原} \qquad （2-1）$$

可以采用 Lorry 法测定黄曲霉毒素半抗原与载体蛋白偶联物的最终浓度，并用于结合比测算。

（二）质谱法

质谱法通过比较黄曲霉毒素人工抗原与其载体蛋白的分子量的差别即可直接计算得出结合比。该方法能够准确测定结合比，是其他鉴定方法无法比拟的。通常将载体蛋白，如牛血清白蛋白（BSA）、卵清蛋白（OVA），以及偶联物黄曲霉毒素 B_1-牛血清白蛋白（AFB_1-BSA）分别与基质混合，进样到质谱仪进行分子质量扫描。黄曲霉毒素与载体蛋白的结合比按式（2-2）计算：

$$半抗原与载体蛋白结合比 = （MW_{偶联物} - MW_{载体蛋白}）/MW_{黄曲霉毒素半抗原} \qquad （2-2）$$

式中，MW 为化合物的分子量。虽然质谱法准确、可靠，但质谱法测定结果受质谱仪质量分辨率、可测质量范围等因素的制约。

除上述较为常见的黄曲霉毒素人工抗原合成、鉴定和结合比估算的方法外，在实际研究工作中，还可结合实验室具体条件和特殊要求，采取其他一些非常规方法或手段实现黄曲霉毒素人工抗原的研制，以满足黄曲霉毒素抗体制备中必不可少的抗原需求。

四、黄曲霉毒素人工抗原合成实例

（一）黄曲霉毒素通用人工抗原的合成

黄曲霉毒素通用人工抗原主要针对黄曲霉毒素 B_1、B_2、G_1、G_2 总量测定抗体研制的需求而设计合成。根据黄曲霉毒素抗原免疫活性位点决定抗体亲和力的靶向诱导效应，在抗原分子设计上首先应充分暴露上述四种黄曲霉毒素分子共有的免疫活性位点——苯环及其相邻呋喃环上的氧基。综合考虑合成原料获取与合成方法操作的难易程度，以黄曲霉毒素 B_1 为起始原料合成黄曲霉毒素通用人工抗原，具体合成方法步骤如下。

分别称取黄曲霉毒素 B_1、羧甲基羟胺半盐酸盐 5 mg 和 8 mg，置于 5 mL 80%甲醇溶液中，加入 1 mL 吡啶催化肟化反应，加热回流条件下搅拌反应 3 h，室温静置过夜，真空干燥，用硅胶柱分离得到黄曲霉毒素 B_1 肟化产物，即黄曲霉毒素通用半抗原。

取黄曲霉毒素 B_1 肟化产物 2 mg，溶解于 0.3 mL 1,4-二氧六环中，再加 2 mg N-羟基琥珀酰亚胺（NHS）于反应瓶中，搅拌溶解；取 4 mg 二环己基碳二亚胺（DCC），并溶于 0.2 mL 1,4-二氧六环，将该 DCC 溶液缓慢滴加于黄曲霉毒素 B_1 肟化产物与 NHS 混合液的反应瓶中，室温下搅拌反应 3 h，再转入 EP 离心管，放置于 4 ℃环境下过夜；次日，将上述装有反应物的 EP 离心管在 8000 r/min 条件下离心 5 min，取上清液备用。

分别称取 3 mg BSA 和 3 mg OVA 溶于 5 mL PBS 中（0.2 mol/L，pH 8.0）。将反应物离心后，上清液平均分成两部分，分别逐滴加入 BSA 溶液和 OVA 溶液中，加样结束后再搅拌反应 4 h。将最终反应液置于透析袋内，4 ℃下在 PBS（0.01 mol/L，pH 8.0）溶液中搅拌透析，每 4～8 h 更换一次透析液，透析 3 d，最终产物即为黄曲霉毒素 B_1 为原料制备的黄曲霉毒素通用人工抗原。

（二）黄曲霉毒素 B_1 人工抗原的合成

称取 1 g 无水乙醇酸溶于 4 mL 三氟乙酸（TFA），再称取 10 mg 黄曲霉毒素 B_1 标准品溶于 4 mL 乙腈中（置于带有隔膜的小瓶）。用注射器将黄曲霉毒素 B_1 溶液与乙醇酸/三氟乙酸混合，振荡反应 20 min，溶液在数秒内会出现黄绿色，合成产物（AFB$_2$-GA）可用质谱鉴定。黄曲霉毒素 B_1 半抗原 AFB$_2$-GA 合成质谱鉴定结果如图 2-17（李敏等，2014b）所示。

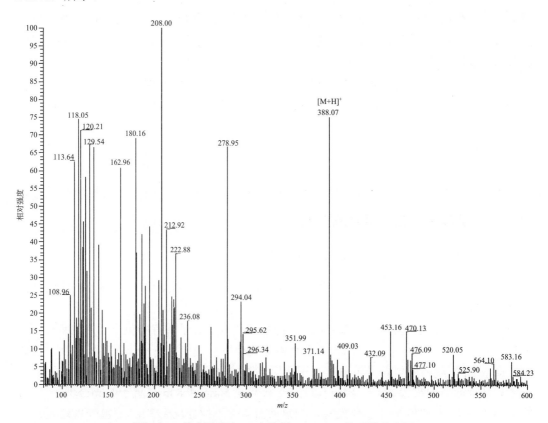

图 2-17　黄曲霉毒素 B_1 半抗原 AFB$_2$-GA 的质谱鉴定图

图 2-17 结果显示，黄曲霉毒素半抗原 AFB$_2$-GA 的分子离子峰为 m/z 388.07 [M + H]$^+$，丰度约为 75%。

黄曲霉毒素 B_1 半抗原核磁鉴定：核磁共振氢谱[^{1}H-NMR，四甲基硅烷（TMS）为内标]，共振频率为 400 MHz，溶剂为氘代氯仿。黄曲霉毒素 B_1 半抗原 AFB$_2$-GA 的核磁鉴定结果 δ（ppm）为：d, a, a′：$\delta = 4.05$–4.22（m, 3H）；b：$\delta = 5.46$（d, 1H, $J = 4.8$ Hz）；c：$\delta = 6.55$（d, 1H, $J = 6.1$ Hz）；d：$\delta = 6.32$（s, 1H）；f, f′：$\delta = 2.63$（m, 2H）；h：$\delta = 3.94$（s, 3H）；g, g′：$\delta = 3.39$（m, 2H）；e：$\delta = 2.54$（d, 1H, $J = 13.8$ Hz）。

质谱与核磁鉴定结果均证明黄曲霉毒素半抗原合成成功。

将上述反应液旋转蒸发去除溶剂，得到淡黄绿色油状物即为黄曲霉毒素 B_1 缩醛半抗原，加入 0.4 mL 1,4-二氧六环，使其复溶。称取 8 mg NHS 加入反应瓶中，反应 1 h。称取 15 mg DCC 溶于 0.2 mL 1,4-二氧六环。将 DCC 缓慢滴加于反应瓶中，常温搅拌反应4 h，直至反应瓶中有白色沉淀生成。反应结束后，将反应物装入 1 mL EP 离心管中，室温静置过夜。次日，将上述装有反应物的 EP 离心管在 8000 r/min 条件下离心 5 min，取上清液。分别称取 20 mg BSA、15 mg OVA 溶于 5 mL PBS 中（0.2 mol/L，pH 8.0）。将反应物离心后，上清液平均分成两部分，然后分别逐滴加入 BSA 和 OVA 的 PBS 溶液中，加样结束后开始计时，反应 4 h。将最终反应液置于透析袋内，4 ℃下用 PBS（0.01 mol/L，pH 8.0）搅拌透析，每 4～8 h 更换一次透析液，透析 3 d 后，最终产物紫外-可见光谱扫描鉴定结果见图 2-18（李敏等，2014）。

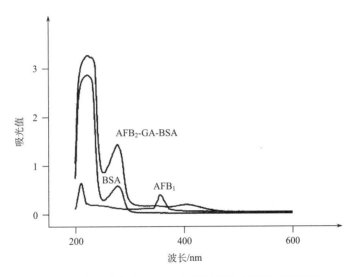

图 2-18　黄曲霉毒素 B_1 人工抗原的紫外-可见扫描光谱图

从图 2-18 可以看出：在波长 280 nm 处，BSA 有相应特征吸收峰，而偶联物——黄曲霉毒素 B_1 人工抗原 AFB$_2$-GA-BSA 在波长 411 nm 位置出现了不同于 BSA 的特征吸收峰，比较偶联物 AFB$_2$-GA-BSA 与 BSA、黄曲霉毒素 B_1 在不同位置的特征吸收峰可以判断，黄曲霉毒素 B_1 半抗原与 BSA 实现成功偶联。因此，可初步判断黄曲霉毒素 B_1 抗原合成成功。

（三）黄曲霉毒素 G_1 人工抗原的合成

称取 2.5 mg 黄曲霉毒素 G_1 干粉溶于 2.1 mL 丙酮，加入 30 μL 10% H_2SO_4，于 60 ℃下磁力搅拌反应 5 h。反应完毕后再加入 1.5 mL 水，旋转蒸发去除丙酮，水相经氯仿萃取（每次用 5 mL 氯仿，萃取 4 次），收集有机相。再用 4.5 mL 冷水洗有机相。有机相经干燥后，采用旋转蒸发的方法去除氯仿，得到深黄色粉末产物，即为黄曲霉毒素 G_1 半抗原。

称取等量的 2 份半抗原（各 1.2 mg），分别加入含有 10 mg BSA 和 OVA 的 PBS 溶液中，在 37 ℃搅拌反应 30 min，最后加入 70 μL 1 mg/mL NaBH₄ 水溶液，在 4 ℃反应 30 min，加入 35 μL 0.1mol/L HCl 终止反应，得到黄色反应产物。将透析袋用纯水加热煮沸 1 h，以除去金属离子等杂质对蛋白质的干扰，再将反应产物装袋透析，透析液为 PBS，每次 2 L，早中晚各换一次透析液，透析 3 d，产物即为黄曲霉毒素 G₁ 人工抗原。

　　将黄曲霉毒素 G₁ 半抗原、载体蛋白 BSA 以及偶联产物黄曲霉毒素 G₁-BSA （AFG₁-BSA）的紫外-可见扫描图谱（图 2-19；周茜等，2010）进行对照分析，可见偶联物的紫外-可见扫描图谱有明显变化，BSA 在 278 nm 处有一特征吸收峰，黄曲霉毒素 G₁ 在 203 nm、216 nm、242 nm、264 nm 和 356 nm 处有五个特征吸收峰，而偶联物在 422 nm 处出现了特征吸收峰，可见偶联物与其前体物具有不同的紫外光谱吸收特征。紫外-可见扫描结果表明黄曲霉毒素 G₁ 与 BSA 实现偶联，人工抗原合成成功，最终测得产物中黄曲霉毒素 G₁ 与 BSA 的摩尔比为 3.2∶1。

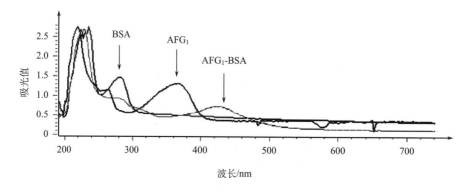

图 2-19　AFG₁、BSA 和 AFG₁-BSA 的紫外-可见扫描光谱图

（四）黄曲霉毒素 M₁ 人工抗原的合成

　　称取 2 mg 黄曲霉毒素 M₁ 及 4 mg 羧甲基羟胺半盐酸盐溶解于 2 mL 80%甲醇溶液中，加入 0.2 mL 吡啶催化肟化反应，加热回流，搅拌反应 3 h，室温放置过夜，真空干燥，硅胶柱分离得到黄曲霉毒素 M₁ 肟化产物。

　　取黄曲霉毒素 M₁ 肟化产物 1 mg，溶解于 0.3 mL 1,4-二氧六环中，再加入 1 mg N-羟基琥珀酰亚胺（NHS）于反应瓶中，搅拌溶解；取 2 mg DCC 溶于 0.2 mL 1,4-二氧六环，将 DCC 溶液缓慢滴加到黄曲霉毒素 M₁ 肟化产物与 NHS 混合液中，室温下搅拌反应 2.5 h，再转入 EP 离心管中，放置于 4 ℃的冰箱过夜。

　　次日，将上述 EP 离心管在 8000 r/min 条件下离心 5 min，取上清液备用；分别称取 1.5 mg BSA 和 1.5 mg OVA 溶于 3 mL PBS 中（0.2 mol/L，pH 8.0）。将上述离心后的上清液分成两部分，分别逐滴加入 BSA 和 OVA 的 PBS 溶液中，加样结束后反应 4 h。将最终反应液转入透析袋，置于 PBS 中（0.01 mol/L，pH 8.0），4 ℃搅拌透析，每 8 h 更换一次透析液，透析 3d，最终产物即为黄曲霉毒素 M₁ 人工抗原。

（五）黄曲霉毒素前体杂色曲霉素人工抗原的合成

杂色曲霉素（sterigmatocystin，STG）是黄曲霉毒素生物合成前体物之一，通过修饰杂色曲霉素分子结构，成功合成出半抗原与人工抗原（Li M et al., 2014），具体步骤如下。

称取 1 g 羟基乙酸溶于 4 mL 三氟乙酸，称取 10 mg 杂色曲霉素（STG）溶于 4 mL 乙腈中。用注射器吸取杂色曲霉素乙腈溶液，慢慢注入羟基乙酸和三氟乙酸的混合液中，室温下磁力搅拌反应 4 h。反应结束后，旋转蒸发去除溶剂，得到的淡黄绿色油状物即为杂色曲霉素半抗原（STG-GA）。将淡黄绿色油状物 STG-GA 置于真空条件下过夜，即可得到黄色液晶产物。

将半抗原 STG-GA 采用 LC-MS/MS 正离子模式扫描，得到半抗原的分子离子峰 m/z 402 $[M + H]^+$，丰度约 70%，质谱鉴定结果表明杂色曲霉素半抗原 STG-GA 合成成功（Li M et al., 2014）。

称取 4 mg 杂色曲霉素半抗原（STG-GA）及 20 mg N-羟基琥珀酰亚胺，置于反应瓶中搅拌反应 1 h；称取 30 mg 碳二亚胺溶于 0.2 mL 1,4-二氧六环中，将碳二亚胺的 1,4-二氧六环溶液缓慢滴加于上述混合液反应瓶中，常温下反应 4 h，直至反应瓶中有白色沉淀生成，反应结束后，室温静置过夜。

次日，离心取上清液得到活泼酯溶液。称取 20 mg 载体蛋白溶于 5 mL PBS 中。将上清逐滴加入到含载体蛋白的 PBS 溶液中，全部滴加后，混合液搅拌反应 4 h，得到水相的杂色曲霉素完全抗原（杂色曲霉素-牛血清白蛋白，STG-GA-BSA）。

根据紫外-可见扫描光谱图的特征，以黄曲霉毒素前体杂色曲霉素人工抗原（STG-GA-BSA）、牛血清白蛋白（BSA）、杂色曲霉素（STG）的特征吸收峰来判断人工抗原是否合成成功。STG-GA-BSA 的紫外-可见扫描光谱结果如图 2-20（李培武等，2014d；李培武等，2014j）所示。BSA 在 280 nm 处有特征吸收峰，而产物在 413 nm 处出现了抗原特征吸收峰，比较 STG-GA-BSA 与 BSA、STG 的特征吸收峰有明显不同，扫描光谱表明杂色曲霉素半抗原 STG-GA 与 BSA 成功实现偶联，人工抗原合成成功。

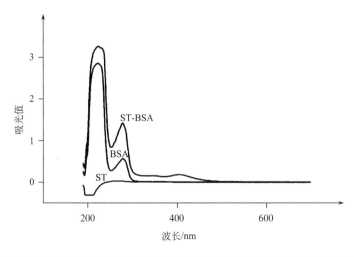

图 2-20　黄曲霉毒素前体杂色曲霉素人工抗原紫外-可见扫描光谱图

　　黄曲霉毒素半抗原与载体蛋白偶联成功只是黄曲霉毒素人工抗原鉴定的第一步，或称之为初步鉴定，而最终需要通过免疫动物诱导抗体的质量来评价人工抗原的效果与质量优劣。

　　黄曲霉毒素人工抗原具有两个共性特征：剧毒和昂贵。针对这些特点，为减少健康影响和环境污染风险，降低检测成本，发明出黄曲霉毒素抗原的自动乳化装置（李培武等，2012c），可自动完成微量黄曲霉毒素人工抗原的乳化，不仅可降低乳化过程中昂贵的抗原损失，还可减少或避免操作人员接触黄曲霉毒素带来的健康风险。此外，研制出的噬菌体肽替代人工抗原（Wang et al., 2013b），可模拟黄曲霉毒素人工抗原，具有与黄曲霉毒素特异性抗体 1C11 发生特异性结合反应的特点，从而开辟了基于无毒化人工抗原新型绿色黄曲霉毒素免疫检测的新途径。

第三章　黄曲霉毒素特异性抗体

　　黄曲霉毒素抗体是建立黄曲霉毒素免疫分析技术的决定性因素，是免疫检测技术的核心试剂材料。以往黄曲霉毒素免疫检测中容易出现的假阳性率高、灵敏度低等技术难题，很大程度上是由于抗体对黄曲霉毒素的亲和力低和特异性差，难以满足灵敏、准确、快速检测的需求。

　　黄曲霉毒素分子免疫活性位点决定抗体亲和力的靶向诱导效应学说，为动物体内高亲和力抗体的靶向诱导提供了新思路和理论基础，并直接为黄曲霉毒素高亲和力多克隆抗体制备提供了关键技术。然而，多克隆抗体因每批次制备都依赖抗原，且抗体均一性差、批次间差异较大，难以满足批量产业化生产需求。单克隆抗体杂交瘤技术自创立以来，已历经约40年的发展历程，技术得到不断完善。然而，在利用单克隆杂交瘤技术开展细胞融合、杂交瘤选育研究中，针对黄曲霉毒素小分子靶标，往往遇到抗原诱导产生的杂交瘤细胞生长缓慢、长势弱、亚克隆过程中阳性杂交瘤容易丢失的难题，特别容易被阴性杂交瘤"挤出"生长空间，高亲和力黄曲霉毒素抗体杂交瘤则更是难以获得。

　　如何利用黄曲霉毒素抗原免疫活性位点靶向诱导效应实现由动物体内到体外杂交瘤的高效选育，是黄曲霉毒素高亲和力特异性抗体创制的关键。本章重点介绍基于外源细胞生长因子调控的杂交瘤细胞融合和单克隆化一步式半固体培养-梯度筛选新方法研究结果，利用一步式筛选法可绕过传统液体稀释法中的亚克隆步骤，从而实现杂交瘤细胞融合和单克隆化一步式高效选育。而选育系列黄曲霉毒素单克隆杂交瘤细胞株，研制系列黄曲霉毒素高灵敏、高特异性单克隆抗体，并利用这些杂交瘤资源，构建黄曲霉毒素阳性抗体基因库和驼源纳米抗体库，研制黄曲霉毒素基因重组抗体和黄曲霉毒素纳米抗体，是研究建立黄曲霉毒素高灵敏免疫检测技术的重要基础和技术创新的源头。

第一节　黄曲霉毒素特异性抗体与表征

　　自20世纪70年代中期开始研究黄曲霉毒素抗体以来，随着抗体研制技术的进步，黄曲霉毒素抗体研究取得了突破性进展，抗体的识别特性（亲和性、特异性等）不断提高，抗体类型不断增加。首先介绍黄曲霉毒素抗体的发展、种类及其特性表征方法。

一、现代抗体概念

　　传统抗体是指由B细胞分泌产生的被免疫系统用来识别与中和外来物质的免疫球蛋白，呈Y形结构。随着黄曲霉毒素等小分子污染物免疫检测技术的快速发展，抗体已经不再局限于Y形的免疫球蛋白，抗体可以被人工改造成其他结构类型，如重组单链抗体等。20世纪80年代后期诞生了基因工程方法生产的分子工程抗体；90年代初从骆驼科动物中克隆出天然缺失轻链的重链抗体可变区（variable domain of heavy chain of heavy-chain antibody，VHH），称为单域重链抗体，因其分子量仅约为常规抗体的十分之一，是迄今体积最小的抗体分子，故也被称为纳米抗体（nanobody）。

在黄曲霉毒素等小分子污染物分析领域，抗体通常由靶分子半抗原与载体蛋白的偶联物诱导动物产生，或从血液中分离，或通过细胞融合由单克隆杂交瘤细胞分泌，或采用基因工程手段表达。除此之外，一些免疫球蛋白以外的识别材料被研制成功，国内外学者已经逐渐习惯于把能够特异性识别目标分析物的受体统称为抗体，后者也被称为人工抗体或模拟抗体。

现代黄曲霉毒素免疫检测技术体系中，特异性抗体至少具有两大功能：一是作为黄曲霉毒素的受体，具有与黄曲霉毒素及其偶联物分子上的半抗原发生特异性结合反应的功能，这类抗体被称为黄曲霉毒素特异性抗体；二是以黄曲霉毒素抗体分子可变区上的特异表位群作为抗原，诱导产生第二抗体（作为配基诱导产生抗抗体），这种第二抗体（抗抗体）可用作替代抗原或替代标准物，具有与黄曲霉毒素特异性抗体可变区发生特异性结合反应的功能，这类抗体被称为黄曲霉毒素抗独特型抗体（黄曲霉毒素抗抗体）。黄曲霉毒素抗独特型抗体为建立黄曲霉毒素绿色免疫检测技术开辟了新途径。

二、根据靶标划分黄曲霉毒素抗体种类

黄曲霉毒素抗体研制起始于 20 世纪 70 年代。发展至今，黄曲霉毒素抗体已有很多种类，按照黄曲霉毒素靶标、种类及抗体特异性划分，主要包括黄曲霉毒素 B_1 特异性抗体、黄曲霉毒素 G_1 特异性抗体、黄曲霉毒素 M_1 特异性抗体、黄曲霉毒素通用抗体、黄曲霉毒素总量抗体、黄曲霉毒素抗独特型抗体等。

黄曲霉毒素 B_1 特异性抗体是指特异性识别黄曲霉毒素 B_1，且对其他黄曲霉毒素无交叉反应或交叉反应很小的抗体，通常由黄曲霉毒素 B_1 人工抗原诱导产生。因为多克隆抗体针对多种抗原决定簇，通常情况下多克隆抗体交叉反应往往相对较大，黄曲霉毒素 B_1 特异性抗体以单克隆抗体形式多见。例如，黄曲霉毒素 B_1 抗体 3G1 仅与黄曲霉毒素 B_2 有 6.4% 的交叉反应率，与黄曲霉毒素 G_1、G_2、M_1 均无交叉反应（李培武等，2012e；Li P W et al.，2013a；Zhang et al.，2011a）。因此，该抗体适用于黄曲霉毒素 B_1 的特异性检测。

黄曲霉毒素 G_1 特异性抗体是指特异性识别黄曲霉毒素 G_1，且对其他黄曲霉毒素无交叉反应或交叉反应很小的抗体，通常由黄曲霉毒素 G_1 人工抗原诱导产生。例如，黄曲霉毒素 G_1 抗体 1C8 与黄曲霉毒素 G_2 的交叉反应率为 25%，与黄曲霉毒素 B_1、B_2、M_1 无交叉反应（李培武等，2012i；Zhang J Y et al.，2009）。目前，黄曲霉毒素 G_1 抗体研究报道很少，可能与暂未制定黄曲霉毒素 G_1 限量标准有关。

黄曲霉毒素 M_1 特异性抗体是指特异性识别黄曲霉毒素 M_1，且对其他黄曲霉毒素无交叉反应或交叉反应很小的抗体，通常由黄曲霉毒素 M_1 人工抗原诱导产生。例如，黄曲霉毒素 M_1 抗体 2C9 与黄曲霉毒素 B_1、B_2、G_1、G_2 等均无交叉反应（李培武等，2011b；Guan et al.，2011b），因此，特别适用于黄曲霉毒素 M_1 的特异性检测。

黄曲霉毒素通用抗体指同一抗体能够高效识别多种黄曲霉毒素（如能够识别黄曲霉毒素 B_1、B_2、G_1、G_2、M_1 等全部或其中几种）的抗体。例如，黄曲霉毒素通用抗体 4F12 对四种主要黄曲霉毒素均有很好的识别能力，对黄曲霉毒素 B_1、B_2、G_1、G_2 的抑制中浓

度（或称半抑制浓度，即 IC_{50}，一般采用间接竞争 ELISA 方法测定）依次为：86.0 pg/mL、95.5 pg/mL、101.7 pg/mL、416.0 pg/mL，交叉反应率依次为 100%、90%、85%、21%（Zhang D H et al., 2009）。

　　黄曲霉毒素总量抗体是指同一抗体不但能够识别黄曲霉毒素 B_1、B_2、G_1、G_2，而且对不同种类黄曲霉毒素的识别能力差异小，即抗体对多种黄曲霉毒素的交叉反应率基本一致。例如，黄曲霉毒素总量抗体 10C9 对黄曲霉毒素 B_1、B_2、G_1、G_2 的交叉反应率为 65.2%～100%，表明抗体对四种主要黄曲霉毒素的检测灵敏度一致性非常好，可用于黄曲霉毒素总量检测，有利于提高检测结果的准确性（Li et al., 2009a）。

　　黄曲霉毒素通用抗体与黄曲霉毒素总量抗体概念上很容易被混淆，二者既有区别，又有联系。黄曲霉毒素总量抗体及其概念主要来源于黄曲霉毒素总量限量标准。黄曲霉毒素总量抗体指可用于检测黄曲霉毒素总量的抗体，黄曲霉毒素总量即指黄曲霉毒素 B_1、B_2、G_1、G_2 四种分量毒素的加和。为了保证免疫分析结果的可靠性，黄曲霉毒素总量抗体除要求能够识别黄曲霉毒素 B_1、B_2、G_1、G_2 外，还要求抗体对四种黄曲霉毒素的免疫分析灵敏度要尽可能一致，理论上一致性程度越高，则基于该抗体的总量免疫检测方法的准确度就会越高（李培武等，2012h；Li P W et al., 2014）。

　　黄曲霉毒素通用抗体虽然可以识别多种黄曲霉毒素，但并不强调对各种黄曲霉毒素免疫分析灵敏度的一致性。也就是说，黄曲霉毒素通用抗体并不一定适宜用作黄曲霉毒素总量抗体，但黄曲霉毒素总量抗体一定是黄曲霉毒素通用抗体。

　　黄曲霉毒素抗独特型抗体是指能够与黄曲霉毒素抗体可变区发生特异性结合反应的抗体。由于黄曲霉毒素毒性极强，尤其黄曲霉毒素 B_1，其毒性是氰化钾的 10 倍，探索研制无毒的黄曲霉毒素替代抗原、黄曲霉毒素替代标准物等绿色检测产品，有利于保护检测人员身体健康和环境友好。黄曲霉毒素抗独特型抗体可作为一种黄曲霉毒素无毒替代抗原或无毒标准品替代物。例如，Guan 等（管笛等，2011；Guan et al., 2011a）利用黄曲霉毒素单克隆抗体 2C9 的 $F(ab')_2$ 片段成功研制出黄曲霉毒素 M_1 抗独特型抗体，利用黄曲霉毒素单克隆抗体 4F12 的 $F(ab')_2$ 片段成功研制出黄曲霉毒素 B_1 抗独特型抗体；Wang 等（Wang et al., 2013a）利用完整的黄曲霉毒素通用抗体 1C11 免疫羊驼，通过噬菌体展示技术第一次成功创制出黄曲霉毒素抗独特型纳米抗体。

三、根据抗体类型划分黄曲霉毒素抗体种类

　　黄曲霉毒素抗体除按靶标、抗体与黄曲霉毒素的反应特异性划分外，还可按照抗体类型划分。目前为止，报道的黄曲霉毒素抗体类型主要包括黄曲霉毒素多克隆抗体、黄曲霉毒素单克隆抗体、黄曲霉毒素重组抗体及黄曲霉毒素纳米抗体等（王海彬等，2012a；He et al., 2014）。

（一）黄曲霉毒素多克隆抗体

　　黄曲霉毒素多克隆抗体（polyclonal antibody，pAb）是指经黄曲霉毒素人工抗原免疫诱导动物后，从动物血液中制备获得的能够与黄曲霉毒素发生特异性结合反应的抗血清。抗血清中除含有针对黄曲霉毒素的抗体外，还有针对载体蛋白的抗体以及机体自身

原有的抗体。此外，用于免疫的黄曲霉毒素人工抗原分子上通常会连接多个黄曲霉毒素半抗原分子，这些黄曲霉毒素半抗原分子在抗原上的空间暴露情况会有差异，从而可能导致诱导产生特异性差异的多样化抗体。

黄曲霉毒素多克隆抗体主要优点是制备过程简单易行，一旦获得抗原，只需要免疫动物，并从动物血清中分离提取制备即可，因此在 20 世纪八九十年代和 21 世纪初被广泛应用。黄曲霉毒素多克隆抗体不足之处主要是抗体质量均一性差，特异性不强，批次间质量差异大，难以持续进行产业化批量生产。因此，近些年来黄曲霉毒素多克隆抗体逐渐被单克隆抗体取代。

（二）黄曲霉毒素单克隆抗体

自 1975 年 Kohler 和 Milstein 创建杂交瘤技术以来，单克隆抗体制备在细胞融合、培养与筛选技术等方面取得了突破性进展。黄曲霉毒素单克隆抗体（monoclonal antibody，mAb）是指由单克隆杂交瘤细胞系（monoclonal hybridoma cell line）分泌的能够特异性识别黄曲霉毒素的抗体。目前黄曲霉毒素单克隆杂交瘤细胞主要为鼠源，由经抗原免疫诱导的动物脾细胞和鼠源骨髓瘤细胞通过细胞融合、筛选和单克隆化等过程获得。除鼠源单克隆杂交瘤技术外，兔源单克隆杂交瘤技术虽然也在靶标单克隆抗体研制中获得成功，但由于种种原因，目前还没有在黄曲霉毒素单克隆抗体研制中得到应用。

合理结构的黄曲霉毒素人工抗原可以诱导出大量分泌黄曲霉毒素特异性抗体的脾细胞，通过先进的细胞融合技术可以实现这些脾细胞与骨髓瘤细胞的成功融合。但在黄曲霉毒素单克隆杂交瘤细胞选育过程中，由于液体培养方式阳性杂交瘤长势弱、生长缓慢、杂交瘤丢失以及筛选效率不高，研制高亲和力单克隆抗体的成功概率很低。近年来，一种基于外源细胞生长因子 bFGF/HFCS 的半固体培养–梯度筛选方法研究成功后，大幅提高了高亲和力黄曲霉毒素单克隆抗体研制效率。例如，Zhang 等（Zhang D H et al., 2009）报道的一种通用性单克隆抗体 1C11，其对黄曲霉毒素 B_1 的抑制中浓度（半抑制浓度）达到了 1.2 pg/mL，即 ppt 数量级，成为迄今报道灵敏度最高的黄曲霉毒素单克隆抗体。

与多克隆抗体相比，黄曲霉毒素单克隆抗体虽然研制周期较长、生产成本较高，但却往往具有更好的特异性和更高的亲和力，尤其是克服了多克隆抗体均一性差、批次间难以质量控制和持续生产等问题，特别适宜用于商业化生产。

（三）黄曲霉毒素重组抗体

黄曲霉毒素重组抗体（recombinant antibody，rAb）是指利用重组 DNA 及蛋白质工程技术对编码黄曲霉毒素抗体可变区的基因按不同目的需要进行改造和重新装配，并转化至适当宿主表达得到的抗体分子，即将抗体基因重组构建到原核生物或真核生物细胞中，经表达、纯化获得的能够特异性识别黄曲霉毒素（或黄曲霉毒素抗体）的抗体片段（李鑫等，2012b）。基因重组抗体技术起始于 20 世纪 80 年代后期，被称为是继杂交瘤技术之后的第三代抗体技术。依据重组抗体片段的差异，可分为单链抗体（scFv）、Fab 片段、Fv 片段等。

理论上重组抗体技术具有生产成本低等很多优点，被认为是可以人为设计改造抗体特性的重要工具。然而，在小分子免疫化学领域抗体的重组技术仍停留在实验室研究阶段，实现产业化应用的很少，主要原因是批量制备表达过程中存在抗体活性不稳定、容易发生聚沉、表达产量较低等难题有待攻克解决。

（四）黄曲霉毒素纳米抗体

黄曲霉毒素纳米抗体（nanobody）是指抗体分子粒径大小处于纳米级、能够特异性识别黄曲霉毒素（或黄曲霉毒素抗体）的抗体。骆驼科动物血清中天然存在两种 IgG 抗体：一种为具有两条重链和两条轻链的抗体 IgG$_1$（约 170 kDa）；另一种为仅由两条重链构成的重链抗体（HcAb），包含 IgG$_2$（约 100 kDa）和 IgG$_3$（约 90 kDa）两种亚型。这类抗体天然缺失轻链和传统抗体重链中的 CH1 恒定区，可变区直接通过铰链与 Fc 结构域连接，抗原结合位点仅由重链可变区单结构域组成，但却具有完整的抗体功能。通过克隆重链抗体的可变区基因并表达，得到只由一个重链可变区组成的单域抗体称为 VHH 抗体（variable domain of heavy chain of heavy-chain antibody）或者纳米抗体（nanobody）。VHH 抗体是目前所发现的具有完整功能的最小抗体片段，分子量约为 15 kDa，仅为常规抗体的 10%，分子粒径约为 4.8 nm（长度）× 2.2 nm（直径），因此被称为纳米抗体。骆驼科抗体的免疫球蛋白（VHH-Ig）结构示意图如图 3-1（Wang et al., 2013a）。

图 3-1　骆驼科抗体的免疫球蛋白（VHH-Ig）结构示意图

纳米抗体重要的特征之一是分子量小、穿透性强，可结合一些多克隆抗体或单克隆抗体无法接近的抗原表位，如位于酶蛋白裂隙中的活性中心结构。另外，它还具有易表达、水溶性好、稳定性强、耐有机溶剂、免疫原性弱、组织穿透性好等优点。纳米抗体在真菌毒素免疫检测领域的研究与应用尚处于起步阶段，相关研究报道较少。黄曲霉毒素纳米抗体研究近期取得突破性进展，已经成功研制出世界上首个黄曲霉毒素 B$_1$ 纳米抗体 2014AFB-G15（李培武等，2014f）、黄曲霉毒素 M$_1$ 纳米抗体 2014AFM-G2（李培武等，2014b；Li et al., 2015a）及黄曲霉毒素通用抗独特型纳米抗体 VHH 2-5 等（Wang et al., 2013a），其中 VHH 2-5 是黄曲霉毒素通用抗体 1C11 的特异性纳米抗体，可用作剧毒黄曲霉毒素的替代标准物（Wang et al., 2016）和替代检测抗原（Wang et al., 2013a）。

四、黄曲霉毒素抗体特性表征

结构不同的半抗原偶联物（抗原）免疫诱导获得的抗体会表现出不同的识别特性，这些特性主要包括免疫亲和性、特异性以及对靶标分子的检测灵敏度。亲和性是指抗体与靶分子（黄曲霉毒素）结合能力强弱的特性，通常以亲和力常数、效价/滴度等参数衡量。特异性是指抗体识别靶分子（黄曲霉毒素）的专一化程度，通常以交叉反应率表示。

灵敏度仅指抗体用于定量测定黄曲霉毒素小分子靶标时,目标分析物对抗原-抗体结合反应产生抑制作用的浓度高低(或竞争抑制能力的大小),与抗体亲和性密切相关,产生抑制所需浓度越低,则灵敏度越高。

在黄曲霉毒素抗体活性的实际测定中,通常采用间接竞争 ELISA 法测定黄曲霉毒素抗体对不同黄曲霉毒素的交叉反应率,以此表示抗体识别黄曲霉毒素的特异性;通过间接非竞争 ELISA 法对不同浓度抗原、抗体的结合强度进行检测,计算得到黄曲霉毒素单克隆抗体亲和力常数(李培武等,2013b)。

(一)黄曲霉毒素抗体亲和性表征

1. 黄曲霉毒素抗体亲和力常数

黄曲霉毒素抗体亲和力是指抗体和黄曲霉毒素结合的紧密牢固程度,亲和力越高,抗体与黄曲霉毒素结合就越牢固。亲和力的高低是由抗原分子的大小、抗体分子的结合位点与抗原决定簇之间立体构型的合适度等共同决定的,维持黄曲霉毒素抗原-抗体复合物稳定的分子间作用力主要有氢键、疏水键、范德华力等。

黄曲霉毒素抗体相对亲和力可用抗原抗体反应平衡常数 K_d 表示, K_d 单位为 mol/L, K_d 值越小,抗体亲和力越大。

$$Ag+ Ab \rightleftharpoons Ag\text{-} Ab$$

$$K_d=[Ag][Ab]/[Ag\text{-}Ab] \tag{3-1}$$

式中,[Ag]、[Ab]和[Ag-Ab]依次指反应平衡时黄曲霉毒素、抗体和黄曲霉毒素-抗体复合物的浓度。

黄曲霉毒素抗体绝对亲和力是以亲和力常数 K_a 表示,单位为 L/mol, K_a 和 K_d 可通过式(3-2)相互换算。

$$K_a=1/K_d \tag{3-2}$$

黄曲霉毒素抗体亲和力常数测定常采用 ELISA 等方法。以测定黄曲霉毒素 M_1 单克隆抗体 2C9 亲和力常数为例(Guan et al., 2011b),亲和力常数测定过程如下。

用黄曲霉毒素 M_1-BSA 按 1 μg/mL、0.5 μg/mL、0.25 μg/mL、0.125 μg/mL 包被酶标板,100 μL/孔,37 ℃,2 h;封闭液封闭 1 h 后,将单抗稀释液(稀释因子 1:2)加入酶标板,其余步骤同间接非竞争 ELISA 法。以抗体浓度(mol/L)为横坐标,以其对应的吸光度为纵坐标,作出 4 条 S 形曲线。找出 S 形曲线的顶部最大值,设定为 OD_{max}。在曲线中分别找出 4 条曲线各自 50% OD_{max} 值对应的抗体浓度,根据测得数据结果绘制曲线,见图 3-2(Guan et al., 2011b)。

将上述 4 个浓度两两一组,根据式(3-3)计算抗体亲和力常数:

$$K_a=(n-1)/2\,(n\,[Ab']_t-[Ab]_t) \tag{3-3}$$

式中, n 为每组两个包被浓度的比值; $[Ab']_t$ 和 $[Ab]_t$ 分别为每组中最大 OD 值的 50%(50% OD_{max})时对应的抗体浓度(mol/L)。通过计算最终得出黄曲霉毒素 M_1 抗体 2C9 亲和力常数为 1.74×10^9 L/mol。

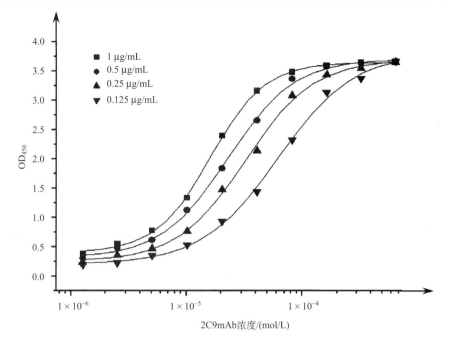

图 3-2　黄曲霉毒素单克隆抗体 2C9 亲和力测定曲线

　　一般认为抗体亲和力常数为 $10^7 \sim 10^{12}$ L/mol 时，属于高亲和力的抗体；抗体亲和力常数为 $10^5 \sim 10^7$ L/mol 时，属于低亲和力的抗体。因此，黄曲霉毒素 M_1 抗体 2C9 为高亲和力抗体（Guan et al., 2011b）。

　　需要特别注意的是，采用 ELISA 法测算出的亲和力常数，直接表现的应是黄曲霉素抗体与包被抗原的亲和力常数，因此采用该方法的前提条件是抗体与载体蛋白没有任何交叉反应。

2. 黄曲霉毒素抗体效价/滴度

　　黄曲霉毒素抗体效价（titer）有时也称滴度，一般是指在黄曲霉毒素抗原与抗体反应中出现阳性反应时的抗体最高稀释倍数，是抗体对黄曲霉毒素相对亲和性的表示方法。不管是用于检测筛查、诊断，还是用于治疗，制备的抗体都要求效价尽可能高。用不同黄曲霉毒素抗原制备的抗体，其效价鉴定方法很多，包括试管凝集反应、琼脂扩散实验、酶联免疫吸附实验等。一般黄曲霉毒素多克隆抗体、腹水抗体常以效价的方式来表示抗体的相对亲和力大小。

（二）黄曲霉毒素抗体特异性表征

　　黄曲霉毒素抗体特异性表示一种黄曲霉毒素抗体识别不同结构或不同种类黄曲霉毒素的能力，黄曲霉毒素抗原与抗体的结合实质上是指黄曲霉毒素（如样品提取液游离态形式或与载体蛋白偶联的结合态形式）与抗体超变区（CDR 区）中抗原结合位点之间的结合。由于两者在化学结构和空间构型上呈互补关系，所以黄曲霉毒素与抗体的结合具有高度的特异性。但由于不同种类黄曲霉毒素之间结构十分类似，虽然抗原、抗体间构型有部分互补，仍容易出现交叉反应（cross-reactivity，CR）。

黄曲霉毒素抗体交叉反应率 CR 测算方法如下。

首先，通常根据 ELISA 方法测得目标黄曲霉毒素与各供试黄曲霉毒素竞争曲线。

然后，通过双对数或四参数拟合方法，分别计算每种分析物的 IC_{50} 值。

最后，将黄曲霉毒素目标分析物自身交叉反应率设定为 100%，按式（3-4），依次计算抗体与其他各种黄曲霉毒素及类似物的交叉反应率：

$$CR(\%) = \frac{IC_{50}(目标分析物)}{IC_{50}(其他类似物)} \times 100\% \qquad (3\text{-}4)$$

这里目标黄曲霉毒素即为指定的黄曲霉毒素目标分析物。

以黄曲霉毒素 M_1 单克隆抗体 2C9 特异性测定为例（Guan et al., 2011b）：将黄曲霉毒素 M_1 与其结构类似物黄曲霉毒素 B_1、B_2、G_1、G_2 作为分析物，分别采用竞争 ELISA 方法建立各种黄曲霉毒素竞争抑制曲线（图 3-3），并相应计算各自的 IC_{50} 值。

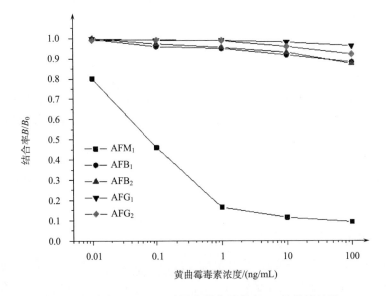

图 3-3　竞争 ELISA 方法测定黄曲霉毒素 M_1 特异性结果

根据竞争抑制曲线进行数学模拟，计算得到黄曲霉毒素 M_1 对单克隆抗体 2C9 的抗原-抗体反应 IC_{50} 为 0.067 ng/mL；抗体 2C9 与黄曲霉毒素 B_1、B_2、G_1、G_2 几乎无反应，根据测定数据，IC_{50} 值至少大于 100 ng/mL。最后，根据以上交叉反应率计算公式，计算抗体 2C9 对黄曲霉毒素 B_1、B_2、G_1、G_2 的交叉反应率为 0，近乎无交叉反应，为迄今报道特异性最强的黄曲霉毒素 M_1 单克隆抗体。

（三）黄曲霉毒素抗体检测灵敏度表征

通常情况下，黄曲霉毒素抗体对目标分析黄曲霉毒素的亲和力越高，应用该抗体建立的 ELISA 法对目标分析物检测灵敏度越高，ELISA 灵敏度可以用检出限表示。美国分析化学家协会（Association of Official Analytical Chemists，AOAC）推荐以零样本测定值标准偏差（standard deviation，SD）的 3 倍，即以 3×SD 计算检出限。但在很多文献中为了计算方法的简便，常以 IC_{20}（竞争 ELISA 中 20% 抑制率时对应目标对象的浓度，其他类同）表示，也有个别文献用 IC_{10}、IC_{15}、IC_{30} 或 IC_{50}（竞争 ELISA 中 10%、15%、30%、50% 抑制率时对应目标分析物的浓度）表示。

在竞争 ELISA 体系中，灵敏度还受到检测抗原结构的影响，因此灵敏度是衡量抗原抗体检测体系至关重要的指标。黄曲霉毒素抗体对目标分析物的检测灵敏度通常用竞争 ELISA 的 IC_{50} 表示，即抑制率为 50% 时的待测物浓度。

以黄曲霉毒素通用单克隆抗体 1C11 为例（李培武等，2010a；Zhang D H et al.，2009），通过间接竞争 ELISA 方法测定，得到该抗体对黄曲霉毒素 B_1、B_2、G_1、G_2 的竞争曲线（图 3-4），再通过计算获得黄曲霉毒素 B_1、B_2、G_1、G_2 四种毒素对抗原-抗体反应的 IC_{50} 达 0.001～0.018 ng/mL，与同类抗体文献报道数据比对结果表明，黄曲霉毒素抗体 1C11 为迄今灵敏度最高的黄曲霉毒素单克隆抗体（Zhang D H et al.，2009）。

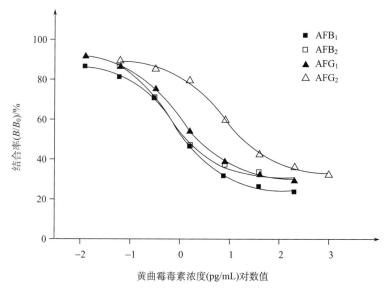

图 3-4　黄曲霉毒素通用单克隆抗体 1C11 的 ELISA 测定曲线

亲和性与特异性是抗体的两大基本特性，是所有抗体特性描述中都必须具有的特征参数；抗体灵敏度表征则主要用于黄曲霉毒素等小分子分析物抗体特征的描述，因为在利用抗体建立竞争免疫分析方法时，方法的灵敏度不仅受抗体亲和力影响，还受到包被抗原的影响。此外，抗体可变区基因更是从分子本质上描述抗体的一项重要指标，如 1C11、2C9、3G1、1C8 等黄曲霉毒素总量和分量抗体可变区基因序列均可在相关信息大数据平台（如专利文献、国际 GenBank 等数据库）中检索得到。

第二节　杂交瘤半固体培养-梯度筛选法与黄曲霉毒素单克隆抗体创制

黄曲霉毒素抗体创制方法的创新，推动了单克隆抗体创制的突破和发展。历经 15 年黄曲霉毒素抗体创制的不懈探索，探明了黄曲霉毒素抗原免疫活性位点及对抗体亲和力的靶向诱导效应，发现了外源细胞生长因子对阳性杂交瘤细胞融合和生长的正向协同调控作用，构建了黄曲霉毒素杂交瘤细胞融合与单克隆化的一步式半固体培养-梯度筛选法，黄曲霉毒素单克隆抗体创制效率大幅提高，在此基础上选育出系列黄曲霉毒素单克隆杂交瘤细胞株，成功研制出高灵敏、高特异性黄曲霉毒素总量、B_1、M_1 等单克隆抗体，为黄曲霉毒素高灵敏免疫检测技术的建立提供了核心材料。

一、黄曲霉毒素杂交瘤细胞半固体培养-梯度筛选法

20 世纪 70 年代中期，杂交瘤技术的诞生为单克隆抗体的研制开辟了崭新的途径。单克隆抗体研制通常需要经历细胞融合和单克隆化两个关键步骤，常规方法是采用 HAT 液体培养基[H 代表 hypoxanthine（次黄嘌呤），A 代表 aminopterin（甲氨蝶呤），T 代表 thymidine（胸腺嘧啶核苷）]有限稀释法或无限稀释法。稀释法筛选一般需经过 3～5 轮的亚克隆操作步骤，由于黄曲霉毒素阳性杂交瘤生长往往弱于其他杂交瘤，在亚克隆过程中，阳性杂交瘤极易因未得到及时分离而发生衰亡与丢失，从而导致阳性杂交瘤筛选效率低下。因此，开展黄曲霉毒素杂交瘤细胞融合筛选方法的研究，建立高效阳性杂交瘤筛选方法对高亲和力单克隆抗体创制具有重要意义（李培武等，2008；Zhang D H et al.，2009）。

（一）半固体培养基中干细胞生长因子对融合效率的影响

利用常规 HAT 液体培养基配制 4 种供试培养基，研究选择性培养基对细胞融合率的影响。

（1）常规 HAT 液体培养基中添加 2 种干细胞生长因子：生长因子 A（碱性成纤维细胞生长因子，basic fibroblast growth factor，bFGF）和生长因子 B（杂交瘤融合与克隆添加物，hybridoma fusion and cloning supplement，HFCS）。

（2）常规 HAT 液体培养基中只添加干细胞生长因子 A。

（3）常规 HAT 液体培养基中只添加干细胞生长因子 B。

（4）常规 HAT 液体培养基中 2 种干细胞生长因子（生长因子 A 和生长因子 B）均不添加。

4 种选择性培养基对细胞融合率的影响研究结果见图 3-5。

图 3-5 结果显示，同时使用两种外源细胞生长因子（生长因子 A 和生长因子 B）的培养基，脾细胞和 SP2/0 瘤细胞的融合效率最高，而且显著高于其他处理，表明该外源细胞生长因子对杂交瘤细胞的形成具有良好的正向调节促进作用。

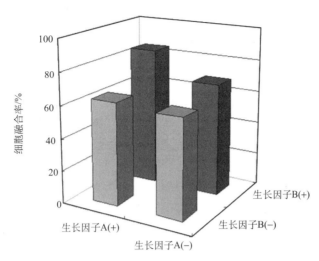

图 3-5 干细胞生长因子 A 和 B 对细胞融合率的影响

进一步研究这 4 种选择性培养基对融合细胞阳性率的影响，结果发现，同时使用生长因子 A 和生长因子 B 两种细胞生长因子的处理，杂交瘤细胞（脾细胞和骨髓瘤细胞 SP2/0 的融合细胞）的阳性率最高，而且显著高于其他处理，结果见图 3-6。表明这两种外源细胞生长因子的同时应用，对阳性杂交瘤细胞的形成具有良好的正向协同调节和促进作用，可显著提高黄曲霉毒素杂交瘤细胞的阳性率。

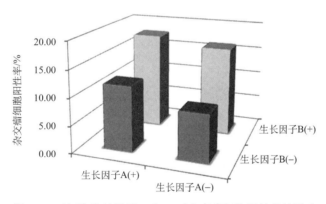

图 3-6 干细胞生长因子 A 和 B 对杂交瘤细胞阳性率的影响

综上所述，外源细胞生长因子 bFGF 和 HFCS 的配合使用，不仅可以提高免疫 Balb/c 小鼠脾细胞和 SP2/0 的融合率，还可同时提高杂交瘤细胞的阳性率。因此，利用外源细胞生长因子配制成的选择性培养基，可以大幅提高黄曲霉毒素目标分析物单克隆阳性杂交瘤细胞的筛选成功率。

（二）干细胞生长因子半固体培养基

基于外源细胞因子对细胞融合与生长影响的研究结果和外源细胞因子对黄曲霉毒素杂交瘤形成与生长的正向协同调控作用，研制出半固体培养基，其配制方法如下（李培武等，2008）。

（1）取 2.4 g 甲基纤维素（4000 cP）和 100 mL 超纯水于 121～126 ℃灭菌 30 min，无菌条件下量取 50 mL 已灭菌纯水轻轻加入甲基纤维素中，在 4 ℃低温条件下磁力搅拌过夜。

（2）　加入 DMEM（Dulbecco's modified eagle medium，一种含各种氨基酸和葡萄糖的培养基）不完全培养液 60 mL、胎牛血清 40 mL、干细胞生长因子 A（100×）2 mL、生长因子 B 母液（10 mmol/L）2 mL、L-谷氨酰胺（200 mmol/L）1 mL、双抗（100×）2 mL、50×HAT 4 mL，4 ℃磁力搅拌 3 h 以上。

按照上述方法配制的含有干细胞生长因子的培养基为半固体状态，因此被称为半固体培养基，用其进行杂交瘤筛选，可大幅提高黄曲霉毒素单克隆阳性杂交瘤细胞株的筛选效率。

（三）干细胞生长因子半固体培养基中杂交瘤细胞培养生长特征

融合细胞在含有干细胞生长因子的半固体干细胞选择性培养基上生长，可以直接得到单克隆细胞（图 3-7），这些单克隆细胞集落经无菌转移到液体培养基，培养数天后即可进行阳性单克隆细胞的筛选，从而可绕过或避免传统稀释法中亚克隆的步骤，克服亚克隆过程中阳性杂交瘤细胞衰亡丢失的技术难题。

单个克隆

图 3-7　半固体培养基上形成的单克隆集落

通过倒置显微镜可以观察到杂交瘤在半固体干细胞培养基和常规液体培养基中生长状态的差异，见图 3-8。杂交瘤细胞在半固体培养基中生长不受空间限制，杂交瘤细胞可长成团，所以能够形成如图 3-7 所示的单克隆细胞集落。而在稀释法液体培养基中杂交瘤细胞则只能沿培养板底面向水平方向生长（图 3-8）。图 3-8 可以看出半固体培养杂交瘤生长快，形成的单克隆细胞集落远高于稀释法液体培养，从而从根本上解决了杂交瘤培养过程中阳性杂交瘤细胞衰亡丢失的技术难题。干细胞生长因子半固体培养基与常规液体培养法特点的比较见表 3-1。

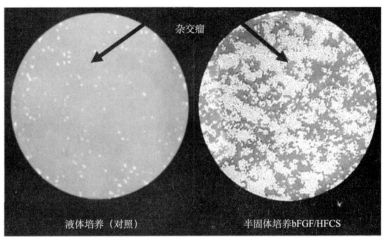

图 3-8　杂交瘤在半固体培养基和常规液体培养基中生长状态的比较

表 3-1　黄曲霉毒素杂交瘤细胞半固体培养法与常规稀释液体培养法的比较

细胞培养方式	饲养细胞制备	克隆周期	克隆次数	污染概率	显微观察	成纤维细胞
半固体培养	不需要	30 d	1 次	低	不需要	无
常规液体培养	需要	90 d	多次	较高	需要	大量

（四）杂交瘤半固体培养-梯度筛选法

通过使用干细胞生长因子半固体培养基，可以一步获得大量单克隆杂交瘤细胞，将这些克隆逐个转移到液体培养基中放大培养，培养上清液即可通过采用梯度浓度的黄曲霉毒素标准品间接竞争 ELISA 方法进行筛选。然而，单克隆杂交瘤细胞数量剧增之后，一方面解决了杂交瘤培养过程中阳性杂交瘤细胞衰亡丢失的技术难题，同时也给筛选工作带来了很大挑战，既要确保选出所有阳性克隆，又要从中找出能够稳定分泌高亲和力抗体的克隆，传统从非竞争到竞争的筛选程序已难以满足这一大量筛查需求。因此，研究建立黄曲霉毒素单克隆抗体杂交瘤梯度竞争筛选方法对解决杂交瘤高效筛选的难题很有必要。

半固体培养-梯度筛选法是针对干细胞生长因子调控培养获得的大量单克隆杂交瘤细胞基础上，在抗体细胞株的建株过程中，为获得遗传稳定的单克隆细胞株，采用竞争 ELISA 方法进行阳性克隆的梯度筛选技术，从而最终获得遗传稳定的高质量杂交瘤细胞株。研究结果表明，在半固体培养基中含有 4 ng/mL bFGF、1% HFCS 和 7.8 µg/mL β-巯基乙醇的条件下进行梯度筛选，阳性杂交瘤细胞株得率最高。在梯度筛选过程中，第一次筛选采用高浓度的黄曲霉毒素（100 ng/mL）作为筛选竞争原，第二次筛选采用 50 ng/mL 的黄曲霉毒素，第三次筛选采用竞争浓度 20 ng/mL 的黄曲霉毒素，最后筛选采用 10 ng/mL

的黄曲霉毒素进行筛选，即形成由高浓度到低浓度的梯度筛选。采用四种黄曲霉毒素（黄曲霉毒素 B_1、B_2、G_1、G_2）同时作为竞争原，加入后温育时间降至 0.5 h，一方面可以有效避免遗漏，确保得到尽可能多的分泌黄曲霉毒素抗体的克隆；另一方面可及时发现分泌黄曲霉毒素高亲和力抗体的杂交瘤细胞克隆，确保杂交瘤阳性率及存活率最高（Zhang D H et al., 2009; Guan et al., 2011b）。

通过比较不同方法获得的高亲和力杂交瘤细胞株得率，结果表明（彩图 2），外源生长因子调控的半固体培养–梯度筛选法与原有技术相比，可将高亲和力杂交瘤细胞株得率提高约 30 倍。

综上所述，为实现黄曲霉毒素免疫活性位点靶向诱导效应由实验动物到体外杂交瘤的高效选育，研究探明了外源细胞生长因子对靶向抗体杂交瘤形成与生长的调控作用，发现了外源细胞因子 bFGF、HFCS 对阳性杂交瘤形成与生长的正向协同调控作用，在半固体培养基中含有 4 ng/mL bFGF、1% HFCS 和 7.8 μg/mL β-巯基乙醇的条件下进行梯度筛选，黄曲霉毒素杂交瘤阳性率及存活率最高，从而创建出黄曲霉毒素靶向抗体杂交瘤细胞融合与单克隆化的一步式半固体培养–梯度筛选法，实现了杂交瘤融合与单克隆化的一步式高效选育，为黄曲霉毒素高亲和力单克隆抗体创制提供了关键技术方法。

二、黄曲霉毒素杂交瘤细胞株选育与单克隆抗体创制

动物脾细胞具有分泌抗体的功能，但不能够无限繁殖；骨髓瘤细胞能够无限繁殖，但不具有分泌抗体的能力。杂交瘤细胞作为动物脾细胞和骨髓瘤细胞的二合一融合体，兼具了二者的功能，既能分泌抗体，又能无限繁殖。能够分泌黄曲霉毒素抗体的杂交瘤细胞被称为黄曲霉毒素杂交瘤细胞。黄曲霉毒素单克隆抗体研制过程非常复杂，既涉及抗原制备和动物免疫，又涉及细胞制备、细胞融合、杂交瘤单克隆化、抗体制备与纯化等步骤。黄曲霉毒素单克隆抗体研制通常选择 Balb/c 小鼠作为免疫动物，基本流程如下。

（一）动物脾细胞和骨髓瘤细胞制备

根据抗体识别对象，采用相应黄曲霉毒素完全抗原免疫动物（如 Balb/c 小鼠），经多次加强免疫后（通常 3～6 次），通过竞争或非竞争 ELISA 方法筛选实验动物（一般选择抑制率或效价最高的抗血清对应动物），并在洁净环境下取动物脾细胞待融合用。

骨髓瘤细胞（如 SP2/0）虽然可以通过实验室自留种繁衍或商业途径购买获得，但用于融合的骨髓瘤细胞需要具有旺盛的生命活力，通常选择体形圆润、色泽均一、处于对数生长期的骨髓瘤细胞用于细胞融合（刘红海等，2007）效果最好。研究表明，接种动物繁衍的骨髓瘤细胞（也称实体瘤细胞）的活性要比培养基培养的骨髓瘤细胞活性强，采用实体瘤细胞有助于提高细胞融合率和阳性率。

（二）单克隆杂交瘤选育

单克隆杂交瘤选育需要经过细胞融合和单克隆化等过程，主要包括 3 个关键环节：一是实现动物脾细胞与骨髓瘤细胞的高效融合，细胞融合技术步骤已经十分清楚，技术成熟，在很多教科书中均有具体操作指南描述；二是如何实现融合细胞的存活与高效生

长，主要取决于融合细胞的培养基，融合细胞选择性培养基中都含有 HAT；除此之外，融合细胞生长因子是促进融合细胞生长的重要因素。

杂交瘤培养基主要有液体和半固体两种类型。采用常规液体培养基培养，不能直接获得单克隆，需要进行 2~4 次亚克隆才能得到单克隆的杂交瘤细胞株，过程烦琐、工作量大，且在连续不断的亚克隆过程中一些分泌高质量抗体的杂交瘤也有可能会丢失，最终获得阳性单克隆细胞株数量较少，阳性率较低，杂交瘤稳定性及其分泌抗体的质量很难满足高灵敏检测需求。

针对这一难题，近年来研究探明了外源细胞生长因子对靶向抗体杂交瘤形成与生长的正向协同调控作用，发现了外源细胞生长因子 bFGF、HFCS 可有效调控阳性杂交瘤的形成与生长，建立了杂交瘤细胞融合与单克隆化的一步式半固体培养-梯度筛选法，采用该方法可实现黄曲霉毒素杂交瘤融合与单克隆化的一步式高效选育（李培武等，2008；Guan et al., 2011b；Zhang D H et al., 2009）。

（三）黄曲霉毒素单克隆杂交瘤梯度筛选

黄曲霉毒素单克隆杂交瘤筛选主要通过采用非竞争或竞争 ELISA 方法测定杂交瘤细胞分泌上清液中的抗体来实现。由于黄曲霉毒素毒性极强，在各种农产品及食品中的限量也很低，因此对高灵敏度抗体的需求十分迫切。采用半固体培养-梯度筛选法，可显著提高分泌高亲和力抗体的黄曲霉毒素杂交瘤细胞株筛选效率。半固体培养-梯度筛选法操作程序如下。

第一次筛选采用 100 ng/mL（实际竞争浓度 50 ng/mL）的黄曲霉毒素，第二次筛选采用 50 ng/mL（实际竞争浓度 25 ng/mL）的黄曲霉毒素，第三次筛选采用 20 ng/mL（实际竞争浓度 10 ng/mL）的黄曲霉毒素，最后的筛选采用 10 ng/mL（实际竞争浓度 5 ng/mL）的黄曲霉毒素进行梯度筛选。采用四种黄曲霉毒素（黄曲霉毒素 B_1、B_2、G_1、G_2）同时作为竞争原，而且加入后温育时间降至 0.5 h，以筛选能与目标物快速结合的抗体。

半固体培养-梯度筛选法可大幅提高黄曲霉毒素高灵敏抗体的单克隆杂交瘤细胞株筛选效率，利用该梯度筛选技术先后选育出黄曲霉毒素总量和黄曲霉毒 M_1 细胞株 1C11、2C9 等，这些细胞株分泌的抗体不仅检测灵敏度高，而且具有通用性或特异性强的特点（Guan et al., 2011b; Zhang D H et al., 2009）。

（四）黄曲霉毒素单克隆抗体制备与纯化

获得黄曲霉毒素单克隆杂交瘤细胞株后，理论上便可以利用细胞株源源不断地制备活性均一的黄曲霉毒素单克隆抗体。但黄曲霉毒素抗体质量受多种因素影响，黄曲霉毒素单克隆抗体制备过程中需要重点关注的因素和环节如下。

（1）跟踪监测抗体活性，确保抗体活性的均一性和稳定性，一旦发现抗体活性下降（通常黄曲霉毒素杂交瘤变异后表现为抗体亲和力及检测灵敏度下降），需要对黄曲霉毒素杂交瘤变异情况进行检测，确认细胞株因多次传代发生变异后，需要及时复苏原始备份细胞株。

（2）若采用腹水方法制备黄曲霉毒素单克隆抗体，需要考虑鼠龄、性别、腹腔封阻剂等因素对抗体产量的影响。研究表明，采用弗氏不完全佐剂作为封阻剂，抗体产量比液体石蜡作为封阻剂的要提高 1～2 倍；采用 10～12 周龄的小鼠，腹水抗体产量比 6～8 周龄的小鼠显著提高；而相同周龄的雌性鼠和雄性鼠腹水抗体产量无显著差异。

黄曲霉毒素单克隆抗体的纯化，可以采用饱和硫酸铵法、辛酸-硫酸铵法、亲和吸附法等方法，纯化后经真空冷冻干燥，制成冻干粉可在低温下长期保存。饱和硫酸铵法、辛酸-硫酸铵法、亲和吸附法三种方法纯化获得的抗体的纯度差异很大，亲和吸附法理论上可获得接近 100%纯度的抗体，辛酸-硫酸铵法同样可以获得高纯度抗体，辛酸-硫酸铵法纯化抗体的效果见图 3-9，饱和硫酸铵法纯化获得抗体的纯度最低，因此，饱和硫酸铵法一般仅用于对抗体的初步纯化。

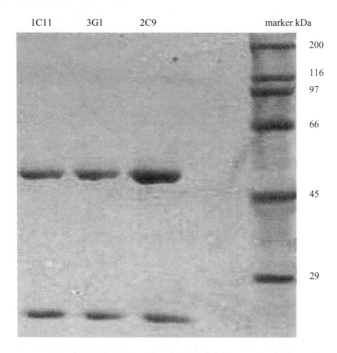

图 3-9　辛酸-硫酸铵法纯化三种黄曲霉毒素抗体 SDS-PAGE 电泳图

三、黄曲霉毒素单克隆抗体特性表征

针对黄曲霉毒素抗体亲和力低的技术难题，基于黄曲霉毒素抗原免疫活性位点决定抗体亲和力的靶向诱导效应，采用半固体培养-梯度筛选法，选育出黄曲霉毒素总量抗体杂交瘤、黄曲霉毒素 B_1 特异性抗体杂交瘤、黄曲霉毒素 M_1 特异性抗体杂交瘤及黄曲霉毒素 G_1 特异性抗体杂交瘤细胞株。这些杂交瘤经过 3 个月的遗传稳定性培养后，对抗体的特性进行表征，并编号建株，保藏于中国典型培养物保藏中心（CCTCC）等官方机构，既可满足知识产权对保藏号的需求，同时可为抗体的稳定均一制备提供重要的技术保障。

（一）黄曲霉毒素通用单克隆抗体及其特性表征

黄曲霉毒素通用抗体（尤其是可测定黄曲霉毒素总量的通用抗体）在免疫亲和-高效

液相色谱或免疫亲和-色质联用等确证检测技术应用中,可使免疫亲和柱同时捕获样品提取液中多种黄曲霉毒素,在免疫快速检测技术中可以对多种黄曲霉毒素实现快速筛查。因此,黄曲霉毒素通用抗体创制在黄曲霉毒素免疫检测研究中占有重要位置。采用黄曲霉毒素通用人工抗原免疫动物,通过单克隆杂交瘤技术和半固体培养-梯度筛选法创制出通用抗体后,需要对创制出的系列黄曲霉毒素通用抗体进行特性表征和鉴定。

1. 黄曲霉毒素通用抗体亲和性测定

黄曲霉毒素检测抗原(如黄曲霉毒素与卵清蛋白的偶联物,AF-OVA)包被浓度均为 2 μg/mL,用 0.5% OVA-PBST(含有 0.5%卵清蛋白的常规磷酸盐-吐温 20 缓冲液)封闭,羊抗鼠酶标二抗工作浓度为 1：1000,3,3′,5,5′-四甲基联苯胺(TMB)显色液显色时间为 10~15 min。采用上述技术步骤,对 9 个黄曲霉毒素单克隆抗体的腹水滴度测定结果见表 3-2。

表 3-2　黄曲霉毒素通用单克隆抗体特性表征结果

抗体及参数		供试黄曲霉毒素					腹水工作浓度 ($\times 10^4$)
		AFB$_1$	AFB$_2$	AFG$_1$	AFG$_2$	AFM$_1$	
10C9	IC$_{50}$/(pg/mL)	2092.6	2234.8	2193.9	3208.0	2953.1	51.2
	CR/%	100.0	93.6	95.4	65.2	70.9	
4F12	IC$_{50}$/(pg/mL)	86.0	95.5	101.7	416.0	201.0	64
	CR/%	100.0	90.1	84.6	20.7	42.8	
4F3	IC$_{50}$/(pg/mL)	286.6	168.0	143.0	451.6	266.2	153.6
	CR/%	100.0	170.6	200.4	63.5	107.7	
8E11	IC$_{50}$/(pg/mL)	1252.1	5987.7	1416.2	1603.3	1428.8	6.4
	CR/%	100.0	20.9	88.4	78.1	87.6	
10G4	IC$_{50}$/(pg/mL)	730.1	536.8	469.9	1462.5	1443.1	0.4
	CR/%	100.0	136.0	155.4	49.9	50.6	
1C11	IC$_{50}$/(pg/mL)	1.2	1.3	2.2	18.0	13.2	512
	CR/%	100.0	92.3	54.5	6.7	9.0	
8F6	IC$_{50}$/(pg/mL)	1695.3	1634.0	1693.5	3604.8	2607.9	0.8
	CR/%	100.0	103.8	100.1	47.0	65.0	
1D3	IC$_{50}$/(pg/mL)	441.3	765.3	356.2	2529.3	1252.1	76.8
	CR/%	100.0	53.7	115.5	16.3	32.8	
2F12	IC$_{50}$/(pg/mL)	10.8	225.0	514.2	4909.1	—	0.4
	CR/%	100.0	4.8	2.1	0.2	—	

以吸光度值(OD 值)1.0 时抗体稀释倍数表示最低效价,创制的 9 种小鼠腹水黄曲霉毒素通用单克隆抗体的最低效价都在 4000：1 以上,其中黄曲霉毒素单克隆抗体 1C11 相对亲和力最强,效价达到了 512×10^4：1(Zhang D H et al., 2009)。表 3-2 测定结果表

明，研制出的 9 个黄曲霉毒素单克隆抗体均有很强的亲和力，可满足黄曲霉毒素快速检测的需求。

2. 黄曲霉毒素通用抗体检测灵敏度（IC$_{50}$）和特异性（交叉反应率）测定

抗体检测灵敏度可以用 50%抑制时黄曲霉毒素浓度来表示，即 IC$_{50}$。通常情况下，抗体与目标分析物的亲和力越高，则基于该抗体的 ELISA 法检测灵敏度越高。

黄曲霉毒素通用抗体的特异性以交叉反应率（cross-reactivity，CR）表示，以黄曲霉毒素 B$_1$ 的交叉反应率为 100%，与其他黄曲霉毒素的交叉反应率见表 3-2（Li et al., 2009a; Li P W et al., 2014; Zhang D H et al., 2009）。

采用间接竞争 ELISA 方法，测定黄曲霉毒素系列抗体灵敏度及其与主要黄曲霉毒素的交叉反应，其中黄曲霉毒素检测抗原（如黄曲霉毒素-卵清蛋白偶联，AFT-OVA）包被浓度为 2 μg/mL，用 0.5% OVA-PBST（含有 0.5%卵清蛋白的常规磷酸盐-吐温 20 缓冲液）封闭，羊抗鼠酶标二抗工作浓度（稀释倍数）为 1∶1000。表 3-2 结果显示，9 种黄曲霉毒素单克隆抗体的检测灵敏度均在 ppb 数量级水平，抗体灵敏度很高，其中黄曲霉毒素通用单克隆抗体 1C11 的竞争 ELISA 灵敏度达到 ppt 超灵敏级别，为目前国内外报道的对黄曲霉毒素检测灵敏度最高的抗体，对黄曲霉毒素 B$_1$、B$_2$、G$_1$、G$_2$ 的通用性很强。此外，竞争 ELISA 法测定抗体 10C9 对黄曲霉毒素 B$_1$、B$_2$、G$_1$、G$_2$ 的交叉反应率达到 65%以上，为目前国内外报道的对四种主要黄曲霉毒素识别一致性最好的抗体。

（二）黄曲霉毒素 B$_1$ 特异性单克隆抗体及其特性表征

黄曲霉毒素 B$_1$ 在自然黄曲霉毒素污染产品中含量最高（可占到 70%～80%以上），毒性最强，是迄今发现的毒性最强的真菌毒素。国际上大多数国家制定了农产品食品中黄曲霉毒素 B$_1$ 的最大允许限量。因此，创制黄曲霉毒素 B$_1$ 特异性抗体、研究高灵敏黄曲霉毒素 B$_1$ 检测技术，具有十分重要的现实意义。

采用半缩醛法合成的黄曲霉毒素 B$_1$ 人工抗原免疫动物，利用半固体培养-梯度筛选和单克隆杂交瘤选育技术，创制出黄曲霉毒素 B$_1$ 特异性单克隆抗体后，需要对抗体进行表征和特性测定。

1. 黄曲霉毒素 B$_1$ 抗体亲和力常数测定

黄曲霉毒素 B$_1$ 特异性抗体亲和力常数采用下列公式计算。
当包被抗原浓度比为 1∶2 时：

$$K_a=1/2[2(Ab^1)_t-(Ab)_t] \qquad (3\text{-}5)$$

或

$$K_a=1/2[2(Ab^2)_t-(Ab^1)_t] \qquad (3\text{-}6)$$

或

$$K_a=1/2[2(Ab^3)_t-(Ab^2)_t] \qquad (3\text{-}7)$$

当包被抗原浓度比为 1∶4 时：

$$K_a = 3/2[4(Ab^2)_t - (Ab)_t] \qquad (3\text{-}8)$$

或

$$K_a = 3/2[2(Ab^3)_t - (Ab^1)_t] \qquad (3\text{-}9)$$

当包被抗原浓度比为 1∶8 时：

$$K_a = 7/2[8(Ab^3)_t - (Ab)_t] \qquad (3\text{-}10)$$

式中，$(Ab)_t$、$(Ab^1)_t$、$(Ab^2)_t$、$(Ab^3)_t$ 为系列 50% OD_{max} 对应的抗体浓度。

以纯化后抗体浓度的负对数为横坐标，以吸光度值为纵坐标，绘制不同包被抗原浓度曲线，找出每条曲线上平台期 OD 值的 50%所对应的抗体浓度（mol/L），再将获得的抗体浓度代入公式计算，得到亲和力常数 K_a 值。

采用非竞争间接 ELISA 法测定最终的 OD 值，结果见图 3-10。

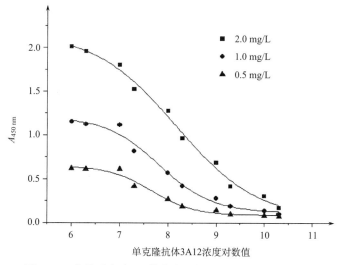

图 3-10　黄曲霉毒素 B_1 单克隆抗体 3A12 亲和力测定结果

根据图 3-10,计算得出黄曲霉毒素 B_1 单克隆抗体 3A12 三条曲线的 50% OD_{max} 对应的抗体浓度负对数值分别为 8.45、7.87 和 8.12，按上述公式计算得到 K_a 值分别为 2.1×10^7 L/mol、2.9×10^8 L/mol、5.7×10^7 L/mol，平均值 1.2×10^8 L/mol 代表 3A12 相对亲和力常数 K_a，表明该抗体属于高亲和力抗体。

采用同样方法测定黄曲霉毒素 B_1 其他抗体的亲和力常数 K_a，其中单克隆抗体 3G1 结果见图 3-11。

由图 3-11 数据得出 3G1 三条曲线 50% OD_{max} 对应值分别为 8.90、8.67 和 8.63，按上述公式计算亲和力常数分别为 1.7×10^8 L/mol、2.0×10^8 L/mol、1.9×10^8 L/mol，平均值 1.8×10^8 L/mol 为 3G1 相对亲和力常数 K_a。

2. 黄曲霉毒素 B_1 抗体的特异性测定

为了测定黄曲霉毒素单克隆抗体的交叉反应率，以结合率 B/B_0 为纵坐标，其中 B 为含有黄曲霉毒素 B_1 的吸光值，B_0 为未添加毒素的吸光值。将不同浓度的黄曲霉毒素 B_1、

B_2、G_1、G_2 和 M_1（50 μL/孔）加入 50 μL 单克隆抗体中，浓度从 0.1 ng/mL 到 100 ng/mL，抑制率按式（3-11）计算。

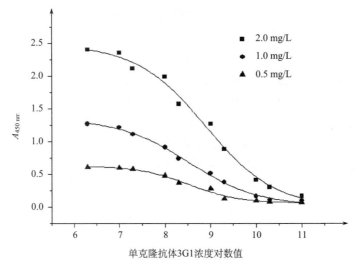

图 3-11　黄曲霉毒素 B_1 单克隆抗体 3G1 的亲和力测定结果

$$抑制率（\%）=（1-B/B_0）\times100\% \tag{3-11}$$

IC_{50} 为抑制率达 50% 时竞争分析物的浓度，交叉反应率按式（3-12）计算。

$$交叉反应率（\%）=[IC_{50}(AFB_1)/IC_{50}(其他)]\times100\% \tag{3-12}$$

黄曲霉毒素 B_1 单克隆抗体 2A11 交叉反应率：抗体 2A11 对黄曲霉毒素 B_1 的检测灵敏度为 4.0 ng/mL，最低抑制检测浓度为 0.23 ng/mL，与黄曲霉毒素 B_2 的交叉反应率为 17.1%，与黄曲霉毒素 G_1 及 G_2 的交叉反应率均低于 1%（表 3-3）。根据间接竞争 ELISA 法测定数据绘制的黄曲霉毒素 B_1、B_2、G_1 及 G_2 抑制曲线见图 3-12。

表 3-3　黄曲霉毒素 B_1 单克隆抗体灵敏度、交叉反应率及最低抑制检测浓度比较

黄曲霉毒素	灵敏度/（ng/mL）				交叉反应率/%				最低抑制率/（ng/mL）			
	2A11	3A12	3G1	5D7	2A11	3A12	3G1	5D7	2A11	3A12	3G1	5D7
B_1	4.0	6.1	1.6	7.8	100	100	100	100	0.23	0.6	0.19	1.0
B_2	23.4	78.1	25	>100	17.1	7.8	6.4	<10	2.3	ND	ND	28
G_1	>100	30.2	>100	>100	<1	20.2	ND	<10	12.6	ND	ND	ND
G_2	>100	937.4	>100	>100	<1	0.6	ND	<10	ND	ND	ND	ND
M_1	ND	>1000	ND	ND	ND	<0.1	ND	ND	ND	ND	ND	ND

注：ND 表示未检出。

黄曲霉毒素 B_1 单克隆抗体 5D7 交叉反应率：抗体 5D7 对黄曲霉毒素 B_1 的检测灵敏度为 7.8 ng/mL，最低抑制检测浓度为 1.0 ng/mL，与黄曲霉毒素 B_2、G_1 及 G_2 的交叉反应率均低于 10%（表 3-3）。根据间接竞争 ELISA 法测定数据绘制的黄曲霉毒素 B_1、B_2、G_1 及 G_2 抑制曲线见图 3-13。

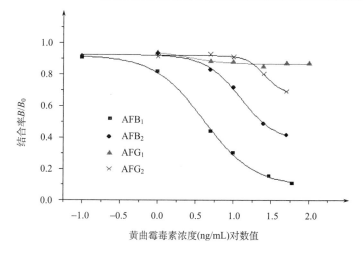

图 3-12　黄曲霉毒素 B_1、B_2、G_1、G_2 对抗体 2A11 的竞争抑制曲线

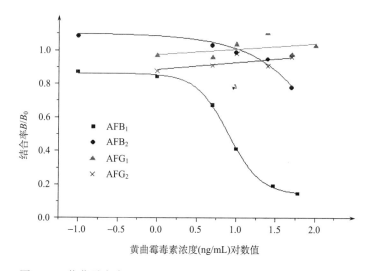

图 3-13　黄曲霉毒素 B_1、B_2、G_1、G_2 对抗体 5D7 的竞争抑制曲线

　　黄曲霉毒素 B_1 单克隆抗体 3A12 交叉反应率：抗体 3A12 对黄曲霉毒素 B_1 的灵敏度为 6.1 ng/mL，最低抑制检测浓度为 0.6 ng/mL，与黄曲霉毒素 B_2、G_1 及 G_2 的交叉反应率分别为 7.8%、20.2% 及 0.6%，与黄曲霉毒素 M_1 的交叉反应率低于 0.1%（表 3-3）。根据间接竞争 ELISA 法测定数据绘制的黄曲霉毒素 B_1、B_2、G_1、G_2 及 M_1 抑制曲线见图 3-14（肖智等，2011）。

　　黄曲霉毒素 B_1 单克隆抗体 3G1 交叉反应率：根据间接竞争 ELISA 法测定数据绘制的黄曲霉毒素 B_1、B_2、G_1 及 G_2 抑制曲线见图 3-15。计算结果表明，抗体 3G1 对黄曲霉毒素 B_1 的检测灵敏度为 1.60 ng/mL，最低抑制检测浓度为 0.19 ng/mL，与黄曲霉毒素 B_2 的交叉反应率为 6.4%，与黄曲霉毒素 G_1 和 G_2 近乎无交叉反应（表 3-3）。

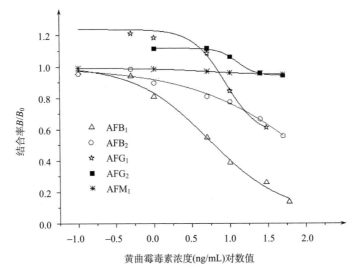

图 3-14　黄曲霉毒素 B_1、B_2、G_1、G_2、M_1 对抗体 3A12 的竞争抑制曲线

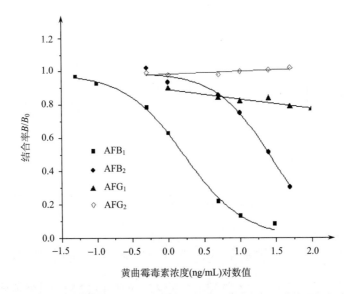

图 3-15　黄曲霉毒素 B_1、B_2、G_1、G_2 对抗体 3G1 的竞争抑制曲线

黄曲霉毒素 B_1 单克隆抗体的检测灵敏度：包被抗原浓度为 2.0 μg/mL 时，测得 2A11、3A12、3G1 和 5D7 抗体对黄曲霉毒素 B_1 的检测灵敏度分别为 14 ng/mL、10 ng/mL、2.6 ng/mL、12 ng/mL，最低抑制检测浓度分别为 3.6 ng/mL、4.5 ng/mL、0.45 ng/mL 和 1.8 ng/mL（图 3-16）。

黄曲霉毒素 B_1 单克隆抗体 2A11、3A12、3G1 和 5D7 的亲和性和特异性表征结果比较见表 3-3（肖智等，2011；Zhang et al.，2011a）。由表可见，抗体 3G1 与其他抗体相比，不仅亲和力高，而且对黄曲霉毒素 B_2 的交叉反应率仅为 6.4%，与黄曲霉毒素 G_1、G_2 均无交叉反应。经文献检索比对与科技查新，3G1 为迄今特异性最强的黄曲霉毒素 B_1 特异性单克隆抗体。

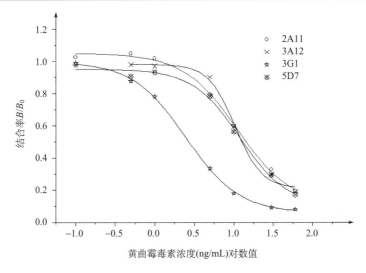

图 3-16　黄曲霉毒素 B_1 对系列单克隆抗体 ELISA 竞争抑制曲线

（三）黄曲霉毒素 M_1 特异性杂交瘤选育与抗体特性鉴定

1. 黄曲霉毒素 M_1 抗体亚型的测定

利用筛选得到的九株黄曲霉毒素 M_1 杂交瘤细胞 LM47、LM15、LM16、LM54、LM13、LM32、LM44、LM48、LM46 接种小鼠制备腹水，然后进行腹水纯化，最后对所得抗体进行效价和亚型鉴定，结果见表 3-4（Guan et al., 2011b）。鉴定结果表明，研制出的高灵敏黄曲霉毒素 M_1 单克隆抗体亚型主要为 IgG_{2a} 和 IgG_1 两种。

表 3-4　黄曲霉毒素 M_1 单克隆抗体亚型与效价鉴定结果

单克隆抗体	亚型	抗体效价（×10^4）	OD$_{450}$ 值			
			阴性对照	空白	载体蛋白	
					1% OVA	1% BSA
2C9	IgG_{2a}	64	—	—	—	—
LM47	IgG_{2a}	32	0.091	0.065	0.083	0.081
LM15	IgG_1	32	0.104	0.051	0.068	0.069
LM16	IgG_{2a}	40	0.087	0.060	0.078	0.078
LM54	IgG_1	16	0.093	0.057	0.083	0.076
LM13	IgG_1	32	0.085	0.061	0.081	0.074
LM32	IgG_1	64	0.083	0.063	0.085	0.078
LM44	IgG_{2a}	16	0.090	0.057	0.084	0.085
LM48	IgG_{2a}	32	0.094	0.053	0.081	0.082
LM46	IgG_1	32	0.087	0.061	0.067	0.079

2. 黄曲霉毒素 M_1 单克隆抗体亲和力常数测定

抗体亲和力是指一个抗体分子与一个抗原分子或半抗原分子的抗原决定簇发生免疫反应的能力，通常以亲和力常数 K_a 表示，亲和力常数 K_a 越高，抗体结合抗原的能力越强。黄曲霉毒素等小分子目标物的抗体亲和力常数一般可达到 $10^5 \sim 10^9$ L/moL，通常将亲和力常数在 10^8 L/moL 以上的黄曲霉毒素抗体称为高亲和力抗体。

采用间接非竞争 ELISA 方法测定抗体的亲和力常数，以抗体浓度负对数值为横坐标，以吸光值为纵坐标，绘制不同浓度（4 µg/mL、1 µg/mL、0.25 µg/mL、0.0625 µg/mL）工作曲线，然后根据计算公式可以得到研制抗体的亲和力常数，见表3-5。亲和力常数比较结果表明，2C9抗体亲和力最高。

表 3-5　黄曲霉毒素 M_1 抗体的亲和力常数

单克隆抗体	50% OD_{max}/（mol/L）	亲和力常数 K_a/（L/mol）
2C9	—	1.74×10^9
LM47	8.86	2.00×10^7
LM15	8.73	2.03×10^7
LM 16	7.52	5.58×10^8
LM 54	7.34	5.72×10^8
LM13	8.31	2.13×10^7
LM32	7.62	5.51×10^8
LM44	7.45	5.63×10^8
LM48	8.04	2.21×10^7
LM46	8.12	2.19×10^7

3. 黄曲霉毒素 M_1 抗体灵敏度与特异性测定

采用间接竞争 ELISA 法测定筛选得到的系列黄曲霉毒素 M_1 抗体与农产品中常见四种黄曲霉毒素（黄曲霉毒素 B_1、B_2、G_1、G_2）的交叉反应情况，分析抗体对黄曲霉毒素 M_1 的反应灵敏度和抗体对黄曲霉毒素 M_1 以外的结构类似物的交叉反应率，抗体对黄曲霉毒素的反应灵敏度以 IC_{50} 值表示，交叉反应率按公式进行计算，结果见表 3-6，黄曲霉毒素 M_1 系列抗体的 IC_{50} 值从 0.005 ng/mL 至 0.06 ng/mL，表明这些抗体均有很高的检测灵敏度。

表 3-6 对抗体特异性测定结果表明，创制出的黄曲霉毒素 M_1 系列抗体中，2C9 抗体近乎达到了特异性最高的极限值，与黄曲霉毒素 B_1、B_2、G_1、G_2 均没有交叉反应。经科技查新与文献检索比对，2C9 为迄今特异性最强的黄曲霉毒素 M_1 单克隆抗体。

表3-6　黄曲霉毒素 M_1 单克隆抗体对四种主要黄曲霉毒素的检测灵敏度和交叉反应率

参数	AFT	抗体									
		2C9	LM47	LM15	LM16	LM54	LM13	LM32	LM44	LM48	LM46
灵敏度 /(ng/mL)	M_1	0.06	0.02	0.01	0.03	0.03	0.005	0.04	0.02	0.01	0.01
	B_1	—	>1.58	0.76	1.15	0.91	0.03	0.03	0.03	0.013	0.025
	B_2	—	>2.00	>2.00	>2.00	>2.00	0.16	0.06	0.13	0.017	0.045
	G_1	—	>2.00	>2.00	2.52	>2.00	>0.5	0.07	0.05	0.046	0.04
	G_2	—	>2.00	>2.00	>2.00	>2.00	0.27	0.04	0.23	0.016	0.055
交叉反应率/%	M_1	100	100	100	100	100	100	100	100	100	100
	B_1	0	1.26	1.31	2.60	3.30	19.90	114.25	78.14	73.85	39.75
	B_2	0	<1.00	<1.00	<1.00	<1.00	3.15	67.00	15.01	57.15	22.00
	G_1	0	<1.00	<1.00	1.19	<1.00	<1.00	60.01	42.70	21.32	25.03
	G_2	0	<1.00	<1.00	<1.00	<1.00	1.84	110.11	8.83	64.54	18.33

（四）其他真菌毒素单克隆抗体特性

借鉴黄曲霉毒素单克隆抗体创制技术思路，并同样采用外源细胞生长因子调节的半固体培养-梯度筛选法，创制出除黄曲霉毒素外其他真菌毒素的系列单克隆抗体，如玉米赤霉烯酮单克隆抗体、赭曲霉毒素单克隆抗体、杂色曲霉毒素单克隆抗体、T-2 毒素单克隆抗体等，抗体表征特性鉴定结果见表 3-7（张宁等，2014b；Li X et al., 2013b；Li M et al., 2014；Tang et al., 2014；Zhang et al., 2015b）。这些真菌毒素单克隆抗体的成功创制为农产品食品中多种毒素混合污染同步快速检测技术研发与推广应用奠定了重要基础。

表3-7　除黄曲霉毒素外其他常见真菌毒素单克隆抗体灵敏度表征结果

真菌毒素	抗体	灵敏度（IC_{50}）/（ng/mL）	创制时间
赭曲霉毒素 A	1H2	0.058	2013
	1F8	0.295	
	3E2	0.56	
玉米赤霉烯酮	2D3	0.02	2014
	2D10	0.24	
	3C3	0.35	
	5F7	1.04	
	1D9	3.13	
杂色曲霉毒素	ST03	0.36	2014
	ST04	0.75	
	ST06	1.71	
T-2 毒素	2G7	0.83	2013
	2C5	0.37	
	1D6	0.43	

　　将自主研制赭曲霉毒素 A 单克隆抗体 1H2（李培武等，2014e）与文献报道的抗体主要技术参数进行比较，结果见表 3-8（Li X et al., 2013b）。可见赭曲霉毒素 A 单克隆抗体 1H2 不仅特异性强，而且灵敏度最高（IC$_{50}$ 值最小），比文献报道的赭曲霉毒素 A 单克隆抗体灵敏度提高了 1～2 个数量级。

表 3-8　赭曲霉毒素 A 抗体 1H2 主要技术参数及与文献报道抗体比较

抗体来源	年份	抗体类型	灵敏度/（ng/mL）	交叉反应率/%				
				OTB	OTC	AFB$_1$	DON	FB
研制抗体 1H2	—	mAb	0.058	<0.3	—[a]	<0.3	<0.3	<0.3
Zhang	2011	mAb	1.7	17	—	<8.5	9.6	9.4
Liu	2008	mAb	0.32	0.17	0.28	—	—	—
			0.28	0.35	0.25	—	—	—
Cho	2005	mAb	1.2	31.7	—	NO[b]	—	NO
Thirumala-Devi	2000	pAb	5	NO	—	NO	—	—
Gyöngyösi-Horváth	1996	mAb	0.45	9.3	—	—	—	—

注：a 未检测或者是文献中未公布。

b 指无交叉反应。

　　将自主研制的玉米赤霉烯酮单克隆抗体 2D3（李培武等，2013j）与文献报道的同类抗体的主要技术参数进行比较，结果见表 3-9（Tang et al., 2014）。可见玉米赤霉烯酮单克隆抗体 2D3 不仅特异性强，而且灵敏度最高（IC$_{50}$ 值最小），灵敏度比文献报道的玉米赤霉烯酮单克隆抗体提高 40 倍以上。

表 3-9　玉米赤霉烯酮 2D3 单克隆抗体与报道抗体特性比较

抗体来源	年份	抗体类型	灵敏度/（ng/mL）	交叉反应率/%			
				ZEA	α-ZOL	β-ZOL	β-ZAL
研制抗体 2D3	—	mAb	0.02	100	4.4	88.2	4.6
Burmistrova	2009	mAb	0.8	100	69	<1	<1
Wang	2011	mAb	1.9	—	—	—	—
Cha	2012	mAb	131.3	100	108.1	119.3	130.3
Pei	2012	mAb	1.79	100	189.1	24.1	43.9

　　此外，研制出的 T-2 毒素及黄曲霉毒素前体杂色曲霉毒素等单克隆抗体（李培武等，2014d）的灵敏度同样均比文献报道的抗体灵敏度有不同程度的提高。

　　综上所述，创制的系列黄曲霉毒素及赭曲霉毒素 A、玉米赤霉烯酮、杂色曲霉毒素、T-2 毒素等单克隆抗体，不仅为农产品食品及饲料黄曲霉毒素等多种真菌毒素混合污染同步快速检测技术开发与推广应用奠定了基础，而且再度验证了免疫活性位点对抗体亲和力的靶向诱导效应及杂交瘤半固体培养-梯度筛选法的科学性和实用性。

第三节　黄曲霉毒素阳性抗体噬菌体展示库和基因重组抗体创制

基因重组抗体创制技术流程主要有两种：一种是先构建抗体基因库后筛选；另一种是先筛选获得靶标阳性杂交瘤细胞，提取抗体基因后构建到原核生物或真核生物中表达。

"先构建后筛选"方法是指利用免疫动物脾细胞的总 mRNA 先构建抗体基因库（抗体基因库中除含有目标抗原诱导产生的抗体基因外，也包含动物自身本来就有的天然抗体基因），然后通过噬菌体展示、核糖体展示等技术构建抗体基因库，以目标分析物抗原为靶标筛选阳性克隆，最终利用阳性克隆进行抗体的批量制备。其优点是库容量大，理论上可以筛选出各种特性的基因重组抗体，从而有利于改良抗体亲和力和特异性。不足之处是阳性克隆在基因库中占有的比例太低，阳性克隆的筛选效率低。

"先筛选后构建"方法是指从已经筛选获得的靶标阳性杂交瘤细胞中提取抗体基因，并构建到原核生物或真核生物中表达。例如，李鑫等（李鑫等，2012a）利用单克隆抗体 2B12 研制成的黄曲霉毒素 M_1 的基因重组抗体 scFv，scFv 基因全长 737 bp，对应 245 个氨基酸，单链抗体分子量约为 25897.4，等电点预测值 6.90；二级结构显示抗黄曲霉毒素 M_1 单链抗体含 α 螺旋 38 处、β 折叠 24 处、延伸链 74 处、随机卷曲 109 处；三级结构建模显示重链（VH）和轻链（VL）的 6 个环区（CDR 区），共同组成抗体的抗原结合区，符合 scFv 的结构特点，具有抗原结合位点的空间构象。这种方法的优点是构建后即可表达，研制基因重组抗体的步骤和流程相对简化；缺点是在 PCR 扩增抗体可变区基因的过程中，容易带来伪基因等负面效应，抗体活性不稳定，极易降低甚至丧失。

为了攻克"先构建后筛选"方法阳性率低以及"先筛选后构建"方法 PCR 伪基因降低重组抗体活性的技术难题，利用自主研制的系列阳性黄曲霉毒素单克隆杂交瘤细胞，构建出世界上第一个黄曲霉毒素噬菌体展示阳性抗体库，并从中成功筛选到两株黄曲霉毒素基因重组抗体 1A7 和 2G7，对黄曲霉毒素 B_1 的检测灵敏度分别达 0.02 ng/mL、0.01 ng/mL。与国内外同类报道重组抗体相比，2G7 均为迄今灵敏度最高的黄曲霉毒素基因重组单链抗体。

一、黄曲霉毒素阳性杂交瘤与抗体可变区基因的克隆

（一）黄曲霉毒素杂交瘤细胞的复苏、培养与总 RNA 提取

取出自主研制的储藏在液氮罐中的系列黄曲霉毒素杂交瘤细胞株 1C11、4F12、1C2、1C10、1D3、1B12、DE7、10G4、1A3、1B7、8E11、8F6、1B9、2C9、2C10 和 10C9 等，经过 37 ℃恒温水浴，直到细胞冻存液解冻，立即经 RPMI 1640（roswell park memorial institute）基础培养基清洗 2 次，1200 r/min 条件下离心 10 min，去除清洗液，再用含有 HFCS 的 RPMI 1640 等完全培养基重悬细胞，并将细胞培养瓶置于 37 ℃、5% CO_2 培养箱中培养，根据细胞生长情况及时换液。

待培养细胞达到足够量后，参照总 RNA 提取试剂盒说明书，分别从上述杂交瘤细胞株中提取总 RNA。为保证提取的总 RNA 可满足实验要求，需要将提取到的总 RNA

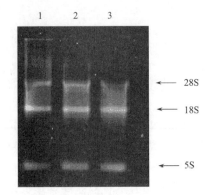

图 3-17　杂交瘤细胞株 1C11、4F3 和 2C9
提取总 RNA 琼脂糖凝胶电泳图

进行电泳验证。例如，图 3-17 是提取 1C11、4F3、2C9 三株细胞总 RNA 的 1%琼脂糖凝胶电泳图谱，从图中可见三条明显的条带，分别为 28S、18S 和 5S，表明所提取的总 RNA 比较完整，没有发生降解，可以应用于下一步的反转录实验。

因为总 RNA 非常容易降解，通常以所提取的总 RNA 为模板，通过 RT-PCR 及时反转录成 cDNA，再保存备用。

（二）黄曲霉毒素抗体可变区基因克隆

根据鼠源抗体可变区保守序列，设计并合成单克隆抗体可变区基因序列的通用引物，见表 3-10。

表 3-10　黄曲霉毒素单克隆抗体可变区通用引物

引物（primer）	序列（sequences）
VHback	5′-AGG TSM ARC TGC AGS AGT CWGG-3′
VHfor	5′-TGA GGA GAC GGT GAC CGT GGT CCC TTG GCC CC-3′
Vκback	5′-GAC ATT GAG CTC ACC CAG TCT CCA-3′
Vκfor-1	5′-CCG TTT GAT TTC CAG CTT GGT GCC-3′
Vκfor-2	5′-CCG TTT TAT TTC CAG CTT GGT CCC-3′
Vκfor-3	5′-CCG TTT TAT TTC CAA CTT TGT GCC-3′
Vκfor-4	5′-CCG TTT CAG CTC CAG CTT GGT GCC-3′

注：S=G,C; M=A,C; R=A,G; W=A,T。

以系列杂交瘤细胞株总 RNA 为模板，经反转录 PCR 获得 cDNA 第一链后，利用上述引物进行 PCR 扩增，分别克隆出各抗体的重链可变区基因（VH）和轻链可变区基因（VL）。扩增产物通过 1%琼脂糖凝胶电泳鉴定结果见图 3-18。不同抗体轻、重链可变区均扩增得到单一特异性条带，其中重链可变区大小均在 350 bp 左右，轻链可变区大小约在 330 bp，VH 比 VL 略大，与理论片段大小一致。

抗体可变区基因 VH 和 VL 基因片段可采用琼脂糖凝胶 DNA 纯化试剂盒进行回收，再将基因片段分别与 pMD19-T 载体连接后，转化到 E.coli DH5α 感受态细胞。

（三）黄曲霉毒素抗体可变区基因克隆产物的 PCR 鉴定

从每个克隆产物的培养平板上，用无菌牙签分别随机挑取 8 个单菌落，分别转移至 1.5 mL 离心管中，每个离心管装有 700 μL 含氨苄青霉素的 LB 培养基（Luria Broth），分别编号（如 1C11-1、1C11-2、1C11-3、…），37 ℃恒温摇床中 225 r/min 培养过夜；从每个培养好的离心管中分别取 100 μL 菌液转移到另一个新的离心管中，1000 r/min 离心 1 min，弃上清液，各加双蒸水 200 μL 煮沸 5 min；以煮沸后的菌体上清液为模板，做

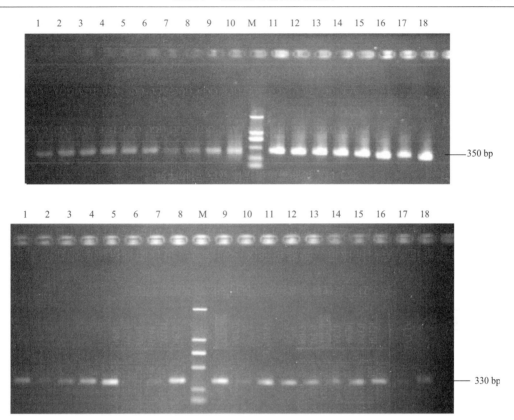

图 3-18　PCR 扩增黄曲霉毒素抗体 VH（350 bp）和 VL 基因（330 bp）电泳图

菌落 PCR 扩增，鉴定克隆结果；将菌落 PCR 中阳性克隆各挑 5 个，用 T 载体通用引物进行双向测序。以抗体 1C11 的 VH 为例，活菌 PCR 扩增结果如图 3-19 所示。

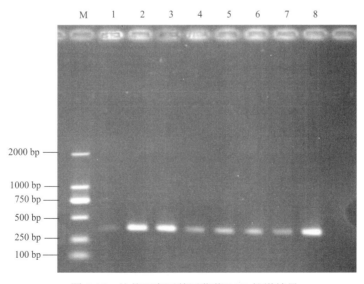

图 3-19　抗体可变区基因菌落 PCR 扩增结果

M: DL2000 DNA marker ; 1～8: 1C11 不同单菌落 VH 片段

　　将克隆得到的每株抗体的轻、重链可变区基因，经活菌 PCR 验证后，分别取每个克隆片段的 5 个特异性高的克隆子，用 T 载体通用引物进行双向测序。结果表明，相同克隆片段的不同克隆子测序结果高度一致。测序得到的小鼠抗体重链可变区基因片段大小为 309～356 bp，轻链可变区基因片段大小为 322～332 bp，均与理论值相符。将所得序列依次输入在线抗体序列分析工具——国际免疫遗传学信息系统（international immunoGeneTics information system，IMGT，http://www.imgt.org/IMGT_vquest/vqvest）进行比对分析，推导得到抗体的氨基酸序列，标出六个互补决定区（CDR 区）。

　　将克隆得到的抗体可变区基因分别与国际免疫遗传学信息系统 IMGT 中的 IMGT/V-QUEST （sequence aliglnment software for IG、TR and HLA）（http://www.imgt.org/IMGT_vquest/vqvest）进行序列比对分析，结果表明：克隆得到的基因片段均符合小鼠免疫球蛋白可变区基因的特征，每条可变区基因均由 4 个框架区（FR）和 3 个抗原互补决定区（CDR）组成，且同源性均大于 90%。根据 IMGT/V-QUEST 推导出来的氨基酸序列，将所得的 18 株黄曲霉毒素单克隆抗体轻、重链可变区基因，利用 Informax 2003 中的 AlignX 功能分别比对分析，结果如图 3-20 和图 3-21 所示，图中同时标出了用同样方法克隆得到的氰戊菊酯单克隆抗体可变区序列作为对照。

　　将 17 株黄曲霉毒素抗体按其特异性分成三组进行比较分析，分别是黄曲霉毒素通用抗体（AFT 组）、黄曲霉毒素 G_1 特异性抗体（AFG_1 组）和黄曲霉毒素 M_1 特异性抗体（AFM_1 组）。可变区比对分析结果显示，同氰戊菊酯单克隆抗体可变区序列相比，克隆得到的一系列黄曲霉毒素抗体轻、重链可变区序列都相对保守。这一现象表明识别同一毒素的抗体其可变区序列存在一定保守性，与抗体可变区序列决定抗体识别的特异性是一致的。

　　对黄曲霉毒素不同细胞株抗体可变区序列整体分析发现，轻链可变区的序列除 1A3、DE7 两个细胞株外，几乎完全相同，序列之间的差异主要体现在重链可变区的 CDR2 区和 CDR3 区。分析结果表明通用抗体（AFT 组）的轻链可变区几乎完全一致，重链可变区差异主要集中在 CDR2 区和 CDR3 区，与序列整体差异趋势一致；G_1 特异性抗体（AFG_1 组）中 DE7 的轻链可变区与其他两株细胞的同源性较低，而该组三株细胞重链可变区之间的差异均比较大；M_1 特异性抗体（AFM_1 组）的轻链可变区除 1A3 外，几乎完全相同，而在重链可变区，灵敏度最高的 2C9 表现出与其他细胞株完全不同的序列特征。

　　从 15 株分泌不同特异性、不同灵敏度的黄曲霉毒素单克隆抗体杂交瘤细胞株中，成功克隆出系列单克隆抗体的重链和轻链可变区基因，测序发现小鼠抗体重链可变区基因片段（309～356 bp）和轻链可变区基因片段（322～332 bp）在不同杂交瘤细胞株的序列之间确实存在差异性，这一结果为进一步构建阳性抗体噬菌体展示库提供了科学依据。此外，IMGT/V-QUEST 和 AlignX（Informax 2003）比对分析发现，黄曲霉毒素通用抗体（AFT 组）可变区的差异主要集中在 CDR2 区和 CDR3 区，表明黄曲霉毒素抗体抗原识别起关键作用的氨基酸很可能在这两个区域，从而为同源建模和分子对接研究黄曲霉毒素抗体抗原识别的分子机制奠定了基础。

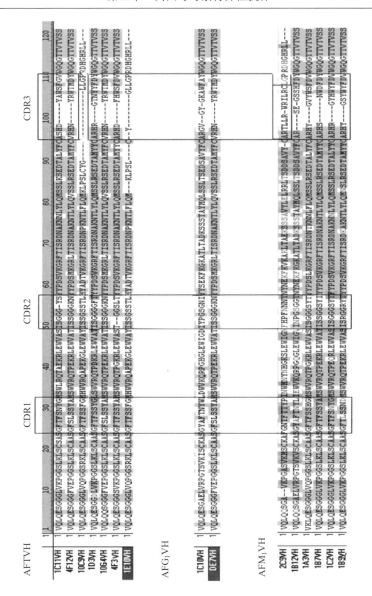

图 3-20　黄曲霉毒素抗体重链可变区氨基酸序列比对

二、黄曲霉毒素阳性抗体噬菌体展示库的构建

（一）黄曲霉毒素抗体轻、重链可变区基因随机组合连接

凝胶回收获得的系列重链可变区基因片段和系列轻链可变区基因片段均需要定量，可通过电泳及与不同浓度 DL2000 DNA marker 染色强度比对的方法进行定量，估算每个重链可变区基因片段和轻链可变区基因片段的量。取两个 1.5 mL 离心管，标记为 VH 混合与 VL 混合，根据估算出的浓度，每种纯化产物按照 50 ng 的量分别加入两个离心管中，作为下一步 PCR 反应的抗体重、轻链可变区基因混合模板。

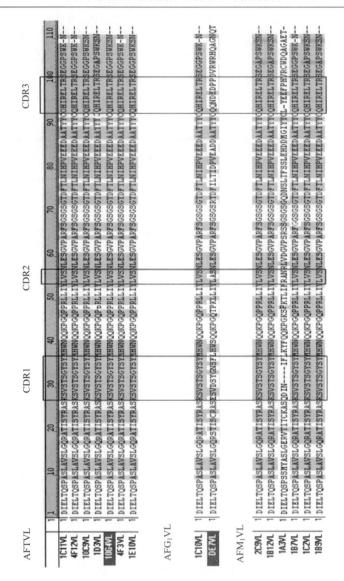

图 3-21　黄曲霉毒素抗体轻链可变区氨基酸序列比对

　　根据克隆鉴定的系列抗体重、轻链可变区序列信息，设计阳性抗体库构建所需要的引物，引物序列见表 3-11。这些引物可用于扩增 VH 与 VL 的链接片段，并且涵盖所有克隆得到的抗体重、轻链可变区序列。

表 3-11　黄曲霉毒素抗体 scFv 引物序列

引物（primer）	序列（sequences）
linker1	5′-TCC GGC GGT GGT GGC AGC GGT GGC GGC GGT TCT GAC ATT GAG CTC ACC CAG TCT CCA -3′
linker2	5′-ACC GCT GCC ACC ACC GCC GGA GCC ACC GCC ACC TGA GGA TGA GGA GAC GGT GAC CGT GGT -3′

续表

引物（primer）	序列（sequences）
RS（back） （含有与载体同源位点）	5′-<u>TCC TTT CTA TGC GGC CCA GCC GGC CAT GGC CCA GGT GCA</u> GCT GCA GC A GTC TGG-3′
RS（for） （含有与载体同源位点）	5′-<u>CGG CGC ACC TGC GGC</u> CGC CCG TTT GAT TTC AGC CTT GGT GCC-3′
R1	5′-CCA TGA TTA CGC CAA GCT TTG GAG CC-3′

注：下划横线为与载体 pCANTAB 5E 同源序列。

采用上述引物，以定量混合之后的 VL 和 VH 基因混合物为模板，使用重叠延伸（splicing by overlap extension，SOE）PCR 方法，将重链片段混合物与轻链片段混合物随机组合拼接在一起，并引入连接肽（linker）编码序列［(Gly₄Ser)₃］。为了方便文库的构建，在完成拼接的 scFv 片段两端各加入 15 bp 的载体 pCANTAB 5E 同源序列。所有 PCR 扩增产物可用琼脂糖凝胶 DNA 纯化试剂盒进行回收，构建成黄曲霉毒素抗体的阳性 scFv 基因库，scFv 基因库 PCR 产物电泳鉴定结果见图 3-22，扩增出的 scFv 基因混合片段大小约为 750 bp，与预期结果相符。同时，结果还显示，所扩增条带并不是单一的特异性条带，表明所扩增条带具有多样性。

需要特别指出的是，前期研制出的系列黄曲霉毒素抗体的基因资源是开展单链抗体（scFv）基因库研究的重要基础，换言之，前期系列黄曲霉毒素抗体杂交瘤是构建黄曲霉毒素抗体的阳性 scFv 基因库的重要前提条件，

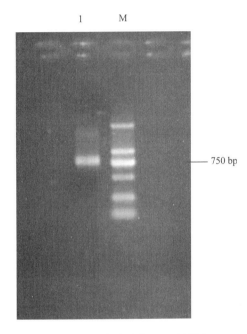

图 3-22　黄曲霉毒素抗体 scFv 基因库 PCR 扩增产物电泳图

M: DL 2000 DNA marker; 1 : scFv 基因混合片段

没有黄曲霉毒素单克隆抗体的基因资源，黄曲霉毒素抗体的阳性 scFv 基因库研究就无从谈起。

（二）scFv 混合片段与 pCANTAB 5 E 载体的连接

pCANTAB 是英国剑桥大学创建的 scFv 载体系统，是目前噬菌体展示抗体构建的常用载体。pCANTAB 5E 是 GE 公司改建的商业化载体，其原理是将扩增的重链可变区基因（VH）与轻链可变区基因（VL）通过一段柔韧的连接肽（linker）序列连接形成一个单链 Fv 基因，置于 lac 启动子/控制子调控之下，并位于 pIII 先导序列与 gIII 基因之间，以融合蛋白的形式被导入细胞膜间隙，组装形成 scFv，在加入辅助噬菌体 M13KO7 后，scFv 以融合蛋白的形式表达在噬菌体表面。

该载体的特点是在 scFv 基因后面含有一段编码 Tag 尾肽（E-Tag）的序列，在 E-Tag 肽的后面，有一个琥珀（amber）终止密码子，位于 scFv 基因与 gIII基因之间。在抑制型菌株 TG1 菌中，这种琥珀密码子只有 20%有效，故在蛋白质翻译过程中可以通读而形成 scFv- pIII融合蛋白；但在非抑制型菌株 HB2151 中，此终止子被识别而使 scFv 基因在翻译过程中在 gIII基因前终止，形成独立的抗体蛋白，滞留于细胞膜间隙，提取周质蛋白，即可得到可溶性表达的 scFv 蛋白。正是因为 pCANTAB 5E 噬菌体载体具有的上述特点，能够使 scFv 在噬菌体展示形式与抗体蛋白形式之间很容易转换，更加有利于 scFv 的筛选。

提取噬菌粒 pCANTAB 5 E 可按照商业化质粒提取试剂盒的说明书操作，并采用 0.7%琼脂糖凝胶电泳方法检测质粒提取效果。噬菌粒 pCANTAB 5 E 先后经过 *Sfi* I 单酶切、*Not* I 酶切、产物去磷酸化双酶切，并回收酶切产物。按照 pCANTAB 5 E 载体克隆位点附近序列设计 scFv 的两端引物，要求在每条引物的末端至少包含 15 bp 的载体 pCANTAB 5E 同源序列（引物 RS back/for），在 scFv 片段构建完成后，PCR 扩增在 scFv 片段两端引入载体同源序列，经连接即可获得黄曲霉毒素抗体阳性噬菌体质粒库。

（三）黄曲霉毒素抗体阳性噬菌体展示库构建

获得黄曲霉毒素抗体阳性噬菌体质粒库之后，可通过电转化，导入到感受态细胞 *E. coli* TG1，即构建成黄曲霉毒素抗体阳性噬菌体展示库。为了增加库容量，用于建库的样品可进行多次转化（如累计转化 10 次以上）。转化产物培养后在平板上长出的菌苔可用 2×YT-AG 液体培养基刮下来，加入 1/5 体积的甘油，分装后于-70 ℃冻存。

黄曲霉毒素抗体阳性噬菌体展示库建成后，需要对库容量和多样性进行测定。

1. 阳性抗体库库容量的测定

将所建库中电转化后的样品混合在一起，复苏后从中取出 10 μL 菌液依次做 10^{-2} 到 10^{-8} 梯度稀释，稀释后分别取 200 μL 涂布于 SOBAG 平板上。次日，选择菌落数在 10～100 的平板进行菌落计数，并计算所建阳性抗体库的库容量。

2. 阳性抗体库多样性的测定

从上述计算库容量的平板中随机挑取 16 个进行测序分析，以鉴定所构建阳性抗体库的多样性。测序通用引物 R1: 5′-CCA TGA TTA CGC CAA GCT TTG GAG CC-3′，测序结果采用 GENETOOL 软件进行分析。

构建黄曲霉毒素抗体阳性噬菌体展示库后，根据转化后在抗性平板上的菌落数确定库容量为 $3.5×10^5$ 个克隆。从该库中随机挑选 16 个克隆，利用噬菌体载体 pCANTAB 5E 引物 R1 进行 DNA 测序，所得序列利用软件 AlignX（Informax 2003）进行比对分析。部分多样性测定结果见图 3-23。可见所得的 16 个克隆插入片段的基因序列均不同，表明所构建阳性噬菌体展示库的多样性良好。对于全部由黄曲霉毒素抗体可变区基因片段构建而成的阳性抗体库而言，所构建库的库容量及多样性可以满足筛选要求。

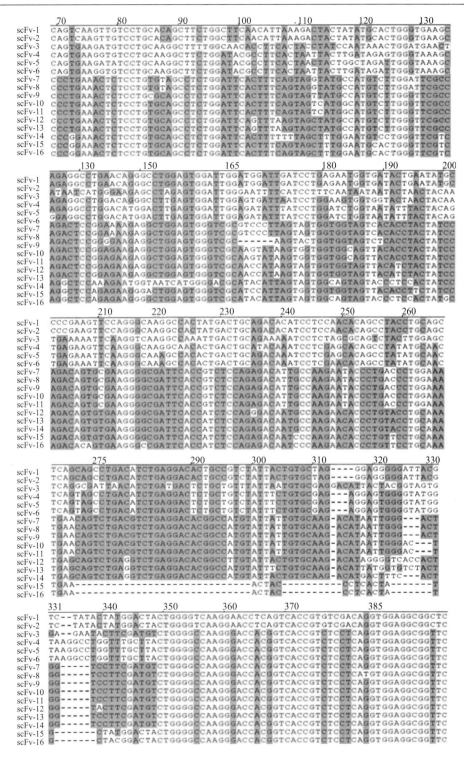

图 3-23　黄曲霉毒素抗体阳性噬菌体展示文库的多样性测定结果

　　既然全部是黄曲霉毒素抗体可变区基因构建的噬菌体展示库,为什么还必须进行筛选呢?原因主要有以下两个方面。一方面,抗体可变区基因在 PCR 扩增过程中存在错配概率,容易带来一些变化,这正是所建噬菌体展示库库容量超过理论值的主要原因,这些错配可能会导致抗体活性变化。另一方面,系列黄曲霉毒素抗体可变区重链和轻链经两两随机配对后,某一个抗体的重链和另一抗体的轻链组合成的新抗体是否能够识别黄曲霉毒素并不得而知。因此,必须进行黄曲霉毒素基因重组单链抗体阳性克隆的筛选。

三、黄曲霉毒素基因重组单链抗体的研制及表征

(一)黄曲霉毒素基因重组单链抗体阳性克隆的筛选

　　用黄曲霉毒素 B_1-牛血清白蛋白(400 ng/孔)及牛血清白蛋白(400 ng/孔)(用作阴性对照)分别包被 ELISA 板,采用间接非竞争 ELISA 程序测定每个克隆的上清液,黄曲霉毒素 B_1-牛血清白蛋白的 OD 值(P)除以牛血清白蛋白的 OD 值(N),以 $P/N \geqslant 2.1$ 孔初步判为阳性克隆孔。

　　因为所构建噬菌体展示库为阳性抗体库,理论上库内全部抗体均可能对黄曲霉毒素有一定的识别能力,所以跳过传统的淘选步骤,直接挑取所构建库中的单菌落,在辅助噬菌体帮助下分泌表达单链抗体,利用间接非竞争 ELISA 方法即可进行克隆检测与阳性筛选。在随机挑取的一批中,经间接非竞争 ELISA 筛选后共筛选出 8 株阳性细胞株,分别是 1A1、1A2、1A7、2B12、2C4、2G7、3B3 和 3D6,其中阳性较强的有 2 株,分别是 1A7 和 2G7(图 3-24; Li X et al., 2013a)。从主平板(master plate)中挑取保存的阳性克隆,经扩大培养后,收集噬菌体展示状态的单链抗体,采用间接竞争 ELISA 法进一步鉴定,以最终确认阳性克隆。

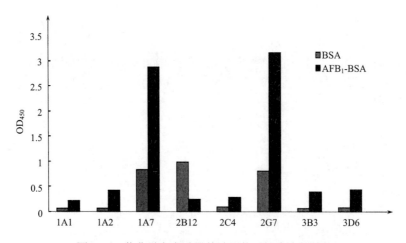

图 3-24　黄曲霉毒素重组单链抗体阳性克隆的筛选

　　图 3-24 筛选过程和筛选结果表明,虽然重组抗体的阳性率较高,但并不是所有的克隆均能分泌黄曲霉毒素抗体。从 8 个阳性克隆检测结果看,阳性克隆中有 25%可分泌高

亲和力抗体，这一结果揭示了黄曲霉毒素抗体阳性噬菌体展示库技术具有获得高亲和力基因重组抗体的潜力。

（二）黄曲霉毒素基因重组单链抗体 1A7 和 2G7 的特性表征

从筛选得到的阳性克隆中选出阳性最强的两个克隆 1A7 和 2G7，经扩大培养以后，再通过间接竞争 ELISA 方法，对所分泌的基因重组单链抗体进行特性表征，主要检测这两种单链抗体对五种黄曲霉毒素的检测灵敏度和交叉反应率。

两个克隆 1A7 和 2G7 的鉴定结果见表 3-12（Li X et al., 2013a），这两株基因重组单链抗体对黄曲霉毒素 B_1 的检测灵敏度都非常高，1A7 的 IC_{50} 值达 0.02 ng/mL，2G7 的 IC_{50} 值达 0.01 ng/mL。但两种基因重组单链抗体与五种黄曲霉毒素的交叉反应率有很大差异，其中重组单链抗体 1A7 除黄曲霉毒素 G_2 外，对黄曲霉毒素 B_1、B_2、G_1 和 M_1 均具有很高的检测灵敏度，可以应用于黄曲霉毒素的总量检测（李培武等，2013f），而重组单链抗体 2G7 与黄曲霉毒素 B_1 之外的其他黄曲霉毒素交叉反应率均小于 40%，是一株灵敏度很高（0.01 ng/mL）的黄曲霉毒素 B_1 特异性单链抗体，更适合于黄曲霉毒素 B_1 的特异性检测（李培武等，2013g）。

表 3-12　黄曲霉毒素单链抗体 1A7 和 2G7 的特性表征

重组抗体（scFv）	灵敏度/（ng/mL）					交叉反应率/%				
	AFB_1	AFB_2	AFG_1	AFG_2	AFM_1	AFB_1	AFB_2	AFG_1	AFG_2	AFM_1
1A7	0.02	0.012	0.02	—	0.18	100	166	100	—	11.1
2G7	0.01	0.03	0.04	—	0.34	100	33.3	25	—	2.9

从两株不同基因重组单链抗体的竞争抑制曲线中，可以很明显地观察到两种抗体与黄曲霉毒素交叉反应的差异，见图 3-25（Li X et al., 2013a）。

图 3-25（a）是四种不同黄曲霉毒素（AFB_1、AFB_2、AFG_1 和 AFM_1）对单链抗体 1A7 的竞争抑制曲线，（b）是四种不同黄曲霉毒素（AFB_1、AFB_2、AFG_1 和 AFM_1）对单链抗体 2G7 的竞争抑制曲线。竞争抑制曲线是以黄曲霉毒素浓度的对数值为横坐标，以结合率 B/B_0 的百分数为纵坐标绘制而成。根据三次平行重复间接竞争 ELISA 测得数据，黄曲霉毒素浓度为零时的吸光值（B_0）均为 0.85～1.26，变异系数（coefficient of variation，CV）为 0.5%～7.6%。

近年来国内外虽有研究报道黄曲霉毒素单链抗体，但一直难以突破灵敏度低的技术难题。单链抗体 1A7 和 2G7 与报道的黄曲霉毒素单链抗体的检测灵敏度进行比较，结果见表 3-13（Li X et al., 2013a）。可以看出研制的 1A7 和 2G7 两株单链抗体对黄曲霉毒素 B_1 的检测灵敏度均远高于国外报道的抗体。经检索，目前国际上关于黄曲霉毒素单链抗体制备的文献非常少，重组单链抗体 1A7 和 2G7 与国外所报道黄曲霉毒素单链抗体的比较结果可见，单链抗体 2G7 比文献报道同类抗体对黄曲霉毒素 B_1 的检测灵敏度提高 20 倍，是迄今灵敏度最高的黄曲霉毒素基因重组单链抗体。

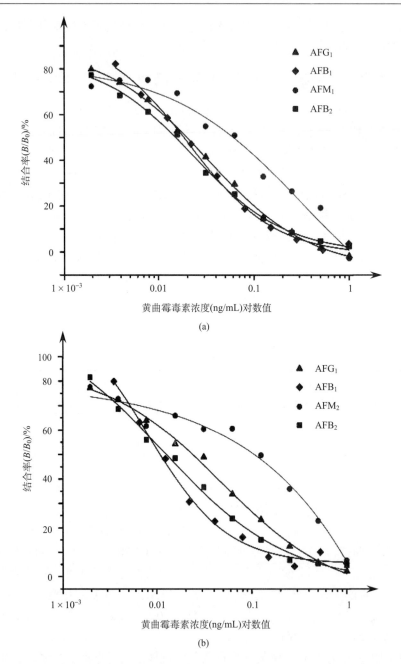

图 3-25 黄曲霉毒素对重组单链抗体 1A7（a）和 2G7（b）的竞争抑制曲线

表 3-13 重组单链抗体 1A7 和 2G7 与文献报道黄曲霉毒素单链抗体的比较

文献	抗体类型	实验方法	AFB_1 灵敏度/（ng/mL）
1A7	scFv	ci-ELISA	0.02
2G7	scFv	ci-ELISA	0.01
Dunne L. et al., 2005	scFv	Biacore 抑制分析	200

续表

文献	抗体类型	实验方法	AFB$_1$ 灵敏度/（ng/mL）
Daly, S. et al., 2002	scFv	ci-ELISA	400
Yang, L. et al., 2009	scFv	ci-ELISA	0.4

（三）黄曲霉毒素单链抗体 1A7 和 2G7 序列分析

对 1A7 和 2G7 基因进行碱基测序，将测序结果翻译成氨基酸序列后利用软件 AlignX（Informax 2003）进行比对分析。结果表明，单链抗体 1A7 和 2G7 的轻链序列完全一致，仅在重链序列部分略有差异。图 3-26 为单链抗体 1A7 和 2G7 重链可变区氨基酸序列的比对结果，从图中可以看出：1A7 和 2G7 这两株交叉反应率差异巨大的单链抗体，其重链可变区序列只有 8 个氨基酸的差异，说这明氨基酸序列的微小差异就可以导致抗体识别抗原表位的不同，引起交叉反应率的显著差异。

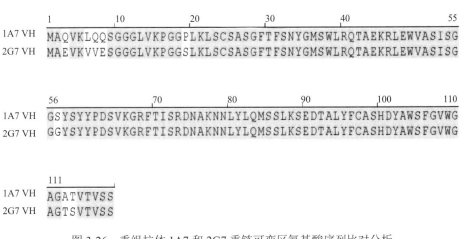

图 3-26　重组抗体 1A7 和 2G7 重链可变区氨基酸序列比对分析

阳性克隆实际筛选结果分析还发现，阳性抗体库中并不是所有的克隆都可以识别黄曲霉毒素，经过对数十个所建阳性抗体库中对黄曲霉毒素没有识别作用的单克隆测序分析发现，其中绝大部分不能形成正确的阅读框。因此，可以推断在同源重组的过程中发生的读码错误是阳性抗体库中部分单克隆不能识别靶分子的主要原因。但无论如何，黄曲霉毒素抗体阳性噬菌体展示库技术具有庞大的资源优势外，与传统的多克隆抗体、单克隆抗体相比较，重组抗体具有其独特的技术优势，例如，可以在原核表达体系中在较短的时间内大量生产，生产费用低，在黄曲霉毒素低成本、大规模检测中具有开发应用潜力，容易满足黄曲霉毒素抗体的生产需要。因此，黄曲霉毒素高灵敏（高亲和力）基因重组单链抗体 1A7 和 2G7 的研制成功，展现出黄曲霉毒素抗体创制中阳性噬菌体展示库技术的良好前景和应用潜力。

第四节　黄曲霉毒素纳米抗体创制

随着黄曲霉毒素抗体技术的发展，重组抗体在黄曲霉毒素检测领域研制成功并逐渐被报道应用。纳米抗体是采用分子生物学手段获得的骆驼科动物体内能与抗原特异性结合的天然重链抗体可变区片段。与传统的重组抗体（如单链抗体）相比，纳米抗体具有体积小、稳定性好、耐高温、耐有机试剂、耐酸碱等优点，此外，黄曲霉毒素纳米抗体库构建方法相对较为简单，不需要特别大的库容量，并且筛选到目的抗体的概率比较高（王妍入等，2014）。

一、黄曲霉毒素纳米抗体创制方法

研制黄曲霉毒素纳米抗体采用的动物目前主要为骆驼科动物，以美洲驼（llama）、羊驼（alpaca）和骆驼（camel）应用较多。采用噬菌体展示技术与淘选过程将重链抗体可变区（VHH）基因通过大肠杆菌高效表达得到黄曲霉毒素纳米抗体，表达的黄曲霉素纳米抗体具有稳定性好（耐有机溶剂、耐高温）、可溶性强、可用作替代标准品等特点（李培武等，2014f；Wang et al.，2013a）。黄曲霉毒素纳米抗体研制技术流程与重组抗体类似，即利用免疫动物血细胞的总 mRNA 构建抗体基因库，然后通过噬菌体展示等技术淘选阳性克隆，最后利用阳性克隆进行纳米抗体的批量制备（彩图 3）。

（一）黄曲霉毒素噬菌体展示纳米抗体库构建

1. 动物免疫

研制纳米抗体过程中，用于免疫诱导抗体产生的动物通常为骆驼科骆驼、美洲小羊驼、大羊驼等。虽然有报道鲨鱼体内也有类似结构的抗体，但考虑到实际的实验操作技术难度而很少被采用。黄曲霉毒素纳米抗体研制以靶向设计合成的抗原免疫美洲羊驼为例，一般选择四周岁左右成年羊驼为免疫对象，利于取得较好的免疫效果。免疫方式多为颈下皮下多点注射黄曲霉毒素抗原，每次免疫的间隔期为 2～4 周，免疫 4～6 次。

2. 总 RNA 制备

采用 EDTA 真空采血管，收集黄曲霉毒素抗原免疫后的羊驼血液 10～20 mL，反复颠倒采血管两次，以避免血液凝固，并将血液通过 LeukoLOCK 试剂盒中的滤器，先后用 PBS 和 RNAlater 缓冲液冲洗滤器，将滤器密封保存于 4 ℃备用。

按照 LeukoLOCK 总 RNA 提取试剂盒的操作说明提取羊驼血液中的 RNA，最终转移至无核酸酶的离心管中备用。

3. cDNA 第一链合成

按照 SuperscriptIII第一链合成试剂盒说明书合成第一链 cDNA，分装后置于 –20 ℃保存。

4. 重链抗体可变区 VHH 基因的扩增与回收

以 cDNA 为模板，采用聚合酶链式反应 PCR 扩增重链抗体 IgG$_2$ 和 IgG$_3$ 可变区 VHH 基因，以 1% 的琼脂糖凝胶电泳分析扩增结果。用凝胶 DNA 回收试剂盒收集重链抗体可变区 VHH 基因片段，并采用光谱法测定片段浓度。

5. VHH 基因片段与质粒的酶切与连接

采用 Sfi I 酶分别对质粒 pComb3X 和 VHH 片段进行酶切，50 ℃条件下酶切 16 h，以 1% 的琼脂糖凝胶电泳分析酶切结果，并进行酶切片段回收与定量。配制 0.7% 的琼脂糖凝胶，将酶切后的质粒进行电泳，经溴化乙锭染色后，于紫外灯下迅速切下大小为 3400 bp 的片段，并经凝胶回收试剂盒纯化载体片段，光谱法测定浓度。

采用 T4 连接酶将 VHH 片段与载体连接，操作步骤如下：pComb3X 1.4 μg，VHH 基因片段 0.495 μg，10×缓冲液 20 μL，加 H$_2$O 至总体积为 200 μL，16 ℃条件下连接反应过夜。

6. VHH 基因片段与质粒连接产物的转化

使用 PCR 纯化试剂盒，对连接产物进行纯化，最终使用 30 μL 双蒸水洗脱；取 3 μL 连接产物与 25 μL 感受态细胞混合，用微量移液器枪头轻轻混匀，加入 1 mm 的电转杯中，轻轻敲击以避免产生气泡，置于电转仪上进行电击，电转条件：1.8 kV，200 Ω，25 μF；电转后，立即向电转杯中加入 1 mL 37 ℃预热的 SOC 培养基，用移液器轻轻吹打，转移至摇菌管中，37 ℃、250 r/min 振荡复苏 1 h；进行 10 次转化后，取 10 μL 转化的菌液，倍比稀释后涂布在 LB-氨苄青霉素平板上，37 ℃下倒置培养过夜。

随机从 LB-氨苄青霉素平板挑取 20 个克隆，接种至 1 mL 含有氨苄青霉素的 SB（super broth）培养基中，37 ℃、250 r/min 培养过夜。次日，可使用 QIAGEN DNA 提取试剂盒提取菌液 DNA，以 gback 或 F 引物进行测序，鉴定转化效率与多样性。

7. VHH 噬菌体展示纳米抗体库的构建

VHH 纳米抗体库的构建通常选择噬菌粒展示体系。噬菌粒是一种质粒，除具有常规质粒的复制功能外，还具有噬菌体的复制特性，包含一段噬菌体载体基因，可以侵染宿主菌，也可以将基因表达于噬菌体衣壳蛋白上。然而，与噬菌体展示不同，噬菌粒缺少包装形成噬菌体衣壳蛋白的功能基因，因此需要在辅助噬菌体或野生型噬菌体的帮助下，噬菌粒基因才得以表达并形成噬菌体衣壳蛋白，包裹在噬菌粒质粒外。

辅助噬菌体可为噬菌体复制提供一切所需的蛋白质和酶，M13KO7 和 VCSM13 是两种常用的辅助噬菌体，都具有卡那霉素抗性，噬菌粒载体往往含有氨苄青霉素或羧苄青霉素抗性基因，当噬菌粒和辅助噬菌体同时侵染宿主菌时才能繁殖得到含有外源蛋白的噬菌体。较大基因片段的插入会影响噬菌体的复制和侵染，因此与噬菌体载体相比，噬菌粒载体更适合于构建抗体基因库，更适合于蛋白质（单链抗体、单域抗体）的表达。

美国斯克利普斯研究所的 Carlos F. Babas 教授实验室研制的 pComb3X 质粒非常适合

VHH 抗体的研制。pComb3X 质粒图谱如图 3-27 所示。pComb3X 质粒包括一段含有 230～406 个氨基酸残基的 gⅢ片段，含有一个 *lacZ* 启动子和 ompA 前导序列，有两个 *Sfi* I 酶切位点，5′端的 GGCCAGG^CGGCC 和 3′端的 GGCCAGGC^CGGCC。*Sfi* I 酶切位点在免疫球蛋白的序列中非常罕见，可使得抗体序列在酶切后以正确的方向与载体连接。

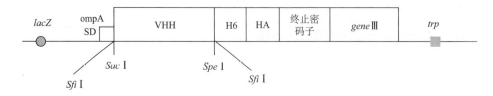

图 3-27　pComb3X 质粒载体示意图

抗体基因库构建后，通过淘选得到表达有正确抗体片段的噬菌体。pComb3X 载体中在 gⅢ基因与抗体片段之间插入了一个终止密码子（TAG），在抑制型宿主菌中终止密码子不表达，得到的是抗体与 gⅢ蛋白的融合蛋白，如果将质粒转到非抑制型雄性宿主菌中，终止密码子表达，便可以得到游离的抗体蛋白。因此，研究选用非抑制型宿主菌 TOP10F′表达纳米抗体。

此外，pComb3X 载体上还包括两个识别标签：一个是六个组氨酸片段，可以采用金属亲和层析柱对表达蛋白进行纯化；另一个是流感血凝素标签（HA），可以用商业化的抗 HA 抗体对表达的抗体蛋白进行检测。

噬菌体展示纳米抗体库构建具体操作方法如下。

将电转化的全部菌液转移至含有 200 mL SB 培养基的 1000 mL 锥形瓶中，加入氨苄青霉素至其终浓度 50 μg/mL、四环素至其终浓度 20 μg/mL，于 37 ℃、250 r/min 培养至 OD$_{600}$ 接近 0.5；加入 1 mL 辅助噬菌体（1×10^{13} pfu/mL），37 ℃静置 30 min，于 37 ℃、250 r/min 条件下继续培养 2 h，加入卡那霉素至终浓度为 70 μg/mL，培养过夜。

次日，将菌液在 4 ℃条件下 10 000 r/min 离心 15 min；将上清液转移至干净的离心管中，加入 1/4 体积含氯化钠的聚乙二醇溶液（PEG/NaCl），置于冰上静置 2 h 使噬菌体沉淀；将噬菌体溶液于 4 ℃、12 000 r/min 离心 20 min，弃上清液，用 100 mL PBS 重悬沉淀，加入 25 mL PEG/NaCl 溶液再次沉淀噬菌体，于冰上静置 2 h；将噬菌体溶液于 4 ℃、12 000 r/min 离心 20 min，弃上清液，用 10 mL 重悬液（含 1 倍体积蛋白酶抑制剂、0.02% NaN$_3$、0.5% BSA 的 PBS 缓冲液）重悬沉淀；将噬菌体溶液用 0.22 μm 滤器过滤，去除残留的细菌（宿主菌）；收集得到的噬菌体溶液即为噬菌体展示纳米抗体库，分装后储存于超低温冰箱（–80～–60 ℃）。

（二）黄曲霉毒素纳米抗体阳性克隆淘选

1. VHH 纳米抗体的淘选和扩增

噬菌体生物淘选通常选用 96 孔法，以免疫抗原作为探针并固定在 96 孔板中，特异性吸附目标抗体，通过充分洗板，去除非特异性吸附的部分，最后再用黄曲霉毒素标准品或 pH 2.2 的甘氨酸缓冲液解吸附，这两种洗脱方法分别称之为竞争洗脱和极性 pH 洗脱。

极性 pH 洗脱没有特异性，可将固定的全部噬菌体洗脱下来，一般通过加入强酸或强碱缓冲液，孵育 10 min 洗脱后，立即加入一定量的中和液，中和洗脱液；竞争洗脱是一种特异性洗脱方式，在小分子免疫分析相关配体筛选中应用较多，原理是利用游离小分子竞争结合作用，使固定抗原吸附的噬菌体得到游离。将两种洗脱模式效果进行比较发现，采用噬菌体肽库筛选替代抗原，竞争洗脱比极性 pH 洗脱具有更好的特异性，筛选出阳性克隆的概率更高，更有利于筛选出反应灵敏度高的噬菌体肽。

纳米抗体淘选过程可根据需要进行 2～4 个循环，若发现每次淘选后噬菌体的滴度有显著增加，则暗示特异性黄曲霉毒素抗体得到了有效富集。实际操作过程中，为了提高黄曲霉毒素纳米抗体的分析灵敏度，可采用由高到低的抗原梯度法及竞争梯度洗脱法进行淘选。表 3-14 为黄曲霉毒素抗独特型纳米抗体 VHH 2-5 淘选程序的实例。

表 3-14　黄曲霉毒素抗独特型纳米抗体 VHH 2-5 噬菌体展示纳米抗体库的淘选流程

淘选次数	包被 1C11 浓度/(μg/mL)	竞争洗脱 AFB$_1$ 浓度/(ng/mL)
第一轮	10	100
第二轮	5	10
第三轮	1	1
第四轮	0.5	0.1

2. VHH 纳米抗体淘选克隆的扩增

为了进行多次淘选，需要对每次淘选获得的噬菌体进行扩增，扩增程序如下。

从 ER2738 单菌落平板上挑取单克隆于 1 mL SB-四环素培养基中，37 ℃下 250 r/min 振荡培养过夜；次日，取 20 μL 过夜菌液于 2 mL SB 培养基中活化，37 ℃下 250 r/min 振荡培养至菌液的 OD$_{600}$ 为 1.0；将噬菌体淘选洗脱液转移至活化菌中，37 ℃下静置 20 min，使噬菌体充分侵染大肠杆菌；补加 6 mL 37 ℃预热的 SB 培养基、1.5 μL 100 mg/mL 的氨苄青霉素和 6 μL 20 mg/mL 的四环素，将全部培养液转移至 50 mL 离心管中，37 ℃下 250 r/min 培养 1 h，补加 2.5 μL 氨苄青霉素，继续培养 1 h；加入 1 mL 辅助噬菌体 M13KO7(10^{12}～10^{13} pfu/mL)，将全部 9 mL 菌液转移至 500 mL 培养瓶，补加 91 mL 37 ℃ 预热的 SB 培养基、46 μL 100 mg/mL 的氨苄青霉素和 184 μL 5 mg/mL 的四环素，37 ℃下 250 r/min 培养 2 h；加入 140 μL 50 mg/mL 卡那霉素，37 ℃下 300 r/min 培养过夜。

次日，将 100 mL 培养基于 4 ℃下 10 000 r/min 离心 15 min，上清液转移至新的离心瓶中，加入 25 mL PEG/NaCl 溶液，混匀后于冰上静置 2 h；将噬菌体溶液 4 ℃下 12 000 r/min 离心 20 min，弃上清液，将离心瓶倒置于干净的滤纸上 10 min 以上，用干净的滤纸擦拭离心瓶壁上残留的液体，尽可能去除全部上清液，用 2 mL 1% BSA/PBS 溶液重悬沉淀的噬菌体，于 12 000 r/min 离心 5 min，将上清液用 0.22 μm 滤器过滤后，即可用于下一轮淘选。

每次淘选结果可通过如下方法计算噬菌体滴度。

从 ER2738 单菌落平板上挑取单克隆，于 1 mL SB-四环素培养基中，37 ℃下 250 r/min 振荡培养过夜；次日取 20 μL 过夜菌液至 2 mL SB 培养基中，37 ℃下 250 r/min 培养至菌液 OD$_{600}$ 为 1.0；用 LB 培养基倍比稀释需要测定滴度的噬菌体，取 10 μL 噬菌体稀释液加入 100 μL 活化的 ER2738 菌液中，37 ℃下静置 20 min 使噬菌体充分侵染大肠杆菌，涂布在 LB-氨苄青霉素平板上，37 ℃下倒置培养过夜。次日，根据不同稀释度平板上菌落个数计算噬菌体滴度。

3. 黄曲霉毒素纳米抗体克隆鉴定

黄曲霉毒素纳米抗体阳性噬菌体克隆可采用 Phage-ELISA 的竞争法进行鉴别与筛选，操作程序与常规的间接竞争 ELISA 方法类似，只是采用的酶标二抗不同。

在 Phage-ELISA 中需要采用 HRP 标记抗 M13 抗体（可特异性识别 M13 噬菌体外壳蛋白质）。可从第四轮洗脱液的滴度平板上随机挑取 10 个单克隆，从第三轮洗脱液滴度平板上随机挑取 20 个单克隆，分别于 5 mL SB-氨苄青霉素培养基中，同时将每一株克隆点在 LB-氨苄青霉素平板上进行平板保菌，37 ℃下 300 r/min 振荡培养噬菌体克隆 4～6 h 至菌液 OD$_{600}$ 为 0.6～0.8，分别加入 50 μL 辅助噬菌体，继续振荡培养 2 h，加入 7 μL 50 mg/mL 的卡那霉素至终浓度为 70 μg/mL，继续培养过夜；配制 10 μg/mL 的 1C11 抗体溶液，包被 96 孔酶标板，每个克隆的检测包括一组不包被抗体的孔，用于检测噬菌体的非特异性吸附，4 ℃下过夜。

次日，弃去酶标板中溶液，PBST 洗板三次，用 3%脱脂奶粉封闭各孔；将过夜培养的单克隆菌液于 2800 r/min 离心 15 min，取 50 μL 上清液与 100 ng/mL 黄曲霉毒素 B$_1$ 或 10%甲醇/PBS 混合后，加入酶标板相应孔中，37 ℃下反应 1 h；弃去酶标板中溶液，PBST 洗板 10 次，加入用 PBS 1∶5000 稀释的 HRP 标记抗 M13 抗体，37 ℃下反应 45 min；弃去酶标板中溶液，PBST 洗板 6 次，加入新鲜配制的底物显色液，37 ℃下显色 15 min，用酶标仪检测各孔在 450 nm 处的吸光度值。对于系列阳性克隆往往需要通过测序的方式确定其遗传差异性。

（三）黄曲霉毒素纳米抗体的表达与纯化

1. 黄曲霉毒素纳米抗体阳性克隆的扩大培养

被筛选出的黄曲霉毒素纳米抗体噬菌体克隆需要进行扩大培养，可采用如下扩大培养程序。

挑取保菌平板上的阳性克隆，分别加入 1 mL 含 SB-氨苄青霉素的液体培养基中，37 ℃下 250 r/min 培养过夜；取 1 mL 过夜培养好的阳性克隆小样接种于 100 mL 含 SB-氨苄青霉素的液体培养基中，37 ℃下恒温摇床上培养至 OD$_{600}$ 为 0.5～0.8；加入 1 mL 辅助噬菌体 M13KO7（10^{12}～10^{13} pfu/mL）到所摇菌液中，37 ℃恒温摇床培养 2 h；加入卡那霉素至终浓度为 70 μg/mL，继续培养过夜。

次日，将菌液于 4 ℃下 10 000 r/min 条件下离心 15 min，在无菌操作台中将上清液转移至干净离心瓶中，加入 25 mL PEG/NaCl 溶液，于冰上静置 2 h 后，4 ℃下 12 000 r/min

离心 20 min，倒掉上清液，用 2 mL 0.5% BSA/PBS 溶液重悬离心管底部的沉淀噬菌体，将重悬后的噬菌体于 12 000 r/min 离心 5 min，用 0.22 μm 的滤器过滤后，与等体积灭菌甘油混合后，–20 ℃保存备用。

2. 黄曲霉毒素纳米抗体的表达与纯化

黄曲霉毒素纳米抗体的表达与纯化首先需要制备 Top10F′感受态细胞，并将阳性克隆噬菌体质粒转化到感受态细胞中，从转化有阳性噬菌体质粒的 TOP10F′细胞平板上挑取一个单克隆于含 SB-氨苄青霉素的培养基中，37 ℃下 250 r/min 恒温培养过夜。

次日，将过夜菌液转移至 100 mL SB 培养基中，加入终浓度 50 μg/mL 的氨苄青霉素，2 mL 1 mol/L 的 $MgCl_2$ 溶液，37 ℃下 250 r/min 恒温培养至菌液 OD_{600} 值为 0.6～0.8，加入异丙基-β-D-硫代吡喃半乳糖苷（isopropyl-β-D-1-thiogalactopyranoside，IPTG）至终浓度为 1 mmol/L，继续培养过夜。

继续培养过夜后，将菌液于 4 ℃下 3000 r/min 离心 30 min，弃上清液，将沉淀的细胞用 B-PER 细胞裂解液裂解，具体操作步骤如下：沉淀的细胞称量后，按每克菌体加入 4 mL B-PER 提取液，用移液器反复吹打至完全混匀；室温静置 10～15 min，使细菌充分分散；将裂解液于 15 000 r/min 离心 5 min，分离蛋白碎片和可溶蛋白；蛋白上清液可进一步使用 HisPur Ni-NTA 树脂纯化，通过 SDS-PAGE 电泳和 PBS 缓冲液透析，最后，用 PEG8000 对抗体溶液进行浓缩，分装后于–20 ℃保存备用。

二、黄曲霉毒素特异性纳米抗体

黄曲霉毒素特异性纳米抗体及其研制技术备受国内外关注，并成为研究热点之一。世界上首个黄曲霉毒素纳米抗体由我国完全自主研制成功。

采用黄曲霉毒素完全抗原黄曲霉毒素 B_1-牛血清白蛋白偶联物（AFB$_1$-BSA）免疫美洲羊驼（alpaca），经过 4～6 次免疫，选取血清效价最高的一次免疫 7 d 后，采血 10 mL，提取血清中总 RNA，利用羊驼重链单域抗体通用引物扩增抗体可变区基因，将噬菌体载体 pCANTAB 5E 改造成含有六聚组氨酸标签的载体 pCANTAB 5E（His）或使用 pComb3X，与 VHH 基因连接，构建成重组质粒 pCANTAB 5E（His）-VHH，转化入大肠杆菌抑制型菌株 TG1，加入辅助噬菌体 M13KO7 获得噬菌体展示纳米抗体库。

将固相化 AFB$_1$-BSA 与抗体库孵育，通过 3～5 次"吸附—洗脱—扩增"，逐步降低 ELISA 微孔板中包被抗原 AFB$_1$-BSA 的浓度和竞争洗脱液黄曲霉毒素 B_1 的浓度，使高灵敏度、高特异性的噬菌体克隆得以富集，采用 Phage-ELISA 方法筛选出抗黄曲霉毒素 B_1 而不抗载体蛋白 BSA 的阳性克隆，并从中筛选灵敏度较高的克隆，最终成功筛选获得噬菌体展示的黄曲霉毒素纳米抗体 Nb26、Nb28、2014AFB-G15 等纳米抗体。

（一）黄曲霉毒素纳米抗体的检测灵敏度和特异性

采用间接竞争 Phage-ELISA 方法分别测定了黄曲霉毒素纳米抗体 Nb26、Nb28 的灵敏度和特异性，测定结果见图 3-28（He et al., 2014）。纳米抗体 Nb26 和 Nb28 对黄曲霉毒素 B_1 的检测灵敏度（IC_{50}）均达到 ppb 数量级，表明抗体亲和力很高。测定抗体与各种黄曲霉毒素的交叉反应率见表 3-15（He et al., 2014），结果显示纳米抗体 Nb26 与黄曲霉毒素 B_2、G_1、G_2 的交叉反应率均在 2%以下，表明其与黄曲霉毒素 B_1 具有很强的特异性和亲和性；而纳米抗体 Nb28 则对除黄曲霉毒素 B_1 以外的几种黄曲霉毒素均有较好的识别作用，表明其具有一定的通用性，可用作黄曲霉毒素通用型抗体。

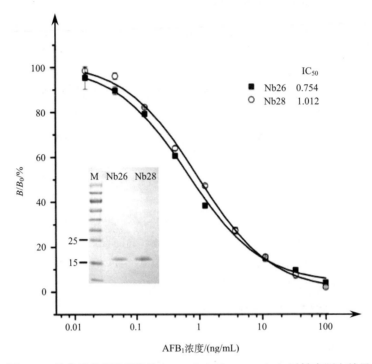

图 3-28　黄曲霉毒素纳米抗体 Nb26（■）和 Nb28（○）灵敏度测定结果.

表 3-15　黄曲霉毒素纳米抗体交叉反应率测定结果

黄曲霉毒素	纳米抗体 Nb26		纳米抗体 Nb28	
	IC_{50} /（ng/mL）	交叉反应率/%	IC_{50} /（ng/mL）	交叉反应率/%
B_1	0.76	100	1.06	100
B_2	78.83	0.97	12.97	8.21
G_1	ND	—	28.71	3.71
G_2	40.45	1.89	11.60	9.18
M_1	7.09	10.75	3.26	32.70

注：ND 表示未检出。

（二）黄曲霉毒素纳米抗体对温度的耐受性

常规抗体最适宜的反应温度通常接近动物体温，如果温度太高，则可能会导致抗体空间结构发生变化，从而降低抗体活性。然而，黄曲霉毒素纳米抗体与常规抗体对温度反应表现不同。比较黄曲霉毒素 B_1 单克隆抗体 mAb B5 和纳米抗体 Nb26、Nb28 对不同温度的耐受程度，结果见图 3-29（He et al., 2014）。同样条件下温育处理，免疫反应 5 min，黄曲霉毒素纳米抗体 60 ℃以上仍然保留原有活性，而常规抗体 mAb B5 在 60 ℃处理 5 min 后活性已经发生显著下降。而且，黄曲霉毒素抗体经过 85 ℃高温处理 60 min 后仍保留有相当高的活性，而常规抗体 85 ℃处理不到 10 min，活性基本丧失殆尽。

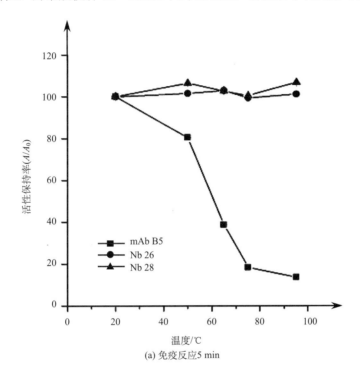

(a) 免疫反应5 min

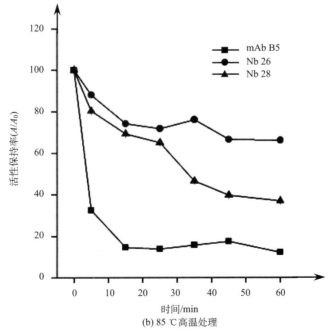

(b) 85 ℃高温处理

图 3-29　黄曲霉毒素纳米抗体 Nb26（●）和 Nb28（▲）与常规单克隆抗体 mAb B5（■）温度耐受性比较

上述研究结果表明，研制的黄曲霉毒素纳米抗体与常规单克隆抗体相比，具有耐受高温特性，可以耐受至少 60 ℃高温，比单克隆抗体对高温耐受温度至少提高 20 ℃。黄曲霉毒素纳米抗体这一耐高温特性预示基于纳米抗体建立的免疫分析方法以及快速检测产品可能会具有非常好的温度稳定性，有助于降低产品对储藏及应用环境条件的要求，提高检测效率，延长产品的保质期，扩大产品适用范围。

（三）黄曲霉毒素纳米抗体对有机溶剂的耐受性

在黄曲霉毒素等污染物免疫分析反应体系中，通常需要采用一定含量的甲醇、乙腈等有机溶剂，以增加目标分析物在体系中的溶解性，有机溶剂浓度越高，目标分析物在体系中的溶解度越大。而常规抗体耐受有机溶剂的能力往往是有限的，通常随着反应体系中甲醇等有机助溶剂含量增加，抗体活性逐渐下降，影响目标分析物的检测效率。研究结果表明黄曲霉毒素纳米抗体对有机溶剂具有非常好的耐受性。

黄曲霉毒素检测中常用有机溶剂包括甲醇、二甲亚砜、N,N-二甲基甲酰胺、丙酮、乙腈等。黄曲霉毒素纳米抗体与常规抗体对系列有机溶剂的耐受程度的研究结果见图 3-30（He et al., 2014）。分析结果表明黄曲霉毒素纳米抗体可耐受 80% 的甲醇和丙酮，可耐受 40% 的乙腈等其他供试有机溶剂。黄曲霉毒素纳米抗体耐受有机溶剂的优势是常规抗体难以达到的，有利于提高快速检测产品稳定性，降低样品基质干扰，提高检测方法的简便性及实用性，尤其在大型仪器免疫亲和高效在线前处理中具有广阔的应用前景。

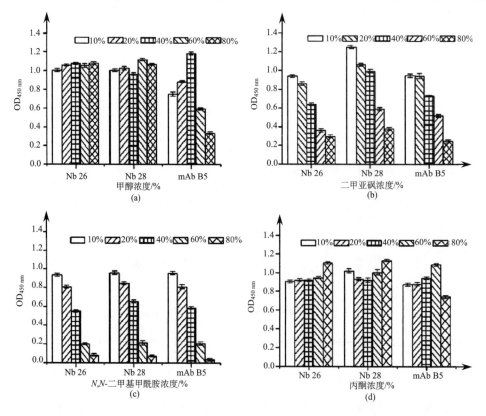

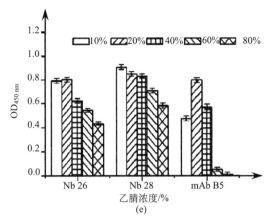

图 3-30　黄曲霉毒素纳米抗体 Nb26 和 Nb28 与常规抗体 mAb B5 对有机溶剂耐受性比较

三、黄曲霉毒素抗独特型纳米抗体

黄曲霉毒素抗独特型纳米抗体是利用黄曲霉毒素高灵敏单克隆抗体 1C11 作为免疫抗原，经多次免疫美洲羊驼后，从颈动脉外周血淋巴细胞中提取 RNA，采用重链抗体铰链区特异性引物，克隆获得两类不同亚型的重链抗体 IgG_2 及 IgG_3 的重链可变区片段（VHH），大小为 400～600 bp。将扩增得到的 VHH 片段连接到噬菌粒载体 pComb3X 上，电转化至大肠杆菌 ER2738，通过 M13KO7 辅助噬菌体拯救获得库容量为 1.1×10^9 pfu 的纳米抗体库，再经过三轮生物亲和淘选，从中获得三种能够与抗体 1C11 可变区特异性结合的噬菌体展示纳米抗体。

（一）阳性噬菌体克隆的鉴定

通过对各个单克隆进行 Phage-ELISA 测定，选择与抗体反应 OD 值较高，而加入黄曲霉毒素 B_1 后 OD 值明显降低的为阳性噬菌体。从图 3-31 鉴定结果（Wang et al., 2013a）可以看出，经过四轮筛选，共得到了 11 个黄曲霉毒素阳性克隆（分别为 1、2、3、5、8、12、13、15、18、20、29 号噬菌体）。

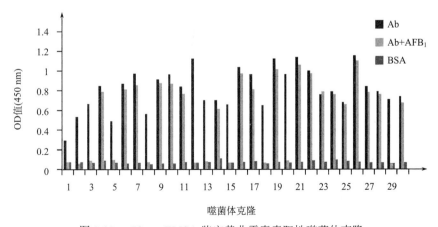

图 3-31　Phage-ELISA 鉴定黄曲霉毒素阳性噬菌体克隆

（二）黄曲霉毒素抗独特型纳米抗体 ELISA 特异性测定

采用优化的包被抗体浓度与噬菌体滴度，在最佳反应体系条件下，对 ELISA 法检测黄曲霉毒素 B_1 的灵敏度进行测定，并选取黄曲霉毒素 B_1 结构类似物黄曲霉毒素 B_2、G_1、G_2 和 M_1 测定交叉反应率。图 3-32 结果数据表明（王妍入等，2014；Wang et al.，2013a），以抗独特型纳米抗体 Phage 2-5 作为替代抗原的 Phage-ELISA 对黄曲霉毒素 B_1 检测灵敏度 IC_{50} 值达到 0.054 ng/mL（表 3-16；王妍入等，2014），对其他几种黄曲霉毒素的交叉反应率为 14.5%~100%，按照交叉反应率由高到低依次为：黄曲霉毒素 G_1>黄曲霉毒素 B_2>黄曲霉毒素 G_2>黄曲霉毒素 M_1。以抗独特型纳米抗体 VHH 2-5 作为替代抗原的 VHH-ELISA 对黄曲霉毒素 B_1、B_2、G_1、G_2 和 M_1 检测灵敏度 IC_{50} 值为 0.16~0.43 ng/mL，交叉反应率为 37.2%~100%（表 3-16；Wang et al.，2013a）。二者相比之下，抗独特型纳米抗体 VHH 2-5 更适合用于黄曲霉毒素 B_1、B_2、G_1、G_2 总量免疫检测方法。

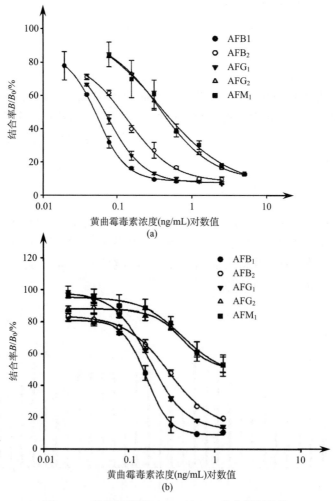

图 3-32　黄曲霉毒素 Phage-ELISA 竞争抑制曲线

（a）以抗独特型纳米抗体 phage 2-5 作为替代抗原；（b）以抗独特型纳米抗体 VHH2-5 作为替代抗原

表 3-16　黄曲霉毒素抗独特型纳米抗体 VHH2-5 和 Phage 2-5 ELISA 交叉反应率

纳米抗体代号	供试黄曲霉毒素	IC_{50}/(ng/mL)	交叉反应率/%
Phage 2-5	AFB_1	0.054	100
	AFB_2	0.140	38.6
	AFG_1	0.077	70.1
	AFG_2	0.373	14.5
	AFM_1	0.369	14.6
VHH 2-5	AFB_1	0.16	100
	AFB_2	0.30	53.3
	AFG_1	0.18	88.9
	AFG_2	0.43	37.2
	AFM_1	0.43	37.2

（三）黄曲霉毒素抗独特型纳米抗体序列分析

对 11 个阳性噬菌体进行序列测定，结果表明有三种不同的噬菌体展示纳米抗体，分别命名为 Phage 2-5、Phage 2-12 和 Phage 2-29，其氨基酸序列如图 3-33 所示，其中 Phage 2-12 与 Phage 2-29 氨基酸序列均为 IgG_3，Phage 2-5 为 IgG_2。

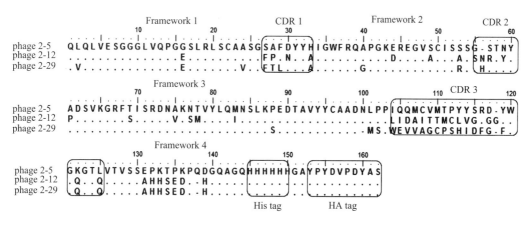

图 3-33　黄曲霉毒素阳性纳米抗体氨基酸序列

综上所述，黄曲霉毒素纳米抗体分子（包括特异性识别黄曲霉毒素的纳米抗体和特异性识别黄曲霉毒素抗体的纳米抗体）不仅体积小，而且具有耐高浓度有机溶剂和耐高温的特性，稳定性好，理论上非常有利于提高免疫亲和柱等免疫检测装置的性能，为创建新型免疫检测技术奠定了基础（李培武等，2014k；李培武等，2014h；Lei, et al., 2014）。

黄曲霉毒素抗体在农产品食品黄曲霉毒素的检测中具有十分广阔的应用前景。在基于高效液相色谱仪、液相色谱-质谱联用仪等大型仪器设备的黄曲霉毒素确证检测技术中，为了获得较好的样品提取液净化效果或者黄曲霉毒素富集效果，通常需要用到免疫亲和柱,黄曲霉毒素抗体是黄曲霉毒素免疫亲和柱的核心材料(李培武等,2014l);在基于抗原抗体免疫学反应的黄曲霉毒素免疫快速检测技术中,高灵敏高特异性的黄曲霉毒素抗体是基础和前提。因此,研究创制的系列黄曲霉毒素抗体是黄曲霉毒素免疫检测技术的源头创新,为黄曲霉毒素系列免疫检测技术的研究建立奠定了坚实的物质基础。

第四章　黄曲霉毒素酶联免疫吸附检测技术

酶联免疫吸附检测（enzyme-linked immunosorbent assay，ELISA）是一种基本的免疫分析方法，起源于 20 世纪 60 年代，通常被认为是放射免疫分析的换代性技术。酶免疫分析方法和其他免疫方法一样，都是以抗体和抗原的特异性结合反应为基础的，其区别在于 ELISA 法以酶或者辅酶作为标记物，标记抗原或者抗体，通过利用酶促反应的放大作用来显示初级免疫学反应结果。ELISA 方法最大的特点就是利用固相载体吸附抗原或者抗体，使之固相化，并在固相上进行免疫反应和酶促反应。ELISA 方法可用于测定抗原，也可用于测定抗体，不但具有高选择性、高灵敏度、高通量的优点，与放射免疫分析法相比，操作更简便安全，可弥补经典化学分析方法和其他仪器测试手段的不足，在临床医学诊断和环境及农产品食品污染物检测等领域已有广泛应用。

黄曲霉毒素 ELISA 检测技术不仅是检测实际样品中黄曲霉毒素含量的一种常用方法，更是黄曲霉毒素免疫检测研究中最基本的手段，如衡量抗原免疫效果的血清效价测定、单克隆杂交瘤细胞筛选测定、抗体特异性测定等，通常均采用 ELISA 方法。因此，在阐述黄曲霉毒素 ELISA 常规检测技术原理内容的基础上，将重点介绍系列黄曲霉毒素 ELISA 检测方法的建立与应用，包括新兴纳米抗体 ELISA 检测技术等内容。

第一节　黄曲霉毒素酶联免疫吸附检测原理

黄曲霉毒素属于天然小分子化合物，为迄今发现的毒性最强的真菌毒素，污染环节多，难以彻底消除，在人畜体内具有累积效应，世界各国纷纷制定了极其严格的农产品食品中黄曲霉毒素限量标准。因此，研究黄曲霉毒素快速、灵敏的检测技术对及时发现污染、保障消费安全具有十分重要的现实意义，黄曲霉毒素酶联免疫吸附检测技术就是常用的免疫检测技术之一。

一、黄曲霉毒素酶联免疫吸附检测原理与分类

早在 20 世纪 70 年代，美国已开始研究黄曲霉毒素免疫检测技术，在近半个世纪的探索历程中黄曲霉毒素免疫分析法得到不断发展和完善。

酶联免疫分析方法通常分为两大类：夹心非竞争酶联免疫分析法和竞争酶联免疫分析法。由于黄曲霉毒素属于小分子化合物，没有可作常规夹心法两个以上的抗原结合位点，不能采用常规的双抗体夹心法进行测定，故一般采用竞争模式。根据是否引入第二抗体，黄曲霉毒素竞争酶联免疫吸附检测方法又分为两种模式：间接竞争 ELISA 法（competitive indirect ELISA）和直接竞争 ELISA 法（competitive direct ELISA），见图 4-1（Li et al., 2009b）。

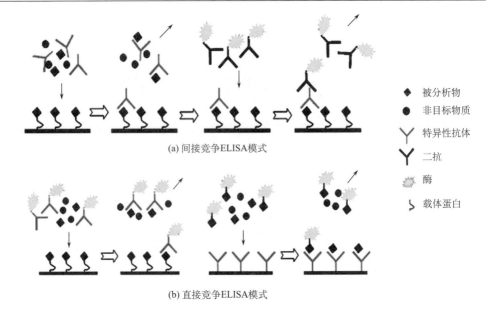

(a) 间接竞争ELISA模式

(b) 直接竞争ELISA模式

	被分析物
	非目标物质
	特异性抗体
	二抗
	酶
	载体蛋白

图 4-1　ELISA 间接竞争模式和直接竞争模式示意图

（一）黄曲霉毒素间接竞争 ELISA 法

黄曲霉毒素间接竞争 ELISA 法通常先固定黄曲霉毒素完全抗原,阳性样品提取液中黄曲霉毒素和被固定在载体上的黄曲霉毒素竞争性地结合黄曲霉毒素抗体,洗涤除去未结合物质;结合在固定载体上的抗原-抗体复合物再与酶标记抗抗体(酶标二抗)结合,洗涤除去未结合酶标二抗;加入相应酶底物,催化显色反应;终止显色反应后,通过酶标仪测定吸光值(optical density,OD);依据吸光值计算结合率(B/B_0)或抑制率,最后通过 B/B_0 与黄曲霉毒素浓度拟合标准曲线,并用于测定黄曲霉毒素含量。

由于间接竞争 ELISA 法可应用商业化标记的酶标二抗,从而在研发过程中省去了酶与黄曲霉毒素半抗原、抗原或抗体的标记工作,在抗体筛选与特性鉴定中应用最为简便和普遍。

（二）黄曲霉毒素直接竞争 ELISA 法

黄曲霉毒素直接竞争 ELISA 法是将标记酶直接与黄曲霉毒素抗体、黄曲霉毒素半抗原或黄曲霉毒素完全抗原共价偶联,利用非特异性吸附,将黄曲霉毒素抗原(或黄曲霉毒素抗体)吸附到固相载体(如聚苯乙烯微孔板)表面,并保持其免疫活性,形成固相抗原或固相抗体;在测定时,将样品提取液和酶标黄曲霉毒素抗体(或黄曲霉毒素与酶偶联物)混合,与固相抗原(或固相抗体)发生免疫反应(抗原抗体反应);通过洗涤,将未与固定相结合的免疫试剂及样品提取液中杂质等游离物去除;加入相应酶底物后,底物被酶催化形成有色产物,有色产物的产量与反应液中黄曲霉毒素的含量在一定范围内呈负相关,故可根据颜色的深浅(吸光值大小)进行黄曲霉毒素定性或定量分析。

直接竞争法的竞争结合反应后,无需引入第二抗体,因此检测步骤比间接竞争法少了一步，更为简单，在商品化试剂盒中应用也比较普遍。

虽然近年来出现了小分子化合物的夹心酶免疫分析技术，如开放夹心酶联免疫分析法和免疫复合物酶联免疫分析法，但仍处于探索阶段，尚未在农产品食品实际样品黄曲霉毒素检测中得以广泛应用。

二、黄曲霉毒素酶联免疫吸附检测技术基本流程

（一）黄曲霉毒素间接竞争 ELISA 法基本流程

黄曲霉毒素间接竞争 ELISA 法是最为常见的免疫分析法，因为其体系中应用了商业化的酶标二抗，所以在技术产品开发中可以省去制备酶标记物这一环节，其应用基本技术流程如下（图 4-2）。

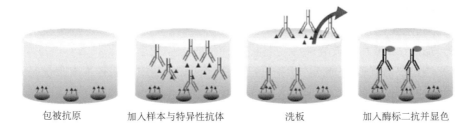

| 包被抗原 | 加入样本与特异性抗体 | 洗板 | 加入酶标二抗并显色 |

图 4-2　间接竞争 ELISA 法检测黄曲霉毒素技术流程图

（1）在酶标板上包被黄曲霉毒素与载体蛋白偶联物——黄曲霉毒素完全抗原。一般认为，4 ℃包被过夜和 37 ℃包被 2 h 可达到相当的最佳包被效果，包被溶液通常采用 pH 9.6 的碳酸盐缓冲液，也可采用 pH 7.4 的磷酸盐缓冲液进行包被。

（2）封闭酶标板微孔内多余的蛋白质结合位点。为避免黄曲霉毒素抗体的非特异性吸附，封闭剂通常为蛋白质，如牛血清白蛋白、卵清蛋白、明胶、脱脂奶粉等，封闭剂种类有时也会影响免疫检测结果，因此，不同免疫反应体系需要优化、筛选出与之匹配的最佳封闭剂种类。

（3）在测定孔中同时加入黄曲霉毒素特异性抗体和待检样本（可能含有黄曲霉毒素的样品提取液），在对照孔中加入已知浓度的系列黄曲霉毒素标准品溶液和黄曲霉毒素特异性抗体。由于反应体系的溶液成分、酸碱度等可能影响免疫检测结果，如反应溶液的 pH、离子强度、有机助溶剂种类和含量等，因此需要在建立 ELISA 方法的过程中对这些因素进行优化。

（4）通过洗板去除孔内没有发生特异性反应的游离物。加入酶标二抗，酶标二抗应与黄曲霉毒素特异性抗体相对应（例如，黄曲霉毒素特异性抗体为鼠源单克隆抗体，则酶标二抗应为酶标记的羊、兔等异源抗鼠抗体），黄曲霉毒素特异性抗体如兔多克隆抗体、鼠单克隆抗体、驼源噬菌体展示纳米抗体，则相应的酶标二抗依次为羊抗兔-HRP、羊抗鼠-HRP、抗噬菌体-HRP（HRP 为辣根过氧化物酶）。

（5）加入酶显色底物溶液于微孔中，酶催化底物显色。

（6）加入 2 mol/L 稀硫酸等终止剂，终止酶促显色反应。

（7）通过仪器读取吸光值，绘制标准曲线，计算待测液黄曲霉毒素浓度，从而得知样本黄曲霉毒素含量。

（二）黄曲霉毒素直接竞争 ELISA 法基本流程

在黄曲霉毒素直接竞争 ELISA 体系中，酶可以用于标记黄曲霉毒素半抗原或抗原，也可以用于标记黄曲霉毒素特异性抗体。以酶标抗体为例，黄曲霉毒素直接竞争 ELISA 法基本流程如下。

（1）在酶标板上包被黄曲霉毒素与载体蛋白偶联物——黄曲霉毒素完全抗原。

（2）封闭酶标板微孔内剩余的蛋白质结合位点，以避免非特异性吸附。

（3）在测定孔中同时加入酶标记黄曲霉毒素特异性抗体和待检样品提取液，在对照孔中加入已知浓度的系列黄曲霉毒素标准品溶液和酶标记黄曲霉毒素特异性抗体。

（4）通过洗板去除孔内没有发生特异性反应的游离物，加入酶显色底物溶液于微孔中，酶催化底物显色。

（5）加入 2 mol/L 稀硫酸等终止剂，终止酶促显色反应。

（6）通过仪器读取吸光值，绘制标准曲线，计算样品中黄曲霉毒素含量。

比较上述两种黄曲霉毒素 ELISA 法基本程序，不难看出，直接竞争 ELISA 法在实际应用中比间接竞争 ELISA 法减少了一个反应步骤，更为简单。

三、影响黄曲霉毒素酶联免疫吸附检测的主要因素

（一）样品前处理方法

因黄曲霉毒素 ELISA 方法的主要原理是基于抗原抗体的特异性免疫反应和生物酶的催化显色反应，因此样品中任何能够影响黄曲霉毒素与抗体结合能力的物质均会对 ELISA 检测结果造成干扰。为了减少或消除这些干扰，通常采用的处理方式主要有两种：一种是通过稀释的方式，将样品基质干扰的负面影响降低到可以接受的范围内；另一种是通过前处理，去除样品中可能干扰检测结果的杂质（张宁等，2014a）。

黄曲霉毒素易溶于有机溶剂，难溶于水，萃取时需要加入一定量的有机溶剂，如甲醇、乙腈等，从而提高分析物在反应体系中的溶解性。由于乙腈毒性较大，实际样品检测中主要使用甲醇。含油样品中需加入一定量的石油醚脱脂，再用三氯甲烷将黄曲霉毒素从提取液中萃取出来并蒸干，最后用甲醇-PBS 溶液复溶，即可上样检测。

若 ELISA 体系中采用的是常规单克隆抗体或多克隆抗体，上样液中有机溶剂含量不能过高，否则会使抗体变性失活，一般有机溶剂含量在 5%～20%范围内对抗体活性无影响。研究发现，在提取花生中黄曲霉毒素 B_1 时，加入适量氯化钙可提高 ELISA 方法测定效果（李敏等，2014a）。

复杂样品基质会对检测结果产生干扰，也是产生假阳性或假阴性结果的主要原因之一。因此，为保证检测结果的准确性，需要对样品提取液进行净化。免疫亲和净化技术是黄曲霉毒素前处理净化应用最广泛的技术之一，它是将黄曲霉毒素抗体偶联在固相载体上，黄曲霉毒素抗体特异性结合样品液中的黄曲霉毒素，其他杂质被清洗掉后，再加

入有机洗脱液使抗体变性，将黄曲霉毒素洗脱下来，达到净化的目的。

多功能净化柱（multifunction cleanup column，MFC）也可用于黄曲霉毒素净化。MFC是一种特殊的 SPE 柱，以极性、非极性及离子交换等材料组成填充剂，可选择性吸附样液中的脂类、蛋白质类等杂质，黄曲霉毒素不被吸附而直接通过，MFC 的操作更为简便，不需要进行活化、淋洗和洗脱操作即可直接上样，但对黄曲霉毒素 M_1 净化效果不如免疫亲和柱。

（二）黄曲霉毒素 ELISA 反应体系条件优化

1. 抗原-抗体组合

黄曲霉毒素半抗原的合成主要有肟化法和半缩醛法等，偶联蛋白有牛血清白蛋白（BSA）、人血清白蛋白（HSA）、卵清蛋白（OVA）等。通常为提高检测灵敏度，可将抗体与载有不同偶联蛋白的抗原或载有不同结构半抗原的抗原进行配对建立 ELISA方法，寻找灵敏度最高的组合。如免疫原为黄曲霉毒素 B_1-牛血清白蛋白（AFB$_1$-BSA），为提高 ELISA 检测灵敏度，包被抗原可选择黄曲霉毒素 B_1-卵清蛋白（AFB$_1$-OVA）；也可以通过异源策略，改变包被的人工抗原结构提高 ELISA 检测的灵敏度（李敏等，2014b）。

2. 免疫试剂最佳工作浓度

在建立 ELISA 方法时，需要综合考虑方法的灵敏度及试剂的消耗，通过抗原、抗体、酶标记物的优化，以获得最高的检测灵敏度和较少的试剂消耗。在间接竞争反应中，确定包被抗原、抗体最佳浓度时，常采用棋盘测定法（也称矩阵测定法），即将系列浓度的包被抗原与系列浓度的抗体两两配对组合进行反应，选出特定 OD 值（OD 值为 1.0～2.0）的浓度组合，绘制抑制标准曲线，选出灵敏度高、试剂消耗少的最佳浓度组合。在直接竞争反应中，通过棋盘测定法可选出酶标抗原（或酶标抗体）、抗体（或抗原）的最佳浓度组合。

3. 有机溶剂

黄曲霉毒素 B_1 难溶于水，在检测体系中需要加入有机溶剂进行助溶，一般多采用甲醇作为助溶剂。不同浓度的甲醇对 ELISA 检测体系的影响不同。研究表明，低剂量的甲醇可以促进黄曲霉毒素 B_1 与抗体的结合，提高显色值，但随着甲醇浓度的升高，对抗体活性的影响增大，甚至使之变性失活。因此，需要根据抗体对甲醇的耐受情况，选择甲醇等有机溶剂的最佳浓度。

4. pH

在黄曲霉毒素 ELISA 检测过程中，抗体、抗原及酶标记物之间的反应需要在稳定的缓冲液中进行，其中 pH 是一个重要的影响因素。pH 影响黄曲霉毒素抗体与抗原的结合，同时也影响酶促反应，从而对检测方法的灵敏度产生影响。因此，在建立 ELISA 法时，需要对反应体系的 pH 进行系统优化。

5. 离子强度

在黄曲霉毒素 ELISA 检测体系中，反应缓冲液中的离子强度对抗体、抗原的反应会产生干扰，从而影响最终检测灵敏度。因此，在建立黄曲霉毒素 ELISA 法时，需要同时对反应体系的离子强度进行优化，减少离子强度的干扰。

6. 封闭剂

用完全抗原或抗体包被酶标板后，仍然会剩余一些能吸附蛋白质的位点。由于抗体、酶标记二抗或酶标抗原上的芳香族氨基酸与聚苯乙烯间的非特异性吸附作用，它们容易吸附到这些位点上，导致非特异性吸附反应，使最终 OD 值偏高，容易出现假阴性结果。因此，选择合适的封闭剂封闭酶标板上剩余活性基团，可以大幅度地减小这种非特异性吸附，提高反应的灵敏度。

封闭通常采用不干扰抗原抗体反应的分子去包被剩余吸附位点，常用的封闭剂包括牛血清白蛋白、卵清蛋白、明胶、酪蛋白和脱脂奶粉等，针对不同板材的酶标板应通过优化筛选，选用与其相匹配的封闭剂。

四、黄曲霉毒素酶联免疫吸附检测标准曲线

利用 ELISA 法检测黄曲霉毒素时，需要通过系列标准品溶液，建立标准曲线后，再根据 ELISA 显色程度对待测溶液定量。一般以黄曲霉毒素标准品浓度为零时的 OD 值为 B_0，以系列浓度黄曲霉毒素标准品溶液（或待测液）的 OD 值为 B，将 B/B_0 值定义为结合率。在黄曲霉毒素 ELISA 标准曲线拟合中，可以结合率 B/B_0 或抑制率（$1-B/B_0$）为纵坐标，以黄曲霉毒素浓度为横坐标，进行数学拟合建立标准曲线。ELISA 检测标准曲线的拟合方式通常有两种：对数-线性回归拟合和四参数逻辑斯蒂回归拟合。

（一）对数-线性回归法

以黄曲霉毒素标准品浓度的对数值为横坐标，以抑制率为纵坐标，建立线性回归曲线。根据抗体性质的不同，有时标准品浓度与抑制率需同时取对数值才能呈线性关系。通过线性回归，得出回归方程，再将待测物的抑制率值代入回归方程中，即可求出待测物浓度。线性回归方程为

$$y=ax+b \tag{4-1}$$

式中，y 为抑制率；x 为黄曲霉毒素浓度的对数值。

（二）四参数逻辑斯蒂回归法

以黄曲霉毒素标准品浓度的对数值为横坐标，以结合率为纵坐标，作四参数逻辑斯蒂回归。通过作逻辑斯蒂回归曲线，得出回归方程，再将待测物的结合率值代入回归方程中，即可求出待测物浓度。四参数逻辑斯蒂回归方程为

$$y = (A-D)/[1 + (x/C)^B] + D \qquad (4-2)$$

式中，y 为结合率；x 为黄曲霉毒素浓度。

现代酶联免疫检测仪器中，上述两种标准曲线拟合软件均已内置在仪器模块中，并具有人性化功能界面，操作简单，从而极大地方便了黄曲霉毒素 ELISA 研究和检测工作。

第二节　黄曲霉毒素酶联免疫吸附检测技术及应用

已经发现的黄曲霉毒素有 20 多种，其中黄曲霉毒素 B_1、B_2、G_1、G_2 主要污染植物性农产品和食品，黄曲霉毒素 M_1 主要污染乳及乳制品等动物源性产品。植物性农产品中花生最易受黄曲霉毒素污染，而且与消费安全和国际贸易密切相关。因此，以花生为例，阐述如何利用创制的黄曲霉毒素单克隆抗体与纳米抗体，研究建立农产品黄曲霉毒素 B_1、G_1、M_1 和总量 ELISA 检测技术，特别是近年来黄曲霉毒素纳米抗体 ELISA 检测技术的建立，为黄曲霉毒素耐高温、耐有机溶剂等高耐受性绿色免疫分析技术开辟了新途径。

一、黄曲霉毒素 B_1 酶联免疫吸附检测技术及应用

花生、玉米、大米、食用油等农产品食品中黄曲霉毒素 B_1 暴露对消费安全及人民健康构成严重威胁。世界卫生组织（WHO）/联合国粮食及农业组织（FAO）等国际组织流行病学研究表明，肝炎 B 病毒感染与黄曲霉毒素的暴露量可能是肝癌发生的两个主要风险因子，在东南亚、印度和我国南方有很多肝病高发区，黄曲霉毒素污染严重地区肝癌死亡率比相邻地区高 6 倍。因此，建立黄曲霉毒素 B_1 特异性免疫分析技术对控制暴露、保障消费安全具有十分重要的意义。

（一）黄曲霉毒素 B_1 特异性抗体的选择

在受黄曲霉侵染的花生中，四种黄曲霉毒素成分（B_1、B_2、G_1 和 G_2）可能会同时存在，而在很多国家限量标准中只规定了黄曲霉毒素 B_1 的限量。因此，为了准确定量检测样品中的黄曲霉毒素 B_1 含量，降低黄曲霉毒素类似物的影响，选择高特异性的黄曲霉毒素 B_1 单克隆抗体显得尤为重要。

在自主创制的黄曲霉毒素 B_1 单克隆抗体的基础上，测定并评估其对黄曲霉毒素 B_2、G_1、G_2 的交叉反应结果表明，抗体 3G1 仅对黄曲霉毒素 B_2 有 6.4% 的交叉反应，而对黄曲霉毒素 G_1 和 G_2 的交叉反应率均小于 1%。因此，抗体 3G1 适用于研究建立黄曲霉毒素 B_1 的 ELISA 检测技术。

（二）甲醇浓度的影响

甲醇浓度对黄曲霉毒素 B_1 抗体 3G1 的 ELISA 反应影响结果见图 4-3。结果表明 5%、10%、20% 和 40% 甲醇浓度处理，随着甲醇浓度的提高，灵敏度降低，用 5% 甲醇浓度处理时灵敏度最高，用 40% 甲醇浓度处理时灵敏度最低。高浓度的甲醇可能影响抗体活性，而最终影响抗体与黄曲霉毒素的免疫反应。

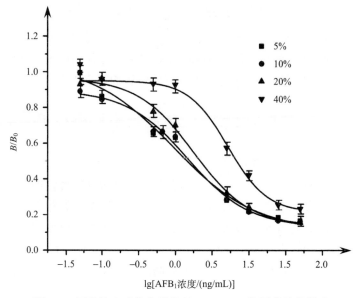

图 4-3　甲醇浓度对黄曲霉毒素 B_1 ELISA 检测曲线的影响

（三）盐离子浓度的影响

NaCl 浓度对黄曲霉毒素 B_1 抗体 3G1 的影响结果见图 4-4。在抗原抗体竞争反应缓冲液 PBST 中，NaCl 浓度分别为 4%、2%、1%、0.5%，当黄曲霉毒素 B_1 浓度较低时，高浓度盐离子（4%）对抗体与包被抗原的结合有显著抑制作用（图 4-4），而对 ELISA 检测灵敏度影响较小（图 4-5），表明抗体 3G1 构建的 ELISA 反应体系具有很宽的盐离子浓度适应范围。

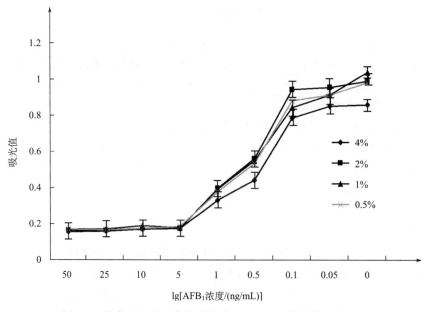

图 4-4　盐离子浓度对黄曲霉毒素 B_1 ELISA 检测曲线的影响

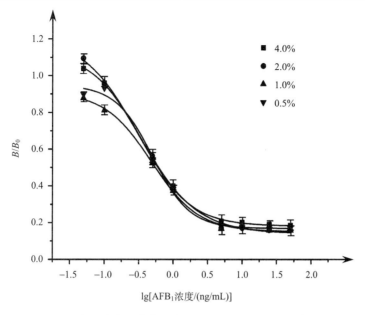

图 4-5　盐离子浓度对黄曲霉毒素 B_1 ELISA 检测灵敏度的影响

（四）pH 对 ELISA 检测的影响

实验设计 5 个不同的 pH，研究 pH 对黄曲霉毒素 B_1 ELISA 检测的影响结果表明，pH 为 5.0 和 6.0 时，IC_{50} 值明显变大；pH 为 7.4、8.0 和 9.0 时，IC_{50} 值明显变小。因此，pH 为 7.4～9.0 时，有利于提高 ELISA 检测的灵敏度，见图 4-6。

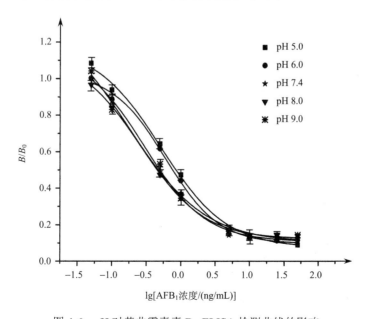

图 4-6　pH 对黄曲霉毒素 B_1 ELISA 检测曲线的影响

（五）加标回收率的测定

为评价 ELISA 法准确度，采用不含黄曲霉毒素的花生样品进行加标回收实验。花生样品粉碎后，准确称取 25.00 g 样品于锥形瓶中，加入 75 mL NaCl-甲醇提取液（甲醇：水=8∶1，V/V；4% NaCl，m/V），摇床上 250 r/min 浸提 15 min，静置 10～30 min，取上清液过 0.45 μm 微孔滤膜，滤液用 PBS 稀释 8 倍后备用。

因样品基质效应通常被认为是影响 ELISA 结果的重要因素，首先测定花生基质效应对 ELISA 检测结果的影响。样品基质效应计算公式如下：

$$基质效应（\%）=（1-A_{基质}/A_{甲醇}）\times100\% \tag{4-3}$$

式中，$A_{基质}$ 为提取液提取花生阴性样品后抗原抗体反应的吸光值；$A_{甲醇}$ 为提取液未提取花生阴性样品而直接用于抗原抗体反应的吸光值。两种反应溶液体系（甲醇浓度为 16%）中，如果样品基质对抗原抗体反应有抑制作用，则 $A_{基质}$ 值就会偏小，$A_{基质}/A_{甲醇}$ 值偏小，则基质效应（%）值偏大。

按上述方法计算花生基质效应为 30.6%，表明花生基质对抗体与抗原的结合能力具有抑制作用。因此，为了确保 B 值满足 ELISA 检测的常规要求，需要适当调增包被抗原和抗体用量。经适当调整后，含样品基质与不含样品基质的竞争抑制工作曲线基本一致（表 4-1 和图 4-7），表明样品基质对 ELISA 检测结果的负面影响已基本消除。

表 4-1 黄曲霉毒素 B_1 ELISA 的花生基质效应测定结果

	吸光值	$IC_{50}/$（ng/mL）	基质效应/%	RSD/%	空白对照
甲醇	1.14	2.00	30.6	6.00	0.07
样品基质	0.80	2.00		2.80	0.09

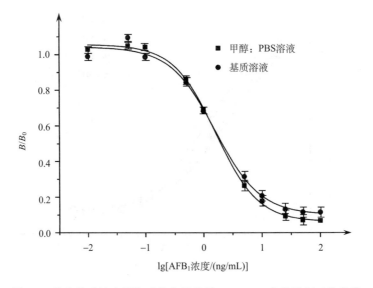

图 4-7 花生基质效应消除后黄曲霉毒素 B_1 ELISA 竞争抑制工作曲线

选取工作曲线上三个浓度（8.00 ng/mL、2.00 ng/mL 和 0.80 ng/mL）做加标回收实验，分别添加到花生样品中，经过提取、过滤膜、稀释、测定等操作，测定加标回收率。结果表明花生样品添加 8.00 ng/mL、2.00 ng/mL 和 0.80 ng/mL 三个浓度黄曲霉毒素，回收率范围为 98.6%～114.0%，见表 4-2。

表 4-2　ELISA 检测花生样品黄曲霉毒素添加回收率

添加值/（ng/mL）	实测值/（ng/mL）	SD/（ng/mL）	回收率/%	RSD/%
8.00	7.89	0.34	98.6	4.34
2.00	2.90	0.18	114.0	7.90
0.80	0.86	0.06	107.0	7.76

（六）ELISA 检测与 HPLC 测定结果比对

利用建立的黄曲霉毒素 B_1 ELISA 检测方法对 10 个花生样品进行检测，并与免疫亲和柱-高效液相色谱法（IAC-HPLC）进行平行比对检测，研究结果表明（表 4-3），ELISA 检测结果与 HPLC 检测结果符合率达 90% 以上，说明建立的 ELISA 方法对黄曲霉毒素 B_1 有较高的检测灵敏度和特异性，可以满足花生等实际样品黄曲霉毒素 B_1 检测的需求。

表 4-3　花生黄曲霉毒素 B_1 ELISA 与 HPLC 测定结果比对（μg/kg）

方法	1	2	3	4	5	6	7	符合率
ELISA	ND	16	>100	8.1	8.3	10.9	0	>90%
HPLC	1.2	12.3	>50	5.3	6.1	8.6	<0.1	

注：ND 表示未检出。

由于不同黄曲霉毒素组分结构高度相似，因此选择高特异性的单克隆抗体是实现黄曲霉毒素 B_1 准确定量分析的关键，选用的抗体 3G1 对黄曲霉毒素 B_1 有很高的识别特异性，可以实现花生等样品黄曲霉毒素 B_1 的高特异性检测。利用阴性花生样品的提取液进行添加回收实验时，黄曲霉毒素添加浓度分别为 8.00 ng/mL、2.00 ng/mL、0.80 ng/mL 时，添加回收率为 98.6%～114.0%。采用间接竞争 ELISA 法，虽然可以有效地降低基质对酶的影响，基质效应由原来的 49% 降低到 30%，但是 30% 基质效应仍然对抗原-抗体反应存在一定的影响，也是导致 ELISA 法易出现假阳性的主要原因。

二、黄曲霉毒素 M_1 酶联免疫吸附检测技术及应用

黄曲霉毒素 M_1 是人或哺乳动物摄入黄曲霉毒素 B_1 污染的食品或饲料后，在体内经羟基化形成的衍生物，主要存在于乳汁、肉及肝脏等组织中，在尿液、血液中也常被检出。黄曲霉毒素 M_1 稳定性很强，加工后的乳制品中仍残留黄曲霉毒素 M_1。乳及乳制品是婴幼儿的主要膳食营养来源，而婴幼儿对黄曲霉毒素 M_1 的危害更加敏感。因此，黄曲霉毒素 M_1 污染引起了国内外广泛关注。世界各国对黄曲霉毒素 M_1 均有严格的限量规

定。其中欧盟对未加工牛奶、热处理牛奶、奶制品加工所用牛奶中黄曲霉毒素 M_1 的限量为 0.05 µg/kg，对婴儿配方食品及改进配方食品（包括婴儿牛奶和改进配方牛奶）以及在具有特殊医疗目的的婴儿食品中，黄曲霉毒素 M_1 的最大限量均为 0.025 µg/kg，而在白俄罗斯等国家，规定不得检出。随着世界各国对黄曲霉毒素 M_1 的限量标准越来越严格，对相应检测方法的灵敏度提出了更高的要求和挑战。因此，研究建立高灵敏、高特异性黄曲霉毒素 M_1 检测技术意义重大。

（一）黄曲霉毒素 M_1 ELISA 检测方法参数优化

1. 黄曲霉毒素 M_1 包被抗原浓度和抗体稀释度

黄曲霉毒素 M_1 包被抗原（AFM$_1$-BSA）浓度分别为 0.5 µg/mL、0.25 µg/mL、0.125 µg/mL、0.0625 µg/mL，2C9 抗体稀释倍数分别为 1∶5000、1∶10 000、1∶15 000、1∶20 000、1∶30 000，进行棋盘法测定后，选出 OD 值为 1.0 时的抗原抗体工作浓度，筛选结果见表 4-4。

表 4-4　黄曲霉毒素 M_1 包被抗原浓度和抗体稀释倍数的筛选（矩阵 OD 值测定）

包被抗原浓度/（µg/mL）	抗体 2C9 稀释倍数				
	1∶5000	1∶10 000	1∶15 000	1∶20 000	1∶30 000
0.5	3.72	2.67	1.93	1.46	1.01
0.25	3.68	2.28	1.64	1.10	0.81
0.125	2.44	1.64	1.11	0.79	0.58
0.0625	1.64	1.13	0.72	0.53	0.39

从表 4-4 中结果可以看出，在包被浓度为 0.5 µg/mL 时，抗体最佳稀释倍数为 1∶30 000；在包被浓度为 0.25 µg/mL 时，抗体最佳稀释倍数为 1∶20 000；在包被浓度为 0.125 µg/mL 时，抗体最佳稀释倍数为 1∶15 000；在包被浓度为 0.0625 µg/mL 时，抗体最佳稀释倍数为 1∶10 000。

将这四组数据分别作黄曲霉毒素 M_1 的竞争曲线，结果见图 4-8（Guan et al., 2011b）。

根据黄曲霉毒素 M_1 的 ELISA 竞争曲线图，找出各组数据所对应的 IC$_{50}$ 值，结果见表 4-5。

表 4-5　不同黄曲霉毒素 M_1 包被抗原浓度和抗体稀释倍数对应的 IC$_{50}$ 值

包被抗原浓度/（µg/mL）	抗体 2C9 稀释倍数	IC$_{50}$ 值/（ng/L）
0.5	1∶30 000	450.57
0.25	1∶20 000	253.85
0.125	1∶15 000	153.67
0.0625	1∶10 000	89.28

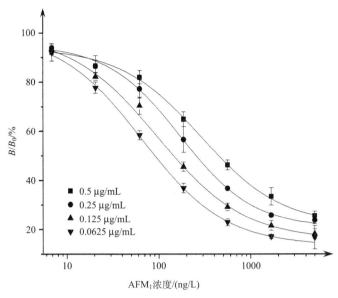

图 4-8　黄曲霉毒素 M_1 包被抗原浓度与抗体稀释度对黄曲霉毒素 M_1 检测灵敏度的影响

对表 4-5 结果分析可以看出，当黄曲霉毒素 M_1 抗原包被浓度为 0.0625 μg/mL，抗体 2C9 稀释倍数为 1∶10 000 时，IC_{50} 值最小，为 89.28 ng/L，检测黄曲霉毒素 M_1 的灵敏度最高。

2. pH 的影响

选择 pH 为 9.0、8.0、7.4、7.0、6.0、5.0 的 PBS 溶液稀释抗体至最佳稀释度，作黄曲霉毒素 M_1 竞争曲线，结果见图 4-9（Guan et al., 2011b）。随着 pH 的降低，IC_{50} 值也随之减小。但是当 pH 为 5.0 时，IC_{50} 值又增大，可能是因为在酸性环境条件下，抗体 2C9 发生部分变性，影响其与抗原的结合。因此，选择 pH 6.0 为最佳 pH。

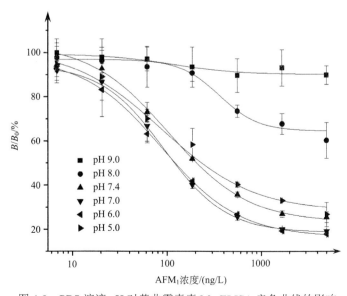

图 4-9　PBS 溶液 pH 对黄曲霉毒素 M_1 ELISA 竞争曲线的影响

3. 盐离子浓度的影响

分别选用盐离子浓度为 0 mmol/L、10 mmol/L、20 mmol/L、40 mmol/L、80 mmol/L、160 mmol/L 的 PBS 缓冲液将抗体 2C9 稀释至最佳稀释度，通过黄曲霉毒素 M_1 竞争曲线确定 ELISA 反应溶液中最适宜的盐离子浓度，结果见图 4-10（Guan et al., 2011b）。比较黄曲霉毒素 M_1 的 IC_{50} 值，结果表明当盐离子浓度为 20 mmol/L 时，IC_{50} 值最小，灵敏度最高。因此，选择 20 mmol/L 为最适宜的盐离子浓度。

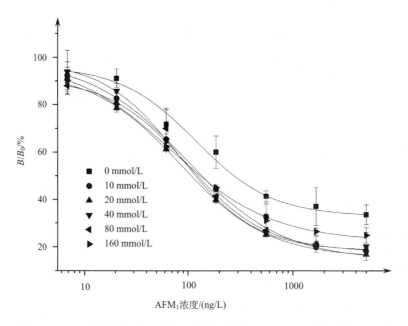

图 4-10　PBS 缓冲液盐离子浓度对黄曲霉毒素 M_1 ELISA 竞争曲线的影响

4. 封闭剂的影响

封闭剂在 ELISA 检测体系中可以消除非特异性吸附的影响。三种不同的封闭剂［1.5%明胶、1.5% 牛血清白蛋白（BSA）和 1.5%卵清蛋白（OVA）］对黄曲霉毒素 M_1 的 ELISA 检测体系影响的研究结果见图 4-11（Guan et al., 2011b）。

比较黄曲霉毒素 M_1 的竞争曲线可见，当封闭剂为 1.5% OVA 时，IC_{50} 值最小。因此，选用 OVA 作为封闭剂。

（二）黄曲霉毒素 M_1 ELISA 检测方法学评价

1. 黄曲霉毒素 M_1 ELISA 标准工作曲线的建立

将黄曲霉毒素 M_1 标准品溶液分别用牛奶及奶粉、婴幼儿配方食品两类基质提取液稀释至浓度范围为 2.44～2500 ng/L。对不同基质提取液分别建立 ELISA 标准工作曲线，以降低或消除基质效应对检测结果的影响。

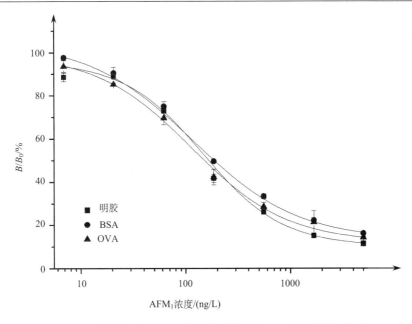

图 4-11　封闭剂对 ELISA 检测黄曲霉毒素 M_1 竞争曲线的影响

　　建立的标准工作曲线见图 4-12（Guan et al., 2011b）。不同基质对标准曲线影响不同。婴幼儿配方食品标准曲线较牛奶及奶粉标准工作曲线整体右移。对牛奶及奶粉中黄曲霉毒素 M_1 的检测灵敏度 IC_{50} 值为 67.0 ng/L，检出限（LOD）（IC_{10}）为 3.0 ng/L，检测线性范围为 13.6～381.0 ng/L。对婴幼儿配方食品中黄曲霉毒素 M_1 的检测灵敏度 IC_{50} 值为 80.0 ng/L，LOD 为 6.0 ng/L，检测线性范围为 18.2～406.9 ng/L。

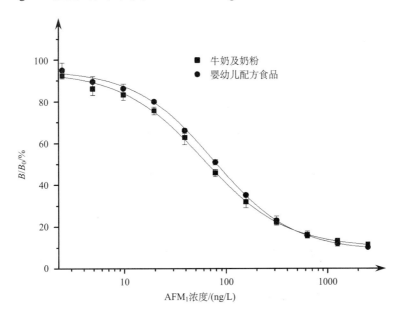

图 4-12　间接竞争 ELISA 法测定不同乳品基质黄曲霉毒素 M_1 的标准工作曲线

2. 添加回收率的测定

为了评价间接竞争 ELISA 法测定黄曲霉毒素 M₁ 的准确性，根据不同基质对检测体系的影响，分别对牛奶及奶粉、婴幼儿配方食品两类基质进行黄曲霉毒素 M₁ 的添加回收实验。实验设同一天内（日内）重复测定和不同日期之间（日间）重复测定，黄曲霉毒素 M₁ 添加回收结果见表 4-6（Guan et al., 2011b）。

表 4-6　间接竞争 ELISA 法测定不同乳品基质黄曲霉毒素 M₁ 回收率

样品		添加浓度/（ng/L）	测定浓度/（ng/L）	回收率/%	RSD/%
牛奶及奶粉	日内（n=6）	15	15.8 ± 1.1	105.3 ± 7.3	7.0
		60	57.6 ± 2.7	96.0 ± 4.5	4.7
		240	233.7 ± 5.9	97.4 ± 2.5	2.5
	日间（n=6）	15	16.4 ± 1.3	109.3 ± 8.7	9.4
		60	56.0 ± 4.5	93.3 ± 7.5	8.0
		240	234.2 ± 10.0	97.6 ± 4.2	4.3
婴幼儿配方食品	日内（n=6）	15	14.1 ± 1.0	94.1 ± 7.0	7.4
		60	61.3 ± 3.9	102.2 ± 6.6	6.4
		240	235.6 ± 6.9	98.2 ± 2.9	2.9
	日间（n=6）	15	13.8 ± 1.3	91.9 ± 8.8	9.6
		60	56.3 ± 4.2	93.8 ± 7.0	7.4
		240	236.2 ± 9.0	98.4 ± 3.8	3.8

添加回收结果表明，在不同基质条件下，建立的黄曲霉毒素 M₁ 间接竞争 ELISA 法可满足对高、中、低三个浓度的黄曲霉毒素 M₁ 进行准确的测定，回收率范围为 91%～110%，相对标准偏差均小于 10%。

（三）黄曲霉毒素 M₁ ELISA 法在乳及婴幼儿乳品检测中的应用

为评价所建立间接竞争 ELISA 法的实用性，采用实际牛奶样品开展间接竞争 ELISA 法与国家标准方法——免疫亲和-高效液相色谱法比对研究，结果如下。

高效液相色谱法检测乳及乳制品中黄曲霉毒素 M₁，首先要建立标准曲线。配制 50 ng/L、100 ng/L、150 ng/L、250 ng/L、500 ng/L、1000 ng/L 六个浓度黄曲霉毒素 M₁ 标准溶液，分别用液相色谱测定峰面积，进样量 20 μL，每种浓度重复 3 次，液相色谱图见图 4-13。以黄曲霉毒素 M₁ 浓度为横坐标、峰面积为纵坐标作标准曲线，结果见图 4-14。

从图 4-14 可以看出，所建黄曲霉毒素 M₁ 标准曲线线性关系良好，线性回归方程为

$$y = 0.018x + 0.051, R^2 = 0.9999 \qquad (4-4)$$

式中，y 表示峰面积；x 表示黄曲霉毒素 M₁ 的浓度。

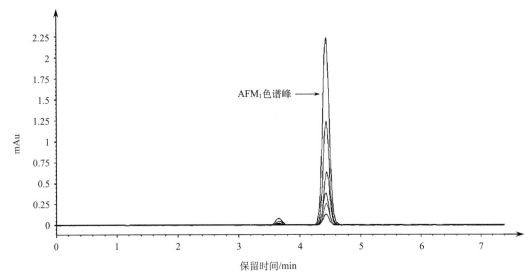

图 4-13 不同浓度黄曲霉毒素 M_1 标准溶液的高效液相色谱图

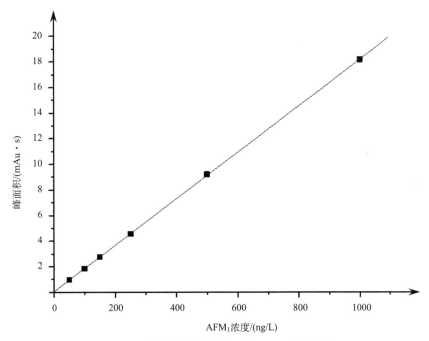

图 4-14 高效液相色谱法测定 AFM_1 标准曲线

分别采用所建立的间接竞争黄曲霉毒素 M_1 ELISA 法与国家标准方法——免疫亲和层析-高效液相色谱法,对购于武汉超市的 30 份牛奶、奶粉及婴幼儿配方食品实际样品进行测定,结果见表 4-7。

从表 4-7（Guan et al., 2011b）结果可以看出:7 份样品未检出黄曲霉毒素 M_1,其他 23 份样品均受到不同程度黄曲霉毒素 M_1 的污染,但是均未超过我国乳及乳制品中黄曲霉毒素 M_1 的限量标准 0.5 μg/kg。

表 4-7　间接竞争 ELISA 法与免疫亲和-高效液相色谱法测定乳品食品黄曲霉毒素 M_1 结果比较

编号	样品	HPLC/（μg/kg）	ELISA/（μg/kg）
1		0.06	0.057
2		0.28	0.226
3		0.03	0.026
4		ND	ND
5		0.07	0.062
6		0.11	0.081
7	牛奶	0.04	0.036
8		0.05	0.045
9		0.03	0.029
10		0.26	0.198
11		0.25	0.214
12		0.01	0.008
13		ND	0.004
14		0.03	0.019
15		0.30	0.279
16		ND	ND
17		0.02	0.012
18		0.02	0.020
19		0.06	0.048
20	奶粉	ND	ND
21		0.25	0.224
22		0.11	0.090
23		0.02	0.022
24		0.02	0.013
25		ND	ND
26		ND	ND
27	婴幼儿配方食品	ND	0.009
28		0.02	0.016
29		ND	ND
30		ND	ND

注：ND 表示未检出。

　　将两种方法对 30 份随机样品检测结果的相关性进行回归分析，结果见图 4-15（Guan et al., 2011b），相关性分析达到极显著水平。

　　线性回归方程为

$$y = 1.1825x + 0.7752, \quad R^2 = 0.9838 \tag{4-5}$$

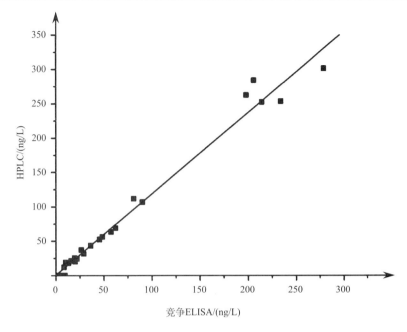

图 4-15　间接竞争 ELISA 法与免疫亲和层析-高效液相色谱法检测结果相关性

式中，y 表示免疫亲和层析-高效液相色谱法测定结果；x 表示间接竞争 ELISA 法测定结果。相关性分析结果表明，所建立的黄曲霉毒素 M_1 间接竞争 ELISA 法与国家标准方法——免疫亲和层析-高效液相色谱法对乳及婴幼儿配方乳制品中的黄曲霉毒素 M_1 检测结果具有很好的相关性和符合性。

　　综上所述，研究建立的乳品及婴幼儿配方乳制品中黄曲霉毒素 M_1 的间接竞争 ELISA 法，具有高灵敏、快速、测定简便的特点，不仅能够满足我国乳及相关制品中黄曲霉毒素 M_1 的限量检测，而且能够满足对欧盟、美国等国进出口贸易中黄曲霉毒素 M_1 的检测需求。

三、黄曲霉毒素 G_1 酶联免疫吸附检测技术及应用

　　G 族黄曲霉毒素可引发动物肺癌、胃癌及食管癌，是粮食中常见的真菌毒素之一。随着气候及环境变化，粮油产品 G 族黄曲霉毒素在黄曲霉毒素总量中的比例有增加的趋势，已引起广泛关注。国内外尚未单独对黄曲霉毒素 G_1 和 G_2 制定限量标准，研究黄曲霉毒素 G 族的 ELISA 法，可为将来开展 G 族黄曲霉毒素风险监测、制定 G 族黄曲霉毒素限量标准奠定基础。与黄曲霉毒素 B_1、M_1 类似，在获得黄曲霉毒素 G 族单克隆抗体的基础上，可研究建立黄曲霉毒素 G 族的间接竞争 ELISA 法。

（一）最优抗原抗体工作浓度

　　分别采用 0.5 μg/mL、1 μg/mL、2 μg/mL 和 4 μg/mL 的黄曲霉毒素 G_1 包被抗原（AFG_1-OVA）包被于聚苯乙烯微孔板，用 pH 7.4 的 PBS 缓冲液将黄曲霉毒素 G_1 抗体稀释倍数为 1∶8000、1∶16 000、1∶32 000 和 1∶64 000，采用棋盘法确定包被原和抗

体最佳工作浓度。

以包被抗原浓度为横坐标、以 450 nm 处吸光值为纵坐标绘图，结果表明（图 4-16），当 OD 值为 1.0 时曲线 1∶32 000 的斜率最大，因此，选取包被原浓度 2 μg/mL、抗体稀释倍数 1∶32 000 作为最佳的抗原抗体工作浓度。

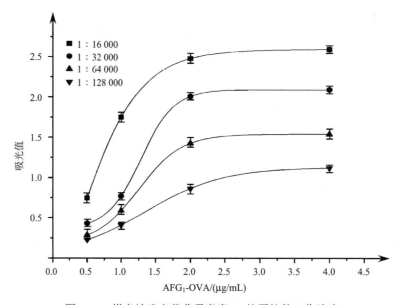

图 4-16　棋盘法确定黄曲霉毒素 G_1 抗原抗体工作浓度

（二）甲醇浓度对黄曲霉毒素 G_1 ELISA 检测灵敏度的影响

甲醇浓度对抗体与黄曲霉毒素 G_1 反应的灵敏度有明显影响。分别将 50 μL 含 10%、20% 和 40% 不同甲醇浓度的黄曲霉毒素 G_1 标准品溶液与 50 μL 抗体溶液混合后加入包被抗原的微孔中，温育 1 h，采用间接竞争 ELISA 法测定。以黄曲霉毒素 G_1 浓度的对数值为横坐标、以抗体与黄曲霉毒素 G_1 的结合率为纵坐标作图，结果见图 4-17（Li et al., 2016）。

图 4-17 结果表明，当甲醇浓度为 10%、20% 和 40% 时，黄曲霉毒素 G_1 对抗体的 IC_{50} 值分别为 195.6 ng/mL、24.98 ng/mL 和 155.7 ng/mL；当甲醇浓度为 20% 时，抗体与黄曲霉毒素 G_1 反应的灵敏度最高，是甲醇浓度为 40% 时抗体与黄曲霉毒素 G_1 反应灵敏度的 6.2 倍。

（三）稀释液对黄曲霉毒素 G_1 ELISA 检测灵敏度的影响

PBS 和 PBST 为常用稀释液。分别用 PBS 和 PBST 溶液稀释 OVA、黄曲霉毒素 G_1 特异性单克隆抗体 2G6（一抗）、酶标记羊抗鼠抗体（酶标二抗），对照孔为相应的稀释液稀释的一抗与不含黄曲霉毒素 G_1 甲醇溶液的混合物，以黄曲霉毒素 G_1 浓度的对数值为横坐标、以抗体与黄曲霉毒素 G_1 的结合率为纵坐标作图，结果见图 4-18。可以看出，以 PBST 作为稀释液，ELISA 检测黄曲霉毒素 G_1 的灵敏度 IC_{50} 值为 17.18 ng/mL；以 PBS

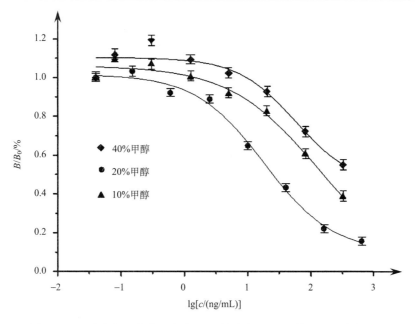

图 4-17　甲醇浓度对黄曲霉毒素 G_1 间接竞争 ELISA 检测灵敏度的影响

为稀释液时，ELISA 检测黄曲霉毒素 G_1 的灵敏度 IC_{50} 值为 54.00 ng/mL。研究结果表明，选择 PBST 作为稀释液，灵敏度比 PBS 高 3 倍。此外，稀释液中加入吐温 20（终浓度 0.05%，V/V）可以明显提高 ELISA 的检测灵敏度。

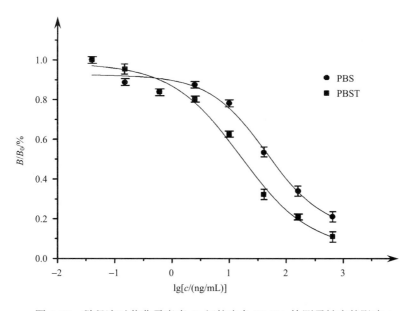

图 4-18　稀释液对黄曲霉毒素 G_1 间接竞争 ELISA 检测灵敏度的影响

（四）封闭条件对黄曲霉毒素 G_1 间接竞争 ELISA 检测灵敏度的影响

封闭条件对黄曲霉毒素 G_1 间接竞争 ELISA 法检测灵敏度同样有显著影响。在包被抗原后的封闭步骤中，分别加入 200 μL 1%明胶、0.5% BSA、1% OVA 和 PBST，温育 2 h，其余步骤与常规间接竞争 ELISA 程序相同。每种封闭条件的对照孔为 50 μL 不含黄曲霉毒素 G_1 甲醇溶液和 50 μL 一抗的混合物。以黄曲霉毒素 G_1 浓度对数值为横坐标、以抗体与黄曲霉毒素 G_1 的结合率为纵坐标作图，结果见图 4-19（Li et al., 2016）。

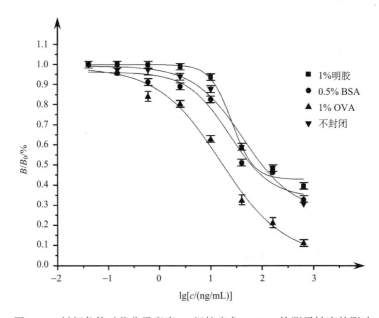

图 4-19 封闭条件对黄曲霉毒素 G_1 间接竞争 ELISA 检测灵敏度的影响

在 1%明胶、0.5% BSA、1% OVA 和不封闭条件下，IC_{50} 值分别为 65.61 ng/mL、61.24 ng/mL、17.18 ng/mL 和 98.98 ng/mL。可见，封闭液选择 1% OVA，黄曲霉毒素 G_1 ELISA 检测方法的灵敏度最高。

（五）盐离子浓度对黄曲霉毒素 G_1 ELISA 检测灵敏度的影响

分别采用 NaCl 浓度为 0.04 mol/L、0.07 mol/L、0.14 mol/L、0.28 mol/L 和 0.56 mol/L 的磷酸缓冲液稀释抗体，其余步骤与常规间接竞争 ELISA 程序相同，对照孔分别为不含黄曲霉毒素 G_1 的甲醇溶液与相应磷酸盐缓冲液稀释的一抗混合物，以黄曲霉毒素 G_1 浓度的对数值为横坐标、以抗体与黄曲霉毒素 G_1 的结合率为纵坐标作图，结果见图 4-20。

当盐离子浓度为 0.04 mol/L、0.07 mol/L、0.28 mol/L 和 0.56 mol/L 时，黄曲霉毒素 G_1 的 ELISA 检测灵敏度（IC_{50} 值）均超过了 200 ng/mL；而盐离子浓度为 0.14 mol/L 时，黄曲霉毒素 G_1 的 ELISA 检测灵敏度（IC_{50} 值）为 20.7 ng/mL。因此，盐离子浓度为 0.14 mol/L 时，黄曲霉毒素 G_1 的 ELISA 检测灵敏度最高。

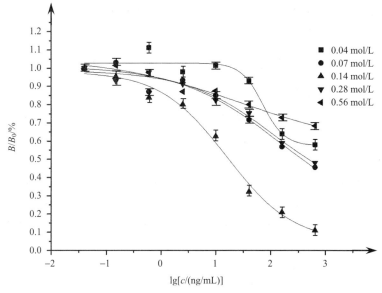

图 4-20 盐离子浓度对黄曲霉毒素 G_1 间接竞争 ELISA 检测灵敏度的影响

（六）黄曲霉毒素 G_1 间接竞争 ELISA 法标准曲线

根据黄曲霉毒素 G_1 间接竞争 ELISA 体系条件的优化选择，建立的黄曲霉毒素 G_1 免疫分析间接竞争 ELISA 检测方法如下。

采用包被原浓度为 2 μg/mL，封闭剂溶液为 1% OVA 蛋白溶液，稀释液为 PBST，黄曲霉毒素 G_1 标准品用 20%甲醇溶解，抗原抗体反应液盐离子浓度为 0.14 mol/L，抗体 2G6 稀释倍数为 1：256 000，酶标二抗稀释倍数为 1：5000，由此建立的黄曲霉毒素 G_1 间接竞争 ELISA 标准曲线如图 4-21 所示。通过五次平行实验，测得该 ELISA 法对黄曲

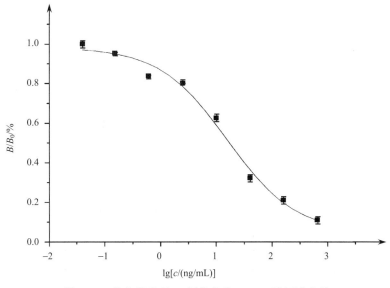

图 4-21 黄曲霉毒素 G_1 间接竞争 ELISA 法标准曲线

霉毒素 G_1 的 IC_{50} 值为 17.18 ng/mL ± 3.50 ng/mL，由标准曲线计算检出限为 0.60 ng/mL ± 0.21 ng/mL，标准曲线的工作范围是 2.17～153.50 ng/mL。

（七）花生样品黄曲霉毒素 G_1 加标回收率

采用购自武汉当地超市的花生样品，样品经 HPLC 分析检测，黄曲霉毒素总含量均低于 0.1 μg/L，不含有黄曲霉毒素 G_1，作为阴性样品做加标回收实验。将花生样品粉碎，过 20 目筛，称取 25.00 g 置于锥形瓶中，添加不同浓度的黄曲霉毒素标准品，加入 75 mL 含有 4% NaCl（质量/体积）的 80%甲醇水溶液混合均匀，超声波处理 10 min 后，静置 30 min，使其完全分层，吸取上清液，将上清液用双层滤纸进行过滤。将滤液用含 1% BSA 的 PBS 溶液稀释 5 倍，根据样品添加浓度计算，阴性样品提取液中黄曲霉毒素 G_1 标准品添加浓度为 1 ng/mL、10 ng/mL 和 40 ng/mL。采用间接竞争 ELISA 法检测样品提取液中黄曲霉毒素 G_1 浓度，计算回收率。

实际花生样品黄曲霉毒素免疫分析常见的问题是基质干扰。样品中的基质可能会影响酶活力或抗原抗体之间的免疫反应，从而会影响最终显色，导致假阳性。为降低基质效应，对花生样品提取液用 PBS 溶液稀释 5 倍，以保护酶及抗原抗体免疫反应少受样品基质的负面影响。

采用不含黄曲霉毒素 G_1 的花生提取稀释液配制不同浓度黄曲霉毒素 G_1 标准品溶液，建立标准工作曲线，结果见图 4-22。

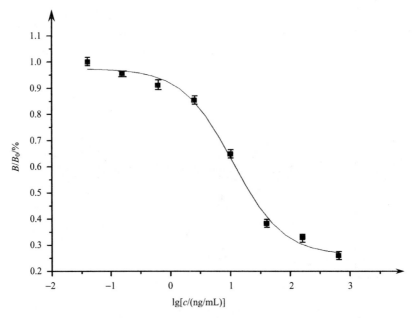

图 4-22　阴性花生基质稀释液黄曲霉毒素 G_1 的 ELISA 标准曲线

根据花生基质提取稀释液建立的黄曲霉毒素 G_1 的 ELISA 标准工作曲线，IC_{50} 值为 21.26 ng/mL，可以用于花生样品添加回收实验。花生中黄曲霉毒素 G_1 标准品添加回收的实验结果见表 4-8，结果表明，花生样品添加三个浓度黄曲霉毒素 G_1 的回收率分别为

111.4%、94.2%和102.8%。

表4-8 花生样品黄曲霉毒素 G_1 标准品添加回收结果

提取液加标浓度 /（ng/mL）	待测液理论浓度 /（ng/mL）	实测浓度 /（ng/mL）	回收率/%	平均值± SD /%
5.00	1.00	1.12	112	111.4±1.4
		1.12	112	
		1.10	110	
50.00	10.00	9.59	96	94.2±4.0
		8.96	90	
		9.70	97	
200.00	40.00	41.30	103	102.8±3.1
		42.30	106	
		39.80	99	

四、黄曲霉毒素总量酶联免疫吸附检测技术及应用

为保障农产品食品消费安全，世界上越来越多的国家和地区制定黄曲霉毒素 B_1、B_2、G_1、G_2 总量限量标准。研究建立黄曲霉毒素总量免疫学检测技术，必须先研制黄曲霉毒素 B_1、B_2、G_1、G_2 总量抗体。近年来，无论国内还是国际上研制黄曲霉毒素抗体的报道很多，黄曲霉毒素通用抗体也有报道，其中也有将黄曲霉毒素通用抗体用来建立黄曲霉毒素总量的分析方法。黄曲霉毒素通用抗体与总量抗体的区别在于，通用抗体主要强调抗体对各种目标黄曲霉毒素均可发生较强的结合反应，可被用来分别建立单一目标黄曲霉毒素的免疫分析方法；而黄曲霉毒素 B_1、B_2、G_1、G_2 总量抗体则不仅要求抗体对各种目标黄曲霉毒素均可发生较强的结合反应，而且还特别强调对各种目标黄曲霉毒素免疫分析方法的灵敏度一致性要好。

国内外现有报道的黄曲霉毒素通用抗体通用性虽然都很强，但针对各种目标黄曲霉毒素的分析灵敏度一致性却较差，这些黄曲霉毒素通用抗体并不适合用来建立黄曲霉毒素 B_1、B_2、G_1、G_2 总量分析方法。因此，研制和选用黄曲霉毒素 B_1、B_2、G_1、G_2 总量抗体是实现黄曲霉毒素 B_1、B_2、G_1、G_2 总量免疫快速定量检测的关键和前提条件。

（一）黄曲霉毒素总量抗体特性表征

国内外研究报道表明，黄曲霉毒素通用抗体对黄曲霉毒素 G_2 的交叉反应率往往是最小的（<50%）。因此，在黄曲霉毒素总量抗体的研制过程中，采用黄曲霉毒素通用抗原免疫动物，并在筛选中采用黄曲霉毒素 G_2 作为竞争原，通过间接竞争 ELISA 法测定灵敏度和交叉反应率后，有利于获得黄曲霉毒素通用抗体。

基于半固体培养梯度筛选法研制出的部分通用抗体对黄曲霉毒素 B_1、B_2、G_1、G_2 交叉反应一致性较好，可用作黄曲霉毒素总量抗体的杂交瘤见表4-9（Li et al., 2009a; Li et al., 2014）。其中杂交瘤细胞株 C201016 分泌的抗体 10G4（Li P W et al., 2014）对黄曲霉毒素 B_1、B_2、G_1、G_2 的 50%抑制浓度 IC_{50} 依次为 2.09 ng/mL、2.23 ng/mL、2.19 ng/mL、3.21 ng/mL，对黄曲霉毒素 B_1、B_2、G_1、G_2 的交叉反应率范围为 65.2%～100.0%，是迄今灵敏度一致性最好的黄曲霉毒素总量抗体。

表 4-9　黄曲霉毒素总量抗体灵敏度与特异性测定结果

黄曲霉毒素	抗体 8E11		抗体 8F6		抗体 10G4-C201016	
	IC_{50}/（ng/mL）	CR/%	IC_{50}/（ng/mL）	CR/%	IC_{50}/（ng/mL）	CR/%
AFB_1	1.25	100.0	1.70	100.0	2.09	100.0
AFB_2	5.99	20.9	1.63	103.8	2.23	93.7
AFG_1	1.42	88.4	1.69	100.1	2.19	95.4
AFG_2	1.60	78.1	3.60	47.0	3.21	65.2
AFM_1	1.43	87.6	2.61	65.0	—	—

黄曲霉毒素总量抗体是建立黄曲霉毒素总量免疫检测技术的重要基础。黄曲霉毒素总量抗体需要特别关注 ELISA 法对黄曲霉毒素 B_1、B_2、G_1、G_2 检测灵敏度的一致性。此外，在特定条件下，也可以通过改变包被抗原结构来调节黄曲霉毒素通用抗体对黄曲霉毒素 B_1、B_2、G_1、G_2 的交叉反应率，在第八章中将介绍如何以黄曲霉毒素抗独特性纳米抗体作为包被抗原，提高黄曲霉毒素通用抗体 ELISA 检测灵敏度的一致性。

黄曲霉毒素总量抗体选定后，抗原抗体工作浓度、甲醇浓度、稀释液、封闭条件及盐离子浓度和标准曲线建立步骤与黄曲霉毒素 G_1 ELISA 法类似。

（二）黄曲霉毒素总量 ELISA 法添加回收实验

选取经免疫亲和-高效液相色谱标准方法测定，确认不含黄曲霉毒素的花生阴性样品，进行黄曲霉毒素标准品添加回收实验（阴性样品提取液加标后，用 PBS 稀释 10 倍用于 ELISA 测定；阴性提取液 1.00 mL 经免疫亲和柱捕获后，用甲醇洗脱，最终洗脱液体积为 0.60 mL，并用于 HPLC 测定），以评价黄曲霉毒素总量 ELISA 法的准确度，并与免疫亲和-高效液相色谱标准方法进行平行比对，结果表明（表 4-10）（Li et al., 2009a），ELISA 检测方法标准样品平均回收率可达 88.5%以上，检测结果与免疫亲和-高效液相色谱标准方法具有良好的符合性。

表 4-10　黄曲霉毒素总量 ELISA 和 HPLC 方法检测结果比对

黄曲霉毒素	添加浓度/（ng/mL）	ELISA			HPLC		
		理论值/（ng/mL）	测定值/（ng/mL）	回收率± SD/%	理论值/（ng/mL）	测定值/（ng/mL）	回收率± SD/%
AFB_1	1.0	0.1	0.102	102.0 ± 10.3	1.67	1.49	89.2 ± 8.8
	2.0	0.2	0.194	97.0 ± 9.8	3.33	3.03	91.0 ± 7.6

续表

黄曲霉毒素	添加浓度/（ng/mL）	ELISA			HPLC		
		理论值/（ng/mL）	测定值/（ng/mL）	回收率±SD/%	理论值/（ng/mL）	测定值/（ng/mL）	回收率±SD/%
AFB$_2$	2.0	0.2	0.177	88.5±8.0	3.33	3.16	94.9±6.8
	4.0	0.4	0.376	94.0±6.9	6.67	6.44	96.6±7.0
AFG$_1$	2.0	0.2	0.182	91.0±9.2	3.33	2.92	87.7±10.9
	4.0	0.4	0.370	92.5±8.3	6.67	6.11	91.6±7.3
AFG$_2$	2.0	0.2	0.201	100.5±11.2	3.33	3.25	97.6±8.2
	4.0	0.4	0.383	95.8±7.4	6.67	6.30	94.5±6.6
总量	1.0+1.0+1.0+1.0	0.4	0.350	87.5±6.8	6.67	6.43	96.4±9.8

黄曲霉毒素 ELISA 法是黄曲霉毒素免疫检测的基本方法，也是黄曲霉毒素抗体创制、筛选、表征等环节最常用的技术手段。尽管上述 ELISA 法在标准样品添加回收实验中表现出很高的灵敏度和准确度，但在农产品等复杂基质样品实际应用中假阳性率问题比较突出，可能是 ELISA 方法自身固有缺陷。因此，在未来黄曲霉毒素免疫检测技术研究中，不仅要提高检测灵敏度，更需要建立多样化的新型免疫检测技术，克服假阳性问题。

五、基于黄曲霉毒素纳米抗体的 ELISA 检测技术

为了提高免疫分析试剂的环境耐受性，何婷等（He et al., 2014）成功创制出特异性识别黄曲霉毒素 B$_1$ 的纳米抗体，并利用黄曲霉毒素纳米抗体 Nb26 和 Nb28，通过对缓冲液酸碱度、离子强度、有机溶剂等系列 ELISA 反应条件优化,确定了基于纳米抗体 ELISA 方法检测黄曲霉毒素 B$_1$ 的最适反应条件为：PBS 的 pH 为 7.4，离子强度为 0.01mol/L，最适甲醇终浓度 10%，建立的黄曲霉毒素 B$_1$ 纳米抗体 ELISA 检测技术，纳米抗体 Nb26 和 Nb28 对黄曲霉毒素 B$_1$ 的灵敏度分别为 0.75 ng/mL 和 1.01 ng/mL。

对纳米抗体有机溶剂耐受性测试结果显示，纳米抗体在 70%甲醇浓度下仍具有 100%的抗原-抗体结合能力及较高的灵敏度。分别用大米、玉米、花生和饲料四种样品 70%甲醇提取液建立 ELISA 曲线，结果见图 4-23（He et al., 2014）。可以看出，不同样品基质提取液，70%甲醇浓度对 ELISA 检测干扰均不明显，IC$_{50}$ 值在 3 ng/mL 左右。因此，样品经 70%甲醇提取后不需要稀释，可直接用于 ELISA 检测，这样可大大简化样品前处理步骤、缩短免疫检测时间。

在 70%甲醇高浓度条件下建立 ELISA 标准曲线后，对粮油、饲料等实际阴性样品进行添加回收实验，结果见表 4-11（He et al., 2014）。可见基于纳米抗体 ELISA 方法回收率为 86.3%~111.6%，说明基于纳米抗体建立的 ELISA 方法可行，具有较高的准确度，可用于实际农产品食品及饲料样品中黄曲霉毒素 B$_1$ 的检测。

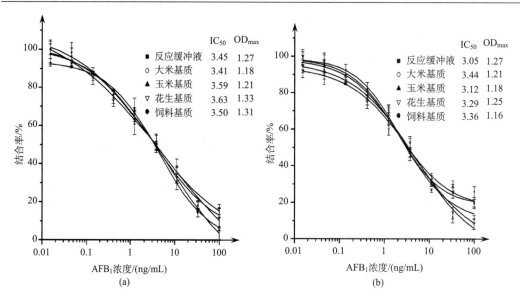

图 4-23 纳米抗体 Nb26（a）和 Nb28（b）用于黄曲霉毒素 B$_1$ 测定的 ELISA 标准曲线

表 4-11 纳米抗体 Nb26 ELISA 方法检测粮油饲料黄曲霉毒素 B$_1$ 添加回收率

样品	加标浓度/（μg/kg）	平均值± SD/（μg/kg）	回收率/%
日内（n=3）			
大米	10.0	8.6±0.9	86.28
	50.0	48.9±1.4	97.7
	100.0	97.8±3.1	97.81
玉米	10.0	10.3±0.5	103.3
	50.0	55.8±1.0	111.6
	100.0	96.2±3.6	96.24
花生	10.0	9.1±4.0	90.9
	50.0	52.7±1.2	105.4
	100.0	110.3±1.8	110.28
饲料	10.0	9.8±1.5	98.2
	50.0	50.8±0.9	101.6
	100.0	92.5±1.8	92.49
日间（n=6）			
玉米	10.0	9.6±1.2	95.8
	50.0	52.8±2.8	105.5
	100.0	95.8±0.8	95.82

纳米抗体具有溶解度高、耐高温、耐酸碱、耐有机溶剂等特性，与其他基因工程抗体（如单链抗体 scFv、抗体 Fab 段等）相比具有更好的稳定性，同时，可弥补传统抗体制备周期长、遗传信息不稳定的缺陷。以纳米抗体为基础开发免疫检测产品，理论上环

境稳定性会更好，具有更长的货架期，更方便现场操作，因此在黄曲霉毒素免疫检测中具有广阔的应用前景。

　　纳米抗体作为一种小型化的基因工程抗体，虽然在基础研究、药物开发等领域已有广泛应用，但在黄曲霉毒素等小分子化合物免疫检测技术研究领域仍处于起步阶段，纳米抗体在黄曲霉毒素 B_1 免疫检测中的成功应用，为利用基因工程抗体开展黄曲霉毒素等真菌毒素的免疫检测技术研究开辟了新途径。

第五章　黄曲霉毒素免疫亲和检测技术

黄曲霉毒素免疫亲和检测技术是利用高特异性、高亲和力抗体免疫亲和柱对农产品食品等样品中黄曲霉毒素进行富集与净化，并和其他理化分析方法联用实现黄曲霉毒素检测的技术，具有灵敏度高、特异性强、重现性好等优点。按照亲和富集净化后检测方法不同，黄曲霉毒素免疫亲和检测技术可分为免疫亲和-荧光、免疫亲和-高效毛细管电泳、免疫亲和-高效液相色谱、免疫亲和-色质联用等检测技术（张奇等，2013a；Li et al.，2009b）。

由于黄曲霉毒素抗体在免疫亲和柱制备中易丧失活性，免疫亲和微球及免疫亲和柱产品稳定性难以控制，免疫亲和技术及免疫亲和柱制备技术长期以来仅被美国、德国等发达国家所掌握。我国采用自主研制黄曲霉毒素高灵敏抗体 1C11、3G1、2C9、1C8 等为核心材料，自行设计研制出黄曲霉毒素免疫亲和微球恒温偶联反应装置，创建出黄曲霉毒素抗体与氨基硅胶微球等载体材料恒温共价偶联技术（杨春洪等，2005），研制成黄曲霉毒素总量和黄曲霉毒素 B_1、G_1、M_1 分量系列高特异性大容量免疫亲和柱，具有特异性强、柱容量大等特点，为采用黄曲霉毒素速测仪器快速检测和利用大型仪器进行黄曲霉毒素确证性检测提供了关键技术支撑。

利用黄曲霉毒素免疫亲和柱，建立主要农产品食品及饲料等黄曲霉毒素快速提取富集净化技术、黄曲霉毒素总量和黄曲霉毒素 B_1、G_1、M_1 分量免疫亲和-荧光增强定量检测技术，可实现主要农产品食品及饲料等样品中黄曲霉毒素含量的快速定量检测，与大型精密仪器联用，可建立黄曲霉毒素确证性检测技术，如黄曲霉毒素免疫亲和-激光诱导荧光-胶束电动毛细管检测技术、免疫亲和-高效液相色谱-荧光增强检测技术和免疫亲和-超高效液相色谱-质谱/质谱联用检测技术等，从而可推进黄曲霉毒素大型仪器检测的快速化和简便化。

第一节　黄曲霉毒素免疫亲和检测技术概述

黄曲霉毒素免疫亲和检测技术首先用黄曲霉毒素抗体制备免疫亲和柱，实现样品黄曲霉毒素富集净化，再用其他方法完成检测。通常将黄曲霉毒素抗体与惰性载体（如氨基硅胶微球、琼脂糖凝胶、磁珠等）进行物理吸附或化学共价偶联，制备黄曲霉毒素免疫亲和色谱固定相并组装成亲和柱，样品提取液中黄曲霉毒素通过免疫亲和柱（immunoaffinity column，IAC）时，待测物黄曲霉毒素通过免疫反应在亲和柱上被捕获，非待测物则经洗涤流出亲和柱，最后通过洗脱液洗脱亲和柱上亲和捕获的黄曲霉毒素，收集洗脱液进行仪器检测。

一、黄曲霉毒素免疫亲和柱的制备

根据黄曲霉毒素免疫亲和检测技术的基本原理，黄曲霉毒素免疫亲和柱利用抗原-抗体特异性可逆结合反应，实现黄曲霉毒素的富集净化后，再与其他定量检测方法联用（马良等，2007b）。因此，黄曲霉毒素免疫亲和检测技术建立主要包括以下三个步骤：首先，将黄曲霉毒素抗体与载体通过偶联技术制备成免疫亲和固定相，并装填入柱体中制备成免疫亲和柱；然后，试样中黄曲霉毒素与免疫亲和固定相上的抗体通过抗原-抗体结合反应而被捕获保留在亲和柱上，其他成分则不被保留而流出；最后，采用适当的洗脱溶剂将亲和柱捕获的黄曲霉毒素洗脱收集，进行定量检测。

1. 黄曲霉毒素抗体的制备

黄曲霉毒素高特异性、高亲和力抗体的制备是建立免疫亲和检测技术的关键。用于黄曲霉毒素免疫亲和检测技术的抗体包括多克隆抗体、单克隆抗体、纳米抗体等，其研制、制备、鉴定、表征等已在第三章详述。本章直接采用研制的黄曲霉毒素抗体建立免疫亲和检测技术。

2. 载体选择

用于偶联黄曲霉毒素抗体的载体应具备以下特点：具有一定机械强度，粒径均一，有较大孔径，化学与生物稳定性强，易表面活化修饰，非特异性吸附少，亲水性好等。黄曲霉毒素免疫亲和载体包括无机载体和有机载体，常用载体主要有琼脂糖凝胶、纤维素、硅藻土、玻璃微球等。

无机载体主要包括硅胶微球、硅藻土等，通过化学偶联将黄曲霉毒素单克隆抗体或纳米抗体共价结合到硅胶微球等载体上，具有偶联便捷、商业化程度高、成本低廉等优点，但存在表面难以精确修饰、材料种类较少等缺点。有机载体多为高分子（如琼脂糖凝胶等）材料，具有材料种类繁多、载体成分可控、表面修饰容易等优点，但有机载体合成难度较大。

3. 偶联技术

将黄曲霉毒素抗体与载体通过偶联技术制备成免疫亲和固定相，是建立黄曲霉毒素免疫亲和检测技术的重要步骤，其中，抗体与载体偶联技术是关键。载体首先需要进行表面亲电基团修饰，然后才能与黄曲霉毒素抗体上的亲核基团共价偶联。常用的表面修饰试剂包括溴化氰、碳酰二咪唑、环氧氯丙烷和高碘酸盐等。黄曲霉毒素抗体与载体活化基团的偶联方式可分为随机偶联与定向偶联两类。随机偶联时由于载体与抗体结合位点的不确定，难以精确控制；而定向偶联则能够增加黄曲霉毒素免疫亲和固定相的结合容量，因此是重点发展的方向。

二、黄曲霉毒素免疫亲和检测技术的特点

黄曲霉毒素免疫亲和检测技术具有灵敏度高、特异性强的优点，其主要特点如下。

（1）免疫亲和检测技术能区分天然状态或近似天然状态的黄曲霉毒素抗原。

（2）虽然不是所有的黄曲霉毒素抗体都适用于免疫亲和检测，但一旦获得一种高质量（亲和力高、特异性强、稳定性好）的黄曲霉毒素抗体，即可研发简便、快速、可靠的免疫亲和柱，建立免疫亲和检测技术。

（3）可与其他各种检测方法联用，研发不同类型的免疫亲和检测技术，缩短检测时间，提高效率，满足不同目标需求。

（4）可与各种先进大型检测仪器联用，实现在线净化与在线检测，有利于实现大型仪器检测的快速化和简便化。

（5）对样品提取液中的黄曲霉毒素同时富集与净化，可显著降低样品基质干扰。

三、黄曲霉毒素免疫亲和检测技术类型

黄曲霉毒素免疫亲和检测技术可分为两类，一类是主要适用于现场检测应用的免疫亲和-荧光增强快速检测技术，另一类是适用于实验室应用的免疫亲和确证检测技术（彩图 4）。黄曲霉毒素免疫亲和现场快速检测技术主要指免疫亲和柱与便携式黄曲霉毒素专用检测仪联用的检测技术，黄曲霉毒素免疫亲和确证检测技术主要指免疫亲和柱与大型精密仪器设备联用的检测技术。

（一）黄曲霉毒素免疫亲和快速检测技术

1. 黄曲霉毒素荧光增强免疫亲和快速检测技术

黄曲霉毒素荧光增强免疫亲和快速检测技术通过黄曲霉毒素免疫亲和柱富集净化和荧光增强，再用黄曲霉毒素免疫亲和专用检测仪读数并直接输出样品中黄曲霉毒素含量。该技术使用黄曲霉毒素特异性免疫亲和柱和荧光增强剂，对样品中黄曲霉毒素进行富集、净化、分离和荧光增强，收集的洗脱液经黄曲霉毒素免疫亲和专用检测仪检测和内置标准曲线计算，直接输出样品检测结果，实现快速定量检测。方法的优点是操作简单、灵敏度较高、分析时间短，并且能直接读出样品中黄曲霉毒素含量结果，比较适合现场快速检测。

2. 在线免疫亲和检测技术

黄曲霉毒素免疫亲和与色谱或质谱仪器联用技术也可称为在线（on-line）免疫亲和-色谱检测技术，将免疫亲和柱富集净化后的样品直接进入高效毛细管电泳（HPCE）、高效液相色谱（HPLC）、高效液相色谱-质谱（HPLC-MS）等大型仪器进行检测。与离线模式不同，通过柱切换技术实现待测样品的黄曲霉毒素富集净化、分离、定性、定量的一体化与检测自动化。

（二）黄曲霉毒素免疫亲和确证检测技术

1. 与荧光光度计联用的检测技术

黄曲霉毒素免疫亲和-荧光检测技术是将免疫亲和柱与荧光光度计联用，将待测黄曲霉毒素样品经过离心、脱脂和过滤后，滤液经过黄曲霉毒素免疫亲和柱富集净化，继而

用洗涤液将免疫亲和柱上杂质洗去，以洗脱液（如甲醇等）将黄曲霉毒素洗脱下来后，再用衍生溶液（如溴等）对洗脱液进行衍生，以提高荧光检测灵敏度，衍生后的洗脱液采用荧光光度计检测黄曲霉毒素含量。该方法具有操作简便、快速等优点，可以满足农产品食品样品中黄曲霉毒素检测的需求。

2. 与高效毛细管电泳联用的检测技术

黄曲霉毒素免疫亲和-高效毛细管电泳（IAC-HPCE）联用检测技术是先将待测样品预处理及提取，提取液经适当稀释后用黄曲霉毒素免疫亲和柱富集净化，继而采用 HPCE 法分离检测黄曲霉毒素含量（马良等，2009）。

HPCE 分离检测方法是以高压电场为驱动力，以毛细管为分离通道，依据样品中各个组分淌度和分配性质的差异进行目标黄曲霉毒素成分的分离，具有高灵敏度、高效、快速、样品量少、溶剂用量少等优点。

3. 与高效液相色谱联用的检测技术

黄曲霉毒素 IAC-HPLC 联用技术是一种高效富集、纯化、分离的确证性检测技术，样品通过免疫亲和纯化后，用液相色谱仪检测，在黄曲霉毒素检测中应用十分广泛，是国际上黄曲霉毒素检测最通用的标准方法之一（马良等，2007c；王恒玲等，2014）。其基本原理是以液体为流动相，采用高压输液系统，将具有不同极性的单一溶剂流动相或混合流动相泵入装有固定相的色谱柱，根据各种黄曲霉毒素或黄曲霉毒素衍生物与固定相的不同吸附和解吸附能力的差异，在液相色谱柱内完成各成分的分离，然后进入荧光检测器进行定量检测，从而实现对黄曲霉毒素的定性定量分析。

4. 与色谱质谱联用的检测技术

黄曲霉毒素免疫亲和-色谱质谱联用检测技术，同时具备免疫亲和净化技术的高富集、高效净化特性以及质谱高确证性、高灵敏度等优点（范素芳等，2011；王秀嫔等，2011；Li P W et al., 2013b）。免疫亲和-色谱分离检测技术可以将复杂样品基质中的黄曲霉毒素高效分离，但色谱分析的定性和结构分析能力较弱。因此，采用质谱检测器，将质谱作为检测器与液相色谱联用，可显著提高黄曲霉毒素结构分析和定性定量能力。黄曲霉毒素免疫亲和-色谱质谱联用检测技术是迄今黄曲霉毒素检测中对成分和含量测定确证性最强的检测方法。

第二节　黄曲霉毒素免疫亲和柱与样品净化技术

一、免疫亲和柱的研制

（一）抗体制备

1. 免疫亲和柱对抗体质量的要求

黄曲霉毒素免疫亲和柱所用抗体要求高特异性、高均一性和高亲和力，通常为单克隆抗体或多克隆抗体。黄曲霉毒素多克隆抗体具有制备工艺简单、效价高等优点，但存在交叉反应率高，生产批次之间差异大等不足。黄曲霉毒素单克隆抗体是由稳定的杂交瘤细胞传代产生，具有高特异性、高均一性，可有效避免批间差异等优点，显著提高黄曲霉毒素免疫亲和柱产品的质量稳定性。因此，一般情况下选用黄曲霉毒素单克隆抗体作为制备免疫亲和柱的抗体（肖志军等，2006；易建科等，2007；Ma et al., 2013）。

2. 抗体制备程序

黄曲霉毒素免疫亲和柱所用抗体的制备步骤包括腹水制备和饱和硫酸铵盐析法纯化两步。以黄曲霉毒素通用抗体 1C11 为例，制备腹水的主要步骤如下：选取六周龄以上雌鼠，先将 0.4 mL 弗氏不完全佐剂注射入小鼠腹腔，3～7 d 后注射一定量的杂交瘤细胞，经 7～10 d 小鼠腹部隆起后，抽取腹水，离心收集上清液供进一步纯化。

饱和硫酸铵盐析法纯化抗体步骤如下：将收集到的腹水经双层滤纸过滤、离心，除去杂质和细胞等沉淀后，与等体积的生理盐水混合；4 ℃下逐滴加入二倍腹水体积的饱和硫酸铵溶液后，搅拌混匀30 min，4 ℃静置过夜后离心弃上清液；沉淀经40%饱和硫酸铵溶液复溶、离心、弃上清液；重复复溶、离心步骤一次，将沉淀用0.01 mol/L磷酸盐缓冲液溶解，装入透析袋，置于0.01 mol/L磷酸盐缓冲液中透析2 d；将透析后的抗体溶液经离心、弃沉淀，最后用冷冻干燥机冻干，保存于–70 ℃备用。

为了获得高纯度的黄曲霉毒素抗体，在进行饱和硫酸铵法沉淀前，可以先用一定浓度的辛酸处理，去除抗体以外的杂蛋白，然后再用饱和硫酸铵法沉淀出抗体。

此外，还可采用蛋白质 A/G 亲和柱或黄曲霉毒素抗原亲和柱，通过亲和法制备高纯度黄曲霉毒素抗体。

（二）载体制备

1. 载体种类

将亲和配基共价偶联在固体粒子的表面（或孔内）即可制备亲和吸附介质，该固体粒子通常称为配基载体。作为载体的固体粒子需要具备如下条件：①具有亲水性多孔结构，无非特异性吸附，比表面积大；②物理和化学稳定性高，有较高的机械强度，使用寿命长；③含有可活化的反应基团，可用于亲和配基的固定化；④球形粒径均一。

常用的亲和柱载体有琼脂糖凝胶和交联琼脂糖凝胶、聚丙烯酰胺凝胶、葡聚糖凝胶、聚丙烯酰胺-琼脂糖凝胶、纤维素、多孔玻璃等；也有报道使用聚苯乙烯、淀粉珠、壳聚糖、硅胶等作为载体材料。纤维素以及交联葡聚糖、琼脂糖、聚丙烯酰胺、多孔玻璃珠等用于凝胶排阻层析的凝胶材料都可以作为亲和层析的基质，其中琼脂糖凝胶虽然价格昂贵，但应用最为广泛。纤维素虽然价格低，可利用的活性基团较多，但它对蛋白质等生物分子有明显的非特异性吸附，其稳定性和均一性也较差。此外，聚丙烯酰胺的物理化学稳定性较好，价格便宜，聚丙烯酰胺硅胶微球作为免疫亲和柱载体具有更广阔的应用前景。

2. 载体预处理

载体在与黄曲霉毒素特异性抗体偶联之前，需要进行充分洗涤活化等预处理，否则既可能会影响抗体的有效利用，甚至还会影响所制备黄曲霉毒素免疫亲和柱的应用效果，可能会导致亲和柱的最大柱容量偏低，捕获黄曲霉毒素能力下降，净化能力下降，洗脱液荧光背景值偏高等，从而直接影响检测结果的准确性。

以聚丙烯酰胺硅胶微球预处理为例，载体预处理步骤如下：称取 10.0 g 聚丙烯酰胺硅胶微球，分别用 0.05 mol/L 盐酸、纯水、甲醇依次交替洗涤 3～5 次，除去硅胶微球上的杂质和离子即可备用。

（三）抗体-载体偶联方法

抗体-载体偶联法主要有碳二亚胺法、戊二醛法、重氮化法、混合酸酐法、二异氰酸酯法及卤代硝基苯法等。碳二亚胺是一类很强的脱水剂，包括脂溶性、水溶性两种结构。二环己基碳二亚胺为脂溶性，与 N-羟基琥珀酰亚胺联用（NHS），多应用于多肽合成，且反应必须在有机溶剂中进行，黄曲霉毒素抗体偶联中，容易导致黄曲霉毒素抗体失活，因此一般不被采用；水溶性的 1-乙基-3-（3-二甲基氨基丙基）-碳二亚胺（EDC）则可以进行水相偶联。EDC-NHS 偶联反应（图 5-1）条件温和，可在常温和中性 pH 条件下进行，因此被应用于黄曲霉毒素抗体与载体偶联。黄曲霉毒素抗体（或载体）的羧基先与碳二亚胺反应生成活泼酯，再与载体（或黄曲霉毒素抗体）的氨基反应形成酰胺键，实现两者的交联（Ma et al., 2013）。

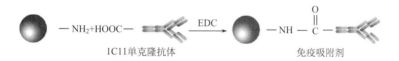

图 5-1　黄曲霉毒素抗体与载体共价偶联示意图

黄曲霉毒素免疫亲和柱研制的关键技术难题是如何保证抗体与载体偶联后仍能保持抗体活性。采用碳二亚胺偶联法（Ma et al., 2013），准确称取 1.0 g 聚丙烯酰胺硅胶微球，分别用 0.05 mol/L 盐酸、纯水、甲醇交替洗涤 3～5 次，以除去硅胶微球上的杂质和离子，再用 5.0 mL 磷酸盐缓冲液将洗净的微球悬浮在 4 ℃恒温反应器中。准确称取 2.0 mg 黄曲霉毒素单克隆抗体（如 1C11），用 5.0 mL 磷酸盐缓冲液溶解，然后慢慢加入反应器，此后再称取 60 mg 水溶性碳二亚胺（EDC）迅速加入反应器，调节 pH 为 5.5，调节电动搅拌器至适当转速，搅拌反应 17～21 h。反应完毕后收集上清液和微球-抗体偶联复合物。

抗体与载体的偶联需要在特殊偶联装置中进行。在探明偶联最佳反应温度、缓冲液种类、搅拌方式、反应时间、投料比等条件的基础上，设计研制出黄曲霉毒素免疫亲和微球恒温偶联反应装置——双层中空水浴恒温偶联反应釜（图 5-2）。偶联反应釜主要包括反应搅拌系统、恒温控制器、循环水系统和双层中空反应釜四部分。

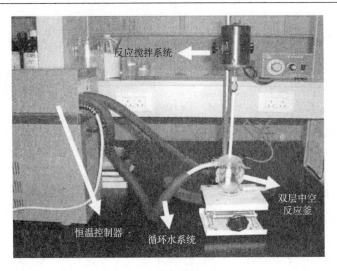

图 5-2　黄曲霉毒素抗体与氨基硅胶微球共价偶联装置——双层中空水浴恒温偶联反应釜

基于双层中空水浴恒温偶联反应釜和黄曲霉毒素抗体与氨基硅胶微球恒温共价偶联技术，将抗体共价偶联利用效率提高到 86.9% 以上，并利用抗体 1C11、3G1、2C9、1C8 分别研制成黄曲霉毒素总量与 B_1、M_1、G_1 免疫亲和微球（彩图 4），具有捕获黄曲霉毒素能力强、耐高压、耐真空等特点，为研制免疫亲和柱提供了理论依据和关键技术支撑。

（四）黄曲霉毒素免疫亲和柱的制备

制备黄曲霉毒素免疫亲和柱的关键技术是如何将黄曲霉毒素特异性抗体共价偶联的载体（如免疫亲和微球）均匀装入柱体中，并将其通过合适方式封装、保存，防止抗体偶联载体漏出或抗体失活。

黄曲霉毒素聚丙烯酰胺亲和柱制备步骤如下：将聚丙烯酰胺柱体预先用甲醇浸泡 4 h，用纯水冲洗 3 次，加入抗体偶联的载体液（每根柱用量为 0.2 mL），用磷酸缓冲液充满剩余柱体积，于 4 ℃冷藏备用。在免疫亲和柱体上方装入配套样品垫，加入抗体偶联的载体液前，在柱体下方装入筛板堵头，保证柱内液体不漏出。研制的系列黄曲霉毒素免疫亲和柱实物图见图 5-3。

（五）免疫亲和柱性能的评价

免疫亲和柱性能的评价是通过对重复性、灵敏度、回收率、柱容量等实验结果，评价亲和柱的性能。采用花生、玉米、油菜籽、大米、小麦等常见主要农产品实际样品，通过免疫亲和柱的重复性、灵敏度和回收率测定，评价亲和柱的质量和使用效果。

1. 重复性

对同一批黄曲霉毒素免疫亲和柱，以黄曲霉毒素 B_1 免疫亲和柱为例，通过黄曲霉毒素 B_1 平行加标回收实验，评价免疫亲和柱的重复性。对同一批免疫亲和柱，采用阴性花生样品提取液，进行平行 7 次加标（1.0 µg/kg）重复，采用黄曲霉毒素 B_1 免疫亲和柱富

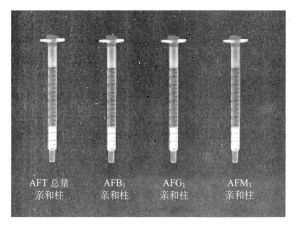

图 5-3　黄曲霉毒素总量、B_1、G_1、M_1 免疫亲和柱实物图

集、净化，并经过高效液相色谱法测定，黄曲霉毒素 B_1 检测结果的相对标准偏差为 2.87%（表 5-1），说明研制的黄曲霉毒素免疫亲和柱具有良好的重复性。

表 5-1　黄曲霉毒素 B_1 免疫亲和柱重复性加标（1 μg/kg）实验结果

样品名称	7 次测定值/（μg/kg）							测定平均值/（μg/kg）	RSD/%
	1	2	3	4	5	6	7		
花生提取液	0.94	0.90	0.88	0.93	0.92	0.96	0.89	0.92	2.87
玉米提取液	0.96	0.91	0.84	0.93	0.92	0.98	0.87	0.92	4.89
油菜籽提取液	0.98	0.91	0.86	0.91	0.92	1.01	0.91	0.93	4.90
大米提取液	0.97	0.87	0.85	0.87	0.92	0.96	0.93	0.91	4.62
小麦提取液	0.99	0.85	0.84	0.88	0.89	1.00	0.90	0.91	6.38

2. 灵敏度

采用黄曲霉毒素 B_1 阴性花生样品，通过免疫亲和柱富集、净化，再用 HPLC 检测，经多次重复实验，按照 3 倍信噪比（$S/N=3$）和 10 倍信噪比（$S/N=10$）确定检出限和定量限，结果显示，研制的免疫亲和柱的检出限（LOD）为 0.1 μg/kg，定量限（LOQ）为 0.33 μg/kg。

3. 回收率

阴性花生样品中分别添加 1.0 μg/kg、5.0 μg/kg、10.0 μg/kg 黄曲霉毒素 B_1，使用自主研制的黄曲霉毒素免疫亲和柱、进口免疫亲和柱和市售多功能净化柱，按照上述前处理方法以及柱前衍生 HPLC 测定，计算回收率。结果表明，两种免疫亲和柱和多功能净化柱花生样品添加回收率都为 83%～105%（表 5-2），说明研制的免疫亲和柱性能良好，与进口免疫亲和柱相比，测定花生样品黄曲霉毒素的加标回收率一致。

表 5-2　免疫亲和柱及多功能净化柱黄曲霉毒素加标回收率比较

添加量/（μg/kg）	回收率/%		
	研制免疫亲和柱	进口免疫亲和柱	多功能净化柱
1	91	94	92
5	105	99	85
10	90	92	83

4. 柱容量

　　向黄曲霉毒素免疫亲和柱中加入过量的黄曲霉毒素标准溶液（20 mL 黄曲霉毒素 B_1、B_2、G_1、G_2 溶液，浓度均为 20 ng/mL），洗脱后通过 HPLC 测定截获的黄曲霉毒素 B_1、B_2、G_1、G_2，结果见图 5-4。每次加入 1 mL 黄曲霉毒素标准溶液，连续加入黄曲霉毒素标准溶液超过 10 mL，才能在上样废液（上样液流过亲和柱后被收集的液体）中检测到黄曲霉毒素，因此黄曲霉毒素免疫亲和柱的柱容量可达 200 ng（20 ng×10）以上（Ma et al., 2013）。

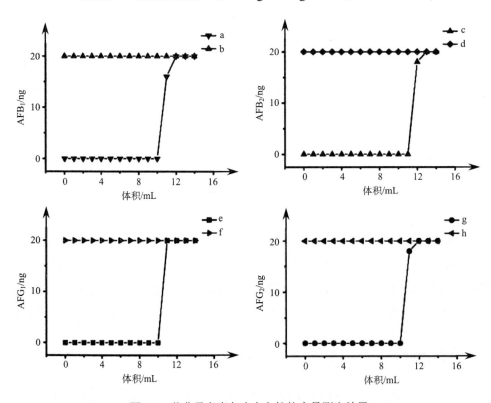

图 5-4　黄曲霉毒素免疫亲和柱柱容量测定结果

a. 浓度为 20 ng/mL 的 AFB_1 加入 IAC 后的测定值；b. 浓度为 20 ng/mL 的 AFB_1 加入空白柱（未偶联抗体的氨基硅胶微球）后的测定值；c. 浓度为 20 ng/mL 的 AFB_2 加入 IAC 后的测定值；d. 浓度为 20 ng/mL 的 AFB_2 加入空白柱（未偶联抗体的氨基硅胶微球）后的测定值；e. 浓度为 20 ng/mL 的 AFG_1 加入 IAC 后的测定值；f. 浓度为 20 ng/mL 的 AFG_1 加入空白柱（未偶联抗体的氨基硅胶微球）后的测定值；g. 浓度为 20 ng/mL 的 AFG_2 加入 IAC 后的测定值；h. 浓度为 20 ng/mL 的 AFG_2 加入空白柱（未偶联抗体的氨基硅胶微球）后的测定值

5. 特异性

测定同一批次黄曲霉毒素免疫亲和柱对 5 种主要黄曲霉毒素的吸附性能，通过柱容量测定结果（按市售亲和柱产品的免疫亲和填料量折算）计算交叉反应率，结果见表 5-3。

表 5-3　黄曲霉毒素免疫亲和柱交叉反应率测定结果

亲和柱类型	黄曲霉毒素	柱容量/ng	交叉反应率/%
黄曲霉毒素总量	AFB_1	433	100
	AFB_2	407	94
	AFG_1	381	88
	AFG_2	316	73
	AFM_1	355	82
黄曲霉毒素 B	AFB_1	414	100
	AFB_2	402	97
	AFG_1	0	0
	AFG_2	0	0
	AFM_1	0	0
黄曲霉毒素 G	AFB_1	0	0
	AFB_2	0	0
	AFG_1	419	100
	AFG_2	394	94
	AFM_1	0	0
黄曲霉毒素 B_1	AFB_1	403	100
	AFB_2	36	9
	AFG_1	<4	<1
	AFG_2	<4	<1
	AFM_1	12	3
黄曲霉毒素 M_1	AFB_1	0	0
	AFB_2	0	0
	AFG_1	0	0
	AFG_2	0	0
	AFM_1	437	100

研究结果表明，研制定型的黄曲霉毒素 B_1 与黄曲霉毒素 M_1 免疫亲和柱特异性强，能够满足黄曲霉毒素 B_1、黄曲霉毒素 M_1 分量检测需求。黄曲霉毒素总量免疫亲和柱对黄曲霉毒素 B_1、B_2、G_1、G_2 都有较强的吸附能力，能够满足黄曲霉毒素 B_1、B_2、G_1、G_2 的检测需求。

二、免疫亲和柱样品净化技术及其性能比较

（一）免疫亲和柱样品净化操作流程

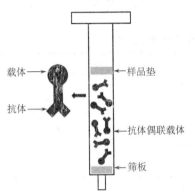

黄曲霉毒素免疫亲和柱装配：黄曲霉毒素免疫亲和柱由样品垫、抗体偶联载体、筛板组成，示意图如图 5-5 所示。首先，将筛板装于免疫亲和柱体底部，用于承载偶联黄曲霉毒素抗体的载体（免疫亲和微球）；然后，将偶联黄曲霉毒素抗体的免疫亲和微球均匀装入免疫亲和柱体中，在其上端装配样品垫，并加入适量保存液，保持筛板、抗体偶联载体、样品垫充分浸润，保证中间不产生气泡或断层。

图 5-5　黄曲霉毒素免疫亲和柱结构示意图

黄曲霉毒素免疫亲和净化基本流程包括准备、上样、淋洗、洗脱等步骤。首先取出黄曲霉毒素免疫亲和层析柱，将封闭亲和柱上端的一次性塞子去除；把亲和柱与泵流操作架上的玻璃针筒连接固定，去掉亲和柱下端的封闭塞子，用水进行洗涤，洗涤时亲和柱下端流出水滴速度为 2～3 滴/s，以将黄曲霉毒素免疫亲和柱上的杂质洗涤干净。

完成上述准备步骤后，将待测样品提取液加入亲和柱，液体缓慢流出亲和柱，流速保持在 1～2 滴/s。该步骤是将待测样品引入黄曲霉毒素免疫亲和柱，使黄曲霉毒素在亲和柱上得到富集。待样品提取液下降到筛板时，用一定量的缓冲液进行洗涤，缓慢流出亲和柱，流速保持在 1～2 滴/s，加入缓冲液时需避免亲和柱中产生气泡，试样中的杂质通过淋洗流出亲和柱，而待测黄曲霉毒素则被免疫吸附保留在亲和柱上。

将洗涤缓冲液完全排干，再用适量甲醇进行洗脱，用样品瓶或玻璃试管收集洗脱液，洗脱液需缓慢流出亲和柱，流速保持在 1 滴/s，收集洗脱液后，进行黄曲霉毒素定量检测。该洗脱步骤利用有机溶剂甲醇将黄曲霉毒素从亲和柱中的免疫微球上分离，从而达到富集、分离净化的作用。

（二）免疫亲和柱性能比较

将花生阴性样品经粉碎处理后，加标提取，分别利用研制的黄曲霉毒素免疫亲和柱和 5 种市售进口黄曲霉毒素免疫亲和柱进行免疫亲和富集、净化处理和 HPLC 测定，结果见表 5-4。经过方差分析和差异显著性分析结果表明，P 值为 0.041，介于 0.01 到 0.05，差异不显著，表明自主研制的免疫亲和柱与进口免疫亲和柱对黄曲霉毒素富集、净化效果具有可比性。尤其低浓度情况下，比同类进口产品具有更高的灵敏度。

研制免疫亲和柱与进口免疫亲和柱性能比较见表 5-5。结果可见，研制黄曲霉毒素免疫亲和柱主要技术参数达到甚至超过国际品牌同类产品的水平，具有容量大、特异性强等特点（Li et al.，2011），其中，黄曲霉毒素 G 族亲和柱为首次报道。

表5-4　不同免疫亲和柱对花生样品黄曲霉毒素净化效果比较

AFB$_1$加标浓度/（μg/kg）	检测浓度/（μg/kg）					
	研制AFB$_1$免疫亲和柱	市售进口AFB$_1$免疫亲和柱1	市售进口AFB$_1$免疫亲和柱2	市售进口AFB$_1$免疫亲和柱3	市售进口AFB$_1$免疫亲和柱4	市售进口AFB$_1$免疫亲和柱5
0.00	未检出	未检出	未检出	未检出	未检出	未检出
0.15	0.17	未检出	未检出	未检出	未检出	未检出
0.90	0.91	0.94	0.92	0.92	0.90	0.93
5.00	5.03	4.95	5.02	5.01	4.99	5.04
12.00	12.21	11.81	11.90	11.95	12.00	12.11

表5-5　研制黄曲霉毒素免疫亲和柱及与国外同类产品性能比较

参数	研制亲和柱性能指标	国外亲和柱产品1指标	国外亲和柱产品2指标
柱容量（参照国外同类产品填充体积折算）	120×4 ng	100×4 ng	未公开
检测范围	0.1～300 μg/kg	1～300 μg/kg	未公开
柱回收率	90%～99%	≥90%	86.7%～97.2%
同一类亲和柱间变异系数	<10%	<10%	<10%
AFB$_1$亲和柱与AFB$_2$、AFG、AFM交叉反应率	≤9.0%	未公开	未公开
AFG亲和柱与AFB和AFM交叉反应率	≤0.1%	未见报道	未见报道
AFM$_1$亲和柱与AFB和AFG交叉反应率	≤0.1%	≤0.1%	未公开
AFT免疫亲和柱同时捕获	AFB、AFG、AFM	AFB、AFG、AFM	AFB、AFG
有效期	≥12个月	≥12个月	≥12个月

三、免疫亲和柱在黄曲霉毒素检测中的应用

黄曲霉毒素免疫亲和层析与荧光检测仪器以及带有荧光检测器的高效液相色谱、荧光分光光度计等联用，或与质谱仪器联用可实现黄曲霉毒素准确定量检测，检测灵敏度高、稳定性好、线性范围宽。2003年国家质量监督检验检疫总局发布的《食品中黄曲霉毒素的测定免疫亲和层析净化高效液相色谱法和荧光光度法》（GB/T 18979—2003）首次将免疫亲和层析净化作为我国黄曲霉毒素检测标准中前处理方法。2010年，中华人民共和国卫生部发布实施的《乳和乳制品中黄曲霉毒素M$_1$的测定》再次将免疫亲和层析净化作为LC-MS、LC、荧光分光光度法检测乳品中黄曲霉毒素的前处理方法。与现有多功能净化柱相比，黄曲霉毒素免疫亲和柱特异性更强、灵敏度更高。以黄曲霉毒素污染典型农产品花生样品检测为例，分别采用研制的免疫亲和柱和国外进口多功能净化柱，进行花生样品黄曲霉毒素富集、净化后，采用HPLC测定，结果见表5-6。差异显著性分析结果，P值为0.02，介于0.01到0.05，测定结果虽然无显著差异，但研制的黄曲霉毒素B$_1$免疫亲和柱对花生样品黄曲霉毒素B$_1$检出限达0.1 μg/kg，较Khayoon等报道的多功能净化柱-高效液相色谱法检出限6.5 μg/kg更加灵敏（范素芳等，2011）。

表 5-6   免疫亲和柱与多功能净化柱对花生黄曲霉毒素净化效果比较

样品编号	研制的 AFB$_1$ 免疫亲和柱/（μg/kg）	AFB$_1$ 多功能净化柱/（μg/kg）
1	未检出	未检出
2	0.10	未检出
3	0.15	未检出
4	1.00	1.12
5	2.81	2.75
6	5.80	5.83
7	12.79	13.1

将研制的黄曲霉毒素免疫亲和柱用于花生、植物油、茶叶96份农产品食品的黄曲霉毒素检测，结果见表5-7。可见黄曲霉毒素氨基硅胶微球免疫亲和柱适用于高蛋白及高油脂样品黄曲霉毒素的检测，具有特异性强、灵敏度高、柱容量大、耐高压等特点，性能指标可满足现行国家和国际标准对黄曲霉毒素限量检测的要求。

表 5-7   黄曲霉毒素免疫亲和柱应用于农产品食品黄曲霉毒素检测结果

样品	份数	阳性份数	平均值/（μg/kg）	检出范围/（μg/kg）	检出率/%	平均含量/（μg/kg）			
						AFB$_1$	AFB$_2$	AFG$_1$	AFG$_2$
花生	52	14	5.20±0.05	0.49～20.79	26.9	4.15	1.01	ND	ND
植物油	25	7	0.52±0.01	0.27～0.89	28.0	0.46	0.06	ND	ND
茶叶	19	1	7.80±0.03	—	5.3	7.80	ND	ND	ND

注：ND 表示未检出。

第三节   黄曲霉毒素免疫亲和-荧光检测技术与应用

一、黄曲霉毒素免疫亲和-荧光检测技术原理

以免疫化学为基础的黄曲霉毒素快速、智能化荧光检测技术已经发展成为成熟的黄曲霉毒素检测方法并得到广泛应用。近年来对黄曲霉毒素荧光增强剂研究取得突破性进展（马良等，2007a），显著提高了黄曲霉毒素免疫亲和-荧光检测的灵敏度，化学试剂衍生、光或电化学衍生、激光诱导荧光增强、包合物荧光增强或超分子荧光增强等技术的开发与应用，均显著增强了黄曲霉毒素 B$_1$ 和黄曲霉毒素 G$_1$ 的荧光强度，或降低试样基质效应和背景干扰，从而提高黄曲霉毒素免疫亲和-荧光检测的灵敏度。

化学试剂衍生黄曲霉毒素荧光增强技术包括柱前衍生和柱后衍生。柱前衍生常用的化学衍生剂为强酸[如三氟乙酸（TFA）等]或卤族元素及衍生物（如 I$_2$、Br$_2$ 等）。柱前衍生过程是在酸性溶液中将黄曲霉毒素 B$_1$ 和黄曲霉毒素 G$_1$ 的二呋喃环上的双键结构水解为羟基衍生物，生成黄曲霉毒素 B$_{2a}$ 和黄曲霉毒素 G$_{2a}$，富含羟基的衍生物使荧光显著增强，该方法已被 AOAC 采纳为标准方法。由于 TFA 衍生生成的衍生物黄曲霉毒

素 B_{2a} 和黄曲霉毒素 G_{2a} 在甲醇中稳定性较差，操作过程中，需溶解在乙腈溶剂中尽快完成测定。

柱后衍生包括碘液、过溴化溴化吡啶以及电化学和光化学衍生等方法。碘化柱后衍生是用泵将饱和碘溶液加入柱后流动相中，碘与黄曲霉毒素发生加成反应，在双键处加成多个卤族元素（碘、溴以及衍生物溴化对-溴苯甲酰甲基），取代基之间形成氢键，增加分子的平面性，使荧光增强，提高检测灵敏度。

黄曲霉毒素光化学或电化学衍生是利用光化学或电化学方法进行的黄曲霉毒素柱后衍生技术。电化学衍生由电化学衍生仪完成，电化学衍生仪核心器件由一个铂工作电极和不锈钢辅助电极组成，其间设有离子交换膜，其原理是含有衍生引发剂（溴化钾盐）的反应液流经电化学衍生仪，溴化钾在电流作用下被氧化产生 Br_2，Br_2 可与黄曲霉毒素 B_1 反应生成溴化物以提高荧光强度。电化学衍生自动化程度相对较高，无需控制反应温度和流速比例等。

黄曲霉毒素光化学衍生法是目前最常用的方法之一。光化学衍生技术需要专用仪器，即光化学衍生反应器，其基本原理是将一定长度的聚四氟乙烯管（内径为 0.30 mm）编织成长方形，并固定于 254 nm 紫外灯反应池架中，当黄曲霉毒素 B_1 流过反应线圈时，受到紫外光照射后被衍生成荧光性较强的黄曲霉毒素 B_{2a}，从而提高检测灵敏度。光化学衍生法快速简捷、重复性好，已经实现工业化商品生产（如美国 Aura 公司）。

激光诱导荧光检测器（LIFD）具有比普通荧光检测器更高的灵敏度，利用激光光源诱导荧光（LIF）可增强黄曲霉毒素荧光检测的信噪比，提高黄曲霉毒素检测的灵敏度，具有高效、快速、环保等优点。

重金属汞离子对黄曲霉毒素具有明显的荧光增强作用。Hg（Ⅱ）与黄曲霉毒素 B_1 发生配位反应，生成黄曲霉毒素 B_1-Hg（Ⅱ）配合物，相对提高了荧光量子产率，使荧光响应值大大增强。因此，重金属 Hg 增强黄曲霉毒素荧光是通过形成 Hg（Ⅱ）金属配合物，加强了共轭体系，增强黄曲霉毒素荧光响应值，实现检测灵敏度的提高。

研究表明，许多金属离子对黄曲霉毒素具有荧光增强作用，其中 Hg^{2+} 对黄曲霉毒素 B_1、G_1、M_1 均有明显的荧光增强作用，反应摩尔比大于 1∶1 时，荧光增强反应体系 2 min 内快速达到平衡，达到最大增强值，可使荧光值增强 4 倍，增强作用比传统的荧光增强剂溴提高 2 倍以上，可显著提高黄曲霉毒素检测的灵敏度。但由于使用汞容易对环境造成污染，因此一般仅在特定条件下使用。

黄曲霉毒素超分子荧光增强技术包括环糊精（CD）对黄曲霉毒素荧光增强作用和三元超分子包合物的荧光增强效应。由于 β-环糊精具有"内疏水外亲水"的特殊结构，可将其作为黄曲霉毒素的荧光增敏剂（刘雪芬等，2010）。环糊精对黄曲霉毒素荧光增强的作用机理是环糊精可减少分子碰撞导致的荧光猝灭，保持合适的微环境，保护激发态荧光分子不与猝灭溶剂等直接接触。

近年来研究发现三元超分子包合物[如黄曲霉毒素 B_1-Hg（Ⅱ）-环糊精]具有很强的荧光增强作用，将黄曲霉毒素 Hg（Ⅱ）配合物与环糊精协同作用构建荧光探针，通过双重增敏提高检测灵敏度，反应速率快，稳定性高，不受环境温度的影响。三元超分子包合物与二元包合物相比，反应灵敏度更高，选择性更好，其反应机理、配合物构型及其稳定性尚不明确。

二、黄曲霉毒素免疫亲和-荧光检测技术流程

黄曲霉毒素免疫亲和-荧光检测技术流程包括样品前处理、免疫亲和纯化、荧光增强和定量检测，如图 5-6 所示。

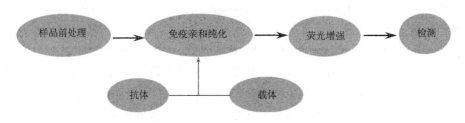

图 5-6 黄曲霉毒素免疫亲和-荧光检测技术流程

样品前处理主要包括试样制备、提取、富集与净化。因为黄曲霉毒素在农产品食品基质中分布不均匀，样品均一性是影响黄曲霉毒素检测的关键因素，因此样品制备包括将农产品食品试样粉碎，研磨成粉末以便达到样品均匀，完全提取；提取、纯化步骤是去除杂质干扰，从复杂基质中提出、富集、纯化黄曲霉毒素的过程，纯化后样品供下一步检测使用。

不同样品对取样及前处理要求也不相同。对花生、大米、玉米、食用油、调味品、啤酒、饲料等易被黄曲霉毒素污染的农产品食品，取样和前处理可参考国家标准 GB 5491—1985《粮食、油料检验扦样、分样法》、GB/T 5524—2008《动植物油脂扦样》、和 GB 5009.22—2003《食品中黄曲霉毒素 B_1 的测定》等规定。

花生是最容易受黄曲霉毒素污染的农产品之一，其特点是含油量高、蛋白质含量高、籽粒大、取样和前处理要求严格。以花生为例，研究建立的花生黄曲霉毒素免疫亲和-荧光检测技术如下。

取代表性花生（籽粒）样品（一般取样量为 3～5 kg），采用四分法分样，制成样本备用。每份测定试样应通过连续多次用四分法缩减至 0.5 kg 后，全部粉碎，花生样品过 20 目筛后混匀。

准确称取 25.0 g（精确到 0.1g）粉碎样品于烧杯中，加入 100.0 mL 甲醇溶液，用均质机提取 2 min 后，静置 1 min，中速定性滤纸过滤。取 10 mL 滤液，用 20 mL 水稀释，涡旋混合器混匀，经玻璃纤维滤纸过滤，收集滤液，待上免疫亲和柱净化，即完成样品制备前处理。

将花生试样提取液加入并流经免疫亲和柱，试样中黄曲霉毒素 B_1 与柱中的黄曲霉毒素 B_1 抗体发生抗原-抗体结合反应而被保留在免疫亲和柱上，试样中的非待测物则不被保留而流出。采用适当的洗涤液即可将免疫亲和柱中残留的非待测物洗脱出来；再采用另一种洗脱液，如 100%甲醇洗脱液，降低抗原-抗体反应的平衡常数，使抗原-抗体结合物解离，从而实现黄曲霉毒素待测物的洗脱，将黄曲霉毒素从免疫亲和柱上洗脱下来后，进行荧光检测。2003 年最初设计研制的黄曲霉毒素免疫亲和柱实物图与结构示意图

见图 5-7 和图 5-8，目前已有商品化黄曲霉毒素免疫亲和柱可直接应用。

图 5-7　2003 年设计试制的黄曲霉毒素免疫亲和柱实物图

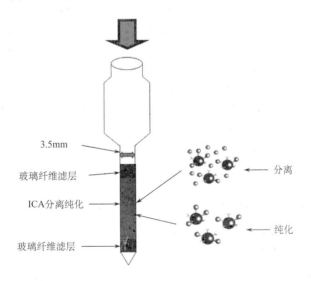

图 5-8　黄曲霉毒素免疫亲和柱结构示意图

经黄曲霉毒素免疫亲和柱富集纯化后的试液，用氮气吹干浓缩后，用适量的甲醇或流动相溶解，混匀后即可进行 HPLC 或黄曲霉毒素专用检测仪荧光检测。

三、$HgCl_2$ 荧光增强黄曲霉毒素免疫亲和-荧光检测技术

（一）金属离子对黄曲霉毒素 B_1 荧光增强效应

不同金属离子对黄曲霉毒素 B_1 荧光增强效果差异很大。金属离子对黄曲霉毒素 B_1 荧光增强效果测定采用如下技术步骤。

取 1.0 mL 已知浓度的黄曲霉毒素 B_1 标准品溶液，加入一定体积的金属离子盐酸盐溶液，混合均匀，用 1.0 cm 石英比色皿，激发波长 365 nm，发射波长 440 nm，入射光

和出射光的狭缝为 10 nm。依次测定 10^{-2} mol/L 金属离子在甲醇溶液中的本底荧光值及 5.0 μg/L 黄曲霉毒素 B_1 标准品溶液的荧光本底值，然后分别加入 10^{-2} mol/L、10^{-3} mol/L、10^{-4} mol/L 的金属离子盐酸盐溶液，混合均匀后放置 5 min，测定荧光体系在加入金属离子前后荧光值的变化。

Zn^{2+}、Mg^{2+}、Hg^{2+}、Fe^{3+}、Sr^{2+}、Al^{3+}、Ca^{2+}、Co^{2+}、Pd^{2+}、Ba^{2+}、K^+、Sn^{2+}、Cu^{2+}、Na^+ 等金属离子对黄曲霉毒素 B_1 荧光增强效果的研究结果（表 5-8）表明，不同的金属离子对黄曲霉毒素 B_1 的荧光增强效果差异显著，Hg^{2+} 对黄曲霉毒素 B_1 荧光增强效应最大。

表 5-8　金属离子对黄曲霉毒素 B_1 荧光增强效果

金属离子	本底值*	荧光信号				反应现象
		5 μg/L AFB$_1$	5 μg/L AFB$_1$ 和金属离子			
			10^{-2} mol/L	10^{-3} mol/L	10^{-4} mol/L	
Zn^{2+}	—	—	—	—	—	产生沉淀
Mg^{2+}	2.60/2.64	23.48/23.79	39.35/39.42	30.43/30.41	26.23/26.30	增强
Hg^{2+}	1.52/1.54	19.06/19.17	72.28/72.18	45.07/45.43	33.30/34.45	增强
Fe^{3+}	0.72/0.69	27.54/27.89	4.32/4.33	6.43/5.99	5.89/5.99	猝灭
Sr^{2+}	1.93/2.02	22.21/22.74	19.77/19.11	18.78/18.91	18.00/17.97	微降
Al^{3+}	2.64/2.74	20.82/20.72	21.24/20.95	21.01/21.17	21.89/21.23	不明显
Ca^{2+}	2.00/1.98	22.49/21.85	42.28/41.27	29.34/29.65	26.01/25.99	增强
Co^{2+}	2.17/2.15	19.98/19.83	18.08/18.19	19.01/19.21	18.99/19.24	不明显
Pd^{2+}	1.62/1.81	20.05/20.59	32.72/32.71	29.21/28.97	27.21/27.14	增强
Ba^{2+}	1.62/1.62	22.54/22.39	21.02/20.33	20.01/19.89	18.99/19.01	不明显
K^+	2.25/2.26	22.43/22.48	21.90/22.01	21.67/21.54	21.67/21.55	不明显
Sn^{2+}	—	—	—	—	—	产生沉淀
Cu^{2+}	2.22/2.01	23.22/23.24	19.69/20.05	19.10/19.65	20.12/20.04	微降
Na^+	2.32/2.40	22.02/21.98	21.05/20.95	21.02/21.01	20.97/20.89	不明显

注：* 离子浓度为 10^{-2} mol/L 测定值。

除 Sn^{2+}、Zn^{2+} 水合物形成沉淀影响荧光体系荧光值外，总体上二价金属离子荧光本底较小，具备荧光增强剂的基本条件。Mg^{2+}、Hg^{2+}、Ca^{2+} 和 Pd^{2+} 对黄曲霉毒素 B_1 荧光均具有显著增强作用，Fe^{3+}、Sr^{2+} 和 Cu^{2+} 具有荧光猝灭作用，K^+、Al^{3+}、Co^{2+}、Ba^{2+} 和 Na^+ 对荧光体系的作用不大。金属离子对黄曲霉毒素 B_1 的荧光增强效应依次为 $Hg^{2+}>Ca^{2+}>Mg^{2+}>Pb^{2+}$。

荧光增强剂应在黄曲霉毒素 B_1 快速检测技术中快速达到平衡，有利于实现快速检测。Hg^{2+}、Mg^{2+} 和 Ca^{2+} 对黄曲霉毒素 B_1 荧光增强反应速率和荧光值变化研究结果见图 5-9。

由图 5-9 可见，Hg^{2+} 荧光增强速率比 Mg^{2+} 和 Ca^{2+} 快，反应时间为 2 min 时，Hg^{2+} 诱导的增强荧光效果远大于 Mg^{2+}、Ca^{2+}，且最早在 3 min 时基本达到平衡，其荧光增强达到最大值。Mg^{2+} 和 Ca^{2+} 均需要 4～5 min 达到基本平衡，荧光增强程度远低于 Hg^{2+}。因此，可选择 Hg^{2+} 作为荧光增强剂核心材料。

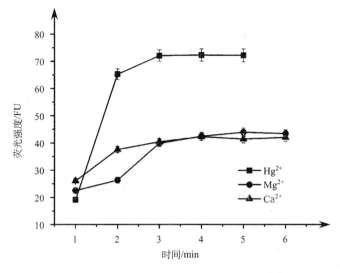

图 5-9 Hg^{2+}、Mg^{2+}、Ca^{2+}对黄曲霉毒素 B_1 荧光增强反应平衡时间

黄曲霉毒素 B_1 浓度为 5 μg/kg，Hg^{2+}、Mg^{2+}和 Ca^{2+}浓度均为 10^{-2} mol/L

（二）黄曲霉毒素荧光增强效应的影响因素

黄曲霉毒素荧光增强效应的影响因素包括 pH、反应摩尔比、温度、共存离子等因素。

1. pH 的影响

在酸性 pH 条件下，Hg 以自由态 Hg（Ⅱ）存在，在更高 pH 时，Hg（Ⅱ）形成 $[Hg(OH)]^+$和$[Hg(OH)_2]^0$，同时由于在碱性 pH 条件下，黄曲霉毒素 B_1 容易降解发生结构变化，因此需保持溶液在酸性 pH 条件下，才能发挥其荧光增强效应。

2. 反应摩尔比的影响

随着 Hg（Ⅱ）浓度的变化，黄曲霉毒素 B_1 荧光强度也相应改变。实验分别采用 100 μL 浓度为 10^{-2} mol/L、10^{-3} mol/L、$2×10^{-4}$ mol/L、$2.5×10^{-4}$ mol/L、$3.5×10^{-4}$ mol/L、$4×10^{-4}$ mol/L、$4.5×10^{-4}$ mol/L 的 $HgCl_2$ 溶液作为增强剂，对 1 mL 浓度为 5 μg/L 的黄曲霉毒素 B_1 进行增强反应，结果表明，随着 Hg（Ⅱ）浓度的增大，反应平衡的时间越来越短，Hg（Ⅱ）浓度高于 10^{-3} mol/L 时，3 min 可达到平衡，相应荧光增强倍数超过 4 倍。

对 1 mL 不同浓度黄曲霉毒素 B_1（2 μg/L、5 μg/L、10 μg/L、25 μg/L）进行荧光增强反应，筛选反应摩尔比。结果表明，Hg^{2+}和黄曲霉毒素 B_1 反应摩尔比大于 1∶1 时，反应速率非常快，在混匀后 2 min 内荧光值增强倍数≥4；而当反应摩尔比小于 1∶1 时，反应达到相同荧光值的时间延长。这一结果说明，需要过量 Hg^{2+}才能快速达到相应的荧光增强效果。考虑到检测样品中可能存在高浓度黄曲霉毒素样品，为了确保待测液中加入的 Hg^{2+}过量，保证反应摩尔比高于 1∶1，采用浓度为 10^{-2} mol/L 的 Hg^{2+}作为荧光增强剂。

3. 温度的影响

荧光物质对温度敏感，不同温度（10℃、20℃、30℃、40℃、50℃和70℃）对黄曲霉毒素 B_1-Hg（Ⅱ）荧光增强效果研究结果表明，荧光强度值随温度的升高略有降低，考虑到在较低温度下反应速率降低，实际温度在 30℃ 以上，对荧光增强效应影响不明显，所以选择在室温下进行测定。

4. 共存离子干扰

共存离子 Mg^{2+}、Ca^{2+}、K^+、Fe^{3+}、Sr^{2+}、Co^{2+}、Pd^{2+}、Al^{3+}、Cu^{2+}、Na^+、NH_4^+、Cl^-、$H_2PO_4^-$、COO^-、柠檬酸根等对荧光增强体系的干扰研究结果表明，Fe^{3+}对黄曲霉毒素 B_1-Hg（Ⅱ）荧光增强有明显猝灭作用，可能是 Fe^{3+}与黄曲霉毒素 B_1 的配合作用比 Hg（Ⅱ）具有更强的竞争力，使 Fe^{3+}成为黄曲霉毒素 B_1-Hg（Ⅱ）体系的荧光猝灭剂。

此外，$H_2PO_4^-$对黄曲霉毒素 B_1-Hg（Ⅱ）荧光增强体系有一定荧光增强作用。但是这种黄曲霉毒素 B_1-Hg（Ⅱ）/$H_2PO_4^-$ 混合液难以保存，实用性不强。因此在实际测定中，应注意 $H_2PO_4^-$影响。其他离子在 10^{-2} mol/L 浓度以下，对黄曲霉毒素 B_1-Hg（Ⅱ）荧光增强体系无明显干扰。

5. 黄曲霉毒素 B_1-Hg（Ⅱ）荧光增强工作曲线

按照 1 mL 不同浓度黄曲霉毒素 B_1 样品加入 100 μL $HgCl_2$ 溶液，配制系列黄曲霉毒素 B_1 荧光增强标准溶液，混匀后分别测定荧光响应值，重复 7 次，结果见图 5-10。黄曲霉毒素 B_1 在 0.5～100 ng/mL 范围内，浓度与其增强后的荧光响应值有良好的线性关系，线性回归方程为 $y=16.726x-5.477$，相关系数 $R^2=0.9997$，相对标准偏差（RSD）为 4.3%。

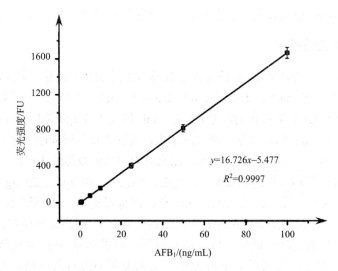

图 5-10　AFB_1-Hg（Ⅱ）荧光增强工作曲线

（三）免疫亲和-HPLC-HgCl₂柱后衍生荧光增强条件优化

为建立 IAC-HPLC-HgCl₂荧光增强检测方法，需要优化激发波长、发射波长、HPLC分离条件、衍生试剂流速、衍生反应温度等条件，以提高检测方法的灵敏度。

1. 激发波长、发射波长

根据荧光增强剂 HgCl₂对黄曲霉毒素荧光增强效应的研究结果，优化黄曲霉毒素 B_1、G_1、M_1激发波长和发射波长，最终选择 365 nm 作为荧光检测的激发波长，440 nm 作为荧光发射波长。

2. HPLC 流动相条件

流动相组成会影响分离度、衍生反应的反应速率和衍生产物的生成量及荧光强度。流动相为甲醇-乙腈-水时，可以显著提高分离度（尤其是对 M 族和 G 族黄曲霉毒素的分离效果更好）。若流动相极性过大，易降低黄曲霉毒素的分离度；若流动相极性过小，则保留时间变长。优化流动相配比为甲醇-乙腈-水（22/18/60，体积比）的黄曲霉毒素分离色谱图见图 5-11，分离时间为 13 min（马良等，2007c）。

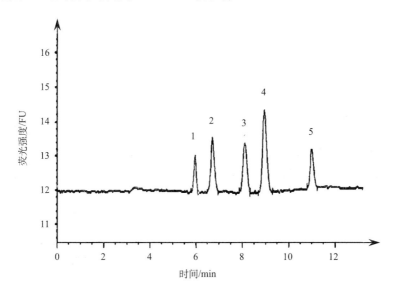

图 5-11　黄曲霉毒素 HPLC 分离色谱图

1. AFM_1；2. AFG_2；3. AFG_1；4. AFB_2；5. AFB_1；流动相为甲醇-乙腈-水，22/18/60，体积比

3. 衍生试剂流速

在 HPLC 柱后衍生体系中，衍生试剂流速决定衍生反应中衍生试剂参与反应量，对衍生反应结果有直接影响，从而影响检测荧光强度。随着流速的升高，黄曲霉毒素 B_2和 G_2荧光值始终呈现下降趋势，见图 5-12（马良等，2007c）。可能是由于黄曲霉毒素

B_2 和 G_2 具有饱和双呋喃环结构，与 Hg（Ⅱ）难形成配合物，荧光值未实现增强。而随着衍生试剂流速升高，黄曲霉毒素 B_1、G_1、M_1 荧光值逐渐增加，但在超过一定流速后，荧光信号值又开始呈下降趋势。可能是由于在低流速时（如 0.2 mL/min）Hg（Ⅱ）浓度较低，达不到最佳反应摩尔比；而在过高流速时黄曲霉毒素衍生物的浓度被稀释，使得增强的荧光信号值逐渐开始下降。优化选择衍生试剂流速为 0.4 mL/min，荧光增强效果最好。

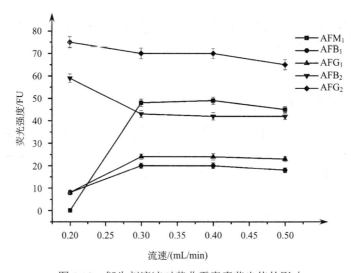

图 5-12　衍生剂流速对黄曲霉毒素荧光值的影响

4. 衍生反应温度

温度对黄曲霉毒素衍生反应具有显著影响。不同温度下，衍生增强效果相差很大。从图 5-13（马良等，2007c）研究结果看出，黄曲霉毒素各个分量衍生产物的荧光响应值均随着温度的升高而降低，符合荧光物质荧光值随温度变化的规律。这可能是因为随着

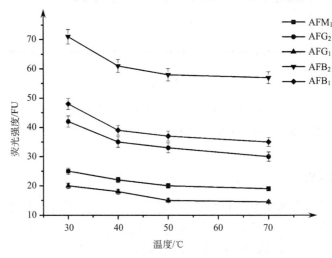

图 5-13　衍生反应温度对黄曲霉毒素荧光值的影响

反应温度的降低，衍生产物的荧光效率和荧光强度增加；相反温度升高，衍生产物的荧光效率将下降。由于实验中所使用的柱后衍生反应器可控制的最低温度是 30 ℃，所以选择衍生反应温度为 30 ℃。

5. Hg（Ⅱ）与现行衍生试剂 I_2 荧光增强效果比较

现行标准中采用的柱后衍生试剂多为 I_2，Hg（Ⅱ）荧光增强效果明显优于 I_2 柱后衍生效果。对 I_2 与 Hg（Ⅱ）两种衍生试剂柱后衍生效果比较研究结果见图 5-14 和图 5-15。

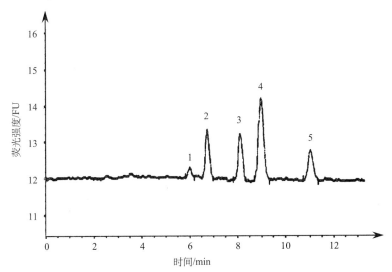

图 5-14　I_2 柱后衍生黄曲霉毒素 HPLC 色谱图

1. AFM$_1$；2. AFG$_2$；3. AFG$_1$；4. AFB$_2$；5. AFB$_1$

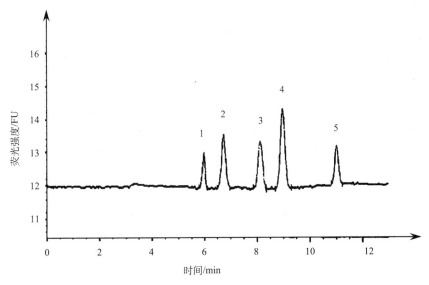

图 5-15　Hg（Ⅱ）柱后衍生黄曲霉毒素 HPLC 色谱图

1. AFM$_1$；2. AFG$_2$；3. AFG$_1$；4. AFB$_2$；5. AFB$_1$

可以看出，使用 I_2 柱后衍生，黄曲霉毒素 B_1、G_1 被衍生转变为黄曲霉毒素 B_{2a} 和 G_{2a}，荧光值显著增强，但黄曲霉毒素 M_1 荧光增强不明显。使用 Hg（Ⅱ）进行柱后衍生，黄曲霉毒素 B_1、G_1、M_1 的荧光均有增强，效果较 I_2 更好。

Hg（Ⅱ）荧光增强的可能机理见图 5-16。Hg（Ⅱ）对黄曲霉毒素荧光增强主要由于 Hg（Ⅱ）配合作用，先形成饱和键结构，然后以 Hg 离子为中心离子进行配合，形成八面体配合物，使得共轭结构增大，刚性平面加强，在激发光照射下，形成配位体-金属荷移（LMCT）跃迁，产生更强的荧光。

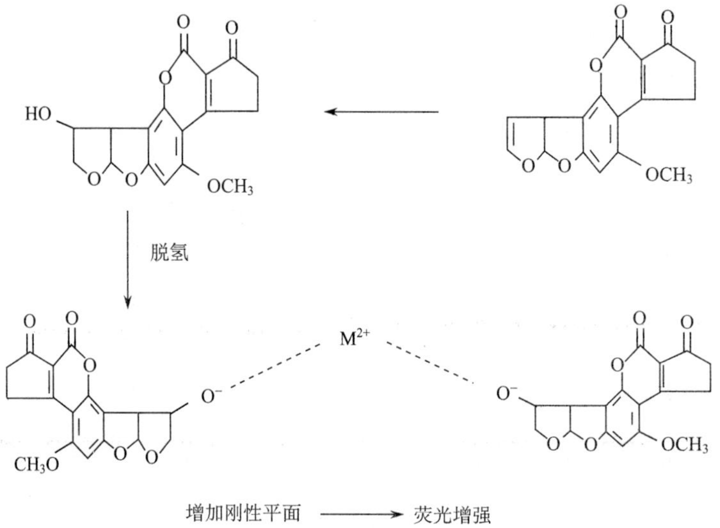

图 5-16　Hg（Ⅱ）柱后衍生 AFB_1 荧光增强反应机理

研究结果表明，以同等条件下未经衍生黄曲霉毒素的自然荧光为参比，采用 $HgCl_2$ 作为柱后衍生剂对黄曲霉毒素荧光增强，黄曲霉毒素 B_1 荧光增强 27.3 倍，G_1 增强 33 倍，M_1 增强 3.8 倍，其荧光增强效果明显优于 I_2 柱后衍生效果，Hg（Ⅱ）与 I_2 柱后衍生对 AFB_1、AFG_1、AFM_1 荧光增强效果比较见表 5-9。

表 5-9　Hg（Ⅱ）与 I_2 柱后衍生对 AFB_1、AFG_1、AFM_1 荧光增强效果比较

增强剂	荧光强度		
	AFB_1	AFG_1	AFM_1
$HgCl_2$	27.3	33.0	3.8
I_2	14.5	24.1	0.8

6. 方法验证

黄曲霉毒素 IAC-Hg（Ⅱ）-HPLC 柱后衍生检测技术的线性范围、重复性、日间精密度、检出限、定量限等方法学参数见表 5-10。在浓度 0.5～60 μg/kg 范围内，5 种黄曲霉毒素浓度与荧光增强线性良好，相关系数大于 0.999，均可满足黄曲霉毒素检测的要求。

对同一加标（10 μg/kg）试样，同一天在相同的操作条件重复测定 7 次，5 种黄曲霉毒素定量的日间精密度良好，相对标准偏差均低于 5%。日间精密度实验是在相同操作条件下（4 ℃避光保存），在不同日期对加标（10 μg/kg）试样进行测定，共测定 7 d，5 种黄曲霉毒素测定的日间精密度良好，相对标准偏差均在 5%以下。

Hg（Ⅱ）柱后衍生 HPLC 黄曲霉毒素检测技术对 5 种黄曲霉毒素（黄曲霉毒素 B_1、B_2、G_1、G_2、M_1）检出限（S/N=3）达 0.04～0.12 μg/kg，最低定量限达 0.13～0.40 μg/kg（S/N=10），可满足农产品黄曲霉毒素总量和 B_1 最大限量的检测要求。

表 5-10　黄曲霉毒素 IAC-Hg（Ⅱ）-HPLC 柱后衍生检测技术线性范围、重复性、日间精密度、检出限和定量限

黄曲霉毒素	标准曲线方程	R^2	检出限 /（μg/kg）	定量限 /（μg/kg）	重复性 /（μg/kg）±RSD/%	日间精密度 /（μg/kg）±RSD/%
AFB_1	$y=5.11x-0.26$	0.9994	0.05	0.17	8.47±1.81	8.71±4.28
AFB_2	$y=8.53x-0.92$	0.9995	0.04	0.13	8.64±0.23	8.35±1.90
AFG_1	$y=2.87x-0.18$	0.9994	0.12	0.40	9.19±4.33	8.44±4.92
AFG_2	$y=5.23x-0.01$	0.9999	0.06	0.20	9.80±0.89	8.33±3.83
AFM_1	$y=3.25x-1.56$	0.9994	0.11	0.37	9.64±2.27	8.26±2.53

在花生样品中分别添加 2 μg/kg、5 μg/kg、10 μg/kg 不同种类黄曲霉毒素，重复 7 次，测定回收率。结果表明（表 5-11），黄曲霉毒素 B_1、B_2、G_1、G_2、M_1 3 个加标水平的回收率分别为 84.67%～91.10%、83.50%～93.27%、84.38%～100.15%、83.27%～98.04%和 82.64%～96.45%，回收率都在 80%以上。

表 5-11　花生黄曲霉毒素 IAC-Hg（Ⅱ）-HPLC 柱后衍生检测加标回收率

加标浓度 /（μg/kg）	回收率/%				
	AFB_1	AFB_2	AFG_1	AFG_2	AFM_1
2	91.10±4.98	93.27±3.39	100.15±4.86	90.27±3.12	90.17±3.78
5	84.67±2.52	86.41±1.55	91.93±4.65	98.04±3.72	96.45±1.34
10	87.15±3.37	83.50±1.51	84.38±4.03	83.27±3.79	82.64±2.74

7. 方法学比较

黄曲霉毒素 IAC-HPLC-Hg（Ⅱ）柱后衍生检测技术与 AOAC、AOAC-IUPAC 等研究建立的 HPLC 柱后衍生方法灵敏度比较见表 5-12。建立的 IAC-HPLC-Hg（Ⅱ）柱后衍生法检测黄曲霉毒素 B_1，检出限达 0.05 μg/kg，灵敏度显著提高，检出限接近 HPLC 法检出极限水平，表明 Hg^{2+} 作为黄曲霉毒素荧光增强剂具有良好荧光增强效果。

表 5-12　黄曲霉毒素 HPLC 柱后衍生方法检出限比较

增强剂	检测方法	AFB$_1$ 检出限/（μg/kg）
Br$_2$	AOAC 999.07	1.0
Br$_2$	AOAC 2000.16	0.1
PBPB	AOAC 999.07	1.0
PBPB	AOAC 2000.16	0.1
PBPB	AOAC-IUPAC 协作实验	1.0
PBPB	文献报道方法	0.06
I$_2$	AOAC-IUPAC 协作实验	1.0
I$_2$	中国国家标准法 GB/T 18979—2003	1.0
HgCl$_2$	高效液相色谱与升汞衍生方法	0.05

四、IAC-HPLC-Hg（Ⅱ）柱后衍生黄曲霉毒素检测技术应用

基于 HgCl$_2$ 荧光增强剂，HPLC 检测技术可应用于不同农产品食品黄曲霉毒素检测。

1. 质控应用

以阴性花生样品为实验材料，通过在阴性花生样品中分别添加 2 μg/kg、5 μg/kg、10 μg/kg 的黄曲霉毒素标准品（B$_1$、B$_2$、G$_1$ 和 G$_2$），然后分别测定 Hg（Ⅱ）柱后衍生各黄曲霉毒素分量的回收率，与农业行业标准方法比对,回收率均为 80%～120%。七次平行测定结果显示黄曲霉毒素 B$_1$、B$_2$、G$_1$、G$_2$ 三个加标水平的回收率分别为 84.7%～91.1%、83.5%～93.3%、84.4%～100.2%和 83.3%～98.0%，黄曲霉毒素各种成分的回收率都在 80%以上，相对标准偏差都在 5%之内。

2. 农产品实际样品黄曲霉毒素检测中的应用

实际样品检测中，为获得阳性样品，一部分样品采用接种黄曲霉菌后培养的试样；另一部分样品为市售花生、大米等农产品食品。采用黄曲霉毒素 IAC-HPLC-Hg（Ⅱ）柱后衍生检测法分别测定接种黄曲霉菌的花生、市售花生、花生油、花生酱、花生芝麻酱、大米、玉米等农产品食品中黄曲霉毒素含量，结果见表 5-13（马良等，2007c）。实验结果表明，只有经黄曲霉菌接种培育样品中含有黄曲霉毒素 B$_1$ 和 B$_2$，且含量较高；其他大部分市售农产品样品不含有黄曲霉毒素，少量样品虽然检测出含有黄曲霉毒素 B$_1$，但未超限量标准。

表 5-13　ICA-HPLC-Hg（Ⅱ）柱后衍生法测定实际农产品食品样品中黄曲霉毒素含量

样品	AFB$_1$ /（μg/kg）	AFB$_2$ /（μg/kg）	AFG$_1$ /（μg/kg）	AFG$_2$ /（μg/kg）	AFM$_1$ /（μg/kg）
花生	9.24±0.15	ND	ND	ND	ND
黄曲霉菌接种花生	156.6±7.14	23.6±2.37	ND	ND	ND

续表

样品	AFB$_1$ /（μg/kg）	AFB$_2$ /（μg/kg）	AFG$_1$ /（μg/kg）	AFG$_2$ /（μg/kg）	AFM$_1$ /（μg/kg）
混合花生酱	2.95±0.13	ND	ND	ND	ND
花生酱	5.34±0.15	ND	ND	ND	ND
花生油	2.78±0.11	ND	ND	ND	ND
大米	ND	ND	ND	ND	ND
玉米	ND	ND	ND	ND	ND

注：ND 表示未检出。

3. 在快速筛查检测中的应用

采用 HgCl$_2$ 荧光增强剂进行荧光增强，与 NYART-Ⅰ/Ⅱ黄曲霉毒素免疫亲和快速检测仪联合使用，可用于粮油实际样品黄曲霉毒素免疫亲和快速检测。以花生样品为例，对同一阴性花生样品进行 10 次平行加标实验（5 μg/kg），黄曲霉毒素 B$_1$ 测定值相对标准偏差为 2.98%，具有良好的重复性。阴性花生样品中分别添加黄曲霉毒素 B$_1$ 标准品为 1 μg/kg、2 μg/kg、4 μg/kg、6 μg/kg、10 μg/kg、15 μg/kg、20 μg/kg，进行加标回收率实验，结果见表 5-14。七个添加水平的测定结果回收率都在 90%以上，说明黄曲霉毒素免疫亲和快速检测技术及检测仪器的测定准确，结果可信度高。

表 5-14　HgCl$_2$ 荧光增强免疫亲和快速检测花生样品 AFB$_1$ 回收率

AFB$_1$ 添加量/（μg/kg）	测定结果/（μg/kg）	RSD/%	回收率/%
1	0.9	9.3	90.0
2	1.8	7.6	90.0
4	3.7	3.1	92.5
6	5.5	2.8	91.7
10	9.5	6.4	95.0
15	14.2	6.2	94.7
20	18.8	7.8	94.0

采用 HgCl$_2$ 荧光增强黄曲霉毒素免疫亲和检测法与国家标准液相色谱法、荧光分光光度法和现行其他技术方法对花生、大米、大豆、玉米、饲料、植物油、醋、酱油等黄曲霉毒素 B$_1$ 含量进行测定，结果比较见表 5-15。

结果比较可见，除 ELISA 检测技术外，采用 HgCl$_2$ 荧光增强剂和 NYART-Ⅰ/Ⅱ黄曲霉毒素检测仪检测结果与国家标准荧光光度法及液相色谱法测定结果高度一致。当检测结果高于 0.3 μg/kg 时直接输出黄曲霉毒素 B$_1$ 检测结果，当结果低于 0.3 μg/kg 时，直接显示"<0.3 μg/kg"。而 ELISA 检测结果有一定假阳性率。

表 5-15　HgCl$_2$ 荧光增强免疫亲和检测与国家（际）标准方法测定结果比较

样品	加标浓度 /（μg/kg）	GB/T5009.22—2003 ELISA 法 /（μg/kg）	GB/T18979—2003 荧光法 /（μg/kg）	GB/T18979—2003 HPLC 法 /（μg/kg）	HgCl$_2$ 荧光增强免疫亲和检 测法 /（μg/kg）
花生	0	0	ND	ND	<0.3
花生	0	2.5	ND	ND	<0.3
花生	2	15.3	1.8	1.8	1.9
花生	2	17.8	1.8	1.7	1.8
花生	5	8.6	4.8	4.9	4.9
花生	5	4.7	4.6	5.2	5.1
花生	10	16	10.2	10.3	10.1
花生	10	13	11.0	9.6	9.8
酱油	0	3.7	ND	ND	<0.3
酱油	0	0.2	ND	ND	<0.3
酱油	2	5.4	1.5	1.6	1.7
酱油	2	0.2	1.4	1.4	1.6
大米	0	7.3	ND	ND	<0.3
大米	0	0.2	ND	ND	<0.3
大米	2	14.5	1.5	1.7	1.8
大米	2	7.5	1.5	1.6	1.7
植物油	0	1.2	ND	ND	<0.3
植物油	0	3.5	ND	ND	<0.3
植物油	2	8.9	1.6	1.7	1.7
植物油	2	0.6	1.8	1.8	1.8
饲料	0	5.4	ND	ND	<0.3
饲料	0	0.1	ND	ND	<0.3
饲料	2	6.6	1.2	1.3	1.6
饲料	2	2.5	1.4	1.4	1.5
醋	0	1.1	ND	ND	<0.3
醋	0	0.2	ND	ND	<0.3
醋	2	15.1	1.6	1.8	1.6
醋	2	1.8	1.7	1.7	1.8
玉米	0	7.9	ND	ND	<0.3
玉米	0	0.7	ND	ND	<0.3
玉米	2	14.4	1.3	1.7	1.6
玉米	2	7.5	1.5	1.5	1.6

注：ND 表示未检出。

黄曲霉毒素 HgCl₂ 荧光增强免疫亲和速测方法与国家标准 GB/T 18979—2003，GB/T 5009.22—2003 和行业标准 SN 0637—1997 方法综合比较见表 5-16（马良等，2007a）。

表 5-16　黄曲霉毒素 HgCl₂ 荧光增强免疫亲和检测法与国家标准及其他方法综合比较

项目	HgCl₂ 增强免疫亲和检测	GB/T 18979—2003		GB/T 5009.22—2003		SN 0637—1997
		HPLC	FL	TLC	ELISA	HPLC
测定时间	45 min	90 min	60 min	5 h	3～4 h	4 h 以上
检测费用	30 元	300 元	300 元	150 元	50 元	300 元
检出限/（µg/kg）	0.3	1.0	1.0	5	0.01	1.0
准确性	最高	最高	较高	较低	较低	最高
繁杂度	简单	复杂	简单	复杂	复杂	复杂
有机溶剂量	少	较多	少	多	多	多
结果显示	直接	色谱	荧光信号	荧光点	UV 吸收	色谱
使用安全性	最高	较高	较高	最低	最低	较高

黄曲霉毒素 HgCl₂ 荧光增强免疫亲和检测法与国家标准方法及其他方法比较可见，黄曲霉毒素 HgCl₂ 荧光增强免疫亲和速测方法测定速度最快、时间最短、检测成本最低。由于 NYART-Ⅰ/Ⅱ免疫亲和检测仪器中内置各种农产品的标准曲线，可将检测到的荧光信号值代入曲线方程，从而直接输出样品中黄曲霉毒素含量（浓度），避免直接接触毒素标准品，安全性大大提高。

五、环糊精荧光增强黄曲霉毒素免疫亲和-荧光检测技术

（一）环糊精对黄曲霉毒素荧光增强效应

1. 环糊精对黄曲霉毒素 B₁ 的荧光增强效应

不同环糊精对黄曲霉毒素荧光增强效应差异很大（刘雪芬等，2010）。β-CD 和 2,6-二甲基-β-CD 对黄曲霉毒素B₁的荧光增强效果见图5-17。加入1 mL β-CD 或2,6-二甲基-β-CD 时对黄曲霉毒素 B₁ 的荧光增强作用最强，其中 β-CD 荧光增强倍数可达到 5 倍，2,6-二甲基-β-CD 增强倍数可达到 8 倍。

环糊精对黄曲霉毒素的荧光增强机理，可能是由于环糊精包合作用降低了进入空腔内的黄曲霉毒素 B₁ 的运动自由度和弛豫效应，减少非辐射跃迁的概率，环糊精与被分析的化合物形成包结物后，环糊精结构保护了客体分子的荧光激发单重态，减少荧光分子间相互作用，避免外界因素导致的荧光猝灭，在一定程度上起到屏蔽作用；另外，环糊精空腔的疏水性为客体分子的发色团提供了一个非极性微环境，这种微环境的极性改变以及由此引发的酸碱平衡改变导致量子产率的提高，从而导致荧光强度增加。

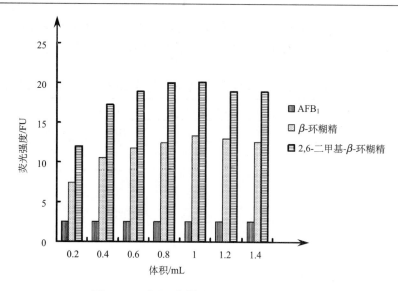

图 5-17　不同环糊精对 AFB$_1$ 荧光增强效果

2. 溶剂对环糊精荧光增强效应的影响

水、10%甲醇和 PBS 不同溶剂对环糊精黄曲霉毒素 B$_1$ 的荧光增强效应研究结果表明，三种溶剂对荧光增强效果影响差异不明显，水是较理想的环糊精溶剂，同时具有绿色环保的特点。

3. 2,6-二甲基-β-CD 浓度对荧光增强效应的影响

环糊精浓度对黄曲霉毒素荧光增强效应有显著影响。6 种浓度 2,6-二甲基-β-CD 对黄曲霉毒素荧光增强效应研究结果表明，在 1 min 内均达到荧光增强稳定的状态，6 min 内稳定状态良好，在一定范围内，2,6-二甲基-β-CD 的浓度越高，黄曲霉毒素 B$_1$ 的荧光增强效果越强，选择 0.01 mol/L 的 2,6-二甲基-β-CD 进行黄曲霉毒素 B$_1$ 荧光增强效果最好。

4. 温度对环糊精荧光增强效果的影响

温度对环糊精荧光增强效果也有影响。不同温度（10℃、20℃、30℃、40℃、50℃）条件下环糊精对黄曲霉毒素 B$_1$ 荧光强度的影响结果表明，荧光强度随温度的升高略有降低趋势，因此，综合考虑到反应速率，选择在温度 10～30℃条件下进行测定为宜。

5. 共存离子的干扰

样品基质中可能含有共存离子，黄曲霉毒素提取净化过程中也可能引入共存离子。共存离子 Mg^{2+}、Ca^{2+}、K$^+$、Na$^+$、Cl$^-$、H$_2$PO$_4^-$ 对荧光增强效果研究结果表明，Mg^{2+}、Ca^{2+}、K$^+$、Na$^+$、Cl$^-$、H$_2$PO$_4^-$ 在≤10^{-2} mol/L 条件对荧光体系无明显影响。

6. 样品基质的影响

以花生为例，花生基质对环糊精黄曲霉毒素 B_1 荧光增强影响结果见表 5-17。花生基质效应会使荧光增强值略有升高，但是总体的回收率仍在 80%～120%的合理范围之内。

表 5-17　花生基质对环糊精荧光增强的影响

添加 AFB_1 浓度/（μg/kg）	荧光增强后测得浓度/（μg/kg）	回收率/%
7.5	7.9±0.4	105.5±0.10
15	16.8±0.6	112.6±0.09
30	33.9±0.3	113.2±0.02
60	69.2±0.9	115.3±0.03

7. 环糊精对不同黄曲霉毒素的荧光增强效果

2,6-二甲基-β-CD 对黄曲霉毒素 B 族、G 族和 M 族化合物的荧光增强作用研究结果见图 5-18。2,6-二甲基-β-CD 对黄曲霉毒素 B_1 的荧光增强作用最高可达 8 倍，对黄曲霉毒素 G_1 增强倍数达 2.5 倍，对黄曲霉毒素 G_2 略有增强，但是荧光增强效果不明显，对黄曲霉毒素 M_1 增强效果达 1.5 倍。

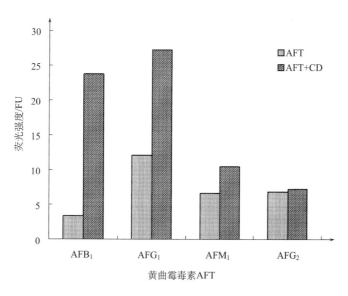

图 5-18　环糊精对不同黄曲霉毒素的荧光增强效果

8. 基于环糊精荧光增强测定黄曲霉毒素 B_1 的线性关系

在 2 mL 不同浓度（0.5～120 μg/kg）黄曲霉毒素 B_1 溶液中分别加入 1 mL 2,6-二甲基-β-CD（0.01 mol/L），混匀后用荧光分光光度法测定荧光强度，平行测定 6 次，结果表明，平均相对标准偏差（RSD）为 4.2%，在 0.5~120 μg/kg 浓度范围内荧光强度线性关系良好，线性方程为 $y = 10.755x$（$R^2 = 0.9992$）。

（二）基于环糊精黄曲霉毒素荧光增强检测技术

1. 样品前处理技术优化

（1）样品细度优化。以花生样品为例，将花生样品磨碎分别过 10、20、25 目筛，称取 5 g 分别添加 10 μg/kg 黄曲霉毒素 B_1，测定回收率。结果显示，样品磨碎粒径对回收率有一定影响，过 20 目筛的花生样品回收率达到 92%，效果最好，而粒径过小容易乳化，影响回收率。因此，采用过 20 目筛的样品进行测定，平行测定 6 次，RSD 为 5.3%。

（2）提取溶剂优化。对 60%、70%、80%、90%甲醇溶液提取效果的研究结果表明，甲醇浓度越高，提取效果越好，但过高浓度的甲醇溶液容易造成乳化现象，反而严重影响回收率。因此，选取 80%甲醇溶液为花生样品提取溶剂，并在提取溶剂中加入 4%氯化钠，防止提取过程中发生乳化。

（3）提取方式优化。超声波提取、涡旋振荡提取、均质器、电动振荡提取和按照国家标准（GB/T 5009.22—2003 和 GB/T 18979—2003）五种提取方式对黄曲霉毒素 B_1 提取效果的比较研究结果表明，采用超声波提取 5 min 或均质器高速搅拌 2 min 与国家标准振荡方法（电动振荡 30 min，均质器 2 min）提取效果相近，回收率均达 90%左右。而超声提取相对于均质器振荡提取更适用于大批量样品的测定，具有操作方便、节省操作时间等优点。

2. 免疫亲和环糊精荧光增强黄曲霉毒素检测方法评价

（1）重复性。以花生为例，对同一阴性花生加标样品（10 μg/kg）进行平行 10 次测定，实验结果显示，对黄曲霉毒素 B_1 测定结果的相对标准偏差为 2.31%，说明免疫亲和环糊精荧光增强黄曲霉毒素检测方法重复性好，测定结果稳定。

（2）准确性。花生样品用免疫亲和环糊精荧光增强黄曲霉毒素检测方法进行加标回收实验，样品经提取、净化、洗脱，在洗脱液中加入环糊精荧光增强剂，进行荧光测定。结果表明，该方法检测黄曲霉毒素 B_1，回收率为 90%~120%，检出限达 0.3 μg/kg，定量限 1.0 μg/kg；对同一浓度的黄曲霉毒素 B_1 平行测定 6 次，RSD 为 5.1%，相关系数达 0.99 以上，说明方法准确度高，结果可靠。

（三）免疫亲和环糊精荧光增强黄曲霉毒素检测技术与其他标准方法结果比对

应用建立的免疫亲和环糊精荧光增强黄曲霉毒素检测技术和国家标准液相色谱法、ELISA 法和胶体金免疫层析法分别对花生、大米、饲料、植物油等农产品食品、饲料中黄曲霉毒素 B_1 含量进行测定，结果比较见表 5-18。

表 5-18 结果比较可以看出，IAC-CD 荧光增强黄曲霉毒素检测方法与国家标准方法 HPLC、ELISA、胶体金法检测结果基本一致，无显著差异，说明检测结果准确可靠，具有操作更简单、速度更快、绿色环保等优点。

表 5-18　免疫亲和环糊精（IAC-CD）荧光增强黄曲霉毒素检测与现有其他方法检测结果比较

样品编号	AFB$_1$ 添加浓度 / （μg/kg）	IAC-CD / （μg/kg）	GB/T 5009.22—2003 ELISA 法/ （μg/kg）	GB/T 18979—2003 HPLC 法/ （μg/kg）	胶体金 试纸条法
花生 1	1.0	1.2	1.3	1.1	+
花生 2	5.0	4.9	5.5	5.0	+
花生 3	10.0	9.6	10.7	10.1	+
花生 4	25.0	25.8	26.1	25.1	+
饲料 1	1.0	1.1	1.3	1.1	+
饲料 2	5.0	4.9	5.4	5.1	+
饲料 3	10.0	9.8	10.6	10.0	+
饲料 4	25.0	24.9	25.9	25.0	+
大米 1	1.0	1.2	1.3	1.1	+
大米 2	5.0	5.1	5.4	4.9	+
大米 3	10.0	9.9	10.3	10.0	+
大米 4	25.0	24.8	25.9	25.0	+
花生油 1	1.0	1.1	1.4	0.9	+
花生油 2	5.0	5.2	5.7	5.1	+
花生油 3	10.0	9.9	10.4	9.9	+
花生油 4	25.0	24.9	26.0	24.9	+

第四节　黄曲霉毒素免疫亲和-毛细管电泳检测技术与应用

一、黄曲霉毒素免疫亲和-毛细管电泳检测原理与分离模式

（一）高效毛细管电泳（HPCE）分离模式

免疫亲和-毛细管电泳 IAC-HPCE 方法结合了免疫分析高特异性和毛细管电泳分离的高效、快速、样品用量少等优点。根据分离原理不同，毛细管电泳方法分为 6 种基本模式，各种分离模式的原理及其主要应用范围见表 5-19。

表 5-19　毛细管电泳的分离模式和应用范围

分离模式	简称	分离原理	应用
毛细管区带电泳	CZE	离子电泳淌度差异	离子
胶束电动毛细管色谱	MECC	疏水性/离子性差异	中性/离子型物质
毛细管凝胶电泳	CGE	净电荷性质/分子大小	蛋白质
毛细管等电聚焦	CIEF	等电点差异	蛋白质、多肽
毛细管等速电泳	CITP	组分淌度不同	浓缩
毛细管电色谱	CEC	色谱原理	毛细管电泳、HPLC

（二）IAC-HPCE 检测黄曲霉毒素原理

1. IAC-HPCE 黄曲霉毒素电泳分离原理

黄曲霉毒素属于疏水性中性小分子，胶束电动毛细管色谱（HPCE-MECC）是高效毛细管电泳的最优分离模式。HPCE-MECC 分离黄曲霉毒素的分离原理类似于反相液相色谱。将离子型表面活性剂加入缓冲液中，当达到临界浓度时，表面活性剂单体聚合在一起，形成一个球形聚集体，被称为胶束。胶束头部（称为外层）亲水，尾部（或称之为内层）疏水，在溶液中头部露在外面，尾部包在胶束中。

在 HPCE-MECC 缓冲液体系中，实际上存在着类似于液相色谱的两相，一相是流动的水相，另一相是起固定相作用的胶束相，目标物黄曲霉毒素在这两相之间分配，由于目标物在胶束中保留能力不同而产生不同的保留值，黄曲霉毒素各组分根据自身疏水性的不同而达到分离。疏水性越强的黄曲霉毒素组分，受胶束相作用力越大，在胶束相中被保留的时间越长，迁移的速率越慢。反之，亲水性越强的黄曲霉毒素组分更多地停留在缓冲液亲水水相中，迁移速率越快，迁移时间越短。

2. IAC-HPCE 测定黄曲霉毒素的检测器

IAC-HPCE 根据黄曲霉毒素的荧光特性，采用激光诱导荧光（LIF）检测器测定。激光诱导荧光检测器的检测原理是当介质受到激光激发后，先由基态跃迁到激发态，然后处于激发态的分子在从弛豫状态转换为基态的过程中，以光量子的形式释放出它所吸收的能量，即荧光。

激光诱导荧光检测器采用高相干性、高强度的激光作为光源，可聚焦到接近衍射极限、窄孔径的毛细管柱上，通过光纤或合理的光学设计，将激光聚焦在毛细管中心，可显著提高激发效率，从而有效提高激发荧光强度，减少光散射，大大提高检测灵敏度。因此，激光诱导荧光检测器是 IAC-HPCE 检测黄曲霉毒素的首选检测器。

二、黄曲霉毒素免疫亲和−毛细管电泳检测技术

（一）黄曲霉毒素激光诱导荧光−高效毛细管电泳（LIF-HPCE）检测平台

荧光检测器通常由光源、单色器、样品池及检测器组成。激光诱导荧光检测器比普通荧光检测器灵敏度更高，特别是在检测痕量黄曲霉毒素时，优势明显。共聚焦型激光诱导荧光检测器（LIFD）具有结构简单、荧光收集效率高等优点，在毛细管电泳检测中应用非常广泛。使用不同波长的半导体激光器和相应的滤光元件可以满足不同类型的待测样品检测。

对黄曲霉毒素进行激发波长扫描结果表明，黄曲霉毒素的激发波长范围为 315～415 nm，在 365 nm±10 nm 得到黄曲霉毒素 B_1 的最大激发峰，故选配激发波长为 375 nm 的激光诱导荧光检测器进行检测。采用光学元件 LD 泵浦全固态激光器（DPSSL，375 nm，20 mW，CW，美国 Power Technology 公司）、定制耦合光纤、带通光学干涉滤光片等搭建的 LIF-HPCE 检测平台，见图 5-19。

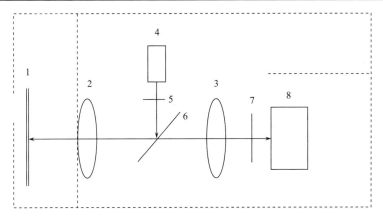

图 5-19 LIF-HPCE 黄曲霉毒素检测平台示意图

1.毛细管柱；2、3.透镜；4.半导体激光器；5.减色板；6.二色镜；7.光学干涉滤光片； 8.光电倍增管

由光源发出的激发光，经过灰度片、二色镜反射，透镜聚焦作用后照射到毛细管的窗口，激发待测液中黄曲霉毒素 B_1，黄曲霉毒素 B_1 被激发后即发射荧光。为了消除激发光及散射光的影响，将共聚焦检测结构设计成激发光路和发射光路相互成 180°夹角，激光聚焦光斑和光阑分别处于透镜的两个共轭焦点上。荧光经透镜聚焦后通过 440 nm 的光学干涉滤光片单色器，以消除反射光、散射光以及其他物质所产生的荧光干扰。

为提高灵敏度，检测部分采用光电倍增管，出射光由高灵敏光电倍增管接收，低噪声前置放大，由 A/D 变换器输入计算机，对黄曲霉毒素 B_1 进行检测。

（二）IAC-LIF-HPCE 检测黄曲霉毒素的影响因素

1. LIF-HPCE 检测平台的关建部件

在构建黄曲霉毒素 LIF-HPCE 检测平台部件中，激发光源是最重要的部件。毛细管电泳早期光源一般采用非相干光源，如汞灯、氙灯和钨灯等，后来采用高强度、高相干性的激光作为激发光源，以提高检测灵敏度。商品化的 LIF 检测系统中，激发光源主要用气体激光器（He-Cd 气体激光器和 Ar 离子激光器），可以得到多个波长的激光输出，但是激光器存在光源体积大、能耗和成本高等缺点，限制了 LIF 检测器的推广应用。

半导体泵浦固体激光器（laser diode double-pumped solid state laser, LD-DPSSL）是一种新型的激光光源，具有输出功率稳定、体积小、价格低、无需水冷和使用寿命长等优点，有望成为取代传统激光器的较理想激光光源。近年来，特别是伴随半导体二极管激光器的发展，已经通过倍频得到蓝光，可达到 325 nm、355 nm、375 nm 等波段的近紫外光，与黄曲霉毒素 B_1 的最大激发波长接近，同时具有体积小、易操作、寿命长、功率小、稳定可靠等特点，可为建立黄曲霉毒素 LIF-HPCE 检测平台提供先进激光光源。

根据黄曲霉毒素激发波长，采用多次倍频得到的 375 nm 的 LD-DPSSL 作为激发光源进行激光诱导荧光，与黄曲霉毒素 B_1 的激发波长匹配。考虑溶剂 Raman 散射光是 LIF 检测中背景噪声的主要来源，水 Raman 散射谱带在 270.2~322.5 nm、606.06 nm 处，而两个较弱的谱带在 454.5 nm、609.7 nm 处。采用激发波长 375 nm 激光器激发黄曲霉毒素后,荧光发射在 440~450 nm 波段,从而可避开水的 Raman 散射引起的背景噪声。因此,黄曲霉毒素 LIF 检测平台选择激发波长 375 nm 的激光器。

增强激光器的功率可提高黄曲霉毒素检测信噪比,如高功率聚焦激光作激发光源比普通非相干光源对黄曲霉毒素的检测灵敏度更高。但随着功率的增强又会产生荧光饱和。因此,一般黄曲霉毒素等小分子荧光物质的激光功率优化范围为 0.5~35 mW,多数为 0.5~5 mW。由于黄曲霉毒素 B_1 在极性溶剂中的荧光发射强度较低,综合考虑兼顾激光器与 HPCE 仪间耦合的功率损失,选择激光器输出功率 20 mW,经过光纤耦合后的出纤功率为 5 mW。

激光束空间模式会影响 LIF 聚焦特性。连续型激光器比脉冲型更具有优良的空间模式,聚焦光斑小,功率密度高,毫瓦级的激光就可以满足黄曲霉毒素激发要求。连续激光器输出功率较稳定,比脉冲型激光器检测灵敏度高。因此,黄曲霉毒素 LIF 检测平台选用光纤输出的 LD-DPSSL 连续激光器,原始输出功率为 20 mW,出纤功率即可达 5 mW。

光电倍增管(PMT)是 LIF-HPCE 检测平台的另一关键部件。光电倍增管作为高灵敏光电转换元件,常用在微弱光信号检测中。其电流放大倍数(输出灵敏度)在很大程度上取决于工作电压,在背景噪声较小时,提高电压可显著提高灵敏度。光电倍增管电压越高,放大倍数越大,灵敏度越高。但是,电压每波动 1 V,增益就随之波动 3%,导致噪声增加。因此,光电倍增管工作电压对检测灵敏度影响大,要获得良好的线性响应,必须要有稳定的高压电源。在背景噪声较低的情况下,增加光电倍增管的工作电压可以显著提高检测灵敏度,但同时噪声值也随着负高压的升高而不断增加,而且影响检测数值的稳定性。优化选用的光电倍增管工作电压为 700~800 V。

2. 缓冲液乙腈浓度对黄曲霉毒素检测结果的影响

高效毛细管电泳(HPCE)测定黄曲霉毒素的样品前处理可采用免疫亲和柱层析技术。待测样品提取液经过免疫亲和层析,黄曲霉毒素被富集纯化,经甲醇洗脱、氮气吹干后,加入少量的乙腈溶解,用缓冲液稀释定容。研究表明,溶剂中含 10%乙腈(ACN)时,黄曲霉毒素 B_1 的溶解度增大,回收率提高到 90%以上,乙腈含量对回收率影响结果见表 5-20,采用 10%乙腈缓冲液时黄曲霉毒素回收率最高。

表 5-20　缓冲液乙腈浓度对 AFB_1 回收率的影响

缓冲液	回收率/%	
	加标 AFB_1 1 μg/kg	加标 AFB_1 5 μg/kg
0.05 mL ACN+0.95 mL 缓冲液	73.2±4.2	67.1±4.1
0.1 mL ACN+0.9 mL 缓冲液	94.2±1.8	93.1±1.7
0.2 mL ACN+0.8 mL 缓冲液	76.3±4.8	73.5±5.0
0.3 mL ACN+0.7 mL 缓冲液	62.3±7.4	58.2±6.2
0.4 mL ACN+0.6 mL 缓冲液	44.6±8.3	33.2±9.7

3. HPCE-MECC 参数对黄曲霉毒素检测结果的影响

影响 HPCE-MECC 黄曲霉毒素分离的因素很多，胶束体系即表面活性剂（脱氧胆酸钠、十二烷基硫酸钠）、缓冲液成分（电解质溶液及浓度）、pH、有机修饰剂（乙腈、甲醇、异丙醇）、电压、温度以及样品溶剂等是 LIF-HPCE-MECC 黄曲霉毒素分析的主要影响因素，直接影响黄曲霉毒素分离的迁移顺序、迁移时间、峰面积、分离度、理论塔板数等分离参数。

（1）胶束体系的影响。黄曲霉毒素属于中性小分子溶质，具有疏水性，适合极性强的胆汁盐胶束体系。对十二烷基硫酸钠（sodium dodecyl sulfate，SDS）和脱氧胆酸钠（deoxycholic acid sodium salt，NaDC）的胶束体系研究发现，用 NaDC 比 SDS 基线更加平稳，灵敏度提高 3 倍。因此，选择 NaDC 为黄曲霉毒素毛细管电泳分离适宜的表面活性剂。

NaDC 临界胶束浓度（CMC）为 6 mmol/L。在乙腈浓度为 10%条件下，对 NaDC 浓度分别为 0 mmol/L、6 mmol/L、10 mmol/L、25 mmol/L、50 mmol/L、75 mmol/L、100 mmol/L 时黄曲霉毒素的分离效果研究表明，在胶束临界浓度以下，黄曲霉毒素各组分分离很差，而在临界浓度以上，当 NaDC 浓度为 50 mmol/L 时，黄曲霉毒素待测组分的分离效果最好。

（2）缓冲液的影响。缓冲液体系也是影响黄曲霉毒素分离的重要影响因素。将磷酸盐、硼酸盐、磷酸盐-硼酸盐混合液分别作为缓冲液，与 NaDC 胶束形成缓冲液体系，对黄曲霉毒素 HPCE 分离研究结果显示，黄曲霉毒素在硼酸盐缓冲液中荧光强度相对弱，电流和电压不稳定，在高压电场中，温度极易升高造成胶束沉淀堵塞毛细管柱；磷酸盐缓冲液中黄曲霉毒素分离效果也很差，峰形不对称，峰展宽且拖尾；而磷酸盐-硼酸盐混合溶液作为电泳缓冲液时黄曲霉毒素分离效果最好。不同浓度 Na_2HPO_4 和 $Na_2B_4O_7$ 缓冲液对黄曲霉毒素各组分分离效果研究表明，在 NaDC（50 mmol/L）、$Na_2B_4O_7$（6 mmol/L）、Na_2HPO_4（10 mmol/L）、pH=9.1 条件下，操作条件稳定，电流电压正常，黄曲霉毒素各组分出峰稳定，分离效果最好，能达到完全分离。

（3）毛细管分离电压的影响。选择电压研究结果表明，电压在 2～20 kV 范围内，电流和电压呈线性关系，超过 20 kV 后，电流和电压的关系偏离线性。因此，在一定范围内尽量选择较高的毛细管操作电压，以缩短分析时间。

（4）分离柱温度的影响。在黄曲霉毒素 HPCE-MECC 分离模式中，采用较高恒压时，由于胶束的存在，会产生高温，电流增大。当毛细管操作电压大于 20 kV（叠加电场 400 V/cm）时，电流升高，焦耳热导致柱温升高，会引起样品、缓冲液、胶束发生变化，导致目标物分离度降低。因此，在实际黄曲霉毒素样品毛细管电泳分析过程中，要考虑毛细管电泳的热效应，当操作电压为 18～20 kV 时，电流极易上升超过 250 μA（电流的最高限值），反而使电压下降，导致无法恒压操作。因此，选用 15 kV 作为 MECC 的毛细管操作电压，黄曲霉毒素各组分分离峰的效果最好，同时电流保持稳定。

毛细柱恒温有利于提高黄曲霉毒素 MECC 电泳的重复性，保持恒定柱温可提高检测的精密度、准确性。可通过降低外加电压或者缓冲液浓度、增加柱长或减小毛细管柱内径等方法来控制柱温。值得注意的是，降低外加电压或缓冲液浓度会影响分离效果；增加柱长会延长分离时间；减小毛细管内径在 MECC 模式中常会引起胶束堵塞。因此，控制柱温的最佳方法是采取风冷或液冷的方式，对毛细管柱进行强制对流散热。例如，贝克曼毛细管电泳仪采用冷冻液对毛细管柱进行恒温控制，有利于减小基线噪声，达到满意的分离检测效果。

（5）毛细管柱内径的影响。一般来说，内径为 50 μm 和 75 μm 两种毛细管柱最常见，毛细管柱内径从 50 μm 提高到 75 μm，理论上虽然可能导致谱带展宽和分辨度降低，但是黄曲霉毒素实际分离效果更为理想。在相同分析条件下，采取 75 μm 毛细管柱速度更快，迁移时间缩短 25%。另外，通过增加进样量和毛细管柱的直径，可降低 HPCE 方法的检出限，提高灵敏度。因此，采用 75 μm 毛细管柱进行黄曲霉毒素 HPCE-MECC 分离，检出限可满足黄曲霉毒素的检测要求。在批量样品分析中，应选用同一生产厂家的毛细管柱，避免毛细管柱自身差异带来的影响。

（6）有机修饰剂的影响。根据毛细管电泳分离原理，在缓冲液中加入有机溶剂可增加疏水溶质的溶解度，提高分离度，减小电渗流，但有机溶剂可能导致溶液中的表面活性剂分子 NaDC 的 CMC 明显改变，低浓度时降低 CMC，从而增强胶束形成；高浓度时对聚集度和胶束电离有影响，会使 NaDC 的 CMC 升高，阻碍胶束形成，因此，有机溶剂的浓度不宜太高。

甲醇和乙腈是在 MECC 电泳分离模式中最常使用的有机修饰溶剂。甲醇、乙腈作为有机修饰剂对黄曲霉毒素分离效果的影响研究结果表明，添加甲醇作为有机修饰剂，有时会导致出峰不全或杂峰增多；而选用乙腈可有效减少或克服这些问题，所以，乙腈适宜作缓冲液的有机修饰溶剂。在 NaDC- Na_2HPO_4- $Na_2B_4O_7$ 混合溶液（50 mmol/L-10 nmol/L-6 mmol/L）中分别添加 2.5%、5.0%、7.5%、10.0%、12.5%、15.0% 的乙腈和硫酸奎宁作为胶束标记物，用硫酸奎宁测定胶束相自身的迁移时间 t_m，结果显示乙腈浓度为 10% 最有利于黄曲霉毒素 HPCE-MECC 电泳分离。

（三）IAC-LIF-HPCE 方法学评价

1. 精密度

采用贝克曼高效毛细管电泳仪和上述优化条件，以 10 μg/kg 黄曲霉毒素 B_1 标准溶液连续 7 次进样，用每次测定的峰面积计算精密度，结果表明方法的相对标准偏差在 3% 左右（表 5-21）。

表 5-21　IAC-LIF-HPCE 测定黄曲霉毒素精密度评价

重复次数	1	2	3	4	5	6	7	RSD/%
峰面积	11.93	11.87	11.99	12.00	11.99	11.97	11.89	3.04

采用建立的 IAC-LIF-HPCE 检测技术测定花生实际样品黄曲霉毒素 B_1，对同一个花生样品进行多次重复实验，相对标准偏差为 5% 左右（表 5-22）

表 5-22 IAC-LIF-HPCE 测定花生样品 AFB₁ 重复性评价

重复次数	测定值/（μg/kg）	RSD/%
1	6.33	
2	6.41	
3	6.15	
4	5.89	5.06
5	5.58	
6	5.97	
7	6.40	

2. 灵敏度

由于高效毛细管电泳仪的进样体积非常小，因此黄曲霉毒素绝对检出限 LOD 极低。黄曲霉毒素 B₁ 的 LIF 系统质量检出限（mass limit of detection，MLOD）为 0.17 pg（S/N＝3）；最低质量定量检出限为 0.56 pg（S/N＝10）。应用电进样模式和压力进样模式相比，前者进样体积更小，严格精密的控制电进样体积，可提高黄曲霉毒素检测重现性。

3. 标准工作曲线

采用黄曲霉毒素 IAC-LIF-HPCE 检测方法建立黄曲霉毒素 B₁ 标准工作曲线，结果见图 5-20。黄曲霉毒素 B₁ 浓度与峰面积呈良好的线性关系，在 1～55 μg/kg 范围内，回归方程为 $y = 10^6 x + 319847$，相关系数为 $R^2 = 0.9988$。

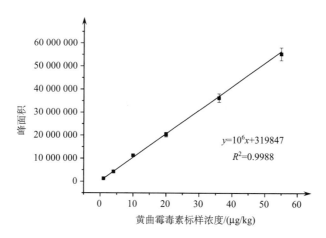

图 5-20 IAC-LIF-HPCE 黄曲霉毒素标样含量-色谱峰面积标准曲线

4. 准确度

比较 IAC-LIF-HPCE 法和国家标准 HPLC 法测定加标花生样品结果见表 5-23（马良，2009）。黄曲霉毒素 B₁ 浓度在 1～50 μg/kg 范围内，IAC-LIF-HPCE 法的回收率为 84.1%～

96.1%，HPLC 法的回收率为 82.8%～90.3%。IAC-LIF-HPCE 法准确度高于 HPLC 法，尤其在低浓度水平，IAC-LIF-HPCE 法优势更加明显。

表 5-23　IAC-LIF-HPCE 法和国家标准 HPLC 法测定花生样品准确度比较

AFB$_1$ 加标浓度/（μg/kg）	IAC-LIF-HPCE 法回收率±RSD/%	HPLC 法回收率±RSD/%
1	96.1±1.7	90.3±11.3
2.5	88.3±4.8	87.4±5.0
5	86.3±4.8	86.2±3.2
10	84.7±5.3	83.2±5.7
20	84.1±7.8	82.8±8.7
50	88.7±0.3	88.4±5.1

三、IAC-LIF-HPCE 黄曲霉毒素检测技术应用

　　IAC-LIF-HPCE 黄曲霉毒素检测技术测定黄曲霉毒素混合标准样品，黄曲霉毒素 B$_1$、B$_2$、G$_1$、G$_2$ 各组分可以在 10 min 内实现完全分离（图 5-21）。对实际花生样品中黄曲霉毒素测定的毛细管电泳图见图 5-22。与标准样品图谱对比，实际花生样品中黄曲霉毒素 B$_1$ 的迁移时间与标准品的迁移时间基本一致。HPCE 的峰形比液相色谱峰更尖锐，对黄曲霉毒素荧光响应更灵敏。在实际农产品样品检测中，如果迁移时间发生变化，可以研究采用相对迁移时间来定性确定目标物（马良等，2009）。

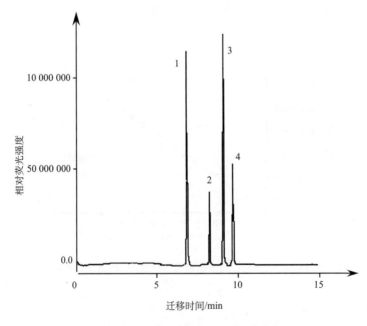

图 5-21　LIF- HPCE 黄曲霉毒素标样毛细管电泳图

1. AFG$_2$；2. AFG$_1$；3. AFB$_2$；4. AFB$_1$

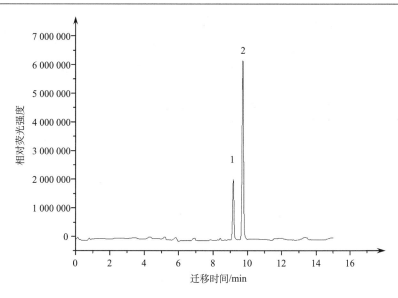

图 5-22　花生样品黄曲霉毒素 LIF-HPCE 毛细管电泳图谱

1. AFB$_2$；2. AFB$_1$

对花生、玉米、大米、花生油等 10 个不同种类农产品食品样品分别采用 IAC-LIF-HPCE法和HPLC法测定其中黄曲霉毒素 B$_1$ 含量，结果见表5-24（马良等，2009）。两种方法检测结果的相对差值在 10%以内，LIF-HPCE 法和 HPLC 法测定花生样品中黄曲霉毒素 B$_1$ 的检测结果具有良好的符合性。

表 5-24　LIF-HPCE 和 HPLC 法测定花生样品中 AFB$_1$ 含量

样品序号	HPLC 法/（μg/kg）	HPCE 法/（μg/kg）	差值/（μg/kg）	相对差值/%
花生 1	ND	ND	—	—
花生 2	ND	ND	—	—
花生 3	ND	0.12	—	—
花生 4	ND	0.33	—	—
花生 5	0.7	0.63	0.07	10.0
花生 6	0.6	0.63	0.03	5.0
花生 7	3.5	3.75	0.25	7.1
花生 8	9.0	8.87	0.13	1.4
花生 9	16.8	15.92	0.88	5.2
花生 10	24.1	23.36	0.74	3.1

注：ND 表示未检出（检出限为 0.1 μg/kg）。

LIF-HPCE 法和 HPLC 法测定黄曲霉毒素，样品纯化、衍生、流动相、色谱柱、进样量、检测器等综合比较见表 5-25。LIF-HPCE 检测方法通过激光诱导荧光可显著提高检测灵敏度，无需衍生，步骤简单，时间短，试剂用量少；LIF-HPCE 中使用的消耗品成本低，特别是毛细管柱仅为液相色谱柱价格的百分之一，可降低检测成本；此外，LIF-HPCE 流动相为缓冲液，可减少或避免大量有机溶剂的使用，使黄曲霉毒素检测过程更加安全环保，因此是一种有发展潜力的黄曲霉毒素高灵敏检测技术。

表 5-25　黄曲霉毒素 LIF-HPCE 和 HPLC 检测方法综合比较

项目	HPLC 法	LIF-HPCE 法
分离依据	疏水性	疏水性/亲水性
样品纯化	除提取油分，纯化烦琐	纯化简单，提取油分
衍生	需衍生	无需衍生
色谱柱	C_{18} 柱，3000～5000 元/柱	毛细管柱，低于 20 元/柱
流动相	有机溶剂，有毒性	缓冲液，环境友好
检测器	荧光检测	激光诱导荧光检测
进样量	μL	nL

第五节　黄曲霉毒素免疫亲和-高效液相色谱
检测技术与应用

一、免疫亲和-高效液相色谱检测技术原理

黄曲霉毒素免疫亲和高效液相色谱（IAC-HPLC）荧光检测技术，即免疫亲和前处理技术与高效液相色谱仪器联用技术，是当前国内外使用最普遍的黄曲霉毒素精确检测技术，也是我国黄曲霉毒素检测的国家标准方法。IAC-HPLC 法原理是通过免疫亲和柱对含有黄曲霉毒素的样品富集净化后，根据黄曲霉毒素在反相色谱柱中固定相与流动相间的相互作用力大小实现分离测定。黄曲霉毒素在固定相中移动，不同组分与固定相的相互作用力不同，黄曲霉毒素目标物顺序离开色谱柱而实现分离，通过检测器得到峰信号，每个峰代表一种黄曲霉毒素，最后，通过量化这些信号值来确定黄曲霉毒素的种类和含量。IAC-HPLC 法检测黄曲霉毒素具有分量总量同步测定、灵敏度高、分析自动化程度高等优点。

二、免疫亲和样品前处理技术

黄曲霉毒素免疫亲和样品前处理技术主要包括样品提取、免疫亲和柱富集净化两个步骤。黄曲霉毒素免疫亲和样品前处理过程中主要的影响因素包括称样量、提取溶剂、提取方式、提取比、提取温度、提取时间以及免疫亲和净化采用的溶剂等。

（一）黄曲霉毒素免疫亲和净化的基本步骤

1. 样品提取

固态样品的提取：准确称取粉碎好的固体样品（如花生、玉米、大米等）20.0 g，加

入 15.0 mL 70% 的甲醇水（含 4% NaCl）溶液，50 ℃超声提取 5 min。提取液用滤纸过滤，取 4.0 mL 滤液加 2.0 mL 石油醚，涡旋混匀，静置分层。取甲醇溶液层 3.0 mL，加 8.0 mL 纯水，用 0.45 μm 有机膜过滤。

植物油液态样品的提取：准确称取 5.0 g 植物油试样于 50 mL 离心管中，加入 15.0 mL 70% 甲醇水溶液（含 4%NaCl），涡旋混合，振荡混匀 2 min，5000 r/min 离心 2 min，移取 10.0 mL 甲醇溶液层，用 20.0 mL 水稀释，涡旋混合混匀，经玻璃纤维滤纸过滤，待免疫亲和柱净化。

酱油、食醋液态样品的提取：准确称取 5.0 g 试样于 50 mL 离心管中，加入 8.0 mL 水、4.0 mL 二氯甲烷，振摇 2 min，5000 r/min 离心 2 min，取下层溶液 2.0 mL，于恒温装置挥发至近干，依次加入 2.0 mL 甲醇溶液和 8.0 mL 水，涡旋混合器混匀，待免疫亲和柱净化。

2. 免疫亲和柱富集净化

将黄曲霉毒素免疫亲和柱与泵流操作架连接，加入 10.0 mL 纯水平衡微柱，当微柱中仅余少量液体时，加入 10.0 mL 样品提取液，控制流速为 1.5 mL/min 通过微柱；取 10.0 mL 水分两次淋洗，微柱中液体被抽干时，停止抽滤，弃去全部流出液。加 1.0 mL 甲醇于亲和柱中，流速为 1.0 mL/min，抽滤至微柱中液体全部流出，收集全部洗脱液，用 0.22 μm 微孔滤膜过滤，滤液备用。采用高效液相色谱法-荧光检测器检测，根据保留时间和峰面积定性定量测定黄曲霉毒素。

（二）免疫亲和净化前处理的主要影响因素

1. 称样量

称样量对样品黄曲霉毒素的提取效果有一定影响，称样量过大，会延长前处理时间，试剂消耗量大；称样量太小，重复性较差。对花生、玉米、大米等农产品的称样量进行优化比较，结果表明，适宜的称样量为 20.0 g。

2. 提取条件

（1）提取溶剂。黄曲霉毒素的提取溶剂主要根据样品的物理化学性质确定。黄曲霉毒素易溶于极性溶剂，一般采用甲醇、乙腈、丙酮、氯仿、二氯甲烷等有机溶剂提取。对于固体样品，提取溶剂中含有少量水分可以增强渗透力，一般情况下甲醇-水溶液适合于固体基质和水溶性成分含量高的样品，实验表明甲醇-水溶液提取黄曲霉毒素的效率优于乙腈-水溶液。

研究表明，花生、玉米、大米等固体样品采用 70% 甲醇-水溶液（含 4% NaCl）提取效果最好，回收率可达 95% 以上。植物油等脂溶性液体样品的最佳提取溶剂为 70% 甲醇-水溶液（含 4% NaCl），其他液体样品（如酱油、食醋等），采用二氯甲烷作提取溶剂效果更好，可有效避免色素干扰。

（2）提取比。提取比是提取溶剂体积与样品质量的比值。研究表明，对于固体样品和液体样品，提取比为 3∶1、4∶1、5∶1 时加标回收率均超过 90%。从绿色环保角度考虑，应尽量减少有机试剂使用量，因此选择提取比为 3∶1 最为适宜（马良等，2007b）。

（3）提取方式。对于花生、玉米、饼粕、饲料等固体样品，分别采用涡旋提取、超声波提取、均质提取和电动振荡提取，从提取效率、提取时间、成本、操作简便性等多方面综合考虑，超声波最适用于黄曲霉毒素的提取，效率最高，时间最短，明显优于涡旋、均质和电动振荡。

（4）提取时间和温度。对于固体样品的提取温度和提取时间优化的研究结果表明，随着温度的升高，提取液黏度降低，扩散系数增加，提取速度加快，提取时间缩短。但是提取温度过高会造成提取溶剂中甲醇的挥发，从而降低提取效果。因此，优化选择最佳提取温度为 50 ℃，超声提取时间不少于 3 min，回收率均在 90%以上。

3. 免疫亲和净化效果

（1）提取液甲醇浓度对免疫亲和净化的影响。样品黄曲霉毒素提取液的甲醇浓度高达 70%，不能直接用免疫亲和柱纯化，否则会使免疫亲和柱中的抗体失活，必须先稀释后才能使用免疫亲和柱净化。研究表明，提取液甲醇含量低于 20%，回收率可达 90%以上。考虑到样品快速净化目的，样品提取液稀释到甲醇浓度为 20%为宜。

（2）淋洗剂成分对免疫亲和净化的影响。由于前处理过程中已经对油脂类样品中脂溶性杂质进行萃取去除，剩余在提取液中的水溶性杂质，根据相似相溶原理，可通过少量多次用纯水洗涤亲和柱，洗去水溶性的杂质。因此，选择水作为免疫亲和柱的淋洗剂。

（3）洗脱液成分对免疫亲和净化的影响。洗脱液成分对黄曲霉毒素洗脱效果有很大影响，研究表明，1.0 mL PBS 溶液、70%甲醇、100%甲醇洗脱效果显著不同。100%甲醇对黄曲霉毒素洗脱最彻底，回收率超过 97%。由于 100%甲醇可使抗体蛋白变性，打破抗体和抗原之间的作用力，使抗原从免疫亲和柱上脱离下来。因此，选用 100%甲醇溶液作为黄曲霉毒素的洗脱剂最为适宜。

三、黄曲霉毒素荧光增强剂及特性

黄曲霉毒素在紫外线照射下能产生荧光，但是黄曲霉毒素 B_1、G_1、M_1 自身荧光信号相对较弱，并且遇到水、甲醇等溶剂也极易发生荧光猝灭。适宜的荧光增强剂经过发生螯合反应或包合作用等衍生反应，可显著增强黄曲霉毒素的荧光强度，从而可增强荧光信号，提高检测的灵敏度。

（一）柱前衍生剂

在液相色谱分离之前进行黄曲霉毒素衍生使用的荧光衍生剂称为柱前衍生剂。三氟乙酸、溴等为常用的柱前衍生剂。三氟乙酸（TFA）适于作为黄曲霉毒素液相色谱-荧光检测的衍生剂，在农业标准 NY/T 1286—2007《花生黄曲霉毒素 B_1 的测定　高效液相色谱法》中就采用了三氟乙酸作为衍生剂。由于三氟乙酸腐蚀性比较强，易挥发，并且自身的本底荧光值大，在荧光分析时可能会有较大的荧光背景干扰。溴是另一种高效液相色谱-荧光检测的常用衍生剂，但溴属于强氧化剂，稳定性较差，且容易对人体产生伤害，使用时应严格防护。

以三氟乙酸柱前衍生为例，具体衍生步骤如下：收集免疫亲和柱全部洗脱液，氮吹至近干，加入 200 μL 三氟乙酸；盖好塞子，涡旋混匀 30 s，在 50 ℃烘箱衍生 5 min，氮吹至近干，加入 1.0 mL 15%乙腈水溶解，涡旋混匀，过 0.45 μm 有机相滤膜，即可上高效液相色谱仪检测（李培武等，2007a）。

（二）柱后衍生剂

在液相色谱柱分离黄曲霉毒素之后，荧光检测前衍生使用的荧光衍生剂称为柱后衍生剂。碘作为典型的黄曲霉毒素柱后衍生剂，已被国家标准 GB/T 18979—2003《食品中黄曲霉毒素的测定免疫亲和层析净化高效液相色谱法和荧光光度法》采用，但在室温下碘作为荧光增强剂，反应非常缓慢，需要高温反应装置，由于碘易升华，使用时应注意稳定性变化。另外，碘作为柱后衍生剂需要每次制备新鲜的饱和碘溶液，使用的蠕动泵、连接管与碘化物长期接触后，其物理性能和机械性状会发生变化，特别应注意蠕动泵性能下降影响衍生效果。

（三）其他衍生方式

黄曲霉毒素其他衍生方式主要包括：柱后过溴化溴化吡啶衍生化法（post-column derivatization with pyridinium hydrobromideperbromide，PBPB）、柱后光化学衍生化法（post-column derivatization with photochemical reactor，PHRED）、柱后电化学衍生法（post-column derivatization with electrochemically generated Broke，KOBRA）等，各种荧光增强剂及衍生特点见表 5-26。以光化学柱后衍生为例，具体步骤如下：收集免疫亲和柱全部洗脱液，用 0.22 μm 微孔滤膜过滤，上高效液相色谱仪，在液相色谱柱和荧光检测器之间连接光化学柱后衍生装置，在激发光波长 360 nm、发射光波长 440 nm 条件下进行荧光检测（马良等，2007c）。

表 5-26　黄曲霉毒素荧光增强剂及衍生特点

荧光增强剂	特点
三氟乙酸、溴	荧光增强效果好，柱前衍生，氧化性强，危害健康
碘	荧光增强效果好，柱后衍生，需要高温反应装置，腐蚀设备
光化学衍生法	柱后衍生，需昂贵配套仪器
金属离子衍生法	柱后衍生，衍生效果好，环境污染
环糊精衍生法	无毒环保，适于现场快速检测仪

四、高效液相色谱条件优化

（一）高效液相色谱分离条件

以黄曲霉毒素标样和花生样品为例，对甲醇和乙腈含量、洗脱梯度、分离时间等多种因素研究结果表明，乙腈/甲醇/水混合液（13/12/75，体积比）作流动相适于黄曲霉毒素高效液相色谱分析，标样和花生实际样品中的黄曲霉毒素都能得到很好地分离。采用

Agilent 1100 系列 HPLC 仪，ZORBA×80A Extend-C18 色谱柱，4.6 mm × 150 mm×5 μm（Agilent 公司），柱温 30 ℃，流动相流速 0.8 mL/min 条件下，黄曲霉毒素混合标样及花生样品液相分离检测结果见图 5-23 和图 5-24。

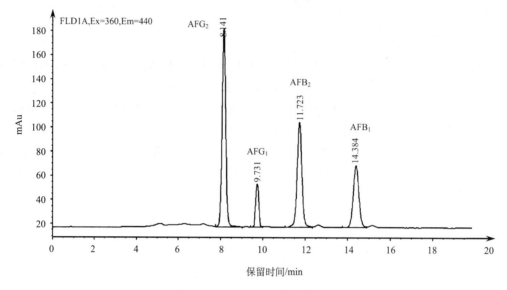

图 5-23　黄曲霉毒素混合标准溶液免疫亲和-液相色谱图

c_{AFB_1} 为 100 ng/mL；c_{AFB_2} 为 30 ng/mL；c_{AFG_1} 为 100 ng/mL；c_{AFG_2} 为 30 ng/mL

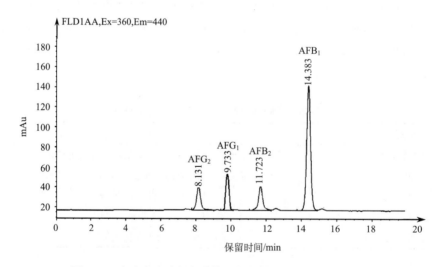

图 5-24　免疫亲和液相色谱检测花生样品黄曲霉毒素色谱图

（二）荧光增强衍生条件

1. 衍生剂用量

样品经提取及双层定性滤纸过滤，得到样品滤液，分别取滤液 12 mL 于离心管中，各加入 4 mL 石油醚萃取分层,取下层液 8 mL,加入 8 mL 三氯甲烷,取出上层再加入 8 mL 三氯甲烷重复萃取,合并两次三氯甲烷萃取液,恒温 50 ℃下氮气直接吹干。

向离心管中分别加入 100 μL、200 μL、300 μL、500 μL、1000 μL 三氟乙酸衍生剂,比较衍生剂用量对衍生效果的影响,实验结果表明,选用 200 μL 三氟乙酸进行柱前衍生最为适宜,200 μL 三氟乙酸衍生的效果与 300 μL、500 μL、1000 μL 无明显差异。

2. 衍生时间

将合并萃取后的三氯甲烷层在恒温 50 ℃下氮气吹至近干,加入 200 μL 正己烷和 200 μL 三氟乙酸,涡旋混合 30 s,在烘箱恒温 50 ℃条件下,不同衍生时间(3 min、5 min、10 min、15 min、20 min)的实验结果表明,在烘箱恒温 50 ℃条件下衍生 5 min,衍生效果与烘箱 40 ℃条件下衍生 15 min 无显著性差异,因此,快速检测时可以选择恒温 50℃条件下衍生 5 min。

五、免疫亲和-高效液相色谱检测技术评价及应用

黄曲霉毒素免疫亲和-高效液相色谱荧光检测技术,可以选择采用合适的衍生剂增强黄曲霉毒素荧光检测信号,提高检测灵敏度,这是目前发展最成熟、使用最广的黄曲霉毒素精确检测技术。

研究结果表明,黄曲霉毒素免疫亲和-高效液相色谱荧光检测技术加标(加标浓度 1.0~20.0 μg/kg)回收率都在 80%以上;多个样品平行实验,加标回收率的相对标准偏差小于 8.5%,方法精密度好,准确度高。已广泛应用于粮食、油料油脂、饲料、中草药、中成药、调味品、酒类、植物提取物及饼粕饲料等样品黄曲霉毒素的测定,是当前黄曲霉毒素检测应用最广泛的仪器精确检测技术。

第六节　黄曲霉毒素免疫亲和-色质联用检测技术与应用

一、免疫亲和-色质联用检测技术原理

黄曲霉毒素免疫亲和-色质联用检测技术是黄曲霉毒素免疫亲和前处理与色谱质谱联用仪联用的分析方法。液质联用法(HPLC-MS)与 HPLC 法的主要区别是利用质谱代替 HPLC 中的荧光检测器,以此作为最终定性定量的检测器。

液质联用法又称液相色谱-质谱联用技术,以液相色谱作为分离系统,质谱为检测系统,实现不同黄曲霉毒素组分的分离检测。黄曲霉毒素被离子化后,经质谱质量分析器中离子束通道传输,碰撞诱导裂解,离子选择,其后离子碎片将按质荷比大小分开,经信号放大、信号转换,最终得到质谱图。液质联用集中了色谱和质谱的优势,不仅具有色谱对复杂样品的高分离能力,并且具有质谱(MS)的高选择性、高灵敏度以及能够提供分子量与物质结构信息等优点。因此,黄曲霉毒素免疫亲和-色质联用技术兼具有免疫亲和高选择性和色质联用技术高灵敏度高确证性的优势。免疫亲和-色谱质谱联用检测技术基本流程见图 5-25。

图 5-25　黄曲霉毒素免疫亲和-色谱质谱联用检测基本流程图

二、免疫亲和样品前处理技术

（一）样品提取

1. 提取溶剂的选择

提取溶剂的选择主要依据样品的物理化学性质来确定。黄曲霉毒素易溶于极性溶剂而不易溶于非极性溶剂中，故一般采用甲醇、乙腈、丙酮、氯仿、二氯甲烷等有机溶剂作为提取溶剂。

（1）固体样品的提取。

固体样品中黄曲霉毒素提取，提取溶剂中掺入少量水可以湿润基质，增强有机溶剂在样品中的渗透能力，提高萃取效率，因此通常采用有机溶剂与水的混合液作为提取溶剂，如氯仿-水、甲醇-水或乙腈-水等作为提取溶剂。

不同样品基质应优化提取溶剂类型，选择适合基质的提取溶剂。一般乙腈-水溶液不适合于固体基质和水溶性成分高的样品基质，因为样品基质容易吸收提取溶剂中的水分而使结果偏高，甲醇-水溶液和丙酮-水溶液则没有这种相互作用，尤其是甲醇-水溶液适用性更广。以花生样品为例，分析不同浓度甲醇溶液（4% NaCl）对黄曲霉毒素提取回收率的影响（图 5-26）。从图 5-26 可以看出，甲醇浓度为 70％时提取效果最好，回收

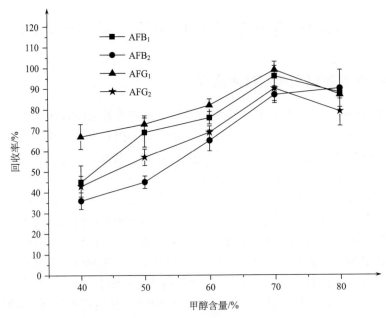

图 5-26　甲醇浓度对花生样品黄曲霉毒素提取效果的影响

率达到 85%以上。70%甲醇水溶液（4% NaCl，m/V）适于花生、玉米、大米等固体样品中黄曲霉毒素的快速提取（王秀嫔等 2011）。

（2）液体样品的提取。

植物油等液体样品基质中黄曲霉毒素的提取，通常选择与其不互溶且能较好溶解黄曲霉毒素的有机溶剂进行液液萃取，如甲醇-水体系或乙腈-水体系作为萃取溶剂。实验证明甲醇-水体系或乙腈-水体系都能有效地提取植物油中黄曲霉毒素，一般使用 70%甲醇水溶液（4% NaCl，m/V）作为植物油样品的提取溶剂。

酱油和食醋类液体食品样品，由于二氯甲烷能有效地去除酱油和食醋中色素的干扰，且甲醇-水体系或乙腈-水体系不适用于极性液体样品液液萃取，因此，选择二氯甲烷作为酱油和食醋类液体样品的萃取溶剂。

2. 提取方法的选择

固体样品中黄曲霉毒素的提取，以花生为例，涡旋提取、超声波提取、均质器和电动振荡四种前处理提取方法对黄曲霉毒素提取效果的研究结果见图 5-27。涡旋混合的提取方式回收率最低，不到 30%；超声波提取 5 min、均质器高速搅拌 2 min 与振荡方法（电动振荡 30 min，均质器 2 min）三种方法提取效果接近，平均回收率均大于 90%。

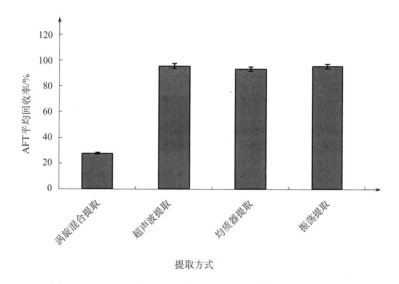

图 5-27　提取方式对固态样品花生黄曲霉毒素回收率的影响

综合考察提取效率、成本与操作的方便性，超声波提取明显优于振荡和均质提取。在天然农产品食品中，黄曲霉毒素污染分布非常不均匀，尤其是花生、大米、玉米、豆类、坚果类等固体样品，黄曲霉毒素并不完全集中在样品表面，而是常分布在内部，加之含量甚微，普通的机械振荡处理很难提取完全。因此，超声提取具有明显优势，提取效率高，成本低，且易于操作，适宜于快速检测的前处理。

液体样品中黄曲霉毒素提取方式一般使用简单高效的涡旋混合提取法。

3. 提取时间和提取温度的选择

花生、玉米、大米等固体样品中黄曲霉毒素的超声波提取，在回收率大于85%的前提条件下，提取温度对提取时间的影响见图 5-28（王秀嫔等 2011）。

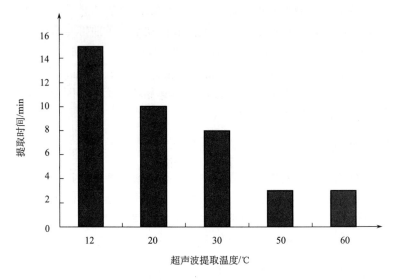

图 5-28　提取温度对超声波提取时间的影响

随着提取温度的提高，相同回收率条件下，提取所需时间明显缩短。当提取温度为 12 ℃时，需要提取 15 min 以上；提取温度为 20 ℃时，需要 10 min；提取温度上升到 30 ℃时，只需要 8 min；而当温度超过 50 ℃时，提取时间明显减少，仅需 3 min 左右。这与温度升高，提取液黏度减少，扩散系数增加有关。但是提取时温度过高会造成提取溶剂中的甲醇挥发，反而降低提取效率，因此选择 50 ℃、3 min 为最佳提取温度和提取时间。

液体样品的提取时间对黄曲霉毒素回收率的影响结果见图 5-29，常温下液体样品涡旋提取 2 min，即可完全提取。

（二）免疫亲和柱净化

免疫亲和柱用 10 mL 纯水淋洗后，加入样品提取液，再用 10 mL 纯水淋洗，1～2 mL 甲醇洗脱，收集洗脱液。洗脱液 50 ℃氮气吹至近干，用流动相定容，过 0.22 μm 有机滤膜后，即可上液相色谱质谱联用仪检测。

三、高效液相色谱条件

由于黄曲霉毒素是含有一个双呋喃环和氧杂萘邻酮的极性化合物，一般选择反相色谱柱作为分离柱，流动相选择 A 相为甲醇或乙腈体系，B 相为乙酸铵或乙酸的水溶液，采用梯度洗脱。研究表明，使用 C_{18} 柱（3 μm，150 mm×2.1 mm）作为分离柱时，流动相使用甲醇-乙腈（1∶1，体积比）（A）+乙酸铵水溶液（10 mmol/L）（B）梯度洗脱（表 5-27），黄曲霉毒素 B_1、B_2、G_1、G_2、M_1 在 10 min 左右即能完成分离。

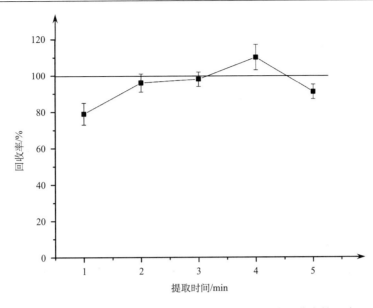

图 5-29　液体样品涡旋混合提取时间对黄曲霉毒素回收率的影响

表 5-27　液相色谱分离黄曲霉毒素流动相梯度洗脱程序

时间 /min	流动相 A 甲醇-乙腈（50+50）/%	流动相 B 10 mmol/L 乙酸铵溶液/%	流速 /（μL/min）
0.0	15	85	200
6.0	85	15	200
8.0	15	85	200
10.0	15	85	200

四、质谱条件

（一）离子阱多级质谱和三重四极杆串联质谱条件优化选择

离子阱多级质谱（LTQ XL）和三重四极杆串联质谱（TSQ）是黄曲霉毒素检测最常用的两类质谱仪，在黄曲霉毒素定性定量检测中各有优势。

1. LTQ XL 和 TSQ 质谱检测一级扫描

采用 LTQ XL 和 TSQ 对黄曲霉毒素一级全扫描，比较结果表明黄曲霉毒素 LTQ XL 的一级全扫描图中明显存在$[M+H]^+$、$[M+Na]^+$、$[M+NH_4]^+$三个监测母离子，而黄曲霉毒素 TSQ 一级全扫描中只存在$[M+H]^+$和$[M+NH_4]^+$两个监测母离子。虽然 LTQ XL 和 TSQ 明显出现$[M+H]^+$和$[M+NH_4]^+$两个监测母离子，但$[M+NH_4]^+$二级碎裂不能产生合适的子离子，故一般选择$[M+H]^+$作为监测母离子。黄曲霉毒素典型一级质谱全扫描图见图 5-30。

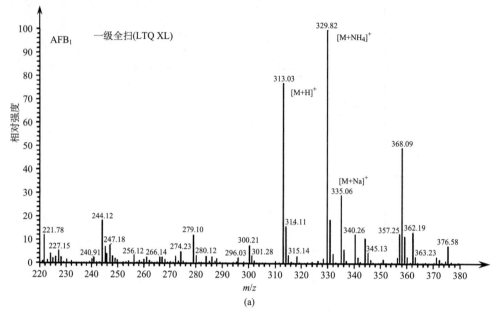

(a)

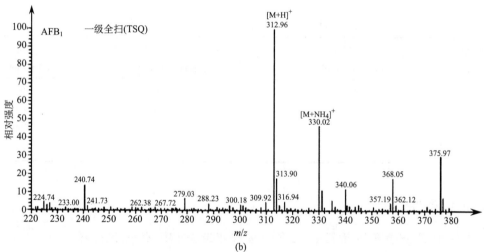

(b)

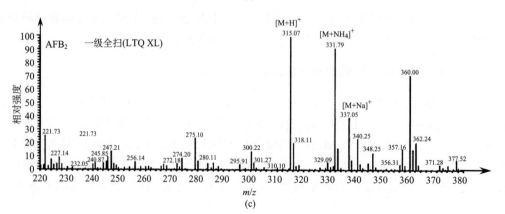

(c)

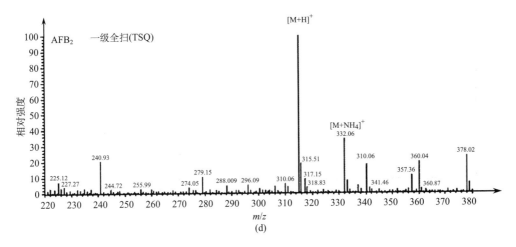

(d)

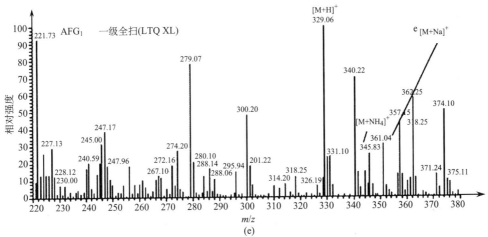

(e)

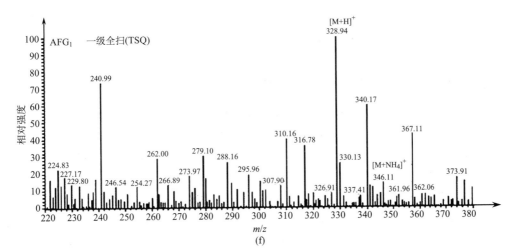

(f)

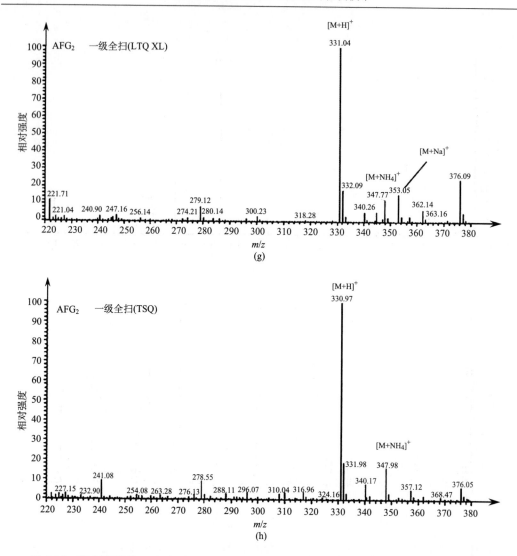

图 5-30 黄曲霉毒素 B$_1$（a、b），B$_2$（c、d），G$_1$（e、f）和 G$_2$（g、h）一级质谱全扫描图

2. LTQ XL 和 TSQ 质谱检测二级扫描

黄曲霉毒素经二级质谱扫描后，可通过选择反应监测（selective reaction monitor，SRM）模式检测化合物离子对，从而实现定量。LTQ XL 使用母离子不同的两对鉴定离子对来定性分析，TSQ 使用母离子相同的两对鉴定离子对进行定性定量分析，黄曲霉毒素定性定量依据见表 5-28。

根据欧盟委员会关于"分析方法确认"的法令（2002/657/EC），采用母离子相同的两对鉴定离子对鉴别化合物时，鉴定点数为 4 分，采用母离子不同的两对鉴定离子对鉴别化合物时，鉴定点数为 5 分，后者定性准确度比前者高 25%。因此，使用 LTQ XL 时，采用两对不同母离子对鉴定法定性的准确度，比 TSQ 普通母离子相同的两对鉴定离子对提高了 25%，定性准确度更高。

表 5-28　LTQ XL 和 TSQ 质谱仪检测黄曲霉毒素定性定量依据

选用质谱	分析目标物	扫描方式	定量离子对	碰撞能量/V	定性离子对	碰撞能量/V
LTQ XL	AFB$_1$	+	313/284.9	35	335/307.0	35
					313/284.9	35
	AFB$_2$	+	315/287.0	35	337/309.0	35
					315/287.0	35
	AFG$_1$	+	329/311.0	34	351/336.0	35
					329/311.0	35
	AFG$_2$	+	331/312.9	33	353/338.0	35
					331/312.9	35
	AFM$_1$	+	329/273.1	35	329/259.3	35
					329/273.1	35
TSQ	AFB$_1$	+	313/241.1	35	313/241.1	37
					313/285.0	35
	AFB$_2$	+	315/243.1	42	315/243.1	28
					315/287.0	35
	AFG$_1$	+	329/243.0	34	329/243.0	40
					329/311.0	34
	AFG$_2$	+	331/245.1	33	331/245.1	37
					331/313.0	33
	AFM$_1$	+	329/273.1	34	329/259.3	46
					329/273.1	34

3. 黄曲霉毒素典型质谱色谱图

采用上述优选的色谱质谱条件，可以使农产品食品中五种常见黄曲霉毒素标样 10 min 内实现良好分离，常见黄曲霉毒素质谱色谱图见图 5-31 和图 5-32（其中图 5-31 中相同物质有两个色谱图，是基于不同离子对检测分别获得的质谱色谱图）。

（二）黄曲霉毒素同位素稀释质谱法

基质效应是影响黄曲霉毒素质谱检测准确性的最重要因素。近年来，国外研究建立的黄曲霉毒素同位素稀释质谱法能够有效地降低或避免基质效应。选择合适的内标物可减少基质对质谱定量分析的干扰，例如，检测花生中黄曲霉毒素 B$_1$ 可以使用 ^{13}C$_{17}$-黄曲霉毒素 B$_1$ 作为黄曲霉毒素 B$_1$ 的稳定同位素内标。由于该同位素内标的色谱行为与试样黄曲霉毒素 B$_1$ 完全一致，而分子量则完全不同。无需通过色谱分离，通过质谱检测即可将同位素内标 ^{13}C$_{17}$-黄曲霉毒素 B$_1$ 与黄曲霉毒素 B$_1$ 完全区别开。

将同位素内标 ^{13}C$_{17}$-黄曲霉毒素 B$_1$ 与黄曲霉毒素 B$_1$ 混合进样后检测，同位素内标 ^{13}C$_{17}$-黄曲霉毒素 B$_1$ 与黄曲霉毒素 B$_1$ 在定性、定量离子通道中相互完全没有干扰（图

5-33），并且由于黄曲霉毒素内标物是人工合成化合物，自然界中不存在，因此是理想的内标物。

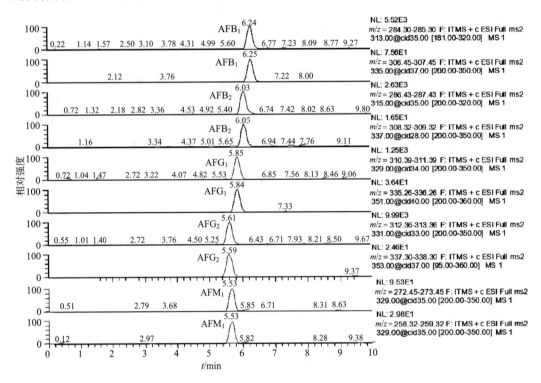

图 5-31　LTQ XL 质谱检测五种黄曲霉毒素的质谱色谱图

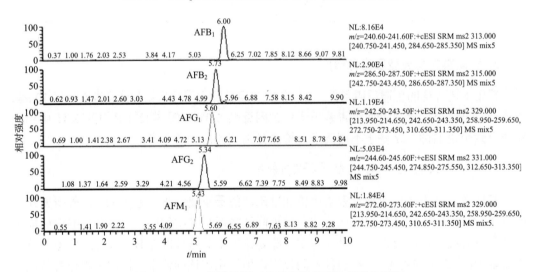

图 5-32　TSQ 质谱检测五种黄曲霉毒素的质谱色谱图

准确度研究结果表明，采用同位素稀释质谱法定量测定黄曲霉毒素准确度优于普通外标法，回收率普遍能达到 80%～105%，精密度 RSD 为 4%～10%。

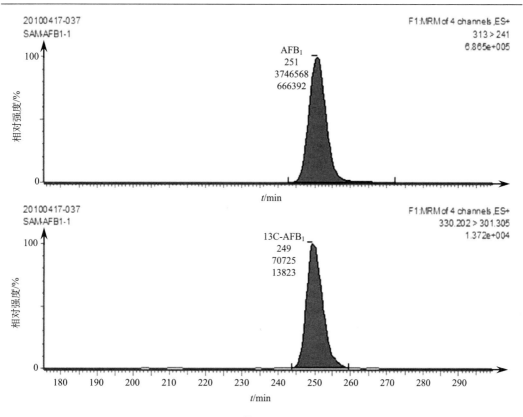

图 5-33 黄曲霉毒素 B_1 与 $^{13}C_{17}$-黄曲霉毒素 B_1 的色谱质谱图

（三）液相色谱质谱联用内标与外标定量方法比较

基质效应直接影响黄曲霉毒素液相色谱-质谱联用检测方法的准确度和精密度,是色质联用检测中必须要考虑的因素。黄曲霉毒素液相色谱质谱联用定量方法包括内标法和外标法。以测定玉米中黄曲霉毒素含量为例,外标法与内标法的前处理过程相同,区别仅是在样品提取中是否加入同位素内标 $^{13}C_{17}$-黄曲霉毒素 B_1。从表 5-29 可以看出,使用外标法定量,玉米样品中黄曲霉毒素 B_2、G_1、G_2 的回收率明显低于使用内标法定量; 4 种黄曲霉毒素相对标准偏差明显高于内标法定量的结果。因此,相较于外标法,使用内标法能有效地降低基质效应,准确度和精密度更好。

表 5-29 色质联用内标法和外标法测定玉米黄曲霉毒素的加标回收率与精密度

黄曲霉毒素目标物	加标浓度 /（μg/kg）	内标法			外标法		
		回收率（$n=14$）/%	RSD（$n=7$）/%		回收率（$n=14$）/%	RSD（$n=7$）/%	
			日内	日间		日内	日间
AFB$_1$	0.1	96	6.7	5.3	105	7.3	11.4
	1	92	4.4	4.5	86	8.3	6.5
	10	99	3.4	1.9	87	6.4	4.9

黄曲霉毒素目标物	加标浓度/（μg/kg）	内标法			外标法		
		回收率（n=14）/%	RSD（n=7）/%		回收率（n=14）/%	RSD（n=7）/%	
			日内	日间		日内	日间
AFB$_2$	0.1	98	3.5	2.8	88	7.5	9.4
	1	96	3.8	4.5	90	7.9	5.6
	10	103	3.6	2.9	82	5.6	4.6
AFG$_1$	0.1	107	3.4	2.9	56	8.5	5.2
	1	95	3.5	5.6	62	7.2	6.3
	10	93	6.1	2.3	52	5.4	7.2
AFG$_2$	0.1	87	2.9	5.3	68	7.2	12.5
	1	89	3.9	4.1	73	8.6	9.1
	10	101	4.2	3.3	75	4.7	8.4

五、黄曲霉毒素免疫亲和-色谱质谱联用检测方法评价

准确度和精密度评价：通过花生、玉米、大米、大豆、腰果、杏仁、人参、大豆油、花生油、芝麻油、老抽酱油、生抽酱油、白醋、黑醋等农产品食品空白样品低浓度加标，对黄曲霉毒素免疫亲和-色谱质谱联用检测技术方法学评价结果表明，回收率均为70%～130%，准确度较好。6次重复测定的日内精密度和日间精密度结果表明，四种黄曲霉毒素的相对标准偏差均在20%以下，具有较高的精密度。

质谱主要技术参数评价：去簇电压（DP）和碰撞能（CE）是影响黄曲霉毒素离子化和母离子、子离子质谱响应的主要因素，首先利用质谱仪的自动优化功能对每种黄曲霉毒素的去簇电压和碰撞能分别进行优化，再进一步优化鞘气和辅助气流量、离子传输毛细管温度等参数，从而使各离子对的响应及信噪比达到理想值。优化选择的质谱离子源主要技术参数见表5-30。

表5-30 黄曲霉毒素色质联用质谱离子源优化条件

离子源	电喷雾
扫描方式	正离子
喷雾电压	5 kV
毛细管温度	275 ℃
毛细管电压	35 V
鞘气（N$_2$）压力/psi	35
辅助气（N$_2$）压力/psi	5
去簇电压（DP）	110 V

　　近年来，免疫亲和-高效液相色谱质谱联用技术从黄曲霉毒素发展到了五种以上真菌毒素同步检测（Hu et al.，2016），已经成为黄曲霉毒素检测最权威、最有应用前景的确证性检测方法，广泛应用于粮食、饲料、油料、中草药、中成药、佐料、调味品、酒和植物提取物等农产品食品中黄曲霉毒素的确证性测定，尤其在国家级质检机构、省部级综合性及专业性质检机构对农产品食品等仲裁检验、执法检验中应用潜力较大，但这种方法的运行成本高，不仅黄曲霉毒素同位素内标物价格昂贵，依赖于国外进口，加之液相色谱质谱联用仪器价格高昂，对环境及操作技术人员要求高，普通实验室难以采用。因此，为满足农产品食品生产及质量安全监管全程控制现场检测需求，有待开发简便、快速、高灵敏、低成本的实用性现场检测技术。

第六章　黄曲霉毒素纳米金免疫层析检测技术

随着材料科学发展和纳米金材料的出现，尤其是 20 世纪 90 年代以来，纳米金粒子与抗体标记技术的突破，推动了纳米金免疫层析检测技术的发展进程。

黄曲霉毒素纳米金免疫层析检测技术不仅具有免疫分析方法的优点，如特异性好、无需大型精密仪器设备、有机溶剂用量少、对操作人员和环境安全；同时，还具有其自身独特的优点，如操作简单、无需专业人员、成本低、结果可视等，因此，尤其适合现场检测。

由于黄曲霉毒素属于小分子化合物，难以同时结合两种抗体分子，所以不能采用双抗夹心模式。在黄曲霉毒素纳米金免疫层析方法中，常采用免疫竞争模式对黄曲霉毒素进行检测。通过固定化抗原实现黄曲霉毒素抗原在免疫层析载体（通常为硝酸纤维素膜）上固定，构建检测线（T 线），再将黄曲霉毒素抗体的纳米金探针与样品待测液混合，混合液层析至 T 线时，样品待测液中游离黄曲霉毒素与免疫层析载体上被固定的黄曲霉毒素抗原发生竞争免疫反应。通过 T 线颜色的深浅，即可判定样品待测液中黄曲霉毒素的含量，样品中游离黄曲霉毒素含量越高，T 线颜色越浅（张道宏等，2010）。此外，纳米金粒子也可以与抗原非共价偶联，通过固定抗体进行竞争模式的免疫检测。

黄曲霉毒素纳米金免疫层析检测技术是黄曲霉毒素检测领域的研究热点，并在近年来取得突破性进展，在农产品食品及饲料等黄曲霉毒素污染监控与风险隐患排查等质量安全管控领域已经广泛应用。

第一节　黄曲霉毒素纳米金免疫层析检测原理

一、概述

黄曲霉毒素纳米金免疫层析检测技术是继黄曲霉毒素酶联免疫检测技术之后发展起来的新一代黄曲霉毒素免疫标记检测技术，是近年来国内外研究最多、应用最广泛的黄曲霉毒素免疫分析技术之一。在研制黄曲霉毒素抗体（或抗原）纳米金探针的基础上，根据免疫层析原理，采用竞争性结合反应模式可以实现对黄曲霉毒素的免疫层析检测。

黄曲霉毒素免疫层析检测技术（immunochromatographic assay, ICA）基本原理是：将黄曲霉毒素抗原固定在硝酸纤维素膜等载体的区带上，构建成检测线（T 线）；待测液中黄曲霉毒素和纳米金标记探针的混合物在膜上层析，待测液中黄曲霉毒素在层析过程中与纳米金标记的特异性抗体结合，抑制纳米金探针和硝酸纤维素膜检测线上黄曲霉毒素抗原的竞争免疫反应，使检测线颜色变浅，根据检测颜色变化进行测定。

黄曲霉毒素纳米金免疫层析检测试纸条主要包括如下三个部分，即纳米金免疫探针、检测线（T 线）和质控线（C 线）、免疫层析载体。

1. 黄曲霉毒素纳米金免疫探针

黄曲霉毒素纳米金免疫探针可以为纳米金标记的黄曲霉毒素抗体（简称金标抗体）或纳米金标记的黄曲霉毒素抗原（简称金标抗原），它是纳米金免疫层析检测技术体系的核心部分。检测技术的灵敏度从根本上取决于纳米金免疫探针的亲和力，纳米金免疫探针特异性则主要取决于黄曲霉毒素单克隆抗体的特异性。

2. 检测线（T线）和质控线（C线）

检测线和质控线是展示检测结果的载体，其中检测线上固定抗原（或抗体）的数量会对检测灵敏度产生直接影响，因此，检测线上被固定的免疫试剂应通过优化选择适宜的用量。

3. 免疫层析载体

免疫层析载体是黄曲霉毒素纳米金免疫层析检测技术的反应载体。因这类检测技术通常不需要对样品进行复杂的净化前处理，而是将样品提取液经一定稀释后直接用于检测，故层析载体的特性将会对实际样品的检测效果产生直接影响。

二、黄曲霉毒素纳米金免疫探针

纳米金免疫探针是将免疫试剂标记在纳米金上形成的偶联复合物，标记过程是黄曲霉毒素抗体或抗原吸附到纳米金颗粒表面的物理吸附过程。虽然纳米金与抗体或抗原结合的机理尚未得到完全解析，大多数研究认为，纳米金颗粒与抗体蛋白的结合是一种物理静电吸附过程。在吸附过程中，金颗粒表面带负电荷，蛋白质分子表面带正电荷，两者靠静电引力相互吸引，继而在范德华引力范围内进行牢固结合；而另一种学术观点则认为，抗体或抗原不仅是通过静电力与纳米金相结合，同时起作用的还可能包括疏水作用和配位键等其他作用力。

选择合适粒径的纳米金溶液后，用 0.1 mol/L K_2CO_3 或 0.1 mol/L HCl 调节其 pH，然后加入一定量待标记的黄曲霉毒素抗原或抗体，将混合物搅拌一定时间，以形成稳定的蛋白质-纳米金复合物，即可得到特异性的黄曲霉毒素纳米金免疫探针，简称为金标探针。

制备好的金标探针需要纯化，除去凝聚物和未标记的黄曲霉毒素抗体或抗原。目前，常使用低温高速离心法进行纯化，离心速度及时间可根据纳米金粒径大小的不同、标记物种类的不同而进行优化选择。一般先采用低温低速离心，弃去凝聚物所形成的沉淀，然后采用低温高速离心，弃去上清液中未标记的黄曲霉毒素抗体或抗原，最后将离心得到的松散沙状沉淀物用溶液重悬混匀，即完成纳米金免疫探针的制备与纯化。

根据黄曲霉毒素目标检测对象的差异，黄曲霉毒素纳米金免疫探针主要包括黄曲霉毒素 B_1 纳米金免疫探针（李培武等，2013l）、黄曲霉毒素 M_1 纳米金免疫探针（李培武等，2011c）、黄曲霉毒素 G_1 纳米金免疫探针（李培武等，2013m）和黄曲霉毒素总量纳米金免疫探针（李培武等，2010c）等。

三、黄曲霉毒素纳米金免疫层析检测原理

根据抗原-抗体反应模式不同，纳米金免疫层析检测技术可分为双抗体夹心法、竞争法。黄曲霉毒素是小分子物质，难以同时与两种抗体发生特异性免疫结合，因此采用竞争法。在竞争法中，根据标记对象的不同，黄曲霉毒素纳米金免疫层析检测又分为完全抗原标记、抗体标记两种检测模式。

1. 完全抗原标记的黄曲霉毒素纳米金免疫层析检测模式

试样中的黄曲霉毒素与抗原标记探针沿着膜层析，在膜上竞争性结合固定在检测线上的抗体，当试样黄曲霉毒素浓度越低时，抗原标记探针在检测线上富集量越多；同时，另一部分抗原标记探针与质控线上的抗载体蛋白抗体（只识别黄曲霉毒素完全抗原的载体蛋白）反应而富集在质控线上（图 6-1），形成检测线和质控线两条红线。试样中黄曲霉毒素含量与检测线上标记探针的富集量成负相关，从而实现定性或半定量的黄曲霉毒素免疫检测。

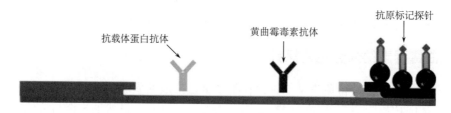

图 6-1　完全抗原标记纳米金免疫层析试纸条示意图

2. 抗体标记黄曲霉毒素纳米金免疫层析检测模式

相比完全抗原标记的模式，抗体标记黄曲霉毒素纳米金免疫层析检测模式应用更加广泛。黄曲霉毒素抗体通过静电作用与纳米金标记结合，形成金标探针。在免疫层析膜检测线上固定黄曲霉毒素完全抗原，在质控线上固定羊抗鼠二抗（图 6-2），样品中的黄曲霉毒素与膜上固定的黄曲霉毒素完全抗原竞争性结合金标探针上的抗黄曲霉毒素抗体实现免疫竞争检测。这种检测模式与抗原标记的检测模式相比，在免疫层析过程中，标记抗体的金标探针在样品垫上即与样品中黄曲霉毒素结合并发生免疫反应，由于金标探针上的抗体与检测线上的抗原结合有一定的时间和距离，更有利于金标探针上的抗体与待测物充分反应，从而可提高检测灵敏度。

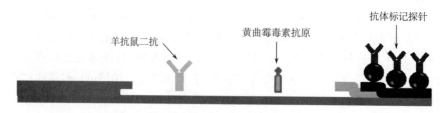

图 6-2　抗体标记纳米金免疫层析试纸条示意图

　　免疫层析技术建立在抗原-抗体反应的基础上，因此，抗原和抗体均为检测技术的核心试剂，其特性可能对免疫层析技术及检测灵敏度产生影响。在抗原的制备和选择上，首先要考虑抗原结构，黄曲霉毒素半抗原结构、半抗原与载体蛋白连接方式，载体蛋白的选择、载体蛋白连接位点等不同特性的抗原均可能产生不同的免疫反应，影响抗体的活性、灵敏度及特异性，从而影响免疫层析技术的检测能力。

　　在黄曲霉毒素免疫层析检测技术的抗体选择方面，目前报道的抗体类型主要有多克隆抗体、单克隆抗体和基因工程抗体，以单克隆抗体应用最为普遍，范围最广。

　　黄曲霉毒素纳米金免疫层析试纸条仅需肉眼即可完成结果判断，也可通过黄曲霉毒素单光谱成像检测仪对纳米金试纸条进行定量检测。单光谱成像检测仪可显著降低黄曲霉毒素免疫层析试纸条的背景干扰，从而提高纳米金免疫层析试纸条的检测灵敏度和准确度，扩大检测的线性范围。

第二节　黄曲霉毒素 B_1 纳米金免疫检测技术

　　无论从毒性还是从黄曲霉毒素污染发生频率而言，黄曲霉毒素 B_1（AFB_1）都是黄曲霉毒素中最为重要的毒素种类。我国以及国外大部分有关黄曲霉毒素限量标准中都直接规定了黄曲霉毒素 B_1 限量。因此，黄曲霉毒素 B_1 快速测定一直是研究的热点之一，近年来国内外均有黄曲霉毒素 B_1 试纸条研制及应用的报道。试纸条的特异性很大程度上取决于所用检测核心试剂——抗体的特异性，文献报道的黄曲霉毒素 B_1 试纸条所用的抗体均与其他黄曲霉毒素 B_2、G_1、G_2 具有较强的交叉反应，因此，黄曲霉毒素 B_1 特异性免疫层析检测也一直是黄曲霉毒素快速检测中的难点问题。在实际农产品食品样品检测中，样品中往往含有几种黄曲霉毒素成分，若所用的试纸条除与目标分析物（黄曲霉毒素 B_1）反应外，与其他黄曲霉毒素组分也有较强反应，则不能保证检测结果的准确性，容易导致假阳性结果出现，尤其对黄曲霉毒素 B_1 有严格限量的农产品贸易中，这种黄曲霉毒素 B_1 假阳性结果可能会给出口国造成很大的经济损失以及信誉和形象的损害（李培武等，2013a）。因此，建立黄曲霉毒素 B_1 特异性免疫层析方法、研制黄曲霉毒素 B_1 特异性试纸条对农产品食品黄曲霉毒素 B_1 的快速检测与风险筛查具有非常重要的现实意义。

一、黄曲霉毒素 B_1 纳米金免疫探针的制备

（一）溶液的配制

　　（1）1% $HAuCl_4$溶液：将 1.0 g 四氯金酸（$HAuCl_4$）溶于超纯水中，待完全溶解后用 100 mL 容量瓶定容，配成 1%水溶液。将配好的溶液储存于棕色试剂瓶中，于 4 ℃冰箱中保存备用。

　　（2）1%柠檬酸三钠溶液：柠檬酸三钠溶液应现配现用，配制方法如下：取 1.0 g 二水合柠檬酸三钠（$Na_3C_6H_5O_7 \cdot 2H_2O$）溶于超纯水中，待完全溶解后用 100 mL 容量瓶定容，配成 1%的水溶液，再用 0.22 μm 滤膜过滤备用。

　　（3）0.1 mol/L K_2CO_3溶液：取 13.8 g 碳酸钾，溶于超纯水中，待完全溶解后用超

纯水定容至 1 L，0.22 μm 滤膜过滤备用。

（4）10% BSA 溶液：10% BSA 溶液应现配现用。取 10.0 g BSA，溶于超纯水中，待完全溶解后用超纯水定容至 100 mL，0.22 μm 滤膜过滤备用。

（5）标记保存液（2.0 mmol/L 硼酸缓冲液）：取硼酸 0.1 g、PEG20000 2.0 g、NaN_3 0.2 g，溶于超纯水中，待完全溶解后用超纯水定容至 1 L，用 0.22 μm 滤膜过滤备用。

（二）黄曲霉毒素 B_1 纳米金的制备与鉴定

1. 黄曲霉毒素 B_1 纳米金的制备

采用柠檬酸三钠还原法制备纳米金，具体步骤如下。

（1）取 200 mL 超纯水于 500 mL 圆底锥形瓶中，加热至沸腾。

（2）搅拌下加入 2.0 mL 1% $HAuCl_4$ 溶液，继续加热 2 min。

（3）用移液管一次性加入表 6-1 所列体积的 1%柠檬酸三钠溶液，继续加热 2 min。

（4）待溶液颜色稳定后，再继续搅拌加热 15 min。

（5）停止加热，使溶液温度降至室温。

（6）用超纯水定容至 200.0 mL。

表 6-1　纳米金制备中 1%柠檬酸三钠溶液的系列加入量

编号	0.01% $HAuCl_4$/mL	1%柠檬酸三钠/mL
1	200.0	1.0
2	200.0	2.0
3	200.0	3.0
4	200.0	4.0
5	200.0	5.0
6	200.0	6.0

2. 还原剂对黄曲霉毒素 B_1 纳米金制备的影响

（1）还原剂用量对纳米金溶液颜色的影响。

采用 1%柠檬酸三钠作为还原剂制备纳米金溶液，根据加入还原剂量的不同，浅金黄色的氯金酸水溶液在 2 min 内逐渐变紫，最后变成橙红色的纳米金溶液。当每 100 mL $HAuCl_4$ 溶液中加入 1%柠檬酸三钠的量为 0.5~3 mL 时，纳米金溶液呈现从棕色到橙色的颜色变化，即随着还原剂加入量的增加，纳米金溶液的颜色越来越浅，结果见图 6-3 和彩图 5a。

（2）还原剂用量对纳米金溶液稳定性的影响。

还原剂加入量对纳米金溶液的稳定性也有很大影响，研究结果见表 6-2。还原剂的加入量越少，制备纳米金颗粒越大，稳定性越差，越容易发生凝集沉淀。放置 4 周后，1~2 号纳米金溶液发生不同程度的凝聚，而每 100 mL $HAuCl_4$ 溶液中加入 1%柠檬酸三钠的量≥1.5 mL，所制备的纳米金溶液稳定性最好，放置 4 周未见沉淀。

图 6-3　还原剂加入量对纳米金溶液颜色的影响

表 6-2　还原剂加入量对纳米金溶液稳定性的影响

编号	1%柠檬酸三钠/（mL/100 mL HAuCl$_4$溶液）	放置 4 周后沉淀情况
1	0.5	++
2	1.0	+
3	1.5	−
4	2.0	−
5	2.5	−
6	3.0	−

注：++表示少量聚沉；+表示微量聚沉；−表示没有聚沉现象。

3. 最佳还原剂用量选择及纳米金溶液紫外扫描鉴定

（1）最佳还原剂用量选择。

当 100 mL HAuCl$_4$ 溶液中 1%柠檬酸三钠的加入量为 2.0 mL 时，制备的纳米金溶液为橙红色（图 6-4）。用于抗体标记时肉眼容易判断，且稳定性好，因此，每 100 mL HAuCl$_4$溶液中加入 2.0 mL 1%柠檬酸三钠所制备的纳米金溶液为效果最佳。

图 6-4　纳米金溶液

（2）纳米金溶液可见光谱扫描鉴定。

在 400~700 nm 范围内扫描所制备的纳米金溶液，扫描间距为 1 nm。结果表明其在 400~700 nm 范围内有单一吸收峰（图 6-5），最高吸收峰波长在 519 nm 处，最高吸收峰处的吸光值为 0.970。

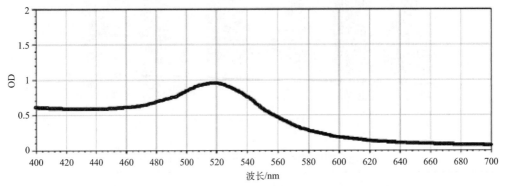

图 6-5　纳米金溶液紫外-可见光谱扫描鉴定图

（三）黄曲霉毒素 B_1 抗体 3G1 纳米金标记条件

1. 最适标记 pH

依次取 1 mL 纳米金溶液至 9 个 1.5 mL 离心管中，再依次将 1~9 μL 0.1 mol/L K_2CO_3 溶液加入 9 个离心管中调节纳米金溶液的 pH，然后在每种不同 pH 的纳米金溶液中依次加入 1.0 mg/mL 的 3G1 抗体 20.0 μL，轻轻混匀，室温静置 2 h。将加入抗体后颜色没有变化、没有聚沉的纳米金混合溶液在 12 000 r/min 转速下离心 35 min，收集上清液，采用间接 ELISA 方法测定上清液的 OD_{450} 值，并以 K_2CO_3 的加入量（μL）为横坐标、以 OD_{450} 值为纵坐标绘制曲线，以出现最小光密度值时对应的 pH 为最佳标记 pH（Zhang et al., 2011a）。

2. 黄曲霉毒素 B_1 抗体 3G1 最佳标记量

（1）最小稳定标记浓度的测定。

稳定纳米金的最小抗体浓度可采用 Mey 氏稳定化实验法进行测定：1 mL 纳米金溶液中加入 0.1 mL 不同浓度的抗体溶液，使其终浓度为 1~10 μg 抗体/mL 纳米金，室温放置 2~5 min 后加入 0.1 mL 10% NaCl 溶液，5 min 后观察颜色变化，选择使金标混合液颜色仍能够保持红色的最小抗体浓度作为稳定纳米金的最小标记浓度，记录所需最小抗体浓度，研究结果见图 6-6 和彩图 5b（Zhang et al., 2011），可见黄曲霉毒素抗体 3G1 的最小稳定标记浓度为 3 μg/mL。

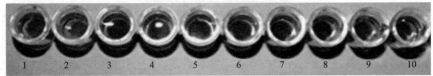

图 6-6　黄曲霉毒素 3G1 抗体最小稳定标记浓度

图中数字表示加入抗体的终浓度，单位为 μg/mL

（2）最佳标记量的测定。

取已调好 pH 的纳米金溶液 5 mL，加入 0.1 mg/mL 系列体积抗体溶液进行标记，使其终浓度为 1~10 μg 抗体/mL 纳米金溶液，室温静置 30 min，加入 10% BSA 溶液至终浓度为 1%，室温反应 30 min；4 ℃放置 2 h，离心纯化后，初步组装试纸条。将试纸条插入空白检测液中，15 min 后观察试纸条检测线的颜色。选择检测线出现明显可见的红色条带时对应的抗体浓度为其最佳标记量。

以适当稀释的空白花生样品提取液为反应溶液来选择最佳标记量，由表 6-3 结果可见（Zhang et al., 2011a），当标记的抗体量逐渐增加时，试纸条检测线（T 线）颜色逐渐变深。免疫层析方法对于小分子的检测是基于竞争原理，抗体的标记浓度越小越有利于提高分析的灵敏度，所以应以 T 线上出现肉眼清晰可见的红色条带时最小抗体浓度为最佳标记量。此时的标记量既有利于肉眼观察结果，又保持最小的抗体量，有利于提高检测灵敏度。因此，抗体 3G1 的最佳标记浓度为 6 μg/mL。

表 6-3　黄曲霉毒素 3G1 抗体最佳标记浓度的选择

抗体终浓度 / （μg/mL）	1	2	3	4	5	6	7	8	9	10
T 线颜色	无色	很浅	较浅	浅	浅	红	红	很红	紫红	紫红

3. 黄曲霉毒素 B$_1$ 抗体 3G1 免疫金标探针的制备与纯化

量取 50.0 mL 已调好 pH 的纳米金溶液置于 100 mL 的烧杯中（用 0.1 mol/L K$_2$CO$_3$ 溶液调节其 pH），搅拌状态下缓慢加入适当体积的 0.1 mg/mL 3G1 抗体溶液，搅拌 30 min，加入 10% BSA 溶液至终浓度为 1%，继续搅拌 30 min，4 ℃放置 2 h，将纳米金标记物分装于两个 50 mL 离心管中，1500 r/min 转速下离心 15 min，吸出上清液，弃沉淀；再以 12 000 r/min 转速离心 35 min，弃上清液，加入保存液至原体积；再次以 12 000 r/min 转速离心 35 min，弃上清液，沉淀用 1/10 原体积的保存液重悬，得到 5.0 mL 浓缩的金标探针溶液，置 4 ℃冰箱备用（Zhang et al., 2011a）。

（1）3G1 抗体金标探针的扫描鉴定。

在 400~700 nm 可见光区依次扫描标记抗体的混合金溶液（A1）、用 1% BSA 溶液封闭的混合金溶液（A2）和纳米金溶液（A3），结果见图 6-7。加入抗体和 BSA 以后，纳米金溶液的最大吸收峰依次向长波方向移动，从 519 nm 移动至 524 nm。说明纳米金颗粒逐渐变大，这是由于金颗粒表面结合了抗体或牛血清白蛋白，从而证明抗体已成功标记在了金颗粒的表面，而且牛血清白蛋白也已封闭了金颗粒表面的剩余位点。

（2）黄曲霉毒素 3G1 抗体纳米金探针的纯化鉴定。

采用先低速离心去掉凝集物，再高速离心去掉未结合的抗体和 BSA 的方法纯化纳米金探针溶液，纯化结果见图 6-8。纯化前的纳米金溶液在 277 nm 处有一游离蛋白吸收峰（A1），而纯化之后游离蛋白吸收峰基本消失，只有 524 nm 处金标探针的吸收峰（A2），证明纳米金探针已得到成功纯化。

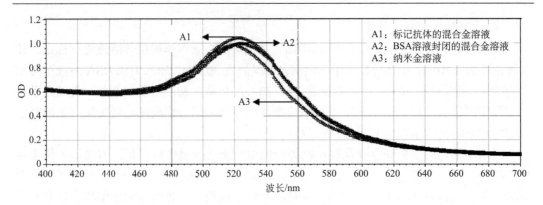

图 6-7　黄曲霉毒素 3G1 抗体与纳米金颗粒偶联鉴定的紫外-可见光谱图

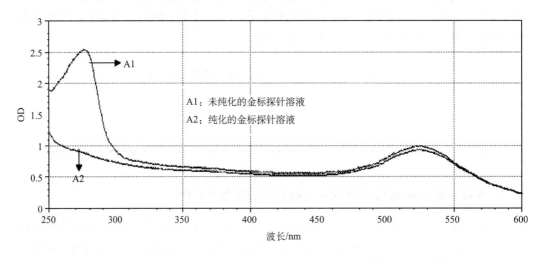

图 6-8　黄曲霉毒素 3G1 抗体纳米金探针纯化鉴定的紫外-可见光谱图

二、黄曲霉毒素 B₁ 纳米金试纸条的制备

（一）黄曲霉毒素 B₁ 纳米金免疫层析方法的建立

1. 包被液的选择

将金标垫和样品垫用 2% BSA 溶液浸湿封闭，37 ℃干燥备用；以纳米金 3G1 抗体探针作为检测试剂，用点膜仪将纳米金探针溶液喷涂于已封闭好的金标垫上，真空干燥备用；将黄曲霉毒素 B₁ 抗原（AFB₂ₐ-BSA 偶联物）用不同的包被缓冲液（1~9 号）稀释后，包被于长 10 cm 的 NC 膜上，37 ℃烘干备用；将样品垫、金标垫、硝酸纤维素膜、吸水垫依次黏附于衬板上组装成试纸板，用切条机切成 3 mm 宽的试纸条，将样品垫下端插入含有相同体积反应液的酶标板微孔中，15 min 后观察结果。

用 1~9 号包被液包被黄曲霉毒素 B₂ₐ-BSA，结果见表 6-4。用 0.01 mol/L pH 7.4 磷酸盐缓冲液作为包被液包被时检测线不显色，除 8 号和 9 号包被液以外的其他包被液均能显示均一、清晰的颜色，而只有 5 号包被液能使检测线显色最深，并且其显色带的宽度适中，利于肉眼观察，因此，选择含有 0.02% NaN$_3$ 的 5 号包被液，即 0.01 mol/L pH 7.4 PBS+2% BSA+0.02% NaN$_3$ 作为最佳包被液。

表 6-4 黄曲霉毒素纳米金试纸条最佳包被液的选择

编号	成分	检测线		
		色泽	清晰度	宽度
1	0.01 mol/L pH 7.4 PBS	不显色	—	—
2	0.01 mol/L pH 7.4 PBS+1% BSA	红	均一，清晰	窄
3	0.01 mol/L pH 7.4 PBS+1%蔗糖	红	均一，清晰	较宽
4	0.01 mol/L pH 7.4 PBS+1% BSA+1%蔗糖	较红	均一，清晰	宽
5	0.01 mol/L pH 7.4 PBS+2% BSA	最红	均一，清晰	适中
6	0.01 mol/L pH 7.4 PBS +2%蔗糖	较红	均一，清晰	适中
7	0.01 mol/L pH 7.4 PBS+2%BSA+2%蔗糖	红	均一，清晰	宽
8	0.01 mol/L pH 7.4 PBS+4% BSA	红	模糊	宽
9	0.01 mol/L pH 7.4 PBS +4%蔗糖	红	模糊	宽

2. 封闭液的选择

以黄曲霉毒素 B$_{2a}$-BSA 偶联物和纳米金 3G1 抗体探针分别作为捕获试剂和检测试剂。将样品垫及金标垫依次用不同的封闭液封闭（1~10 号），置 37 ℃温箱干燥，组装试纸条，将其插入含有相同体积反应液的酶标板微孔中，15 min 后观察结果，选择最佳的封闭液。

（1）金标垫最佳封闭液的选择。

配制封闭液（10 mmol/L pH 7.4 PBS+2% BSA+2.5%蔗糖+0.5% PVPK-30 等），用 10 种不同成分的封闭液封闭金标垫，选择能使检测线（T 线）和质控线（C 线）均显色最深的封闭液配方，结果见表 6-5。2、3、4、5、7 和 8 号封闭液均不能使两条线同时显示最深的颜色；1 号封闭液能同时使 T 线和 C 线显示红色，但同时也会使 NC 膜上出现背景色；6 号和 10 号封闭液均能使 T 线和 C 线显示较好的颜色，而 10 号封闭液能使 C 线显色更深，更有利于肉眼判断。因此，选择含有 0.02% NaN$_3$ 的 10 号封闭液，即 0.01 mol/L pH 7.4 PBS+2% BSA+0.1% Trion X-100+0.3% PVPK-30+2.5%蔗糖+0.02% NaN$_3$ 作为金标垫的最佳封闭液。

（2）样品垫最佳封闭液的选择。

用 10 种不同成分的封闭液封闭样品垫，选择能使 T 线和 C 线均显色最深的封闭液配方，结果见表 6-6。4 号封闭液能同时使 T 线和 C 线显示红色并且不会产生背景色，因此，选择含有 0.02% NaN$_3$ 的 4 号封闭液，即 0.01 mol/L pH 7.4 PBS+2% BSA+2.5% 蔗糖+0.02% NaN$_3$ 作为样品垫的最佳封闭液。

表 6-5　黄曲霉毒素纳米金试纸条金标垫最佳封闭液的选择

编号	成分	显色带		
		C 线	T 线	背景色
1	0.01 mol/L pH 7.4 PBS+2% BSA	红	红	有
2	0.01 mol/L pH 7.4 PBS+2% BSA+0.1% Trion X-100	淡红	淡红	无
3	0.01 mol/L pH 7.4 PBS+2% BSA+0.5% PVPK-30	紫红	淡红	无
4	0.01 mol/L pH 7.4 PBS+2% BSA+2.5%蔗糖	淡红	红	有
5	0.01 mol/L pH 7.4 PBS+0.1% TrionX-100	淡红	淡红	无
6	0.01 mol/L pH 7.4 PBS+2% BSA+0.1% Trion X-100+0.5% PVPK-30	红	红	无
7	0.01 mol/L pH 7.4 PBS+2% BSA+0.1% Trion X-100+2.5%蔗糖	淡红	红	无
8	0.01 mol/L pH 7.4 PBS+2% BSA+0.5% PVPK-30+2.5%蔗糖	红	淡红	无
9	0.01 mol/L pH 7.4 PBS+2% BSA+0.1% Trion X-100+0.5% PVPK-30+2.5%蔗糖	红	较红	无
10	0.01 mol/L pH 7.4 PBS+2% BSA+0.1% Trion X-100+0.3% PVPK-30+2.5%蔗糖+0.02%NaN$_3$	红	深红	无

表 6-6　黄曲霉毒素纳米金试纸条样品垫最佳封闭液的选择

编号	成分	显色带		
		C 线	T 线	背景色
1	0.01 mol/L pH 7.4 PBS+2% BSA	红	红	有
2	0.01 mol/L pH 7.4 PBS+2% BSA+0.1%TrionX-100	淡红	淡红	无
3	0.01 mol/L pH 7.4 PBS+2% BSA+0.5%PVPK 30	红	淡红	无
4	0.01 mol/L pH 7.4 PBS+2% BSA+2.5%蔗糖	红	红	无
5	0.01 mol/L pH 7.4 PBS+0.1% Trion X-100	淡红	淡红	无
6	0.01 mol/L pH 7.4 PBS+2% BSA+0.1%Trion X-100+0.5% PVPK 30	较红	红	无
7	0.01 mol/L pH 7.4 PBS+2% BSA+0.1%Trion X-100+2.5%蔗糖	淡红	红	无
8	0.01 mol/L pH 7.4 PBS+2% BSA+0.5% PVPK 30+2.5%蔗糖	红	淡红	无
9	0.01 mol/L pH 7.4 PBS+2% BSA+0.1% Trion X-100+0.5% PVPK30+2.5%蔗糖	红	较红	无
10	0.01 mol/L pH 7.4 PBS+2% BSA+0.1% Trion X-100+0.3% PVPK30+2.5%蔗糖	较红	深红	无

3. 反应试剂最佳浓度组合

在上述各种最佳反应条件优化的基础上，对所选用的各种反应试剂（纳米金探针、黄曲霉毒素 B_{2a}-BSA 和兔抗鼠二抗）进行系列稀释后，采用类似于 ELISA 实验中棋盘法选择最佳的浓度组合，并用黄曲霉毒素 B_1 标准品作为阳性对照，优化选择能使纳米金试纸条获得最佳灵敏度的浓度作为反应试剂的最佳浓度组合。

各种反应试剂的最佳浓度见表 6-7，其中金标探针的浓度（0.06 mg/mL）为其浓缩 10 倍后的应用浓度。

表 6-7　黄曲霉毒素纳米金试纸条反应试剂的最佳浓度和用量

位置	试剂	速率/（μL/cm）	浓度/（mg/mL）
C 线	兔抗鼠 IgG	0.75	0.50
T 线	黄曲霉毒素 AFB$_{2a}$-BSA	0.75	0.50
金标垫	金标探针	8.00	0.06

4. 反应液最佳体积

采用以上优化筛选出的各种最佳条件制备试纸条，在酶标板微孔中加入 30~200 μL 的空白反应液，并用 25 ng/mL 黄曲霉毒素 B$_1$ 标样溶液作为阳性对照，选择阴性和阳性对照条检测线颜色相差最大的体积作为样品检测的适宜加样体积。

在酶标板微孔中加入 30~200 μL 的反应液，结果见图 6-9。加样体积太小或太大对 T 线和 C 线的显色都会产生影响，30 μL 的加样体积不能使金标探针完全释放，并使溶解的金标探针向反方向泳动；当加样体积≥50 μL 时，能使金标探针完全释放并顺利完成层析泳动，但是，随着加样体积的增大，显色带的颜色也逐渐变浅，见图 6-9。研究结果表明，80~100 μL 的加样体积能使阴性对照条显色带（C 线、T 线）获得最深的颜色，80~150 μL 的加样体积能使阴性与阳性对照条上检测线的颜色产生最大的色差。因此，选择 100 μL 为适宜的加样体积。

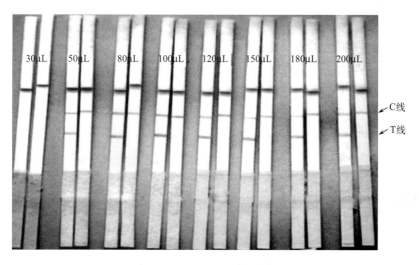

图 6-9　加样体积对纳米金试纸条显色的影响

5. 硝酸纤维素膜规格型号的选择

将黄曲霉毒素 B$_{2a}$-BSA 偶联物分别包被于三种不同型号的硝酸纤维素膜上：Millipore HF090、Millipore HF135、Millipore HF180，置于 37 ℃恒温箱干燥后，组装试纸条。将试纸条插入含有相同体积反应液的酶标板微孔中，15 min 后观察结果，选择最佳的硝酸纤维素膜。

对三种规格型号硝酸纤维素膜的比较研究结果（表 6-8）表明，Millipore HF090 膜层析速度快，但极易产生背景色，不利于小分子竞争反应，灵敏度低；Millipore HF180 膜有利于小分子的竞争反应，灵敏度高，但层析速度慢，显色带较窄，不利于肉眼观察；而 Millipore HF135 膜灵敏度高，层析速度居中，并且没有背景色。因此，综合考虑各种因素，选择 Millipore HF135 层析膜用于黄曲霉毒素纳米金试纸条的制备。

表 6-8　硝酸纤维素膜规格型号的选择

膜型号	层析速度	灵敏度	背景色	显色带		
				颜色	清晰度	宽度
Millipore HF090	快	低	有	浅	边缘模糊	宽
Millipore HF135	中	高	无	中	边缘光滑	适中
Millipore HF180	慢	高	无	深	边缘光滑	窄

6. 免疫层析试纸条的构建

纳米金免疫层析方法是以金标探针为显色试剂，以固相层析材料为载体，通过构建免疫层析试纸条来实现的。免疫层析试纸条主要由样品垫、金标垫、层析膜和吸水垫依次交叠贴附于背衬之上构成。要研制一种性能优良的免疫层析试纸条，除要优化以上纳米金探针及其与其他免疫试剂最佳用量等条件外，还要对试纸条的样品垫、金标垫、层析膜和吸水垫等各部分进行合理设计。

黄曲霉毒素纳米金试纸条的构建设计见图 6-10。选择 6 cm 长的衬板和 2.5 cm 宽的层析膜，样品垫、金标垫和吸水垫的长度分别设计为 15 mm、8 mm、18 mm，样品垫与金标垫之间交叠 1~2 mm，金标垫与层析膜之间交叠 1~2 mm，层析膜与吸水垫之间交叠 2~3 mm，试纸条的宽度为 3 mm。

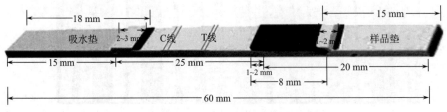

图 6-10　黄曲霉毒素纳米金检测试纸条的结构设计

三、黄曲霉毒素 B_1 纳米金免疫检测技术的建立

（一）黄曲霉毒素 B_1 试纸条样品分析条件

1. 样品提取液甲醇浓度的选择

选择不同浓度的甲醇水溶液提取同一个花生样品，将提取液稀释至适当的甲醇含量

（10%），吸取 100 μL 稀释液作为反应液加入酶标板微孔中，插入试纸条，15 min 后观察结果，选择最佳的提取液用于试纸条检测。

甲醇水溶液是最常用的黄曲霉毒素提取液，研究表明采用 60%~90% 的甲醇水溶液（体积比）提取样品中的黄曲霉毒素，随着甲醇浓度的增加，提取效率提高。但为了使样品提取液中的甲醇降至纳米金探针所能够耐受的浓度，提取液的稀释倍数也需要相应增加，造成试液中黄曲霉毒素稀释倍数的增加；此外，用 90% 的甲醇水溶液作为提取液提取含油量高的样品时，提取液对油脂的乳化作用增强，不利于试纸条分析。因此，选择 80% 的甲醇水溶液作为样品提取液。

2. 样品最佳稀释液的选择

以花生样品提取液为例选择最佳的稀释液。将花生提取液用不同成分的稀释液（1~4号）进行稀释，并取 100 μL 作为反应液加入酶标板微孔中，插入试纸条，15 min 后观察结果，选择最佳的稀释液。

样品提取液需经适当稀释才能用于检测，稀释液的成分不同可能对检测结果造成影响，四种稀释液（1~4 号）对显色影响的研究结果见表 6-9，用水作为稀释液时效果最好，在相同稀释倍数下 1~3 号稀释液虽然均能显色，但与 4 号相比颜色明显偏浅，4 号颜色最深为红色。因此，选择 4 号水作为样品提取液的最佳稀释液。

表 6-9 最佳样品稀释液的选择

编号	成分	显色带颜色
1	1.00% NaCl	淡红
2	0.02 mol/L 硼酸盐缓冲液	淡红
3	0.01 mol/L pH 7.4 PBS	淡红
4	水	红

3. 试纸条对甲醇耐受浓度的测定

配制系列甲醇浓度（0%~80%）的甲醇水溶液（体积比）作为待检液，取 100 μL 作为反应液加入酶标板微孔中，插入试纸条，15 min 后观察结果，选择最佳的甲醇浓度。

用 0%~80% 的甲醇水溶液作为黄曲霉毒素 B_1 免疫层析分析的反应液，结果如图 6-11（Zhang et al., 2011a）所示。研究结果表明，在 80% 甲醇水溶液中，金标探针的活性和释放能力已完全被破坏；在 60% 甲醇水溶液里，C、T 线轻微显色；50% 甲醇水溶液对金标探针的破坏明显减弱，但仍不能使金标探针完全释放，而甲醇浓度≤40%时，金标探针活性和层析效果不受影响。因此，实际样品检测时，检测液中的甲醇浓度上限不应高于 40%。

4. 样品提取液最佳稀释倍数

将样品提取液进行逐级稀释后，取 100 μL 稀释液作为反应液加入酶标板微孔中，插入试纸条，15 min 后观察结果，选取最佳的稀释倍数。

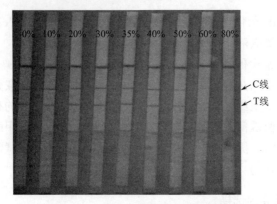

图 6-11　反应液甲醇浓度的优化选择

采用 80%的甲醇水（溶液）提取花生样品，样品提取液最佳稀释倍数优化选择结果如图 6-12（Zhang et al., 2011a）所示。稀释 2 倍时，基质效应的影响使 T 线的显色很浅，而当稀释 5~10 倍时，T 线的显色基本一致，说明当稀释倍数≥5 倍时，基质效应对 T 线的显色已无影响或趋于稳定。稀释倍数越小越有利于弱阳性样品的检测。因此，选择 5 倍稀释的提取液用于免疫层析检测，此时检测液中的甲醇含量为 16%，小于其最大耐受甲醇浓度。

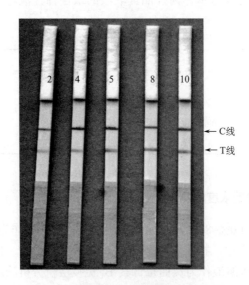

图 6-12　样品提取液稀释倍数的选择

（二）黄曲霉毒素 B_1 试纸条性能评价

1. 试纸条检出限

室温条件下，配制不同浓度的黄曲霉毒素 B_1 标准溶液，取 100 μL 加入酶标板微孔中，用黄曲霉毒素 B_1 试纸条进行检测，重复 6 次。通过肉眼观察，试纸条检测线颜色明显浅于阴性对照条检测线颜色时的最小黄曲霉毒素浓度，即为黄曲霉毒素 B_1 试纸条的肉眼判定检出限。

　　将 0.25~30.00 ng/mL 的黄曲霉毒素 B_1 溶液添加于空白提取液稀释液中，并以未添加黄曲霉毒素的稀释液作为阴性对照，结果如图 6-13 所示。当黄曲霉毒素 B_1 浓度为 1.00 ng/mL 时，T 线的颜色明显浅于对照条 T 线的颜色，因此，所制备试纸条对黄曲霉毒素 B_1 肉眼可见的检出限为 1.00 ng/mL。

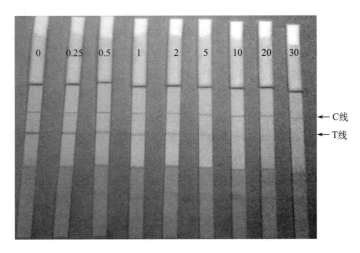

图 6-13　黄曲霉毒素 B_1 试纸条的检出限测定

图中注字表示黄曲霉毒素 B_1 溶液的浓度，单位为 ng/mL

2. 试纸条特异性

　　依次配制 40 ng/mL 的黄曲霉毒素 B_2、G_1、G_2 溶液，取 100 μL 加入酶标板微孔中，用黄曲霉毒素 B_1 试纸条进行检测分析，重复 6 次，15 min 后观察结果见图 6-14。黄曲霉

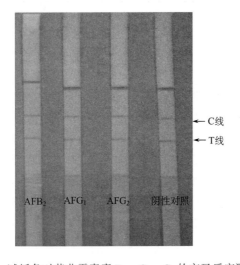

图 6-14　试纸条对黄曲霉毒素 B_2、G_1、G_2 的交叉反应测定结果

毒素 B_2、G_1、G_2 三种黄曲霉毒素在 40 ng/mL 时 T 线的显色与阴性对照基本一致，肉眼未见明显抑制。从实验结果图 6-13 可知，当黄曲霉毒素 B_1 的浓度为 30 ng/mL 时，试纸条 T 线的显色已基本被完全抑制，因此，所制备的试纸条对黄曲霉毒素 B_1 的检测具有特异性。

3. 试纸条准确度和精密度评价

将不同浓度的黄曲霉毒素 B_1 标准品溶液添加于花生阴性样品提取液中，用间接竞争 ELISA 法和所制备的免疫层析试纸条同时进行检测，间接竞争 ELISA 法设 4 个重复，免疫层析法设 20 个重复，研究比较两种方法检测结果的符合率以及免疫层析法 20 个重复之间的重复性。结果表明，黄曲霉毒素 B_1 免疫层析特异性检测方法具有很高的准确度和精密度。

在空白花生提取液中添加 8.0 ng/mL、20.0 ng/mL、80.0 ng/mL 三个浓度的黄曲霉毒素 B_1 溶液，将提取液稀释 5 倍（用于免疫层析检测）或 10 倍（用于 ELISA 检测），间接竞争 ELISA 法的定量检测结果为 0.86 ng/mL、2.28 ng/mL 和 7.89 ng/mL，理论上采用免疫层析方法对三个添加样品的检测结果均应为阳性，实际检测结果表明，三个添加样品的肉眼观察结果均为阳性（表 6-10）。因此，纳米金免疫层析与定量 ELISA 两种方法检测结果的符合率为 100%，表明所建立的黄曲霉毒素 B_1 免疫层析特异性检测方法具有很高的准确度。

表 6-10　间接竞争 ELISA 法和纳米金试纸条对黄曲霉毒素 B_1 添加检测结果比较

添加浓度 /（ng/mL）	ELISA（$n = 4$）				ICA（$n = 20$）		
	稀释倍数	平均值/（ng/mL）	SD[a]	RC[b]/%	稀释倍数	眼观结果	FN[d]/%
8.00	10	0.86	0.067	107.0	5	+[c]	0
20.00	10	2.28	0.181	114.0	5	+	0
80.00	10	7.89	0.343	98.6	5	+	0

注：a 表示标准偏差；b 表示回收率；c 表示阳性；d 表示假阴性。

4. 试纸条稳定性

在室温下，将制备好的黄曲霉毒素试纸条保存于装有干燥剂的试纸筒中，每 2 周观察储存的试纸条在空白反应液中的显色情况，每次 6 个重复，将每次测试试纸条检测线的颜色与第一次检测时的 T 线颜色进行比较，找出 T 线颜色开始变浅的时间点，在该时间点之前试纸条性能稳定，在该时间点之前的时间即为有效保存时间。

室温条件下黄曲霉毒素 B_1 特异性试纸条检测线的颜色在第 20 周时开始变浅，22 周时明显变浅，因此，该试纸条在室温可稳定保存 18 周。若将该试纸条放置于低温冷藏环境中（如 4 ℃），将能够显著延长其稳定保存时间。

四、纳米金制备技术及颗粒大小对免疫层析效果的影响

（一）纳米金制备的关键技术环节

研究中早期制备纳米金溶液时经常出现金颗粒团聚或批次之间纳米金溶液颜色不一致的现象，原因主要与所用玻璃容器不够清洁和加入还原剂时柠檬酸三钠溶液碰到瓶壁有关。此外，制备纳米金时周围环境的洁净程度和溶液的搅拌速率不完全一致也可能导致不同批次之间的差异。因此，高质量纳米金的制备需要注意以下几个关键环节。

1. 清洁玻璃容器

玻璃容器表面少量的污染会干扰纳米金颗粒的生成，所用的一切玻璃容器应绝对清洁，用前经过酸洗、硅烷化处理。实验室可采用将所有玻璃器皿浸泡于次强重铬酸洗液中过夜的办法进行清洁。

2. 试剂、水质和环境

氯金酸极易吸潮，对金属有强烈的腐蚀性，不能使用金属药匙，避免接触天平秤盘。1%氯金酸水溶液在 4 ℃可稳定数月。实验用水应尽量使用超纯水，因为久置的水中可能会有细菌生长，即有微粒，会引起纳米金聚沉或造成颗粒不均匀。另外，空气中的 CO_2 可以溶于水中，造成水的 pH 下降，也可能影响所制备纳米金颗粒的大小。因此，实验室要求有较高的洁净度，以免影响实验结果的重复性。

3. 搅拌速率

在纳米金制备过程中，控制搅拌速率很重要。搅拌速率不宜过慢，否则起不到应有的搅拌效果，导致纳米金颗粒大小不均；搅拌过快又容易造成纳米金颗粒偏小。一般转速应控制在能将整瓶溶液快速混匀的最低速率，而且转速应在最开始的加热阶段调节好。

4. 还原剂加入方式

还原剂柠檬酸三钠的加入方式也非常重要,最好一次性快速加入且不能碰到瓶壁,否则,每次加入的还原剂所造成的还原中心数目不同,容易导致生成的纳米金颗粒大小不均匀。

（二）纳米金颗粒大小的选择

纳米金颗粒的粒径不同，纳米金溶液颜色也不同，粒径越大的纳米金溶液颜色越深，反之则越浅。采用纳米金免疫层析方法检测小分子化合物时，因小颗粒的纳米金显色浅，在检测阳性样品时，即使有少量金标探针结合在检测线位置，也不会形成很明显的条带，因此倾向于使用粒径大小为 15~25 nm 的纳米金。小颗粒纳米金由于显色浅，不利于肉眼观察，有学者认为应尽可能使用大颗粒的纳米金。对于检测弱阳性样品时出现浅色条带的问题，可以通过其他方法加以改善，如采用 40 nm 金颗粒制备金标探针用于小分子的免疫层析。

在选择纳米金颗粒大小时应根据具体分析对象及优化结果权衡利弊、综合考虑。例

如，在研究早期采用 40 nm 的金颗粒制备金标探针，所建立的免疫层析方法对黄曲霉毒素 B_1 的检出限为 1 ng/mL。后来的实验研究发现 40 nm 的金颗粒（每 100 mL $HAuCl_4$ 溶液中加入 1 mL 1%柠檬酸三钠）放置约 1 个月后出现轻微沉淀。进一步研究采用约 15 nm 的金颗粒制备金标探针，优化后所建立的免疫层析方法对黄曲霉毒素 B_1 的检出限仍能达到 1 ng/mL，且放置 1 个月后未见任何沉淀现象，更加稳定。因此，选择使用 15 nm 的金颗粒制备金标探针更为适宜。

五、黄曲霉毒素 B_1 纳米金免疫检测试纸条应用及与 HPLC 法测定结果比较

通过对黄曲霉毒素 B_1 特异性试纸条和提取液、稀释液等进行适配性组装，研制成黄曲霉毒素 B_1 特异性纳米金检测试剂盒，可用于粮油食品（花生、玉米、大米、燕麦仁、糙米）、植物油（花生油、玉米油、普通菜籽油、低芥菜籽油、大豆油、山茶籽油、谷物米糠油）、干果（幸运果、腰果、杏仁、无花果、葵花籽、开心果）、茶叶（普洱茶、砖茶）、调味品（花生酱、芝麻酱、辣椒）、中药材（陈皮、参片、枇杷叶、天冬、金银花）和饲料（兔饲料、猪饲料、鸡饲料、鼠饲料、菜籽粕）7 类、62 个农产品中黄曲霉毒素 B_1 污染的检测，与 HPLC 法平行比较检测结果表明，两种方法所得检测结果符合率超过 98%（李培武等，2014i；Li et al., 2011；Li Pw et al., 2012b；Zhang et al., 2011a）。

1. 免疫层析样品前处理方法

（1）固体类样品的前处理方法。

粉碎样品后，过 20 目筛，取 5 g 样品到 50 mL 离心管中，加入 10 mL 80%甲醇水（体积比）溶液，剧烈振荡 3~5 min，色素含量较高的样品提取液需过多功能净化柱去除色素；枇杷叶和金银花样品提取后，5000 r/min 转速下离心 10 min，其他样品提取后静置 5~10 min，洗脱液或上清液用水稀释 5 倍后待检。

（2）脂溶性样品的前处理方法。

取 5.0 g 脂溶性样品置于 50 mL 离心管中，加入 10.0 mL 重蒸石油醚，振荡均匀后，加入 10.0 mL 80%甲醇水溶液，再涡旋振荡 5 min，之后除去上层石油醚层，取 1.0 mL 下层甲醇水溶液于 10.0 mL 离心管中，加入 4.0 mL 纯水，混匀待检。

2. HPLC 分析样品前处理方法

（1）固体类样品的前处理方法。

取 5 g 已磨细的样品装入 50 mL 离心管中，加入 15 mL 含 4% NaCl 的 80%甲醇水溶液，50~60 ℃水浴条件下超声提取 5 min，用双层滤纸过滤后收取滤液。对于含油量高的样品，取 4 mL 滤液加入 2 mL 石油醚，充分混匀，静置分层，吸取 3 mL 最下层脱脂提取液，加入 9 mL 水稀释；对于含色素较多的样品，取 4 mL 滤液，用多功能净化柱进行脱色素处理，吸取 3 mL 脱色后的滤液加入 9 mL 水稀释；将各稀释液分别过玻璃纤维滤纸，滤出 9.0 mL 时停止过滤，将滤液过黄曲霉毒素亲和柱。

亲和微柱截获的黄曲霉毒素用 1 mL 甲醇洗脱并收集；洗脱液在 60 ℃水浴条件下氮气吹至近干，用 200 μL 正己烷和 100 μL 三氟乙酸溶解，40 ℃条件下衍生 15 min，再次

氮气吹至近干；用 200 μL 85%乙腈水（体积比）溶液溶解，1000 r/min 离心 15 min；将离心后的上清液进行 HPLC 分析。

（2）脂溶性样品的前处理方法。

取 5.0 g 样品置于 50 mL 离心管中，加入 10 mL 重蒸石油醚，振匀；再加入 15.0 mL 含 4% NaCl 的 80%甲醇水溶液，将混合液置于涡旋仪上振荡提取 5 min；振荡完毕后除去上层石油醚层，取 3.0 mL 下层甲醇水溶液于小烧杯中，加入 8.0 mL 水稀释；稀释液过 0.45 μm 有机相滤膜，滤出 9.0 mL 时停止过滤，将全部滤液过黄曲霉毒素亲和微柱。其他操作同固体类样品的前处理方法。

（3）黄曲霉毒素 B_1 纳米金试纸条与 HPLC 法测定结果比较。

黄曲霉毒素 B_1 纳米金试纸条对空白样品提取液添加黄曲霉毒素 B_1 的检出限为 1 ng/mL，根据样品中黄曲霉毒素 B_1 在检测液中的稀释倍数（10×），理论上当样品中黄曲霉毒素 B_1 的含量不低于 10 μg/kg 时能够检测到阳性结果。采用黄曲霉毒素 B_1 试纸条对 63 个农产品样品中黄曲霉毒素检测的结果见表 6-11，黄曲霉毒素 B_1 特异性试纸条的检测结果与 HPLC 法检测结果的符合率达 98.39%，表明所制备的试纸条能够满足农产品实际样品中黄曲霉毒素 B_1 的特异性检测的需求。

表 6-11 黄曲霉毒素 B_1 特异性试纸条在农产品黄曲霉毒素 B_1 检测中的应用
及与 HPLC 法检测结果的比对

样品	HPLC/（μg/kg）	黄曲霉毒素 B_1 特异性试纸条 [a]（n = 6）
粮油产品		
燕麦仁	0.70	−, −, −, −, −, − [b]
糙米	0.77	−, −, −, −, −, −
玉米	0.63	−, −, −, −, −, −
大米	0.67	−, −, −, −, −, −
花生-1	ND [c]	−, −, −, −, −, −
花生-2	10.28	−, −, −,+, +, ± [d]
花生-3	17.45	+, +, +, +, +, + [e]
花生-4	14.77	+, +, +, +, +, +
花生-5	0.46	−, −, −, −, −, −
花生-6	14.21	+, +, +, +, +, +
花生-7	30.80	+, +, +, +, +, +
花生-8	ND	−, −, −, −, −, −
花生-9	15.99	+, +, +, +, +, +
花生-10	11.62	+, +, +, +, +, +
花生-11	13.19	+, +, +, +, +, +
花生-12	0.08	−, −, −, −, −, −
花生-13	12.47	+, +, +, +, +, +
花生-14	8.62	−, −, −, −, −, −
花生-15	0.56	−, −, −, −, −, −
花生-16	11.02	+, +, +, +, +, +
花生-17	4.67	−, −, −, −, −, −

续表

样品	HPLC/（μg/kg）	黄曲霉毒素 B$_1$ 特异性试纸条 [a]（$n=6$）
花生-18	12.49	+, +, +, +, +, +
花生-19	26.33	+, +, +, +, +, +
植物油		
花生油	0.76	-, -, -, -, -, -
玉米油	0.45	-, -, -, -, -, -
普通菜籽油	0.37	-, -, -, -, -, -
低芥菜籽油	0.52	-, -, -, -, -, -
大豆油	0.45	-, -, -, -, -, -
山茶籽油	0.27	-, -, -, -, -, -
谷物米糠油	0.40	-, -, -, -, -, -
干果		
幸运果	0.26	-, -, -, -, -, -
腰果	0.65	-, -, -, -, -, -
杏仁	0.70	-, -, -, -, -, -
无花果	0.48	-, -, -, -, -, -
葵花籽	0.81	-, -, -, -, -, -
开心果	0.69	-, -, -, -, -, -
调味品		
花生酱	0.51	-, -, -, -, -, -
芝麻酱	75.40	+, +, +, +, +, +
辣椒	0.12	-, -, -, -, -, -
中药材		
陈皮	0.44	-, -, -, -, -, -
白参片	0.64	-, -, -, -, -, -
红参片	0.50	-, -, -, -, -, -
枇杷叶-1	0.45	-, -, -, -, -, -
枇杷叶-2	0.55	-, -, -, -, -, -
天冬-1	1.04	-, -, -, -, -, -
天冬-2	1.20	-, -, -, -, -, -
金银花-1	0.42	-, -, -, -, -, -
金银花-2	0.65	-, -, -, -, -, -
茶叶		
普洱茶-1	13.11	+, +, +, +, +, +
普洱茶-2	4.98	-, -, -, -, -, -
普洱茶-3	59.30	+, +, +, +, +, +
普洱茶-4	15.40	+, +, +, +, +, +
普洱茶-5	12.64	+, +, +, +, +, +
砖茶	0.36	-, -, -, -, -, -

续表

样品	HPLC/（µg/kg）	黄曲霉毒素 B_1 特异性试纸条 [a]（$n=6$）
饲料		
兔饲料	0.64	−, −, −, −, −, −
猪饲料	1.91	−, −, −, −, −, −
鸡饲料	1.76	−, −, −, −, −, −
鼠饲料	0.91	−, −, −, −, −, −
菜籽粕-1	0.76	−, −, −, −, −, −
菜籽粕-2	0.03	−, −, −, −, −, −
菜籽粕-3	0.76	−, −, −, −, −, −
菜籽粕-4	0.67	−, −, −, −, −, −

注：a 表示样品中黄曲霉毒素 B_1 浓度用于免疫层析检测液时稀释 10 倍；b 表示阴性；c 表示未检出，检出限：10µg/kg；d 表示阳性/阴性；e 表示阳性。

第三节　黄曲霉毒素 M_1 纳米金免疫检测技术

一、黄曲霉毒素 M_1 纳米金免疫探针的制备

（一）试剂溶液的配制

（1）1% $HAuCl_4$ 溶液：将 1.0 g 四氯金酸（$HAuCl_4$）溶于超纯水中，待完全溶解后用 100 mL 容量瓶定容，配成 1%水溶液。将配好的溶液储存于棕色试剂瓶中，于 4 ℃冰箱中保存备用。

（2）1%柠檬酸三钠溶液：柠檬酸三钠溶液应现配现用，配制方法如下：取 1.0 g 二水合柠檬酸三钠（$Na_3C_6H_5O_7·2H_2O$）溶于超纯水中，待完全溶解后用 100 mL 容量瓶定容，配成 1%的水溶液，再用 0.22 µm 滤膜过滤备用。

（3）0.1 mol/L K_2CO_3 溶液：取 13.8 g 碳酸钾（K_2CO_3）溶于超纯水中，待完全溶解后定容至 1 L，0.22 µm 滤膜过滤备用。

（4）10% BSA 溶液：10% BSA 溶液应现配现用。取 10.0 g BSA，溶于超纯水中，待完全溶解后用超纯水定容至 100 mL，0.22 µm 滤膜过滤备用。

（5）标记保存液（2.0 mmol/L 硼酸缓冲液）：取硼酸 0.1 g、PEG20000 2.0 g、NaN_3 0.2 g，溶于超纯水中，待完全溶解后用超纯水定容至 1 L，用 0.22 µm 滤膜过滤备用。

（二）黄曲霉毒素 M_1 抗体 2C9 纳米金标记条件的优化

1. 最适 K_2CO_3 溶液用量

分别取 5 mL 纳米金溶液至 9 个 10 mL 离心管中，用 0.1 mol/L K_2CO_3，按每毫升（mL）纳米金溶液加 1～9 µL K_2CO_3 以调节 pH，然后在每种不同 pH 的纳米金溶液中分别加入 1.0 mg/mL 的 2C9 抗体 100.0 µL，轻轻混匀，室温静置 2 h，观察现象。

2C9 抗体加入混合纳米金溶液中后，含有 1~3 µL 0.1 mol/L K_2CO_3 的纳米金标溶液发

生聚沉，溶液颜色由红变蓝，因此加入 1~3 μL K$_2$CO$_3$ 的纳米金标溶液无法满足最佳标记 pH 的要求，结果如图 6-15 所示，在每毫升纳米金溶液中加入 4~7 μL 0.1 mol/L K$_2$CO$_3$ 时，对应金标溶液的最高吸收峰均在 525 nm 处，而在每毫升纳米金溶液中加入 8~9 μL 0.1 mol/L K$_2$CO$_3$ 时，金标溶液的最高吸收峰均在 520 nm。说明吸收峰的位置在不同 pH 条件下有偏移，这是纳米金颗粒随 pH 变化使得表面抗体结合量不同，从而使金颗粒的大小和稳定性发生变化。吸收峰波长红移，表明金颗粒越大，结合在金颗粒表面的抗体越多，因此，每毫升金溶液中加入 4~7 μL 0.1 mol/L K$_2$CO$_3$ 溶液时，有利于 2C9 抗体的纳米金标记。

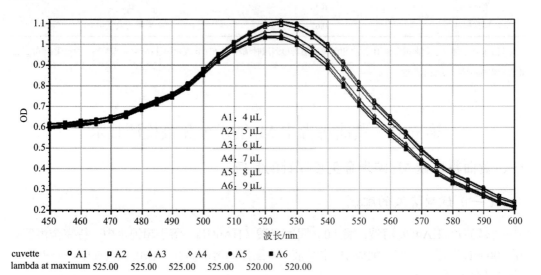

图 6-15　K$_2$CO$_3$ 溶液用量对 2C9 抗体标记效果的影响

当每毫升纳米金溶液中加入 5 μL 0.1 mol/L K$_2$CO$_3$ 溶液时，混合金标溶液的扫描吸光值最高，表明此 pH 条件下，结合在金颗粒表面的抗体最多。因此，选择每毫升纳米金溶液中加入 5 μL 0.1 mol/L K$_2$CO$_3$ 溶液调节 pH，进行 2C9 抗体的纳米金标记最为适宜。

2. 抗体 2C9 的最佳标记量

抗体最佳标记量的确定包括最小稳定抗体标记浓度及最佳抗体标记量两方面因素。

（1）最小稳定抗体标记浓度。

稳定的纳米金最小抗体浓度可采用 Mey 氏稳定化实验法进行测定：1 mL 纳米金溶液中加入 0.1 mL 不同浓度的抗体溶液，使其终浓度为每毫升纳米金溶液含 1~10 μg 抗体，室温放置 2~5 min 后，加入 10% NaCl 溶液 0.1 mL，5 min 后观察颜色变化。以纳米金混合液颜色能够保持红色的最小抗体浓度为稳定纳米金所需的最小标记浓度。稳定纳米金所需最小标记浓度的研究结果见图 6-16（Zhang D H et al., 2012b）。可见，抗体 2C9 的最小稳定标记浓度为 3 μg/mL。

图 6-16　2C9 抗体的最小稳定标记浓度（彩图 5c）

图中数字表示加入抗体的终浓度，单位为 μg/mL

（2）最佳抗体标记量。

向 5 mL 已调好 pH 的纳米金溶液中加入 0.1 mg/mL 系列体积的抗体溶液进行标记，使其终浓度为 1～10 μg 抗体/mL 纳米金，室温静置 30 min，加入 10% BSA 溶液至终浓度为 1%，室温反应 30 min；4 ℃放置 2 h，离心纯化，初步组装试纸条，将试纸条插入空白检测液中，15 min 后观察试纸条检测线的颜色。选择检测线出现明显可见的红色条带时对应的抗体浓度为其最佳标记量。

以适当稀释的牛奶样品为反应溶液，当标记的抗体量逐渐增加时，试纸条检测线（T线）颜色逐渐变深。由表 6-12 的实验结果可知，抗体终浓度为 5 μg/mL 时，标记量既有利于肉眼观察结果，又可保持最小的抗体标记量，可显著提高检测灵敏度。因此，黄曲霉毒素 M_1 抗体 2C9 的最佳标记量为 5 μg/mL。

表 6-12　2C9 抗体最佳标记浓度的选择

抗体终浓度/（μg/mL）	1	2	3	4	5	6	7	8	9	10
T 线颜色	无色	非常浅	较浅	浅	红	红	很红	很红	紫红	紫

（三）抗体 2C9 免疫金标探针的制备与纯化

量取 50.0 mL 纳米金溶液置于 100.0 mL 烧杯中，用 0.1 mol/L K_2CO_3 调节其 pH；搅拌状态下缓慢加入 250 μL 抗体溶液，搅拌 30 min，加入 10% BSA 至终浓度为 1%，继续搅拌 30 min，4 ℃放置 2 h，将纳米金标记物分装于两个 50 mL 离心管中，1500 r/min 转速下离心 15 min，吸出上清液，弃沉淀；再以 12 000 r/min 转速离心 20 min，弃上清液，加入标记保存液至原体积；再次以 12 000 r/min 转速离心 20 min，弃上清液，沉淀用 1/10 原体积的标记保存液重悬，得到 5.0 mL 浓缩的金标探针溶液，置于 4 ℃的冰箱备用。

1. 金标探针的鉴定

在 400~700 nm 可见光区依次扫描纳米金溶液（A3）、标记抗体的混合金溶液（A5）和用 1% BSA 封闭的混合金溶液（A6），结果如图 6-17 所示（Zhang D H et al., 2012b）。加入抗体和 BSA 以后，纳米金溶液的最大吸收峰从 519 nm 移至 523 nm，最后移至 524 nm 处，说明纳米金颗粒逐渐变大，这是由于金颗粒表面结合了抗体和 BSA，从而证明抗体已成功标记在金颗粒的表面，而且 BSA 也已封闭了金颗粒表面的剩余位点。三种溶液在最高吸收峰处的吸光值依次是 A3 0.987，A5 1.089，A6 1.028。

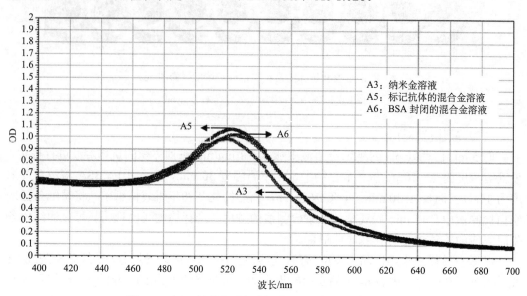

图 6-17　2C9 抗体与金颗粒偶联鉴定紫外-可见光谱图

2. 抗体 2C9 金标探针的纯度鉴定

抗体 2C9 金标探针的纯化效果见图 6-18（Zhang D H et al., 2012b）。纯化前的金标溶液扫描光谱（A）在 277 nm 处有一游离蛋白吸收峰，而纯化之后扫描光谱（B）中游离蛋白吸收峰基本消失，只有 524 nm 处金标探针的吸收峰，表明抗体与纳米金的标记物已得到成功纯化。

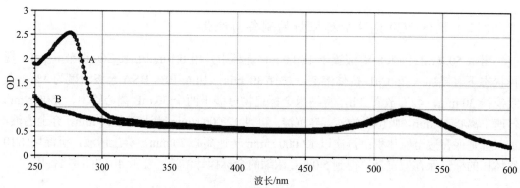

图 6-18　抗体 2C9 抗体金标探针的纯化鉴定紫外-可见光谱图

A.未纯化的金标探针溶液 B.纯化的金标探针溶液

二、黄曲霉毒素 M_1 纳米金试纸条的制备

（一）包被液的选择

参照黄曲霉毒素 B_1 试纸条包被液优化方案，以金标 2C9 抗体作为检测试剂，用点

膜仪 AirJet 喷头将金标溶液喷涂于已封闭好的金标垫上，真空干燥备用；将 AFM$_1$-BSA 偶联物用不同的包被缓冲液稀释后，包被于 10 cm 长的 NC 膜上，37 ℃烘干 12 h；将样品垫、金标垫、硝酸纤维素膜、吸水垫依次黏附于衬板上组装成试纸板，用切条机切成 3 mm 宽的试纸条，将样品垫下端插入 100 μL 反应液的酶标板微孔中，15 min 后观察结果。

结果比较表明，包被液中含有 0.01 mol/L pH 7.4 PBS+2% BSA+0.02% NaN$_3$ 时，试纸条检测线显示均一、颜色清晰、宽度适中，利于肉眼观察，因此，选择含有 0.01 mol/L pH 7.4 PBS+2% BSA+0.02% NaN$_3$ 作为最佳包被液（Zhang et al., 2012）。

（二）封闭液的选择

以 AFM$_1$ 完全抗原和金标 2C9 抗体分别作为捕获试剂和检测试剂。参照黄曲霉毒素 B$_1$ 试纸条封闭液的优化方案，选取 NC 膜背景色小，T 线、C 线都较为清晰，且利于肉眼观察的封闭液为最佳封闭液。因此选择含有 2% BSA、0.1% Trion X-100、3% PVPK-30、2.5%蔗糖和 0.02% NaN$_3$ 的 0.01 mol/L pH 7.4 PBS 作为金标垫的最佳封闭液；选择含有 2% BSA、2.5%蔗糖和 0.02% NaN$_3$ 的 0.01 mol/L pH 7.4 PBS 作为样品垫的最佳封闭液（Zhang D H et al., 2012b）。

（三）反应试剂最佳浓度组合的选择

在上述最佳包被液和封闭液反应条件优化的基础上，对所选用的各种反应试剂（纳米金探针、AFM$_1$-BSA 和兔抗鼠二抗）进行系列稀释后，采用类似于 ELISA 实验棋盘滴定的方法选择最佳的浓度组合，以黄曲霉毒素 M$_1$ 标准品作为阳性对照，选择能使试纸条获得最佳灵敏度的组合作为反应试剂的最佳浓度组合。

优化选择出的三种反应试剂最佳浓度结果见表 6-13（Zhang et al., 2012），其中纳米金探针的浓度（0.05 mg/mL）为其浓缩 10 倍后的应用浓度。

表 6-13　黄曲霉毒素 M$_1$ 试纸条反应试剂的最佳浓度和用量

位置	试剂	浓度/（mg/mL）	速率/（μL/cm）
C 线	兔抗鼠 IgG	0.50	0.75
T 线	黄曲霉毒素 M$_1$-BSA	0.25	0.75
金标垫	金标探针	0.05	7.00

三、黄曲霉毒素 M$_1$ 纳米金免疫检测技术的建立

（一）牛奶及奶制品样品前处理方法

牛奶及奶粉的前处理不需要提取，只需加水进行逐级稀释。取 100 μL 作为反应液加入酶标板微孔中，每一个稀释倍数设 6 组平行，插入试纸条，15 min 后观察结果，选取背景干扰小、层析速度快且重复性好的条件作为最佳的稀释倍数。具体操作及结果如下。

在 40~90 μL 未经任何处理的空白牛奶中加入 60~10 μL 水，使其总体积为 100 μL，

并取 100 μL 未经稀释的牛奶作为对照，依次加入酶标板的微孔中，插入黄曲霉毒素 M_1 试纸条，15 min 后观察 C、T 线显色情况，结果见图 6-19。结果表明，15 min 后未经稀释的牛奶也能使试纸条的 C、T 线均有颜色显示，但金标垫上仍滞留有未完全释放的金标探针，并且金标探针层析不完全导致试纸条背景色干扰，不利于肉眼观察；而 6 种稀释的牛奶溶液则基本均能使金标探针完全释放，其中 2 号稀释液仍使试纸条具有较明显的背景色；3 号稀释液虽然明显降低了试纸条的背景色，但层析速度较慢，可能是溶液中蛋白质浓度较高的原因；4 号稀释液不会产生背景色，层析速度也与后面 5~7 号基本一致。

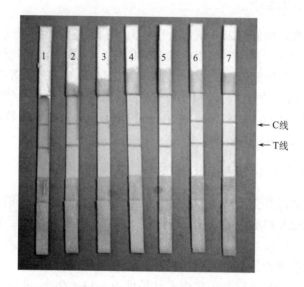

图 6-19　牛奶样品稀释倍数的优化选择

1. 未稀释的牛奶；2. 90 μL 牛奶+10 μL 水；3. 80 μL 牛奶+20 μL 水；4. 70 μL 牛奶+30 μL 水；

5. 60 μL 牛奶+40 μL 水；6. 50 μL 牛奶+50 μL 水；7. 40 μL 牛奶+60 μL 水

虽然 5~7 号均背景干扰小、层析速度快且重复性好，但由于稀释程度越小越有利于弱阳性样品的检测，因此，对牛奶中黄曲霉毒素 M_1 纳米金免疫检测，选择 5 号即 60 μL 牛奶中加入 40 μL 水稀释的方法进行实际牛奶样品的检测最为适宜。

（二）黄曲霉毒素 M_1 试纸条性能评价

1. 试纸条检测参数的测定

室温条件下，将黄曲霉毒素 M_1 标准品用牛奶稀释液配成不同浓度稀释液，取 100 μL 加入酶标板微孔中，用黄曲霉毒素 M_1 试纸条进行分析，重复 6 次，15 min 后观察显色结果，判定其检出限及检测范围。

在稀释后的空白牛奶样品中添加黄曲霉毒素 M_1 储存液，并以未添加黄曲霉毒素的牛奶稀释液作阴性对照，试纸条检测结果如图 6-20 所示。当黄曲霉毒素 M_1 的浓度为 0.3 ng/mL 时，试纸条 T 线的颜色明显浅于对照试纸条 T 线的颜色；当黄曲霉毒素 M_1 的浓度为 4 ng/mL 时，检测试纸条 T 线的颜色被完全抑制。因此，所制备试纸条对黄曲霉毒素 M_1 的检出限为 0.3 ng/mL，检测范围为 0.3~4.0 ng/mL。将牛奶样品稀释倍数计算在内，试纸条对未经处理牛奶样品中黄曲霉毒素 M_1 的检测灵敏度为 0.5 ng/mL，这一灵敏度恰好符合食品安全国家标准 GB 2761—2011 对于牛奶及奶制品中黄曲霉毒素 M_1 限量的要求。

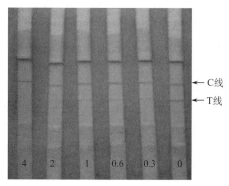

图 6-20　黄曲霉毒素 M_1 试纸条检测参数的测定

图中数字表示黄曲霉毒素 M_1 浓度，单位为 ng/mL

2. 试纸条特异性测定

将黄曲霉毒素 B_1、B_2、G_1、G_2 的标准品分别添加于稀释的空白牛奶样品中，并用所制备的黄曲霉毒素 M_1 试纸条进行检测分析，15 min 后观察结果，具体操作如下。

在稀释后的空白牛奶样品中添加黄曲霉毒素 B_1、B_2、G_1 和 G_2，使其浓度在 20 ng/mL，并以未添加黄曲霉毒素的牛奶稀释液作阴性对照，检测结果如图 6-21 所示。20 ng/mL 的黄曲霉毒素 B_1、B_2、G_1 和 G_2 对试纸条 T 线的颜色均没有肉眼可见的显色抑制，其显色情况与阴性对照条的显色基本一致。说明所制备的黄曲霉毒素 M_1 试纸条与黄曲霉毒素 B_1、B_2、G_1、G_2 无交叉反应，对黄曲霉毒素 M_1 具有高度的特异性。

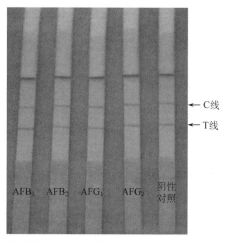

图 6-21　黄曲霉毒素 M_1 试纸条对 B_1、B_2、G_1 和 G_2 交叉反应测定

3. 试纸条灵敏度、准确度和精密度评估

将黄曲霉毒素 M_1 标准品添加于空白牛奶中，配成系列浓度的黄曲霉毒素 M_1 牛奶稀释液，分别采用间接竞争 ELISA 法和黄曲霉毒素 M_1 试纸条同时检测牛奶中黄曲霉毒素 M_1 含量，以评估试纸条检测结果的准确度与精密度，其中，间接竞争 ELISA 法设 4 个平行实验，免疫层析方法设 10 个平行实验，通过与间接竞争定量检测方法 ic-ELISA 的检测结果比较评价试纸条的准确度和精密度，具体操作如下。

在空白牛奶样品中添加黄曲霉毒素 M_1，使其终浓度为 0.05~5.00 ng/mL。理论上当黄曲霉毒素 M_1 在未经任何处理的牛奶中的污染水平达到 0.50 ng/mL 时，用所制备的黄曲霉毒素 M_1 特异性试纸条能够检测到阳性结果，实际检测结果见表 6-14。可以看出，当添加浓度为 0.50 ng/mL 时 ELISA 的实测值为 0.485 ng/mL，接近黄曲霉毒素 M_1 特异性试纸条的检出限，在此浓度下 10 次重复只有一个结果不能准确判断阳性或阴性，说明试纸条的检测结果与定量 ELISA 的检测结果具有很高的符合性和一致性，试纸条具有相当高的准确度。此外，除检测临界浓度（0.50 ng/mL）外，其余浓度 10 次检测的符合率都达到 100%，表明该试纸条具有很好的重复性（精密度）。

表 6-14　间接竞争 ELISA 法和纳米金试纸条对牛奶黄曲霉毒素 M_1 加标回收结果

AFM$_1$ 添加浓度 /（ng/mL）	ELISA（n=4）			免疫层析分析（n=10）
	实测值 /（ng/mL）	回收率 /%	CV /%	
0.05	0.048	96.8	3.6	−, −, −, −, −, −, −, −, −, −[a]
0.25	0.260	104.1	2.5	−, −, −, −, −, −, −, −, −, −
0.50	0.485	96.9	4.8	+[b], +, ±[c], +, +, +, +, +, +, +
1.00	1.026	102.6	2.1	+, +, +, +, +, +, +, +, +, +
2.50	2.550	101.9	3.7	+, +, +, +, +, +, +, +, +, +
4.00	3.953	98.8	4.9	+, +, +, +, +, +, +, +, +, +
5.00	5.038	100.8	3.9	+, +, +, +, +, +, +, +, +, +

注：a 表示阴性；b 表示阳性；c 表示阳性/阴性。

4. 试纸条稳定性测定

室温条件下，将制备好的试纸条保存于盛有干燥剂的试纸筒中，每隔 2 周观察储存的试纸条在空白反应液中的显色情况，每次做 6 次重复，将试纸条检测线的颜色与第一次检测时的 T 线颜色进行比较，找出 T 线颜色开始变浅的最早日期，计算最长保存时间。

研究结果表明，室温保存条件下黄曲霉毒素 M_1 特异性试纸条在保存到第 18 周时检测线的颜色开始变浅，20 周时明显变浅，因此，该试纸条能在室温稳定保存时间为 16 周。若将该试纸条放置于 4 ℃冷藏环境中，稳定保存时间会更长。

四、黄曲霉毒素 M_1 纳米金免疫检测技术应用

通过对黄曲霉毒素 M_1 特异性试纸条、提取液、稀释液等进行组装，研制成黄曲霉毒素 M_1 特异性纳米金检测试剂盒，并在实际样品检测中应用。在武汉市当地超市购买 27 个不同批次的牛奶和 4 个不同批次的奶粉，将所制备的黄曲霉毒素 M_1 特异性试纸条用于牛奶和奶粉中黄曲霉毒素 M_1 污染物快速筛查检测，同时用间接竞争 ELISA 法平行检测，通过结果比较，评价黄曲霉毒素 M_1 特异性试纸条在实际样品检测中应用的可靠性。奶粉按照说明书要求，加水冲调成复原乳。将复原乳与液体牛奶加水进行适当稀释，直接采用免疫层析法进行检测。同时，将复原乳与液体牛奶在 10 000 r/min 转速下离心 10 min，吸出脱脂层液体采用 ELISA 法进行对比检测。

27 份牛奶和 4 份奶粉样品中黄曲霉毒素 M_1 污染情况的检测结果见表 6-15（Zhang et al., 2012）。按照我国对牛奶和奶粉中黄曲霉毒素 M_1 的限量标准 0.5 ng/mL 判定，黄曲霉毒素 M_1 特异性试纸条检测得出 31 个被检样品中只有一个为阳性样品；定量 ELISA 法的检测结果则表明，27 个牛奶样品中有 6 个未检出黄曲霉毒素 M_1，在检出的 21 个牛奶样品中只有 1 个超标，而 4 个奶粉样品均未检出黄曲霉毒素 M_1。因此，两种方法检测结果比对的符合率为 100%。

可见，所制备的黄曲霉毒素 M_1 特异性试纸条能够应用于实际牛奶和奶粉样品的检测，并能满足食品安全国家标准对牛奶和奶粉中黄曲霉毒素 M_1 污染限量检测的要求（Zhang D H et al, 2012b）。

表 6-15　黄曲霉毒素 M_1 特异性试纸条应用及与 ELISA 检测结果比对

样品		ELISA（$n=4$）		免疫层析分析（$n=6$）[b]
		浓度/（ng/mL）[a]	CV/%	
牛奶	1	0.1542	6.9	−, −, −, −, −, −[d]
	2	0.0395	4.7	−, −, −, −, −, −
	3	0.0409	3.6	−, −, −, −, −, −
	4	ND[c]	3.4	−, −, −, −, −, −
	5	0.3056	8.5	−, −, −, −, −, −
	6	1.0613	3.9	+, +, +, +, +, +[e]
	7	0.2574	5.1	−, −, −, −, −, −
	8	0.0685	5.3	−, −, −, −, −, −
	9	0.0133	4.2	−, −, −, −, −, −
	10	ND	6.8	−, −, −, −, −, −
	11	0.0579	4.0	−, −, −, −, −, −
	12	0.2716	8.2	−, −, −, −, −, −
	13	0.0956	6.7	−, −, −, −, −, −
	14	0.0701	5.3	−, −, −, −, −, −
	15	0.0205	2.3	−, −, −, −, −, −

样品		ELISA（$n=4$）		免疫层析分析（$n=6$）[b]
		浓度/（ng/mL）[a]	CV/%	
牛奶	16	ND	1.3	−,−,−,−,−,−
	17	0.0447	7.5	−,−,−,−,−,−
	18	0.0644	3.1	−,−,−,−,−,−
	19	0.0222	10.3	−,−,−,−,−,−
	20	ND	8.7	−,−,−,−,−,−
	21	0.0614	2.2	−,−,−,−,−,−
	22	0.2926	5.2	−,−,−,−,−,−
	23	0.0331	2.4	−,−,−,−,−,−
	24	ND	2.0	−,−,−,−,−,−
	25	ND	3.4	−,−,−,−,−,−
	26	0.0164	4.9	−,−,−,−,−,−
	27	0.1216	7.1	−,−,−,−,−,−
奶粉	1	ND	5.3	−,−,−,−,−,−
	2	ND	3.3	−,−,−,−,−,−
	3	ND	3.6	−,−,−,−,−,−
	4	ND	6.8	−,−,−,−,−,−

注：a 表示表中数据为检测结果与稀释倍数（2 倍）的乘积；b 表示以奶/水（6/4，体积比）作为试纸条的检测溶液；c 表示未检测到；d 表示阴性；e 表示阳性。

第四节　黄曲霉毒素总量纳米金免疫检测技术

一、黄曲霉毒素总量纳米金免疫探针的制备

（一）1C11 抗体纳米金标记条件的优化

1. 1C11 抗体标记最适 K_2CO_3 溶液用量

依次取 1 mL 纳米金溶液至 9 个 1.5 mL 离心管中，再依次将 1～9 μL 0.1 mol/L K_2CO_3 溶液加入 9 个离心管中，调节纳米金溶液的 pH，然后在每种不同 pH 的纳米金溶液中依次加入 1.0 mg/mL 的 1C11 抗体 20.0 μL，轻轻混匀，室温静置 2 h，观察现象。将加入抗体后颜色没有变化、没有聚沉的纳米金在可见光区扫描，选择 1C11 抗体标记的最佳 pH，结果见图 6-22。当每毫升纳米金溶液中加入 6 μL 0.1 mol/L K_2CO_3 溶液时，所测纳米金溶液的吸光值最高，表明此 pH 条件下，结合在金颗粒表面的抗体最多。因此，加入 6 μL 0.1 mol/L K_2CO_3/mL 纳米金溶液所对应的 pH，即为 1C11 抗体标记的最佳 pH。

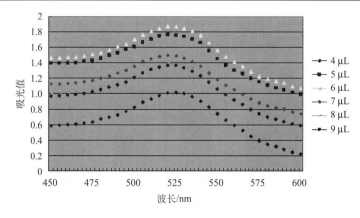

图 6-22　K_2CO_3 加入量对 1C11 抗体标记效果的影响

2. 1C11 抗体最佳标记量的测定

（1）最小标记浓度。

采用 Mey 氏稳定化实验测定稳定纳米金的最小抗体浓度：向 1 mL 纳米金溶液中加入 0.1 mL 不同浓度的抗体溶液，使抗体在纳米金溶液中的终浓度为 1～10 μg/mL，室温放置 2～5 min 后，加入 0.1 mL 10% NaCl 溶液，5 min 后观察颜色变化，记录所需最小抗体浓度。

以加入 10% NaCl 后金标混合液颜色仍能够保持红色的最小抗体浓度为稳定纳米金所需的最小标记浓度。由图 6-23 可见抗体 1C11 的最小稳定标记浓度为 6 μg/mL。

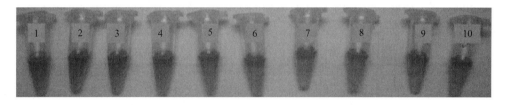

图 6-23　1C11 抗体最小稳定标记浓度测定（彩图 5d）

数字为黄曲霉素抗体最终浓度，单位为 μg/mL

（2）最佳标记量的选择。

向 5 mL 已调好 pH 的纳米金溶液中加入 0.1 mg/mL 系列体积的抗体溶液进行标记，使抗体在纳米金溶液中的终浓度为 1～6 μg/mL，室温静置 0.5 h，加入 10% BSA 溶液至终浓度为 1%，室温反应 30 min；然后 4 ℃放置 2 h，离心纯化，初步组装试纸条，将试纸条插入空白检测液中，15 min 后观察试纸条检测线的颜色。选择检测线出现明显可见的红色条带时对应的抗体浓度为其最佳标记量。

研究结果如图 6-24 所示，当抗体标记量逐渐增大时，试纸条检测线颜色逐渐变深。当标记量为 4 μg/mL 时，T 线出现肉眼明显可见的红色条带；在标记量为 6 μg/mL 时，T 线出现稳定、宽度均一的红色条带。根据最小标记浓度实验结果，抗体适宜标记浓度应在 4~6 μg/mL 范围内。然而，黄曲霉毒素免疫层析分析是基于竞争原理，抗体的标记浓度越小越有利于提高分析的灵敏度，因此，为了提高检测灵敏度，选择 4 μg/mL 抗体作为最佳标记量，用 BSA 封闭金颗粒表面的空白位点。

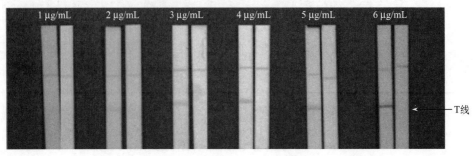

图 6-24　黄曲霉毒素总量 1C11 抗体最佳标记量的选择

（二）1C11 抗体免疫金标探针的制备与纯化

1. 1C11 金标探针的制备与鉴定

量取 50.0 mL 纳米金置于 100 mL 的小烧杯中，加入 300 μL 0.1 mol/L K_2CO_3 溶液调节其 pH；搅拌状态下缓慢加入适当体积的 0.1 mg/mL 1C11 抗体溶液（抗体 200 μg），搅拌 30 min，加入 10% BSA 至终浓度为 1%，继续搅拌 30 min，4 ℃放置 2 h，将纳米金标记物分装于两个 50 mL 离心管中，1500 r/min 离心 15 min，吸出上清液，弃沉淀；再以 12 000 r/min 离心 20 min，弃上清液，加入保存液至原体积；再次以 12 000 r/min 离心 20 min，弃上清液，沉淀用 1/10 原体积的保存液重悬，最后得到 5.0 mL 浓缩的金标探针溶液，置 4 ℃冰箱备用。

在 400~700 nm 可见光区范围内依次扫描纳米金溶液（A1）、金标溶液抗体（A2）和用 1% BSA 封闭了的金标抗体溶液（A3），结果如图 6-25 所示。三种溶液的最高吸收峰从 519 nm 移动至 524 nm，吸收峰的位置随纳米金颗粒直径的增大而向长波区移动，说明加入抗体和 BSA 后纳米金颗粒逐渐变大，与金颗粒表面吸附了抗体或蛋白质有关，从而证明金标抗体的制备成功。

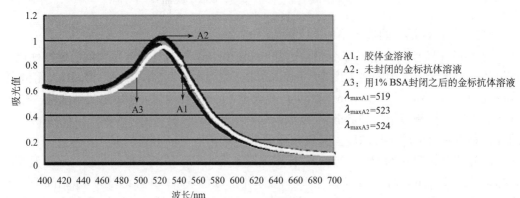

图 6-25　1C11 抗体与纳米金偶联鉴定紫外-可见光谱图

2. 金标 1C11 抗体的纯度鉴定

在 250~600 nm 波长范围内依次扫描未纯化的金标探针（A1）和纯化的金标探针（A2），结果见图 6-26。纯化前的金标抗体溶液有两个吸收峰，分别为 276 nm 处的游离蛋白吸收峰（A1）和 524 nm 处金标抗体的吸收峰；而纯化之后游离蛋白吸收峰基本消失，只有 524 nm 处金标抗体的吸收峰（A2），表明金标抗体纯化成功。

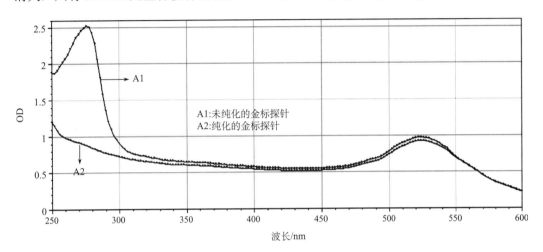

图 6-26　黄曲霉毒素总量 1C11 抗体金标探针的纯化鉴定紫外-可见光谱图

二、黄曲霉毒素总量纳米金试纸条的制备

1. 包被液优化选择

按照黄曲霉毒素 B_1 包被液优化方案，依次用 9 种包被液包被 AFB_1-BSA，由于包被液不同成分和浓度，试纸条显色带颜色深浅及宽度出现差异，各种包被液对试纸条显色带颜色深浅及宽度影响结果见表 6-16。7 号和 9 号包被液使显色带显色最深，但显色带中间模糊，不利于肉眼观察；1 号、2 号和 4 号包被液能使显色带显示均一、清晰的颜色，但均较 8 号浅，所以选择含有 0.02% NaN_3 的 8 号包被液，即 0.01 mol/L pH 7.4 PBS+1% BSA+1%蔗糖+0.02% NaN_3 作为黄曲霉毒素总量免疫层析最佳包被液。

2. 封闭液优化选择

按照黄曲霉毒素 B_1 封闭液优化方案，对黄曲霉毒素总量试纸条金标垫和样品垫最佳封闭液优化选择。最终选择含有 2% BSA、2.5%蔗糖和 0.02% NaN_3 的 0.01 mol/L pH 7.4 PBS 作为样品垫的最佳封闭液；选择含有 2% BSA、0.1% Trion X-100、0.3% PVPK-30、2.5%蔗糖和 0.02% NaN_3 的 0.01 mol/L pH 7.4 PBS 作为金标垫的最佳封闭液。

表 6-16 黄曲霉毒素总量试纸条最佳包被液的优化选择

编号	成分	显色带		
		色泽	清晰度	宽度
1	0.01 mol/L pH 7.4 PBS	淡红	均一，清晰	适中
2	0.01 mol/L pH 7.4 PBS+1%蔗糖	较红	均一，清晰	适中
3	0.01 mol/L pH 7.4 PBS+0.5%吐温 20	较红	中间模糊	宽
4	0.01 mol/L pH 7.4 PBS+1% BSA	较红	均一，清晰	适中
5	0.01 mol/L pH 7.4 PBS+0.1% Trion X-100	较红	中间模糊	宽
6	0.01 mol/L pH 7.4 PBS+0.5%吐温 20+5%甲醇	较红	中间模糊	宽
7	0.01 mol/L pH 7.4 PBS+1%BSA+0.1% Trion X-100	红	中间模糊	宽
8	0.01 mol/L pH 7.4 PBS+1%BSA+1%蔗糖	红	均一，清晰	适中
9	0.01 mol/L pH 7.4 PBS+1%BSA+0.1% Trion X-100+1%蔗糖	红	中间模糊	宽

3. 黄曲霉毒素总量试纸条反应试剂最佳浓度组合

根据黄曲霉毒素总量试纸条反应试剂最佳浓度组合优化研究结果，各种反应试剂的最佳浓度和用量见表 6-17，其中金标抗体的浓度（0.04 mg/mL）为其浓缩 10 倍之后的浓度。

表 6-17 黄曲霉毒素总量试纸条反应试剂的最佳浓度和用量

位置	试剂	浓度/（mg/mL）	速率/（μL/cm）
C 线	兔抗鼠 IgG	0.50	0.6
T 线	AFB_1-BSA	0.50	0.8
金标垫	金标抗体	0.04	7.0

三、黄曲霉毒素总量纳米金免疫检测技术的建立

（一）黄曲霉毒素总量试纸条样品分析条件

1. 样品提取液稀释倍数

适宜的样品提取液稀释倍数是黄曲霉毒素总量试纸条检测的重要条件。用水将花生等样品提取液稀释成含有系列甲醇浓度（0%~80%）的检测溶液，取 100 μL 加入酶标板微孔中，插入试纸条，15 min 后观察结果，选择能使试纸条检测线清晰可见、颜色稳定的样品最小稀释倍数作为最佳稀释倍数。

样品提取液稀释液中甲醇含量对检测结果的影响见图 6-27（Zhang et al., 2011b）。甲醇含量过高，可能完全破坏金标抗体的活性。研究结果表明，样品提取液含 80%甲醇即能完全破坏金标抗体的活性及释放能力；50%甲醇含量的样品提取液能部分破坏金标探针的活性及释放能力，使显色带显示很浅的颜色；而当甲醇含量降至 40%时，这种破

坏明显变弱；当甲醇含量降至30%时，对金标探针的活性及释放能力已无明显影响，而且含 0%~30%甲醇的提取液稀释作为分析试液能获得相同的显色效果。稀释倍数越小越有利于弱阳性样品的检测，因此，选择 4 mL 提取液加入 6 mL 水来稀释，即样品检测液中甲醇含量为32%最为适宜黄曲霉毒素总量试纸条检测。

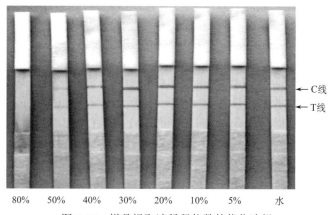

图 6-27 样品提取液稀释倍数的优化选择

2. 阴性对照液

以空白样品提取稀释液（甲醇含量 32%）、32%的甲醇水溶液（体积比）和水同时用作免疫层析的反应液，取 100 μL 加入酶标板微孔中，插入试纸条，15 min 后观察，比较三组试纸条检测线的颜色。三组试纸条检测线的显色强度差别不明显，结果见图6-28。相比而言，32%的甲醇水溶液（体积比）使试纸条检测线的颜色略深，而水和提取液稀释液的显色强度则基本相同。1 号和 3 号试纸条的显色情况与图 6-27 的结果一致，2 号和 3 号试纸条显色的轻微差异，说明影响试纸条显色的主要因素是提取液中的甲醇含量，而提取液中的基质对试纸条的显色影响非常小。因此，选择用水稀释空白样品提取液（最终含32%甲醇），并用作阴性对照液。

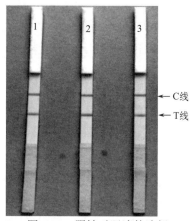

图 6-28 阴性对照液的选择
1：水；2：32%的甲醇/水溶液；3：含 32%甲醇的提取液稀释液

（二）黄曲霉毒素总量金标试纸条性能评价

1. 试纸条检出限

室温条件下，将黄曲霉毒素 B_1、B_2、G_1 和 G_2 标准溶液依次配成系列浓度，用免疫层析方法进行测定，重复 6 次。通过肉眼观察，试纸条检测线（T 线）颜色明显浅于阴性对照条检测线颜色时的最小黄曲霉毒素浓度，即为黄曲霉毒素试纸条的肉眼判定检出限。将黄曲霉毒素 B_1 和 B_2 配成 4.00~0.03 ng/mL 八个浓度，G_1 和 G_2 配成 4.00~0.06 ng/mL 七个浓度，用不含黄曲霉毒素相同溶液作阴性对照，检测结果见图 6-29（Zhang et al., 2011b）。可以看出，黄曲霉毒素 B_1 检出限，即为当浓度为 0.03 ng/mL 时，检测条 T 线的颜色明显浅于对照条 T 线的颜色，因此，将 0.03 ng/mL 作为黄曲霉毒素总量试纸条对黄曲霉毒素 B_1 的检出限。以此类推，试纸条对黄曲霉毒素 B_2、G_1 和 G_2 三种毒素的最低检出限依次是 0.06 ng/mL、0.12 ng/mL、0.25 ng/mL。

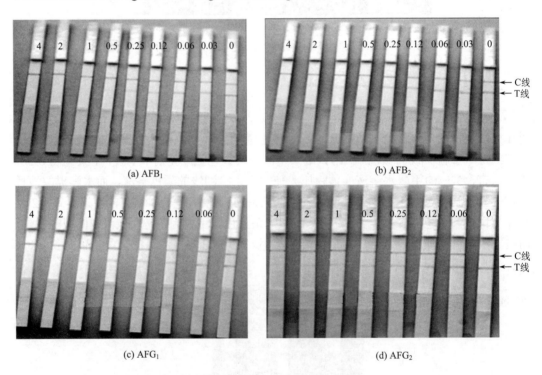

图 6-29　黄曲霉毒素总量金标试纸条对黄曲霉毒素 B_1、B_2、G_1、G_2 的检出限

图中数字的单位为 ng/mL

黄曲霉毒素总量金标试纸条对黄曲霉毒素 B_1、B_2、G_1、G_2 的检出限与国内外报道黄曲霉毒素分量检测试纸条的检出限比较结果见表 6-18（Zhang et al., 2011b）。可以看出，研究比较多的是针对黄曲霉毒素 B_1 的免疫层析试纸条，研究制备的 1C11 黄曲霉毒素总量免疫层析试纸条对黄曲霉毒素 B_1、B_2、G_1、G_2 的灵敏度均是目前最高的。

表 6-18 黄曲霉毒素总量试纸条与国内外报道同类试纸条检出限比较

参考文献	黄曲霉毒素	检出限/（μg/kg）
Delmulle et al., 2005	AFB_1	2.00（样品基质）
Sun et al., 2005	AFB_1	0.50（标准溶液）
Shim et al., 2007	AFB_1	0.10（标准溶液）
Tang et al., 2009	AFB_2	3.10（样品基质）
Zhang et al., 2011b	AFB_1	0.03（样品基质）
	AFB_2	0.06（样品基质）
	AFG_1	0.12（样品基质）
	AFG_2	0.25（样品基质）

2. 试纸条精密度和准确度

将系列浓度的黄曲霉毒素 B_1、B_2、G_1、G_2 标准溶液添加于花生样品提取液中，分别用间接竞争 ELISA 法和制备的总量免疫层析试纸条同时检测，间接竞争 ELISA 方法设 4 个重复，免疫层析法设 10 个重复，比较两种方法检测结果的符合率以及免疫层析法 10 个平行测定之间的重复性。

以花生阴性样品添加黄曲霉毒素 B_1 标准溶液实验为例评价试纸条的准确度。分别添加 10.0 ng/mL、2.0 ng/mL、0.3 ng/mL、0.1 ng/mL 黄曲霉毒素 B_1 于花生阴性样品提取液中，间接竞争定量 ELISA 的实际检测结果依次为 9.25 ng/mL、1.86 ng/mL、0.27 ng/mL、0.09 ng/mL。用于免疫层析检测时，检测液中黄曲霉毒素 B_1 的终浓度进行 7.5 倍稀释，而所制备的纳米金试纸条对黄曲霉毒素 B_1 的检出限为 0.03 ng/mL，因此，前三个添加样品的理论检测结果应该为阳性，最后一个则应该为阴性。

表 6-19 为纳米金试纸条实际检测结果，结果可见，试纸条的实际检测结果完全符合理论推断结果，两种方法检测结果的符合率为 100%，表明所制备的试纸条对黄曲霉毒素 B_1 的检测具有很高的准确度。10 次重复检测结果的符合率也为 100%，表明试纸条同时还具有很高的精密度（重复性）。进一步研究结果表明，该总量金标试纸条对黄曲霉毒素 B_2、G_1 和 G_2 也具有很高的准确度和精密度。

表 6-19 间接竞争 ELISA 法和纳米金试纸条对四种黄曲霉毒素添加检测结果的比较

添加浓度 /（μg/kg）	ELISA[a]（$n=4$）			试纸条[b]（$n=10$）
	平均值 /（μg/kg）	CV /%	回收率 /%	
AFB_1				
10	9.250	8.60	92.5	+, +, +, +, +, +, +, +, +, +
2	1.864	6.00	93.2	+, +, +, +, +, +, +, +, +, +
0.3	0.274	2.50	91.3	+, +, +, +, +, +, +, +, +, +
0.1	0.089	2.10	89	−, −, −, −, −, −, −, −, −, −

续表

添加浓度 /（μg/kg）	ELISA[a]（n = 4）			试纸条[b]（n = 10）
	平均值 /（μg/kg）	CV /%	回收率 /%	
AFB$_2$				
10	9.79	9.50	97.86	+, +, +, +, +, +, +, +, +, +
2	2.14	2.90	107.10	+, +, +, +, +, +, +, +, +, +
0.6	0.51	2.50	84.33	+, +, +, +, +, +, +, +, +, +
0.2	0.17	2.50	85.00	−, −, −, −, −, −, −, −, −, −
AFG$_1$				
20	19.56	8.60	97.78	+, +, +, +, +, +, +, +, +, +
5	4.90	5.20	98.00	+, +, +, +, +, +, +, +, +, +
1	0.95	8.50	94.50	+, +, +, +, +, +, +, +, +, +
0.5	0.42	1.30	84.20	−, −, −, −, −, −, −, −, −, −
AFG$_2$				
20	20.91	2.00	104.56	+, +, +, +, +, +, +, +, +, +
5	4.20	3.10	84.02	+, +, +, +, +, +, +, +, +, +
2	1.90	3.30	95.20	+, +, +, +, +, +, +, +, +, +
1	1.03	2.10	103.40	−, −, −, −, −, −, −, −, −, −

注：a 表示表中结果为实测值与稀释倍数的乘积；b 表示样品稀释 7.5 倍时的检测结果。

3. 试纸条稳定性

室温条件下保存实验结果表明，黄曲霉毒素总量金标试纸条检测线的颜色在第 24 周时开始变浅，26 周时明显变浅，因此，黄曲霉毒素总量金标试纸条能在室温条件下稳定保存 22 周。若将该试纸条放置于低温冷藏环境中，将能够延长其稳定保存时间。

四、黄曲霉毒素总量纳米金免疫检测技术应用

将所研制的黄曲霉毒素总量金标试纸条按照优化的技术条件，组装成黄曲霉毒素总量纳米金检测试剂盒，应用于粮油食品（花生、玉米、大米、燕麦仁、糙米）、植物油（花生油、玉米油、普通菜籽油、低芥菜籽油、大豆油、山茶籽油、谷物米糠油）、干果（幸运果、腰果、杏仁、无花果、葵花籽、开心果）、茶叶（普洱茶、砖茶）、调味品（花生酱、芝麻酱、辣椒）、中药材（陈皮、参片、枇杷叶、天冬、金银花）和饲料（兔饲料、猪饲料、鸡饲料、鼠饲料、菜籽粕）7 类、64 个农产品食品中黄曲霉毒素总量的检测，并同步进行 HPLC 法比对检测，金标试纸条检测结果与 HPLC 法平行检测结果比较见表 6-20。

黄曲霉毒素总量金标试纸条对黄曲霉毒素 B$_1$、B$_2$、G$_1$、G$_2$ 的检出限依次是 0.03 ng/mL、0.06 ng/mL、0.12 ng/mL、0.25 ng/mL，由于免疫层析样品提取液稀释了 7.5 倍，试纸条

表 6-20　黄曲霉毒素总量试纸条在农产品食品检测中应用及与 HPLC 法检测结果比对

样品	HPLC[a] / (µg/kg)					试纸条[c]
	AFB$_1$	AFB$_2$	AFG$_1$	AFG$_2$	总量[b]	(n = 6)
植物油						
花生油	0.76	0.13	ND[d]	ND	0.89	+, +, +, +, +, +[e]
玉米油	0.45	0.09	ND	ND	0.54	+, +, +, +, +, +
普通菜籽油	0.37	ND	ND	ND	0.37	+, +, +, +, +, +
低芥菜籽油	0.52	0.16	ND	ND	0.68	+, +, +, +, +, +
大豆油	0.45	0.06	ND	ND	0.51	+, +, +, +, +, +
山茶籽油	0.27	ND	ND	ND	0.27	+, +, −[f], +, −, +
谷物米糠油	0.40	ND	ND	ND	0.40	+, +, +, +, +, +
粮油食品						
燕麦仁	0.70	0.09	ND	9.36	10.15	+, +, +, +, +, +
糙米	0.77	0.08	ND	ND	0.85	+, +, +, +, +, +
玉米	0.63	0.05	ND	ND	0.68	+, +, +, +, +, +
大米	0.67	0.50	ND	0.44	1.61	+, +, +, +, +, +
花生-1	5.59	1.85	ND	ND	7.44	+, +, +, +, +, +
花生-2	1.43	0.46	ND	ND	1.89	+, +, +, +, +, +
花生-3	0.64	0.07	ND	ND	0.71	+, +, +, +, +, +
花生-4	16.32	3.60	3.42	ND	23.34	+, +, +, +, +, +
花生-5	0.49	0.08	ND	ND	0.57	+, +, +, +, +, +
花生-6	2.71	0.41	ND	ND	3.12	+, +, +, +, +, +
花生-7	0.25	ND	ND	ND	0.25	−, −, −, +, −, −
花生-8	8.62	1.58	1.56	ND	11.76	+, +, +, +, +, +
花生-9	ND	0.08	ND	ND	0.08	−, −, −, −, −, −
花生-10	0.84	0.24	ND	ND	1.08	+, +, +, +, +, +
花生-11	0.96	0.23	ND	ND	1.19	+, +, +, +, +, +
花生-12	1.39	0.10	ND	ND	1.49	+, +, +, +, +, +
花生-13	0.67	0.22	ND	ND	0.89	+, +, +, +, +, +
花生-14	0.22	ND	ND	ND	0.22	−, −, −, −, −, −
花生-15	1.73	0.18	ND	ND	1.91	+, +, +, +, +, +
花生-16	4.67	0.65	ND	ND	5.32	+, +, +, +, +, +
花生-17	12.49	2.18	ND	ND	14.67	+, +, +, +, +, +
花生-18	0.05	0.27	ND	ND	0.32	−, −, −, −, −, −
花生-19	13.19	0.99	2.24	ND	16.42	+, +, +, +, +, +
花生-20	0.33	0.07	ND	ND	0.40	+, +, +, +, +, +
干果						
幸运果	0.26	0.14	0.29	0.09	0.78	+, −, +, −, −, +

样品	HPLC[a] / (μg/kg)					试纸条[c] (n = 6)
	AFB$_1$	AFB$_2$	AFG$_1$	AFG$_2$	总量[b]	
腰果	0.65	0.10	ND	ND	0.75	+, +, +, +, +, +
杏仁	0.70	0.10	ND	ND	0.80	+, +, +, +, +, +
无花果	0.48	0.09	ND	ND	0.58	+, +, +, +, +, +
葵花籽	0.81	0.14	ND	ND	0.95	+, +, +, +, +, +
开心果	0.69	0.29	ND	ND	0.98	+, +, +, +, +, +
调味品						
花生酱	0.51	0.25	ND	ND	0.76	+, +, +, +, +, +
芝麻酱	75.40	16.11	7.63	1.12	100.26	+, +, +, +, +, +
辣椒	0.12	0.10	ND	ND	0.22	+, +, +, +, +, +
中药材						
陈皮	0.44	0.05	ND	0.05	0.54	+, +, +, +, +, +
白参片	0.64	0.09	ND	ND	0.73	+, +, +, +, +, +
红参片	0.50	0.11	ND	ND	0.61	+, +, +, +, +, +
枇杷叶-1	0.45	0.05	ND	ND	0.50	+, +, +, +, +, +
枇杷叶-2	0.55	0.34	ND	ND	0.89	+, +, +, +, +, +
天冬-1	1.04	0.17	ND	ND	1.21	+, +, +, +, +, +
天冬-2	1.20	0.17	ND	0.01	1.38	+, +, +, +, +, +
金银花-1	0.42	0.28	ND	2.79	3.49	+, +, +, +, +, +
金银花-2	0.65	0.44	ND	1.56	2.65	+, +, +, +, +, +
茶叶						
普洱茶-1	7.90	ND	ND	59.60	67.50	+, +, +, +, +, +
普洱茶-2	6.74	ND	ND	9.89	16.63	+, +, +, +, +, +
普洱茶-3	6.80	6.08	ND	ND	12.88	+, +, +, +, +, +
普洱茶-4	3.11	5.01	ND	ND	8.12	+, +, +, +, +, +
普洱茶-5	5.66	ND	ND	27.0	32.66	+, +, +, +, +, +
普洱茶-6	2.64	6.31	ND	ND	8.95	+, +, +, +, +, +
砖茶	0.36	ND	ND	3.34	3.70	+, +, +, +, +, +
饲料						
兔饲料	0.64	0.07	0.16	ND	0.87	+, +, +, +, +, +
猪饲料	1.91	0.55	0.32	ND	2.78	+, +, +, +, +, +
鸡饲料	1.76	ND	ND	ND	1.76	+, +, +, +, +, +
鼠饲料	0.91	0.14	ND	ND	1.05	+, +, +, +, +, +
菜籽粕-1	0.76	0.10	ND	1.71	2.57	+, +, +, +, +, +
菜籽粕-2	0.03	ND	ND	3.75	3.78	+, +, +, +, +, +
菜籽粕-3	0.76	0.09	ND	ND	0.86	+, +, +, +, +, +
菜籽粕-4	0.67	0.13	ND	ND	0.80	+, +, +, +, +, +

注：a 表示 HPLC 方法误差为 0.2%~3.6%；b 表示总量结果是指四种黄曲霉毒素之和；c 表示样品稀释 7.5 倍时检测结果；d 表示未检出；e 表示阳性；f 表示阴性。

对样品中黄曲霉毒素 B_1、B_2、G_1、G_2 的实际检出限依次应为 0.23 μg/kg、0.45 μg/kg、0.90 μg/kg、1.88 μg/kg。综合比较可以看出，山茶籽油、幸运果和花生-7 三个样品黄曲霉毒素含量依次为 0.27 μg/kg、0.26 μg/kg、0.25 μg/kg。接近检出限时，6 次重复的结果一致性相对较差，除此以外，其余结果 6 次重复结果均一致，而且符合其理论检测结果。64 个实际农产品食品样品检测中，有 61 个样品试纸条的实际检测结果与 HPLC 法检测结果相符合，两种方法符合率为 95.31%。可见，所研制的黄曲霉毒素总量金标试纸条能够很好地应用于实际农产品样品中黄曲霉毒素总量的检测。

第五节　黄曲霉毒素多检测线半定量纳米金免疫检测技术

多数传统免疫检测技术主要局限在具有良好装备的实验室应用，而且由专业人员操作。而免疫层析检测不仅可缩短分析时间，还可不直接操作反应物和标准样品就能进行直接测定，即一步式检测。因此，免疫层析法易于实现现场检测，不需要将样品运送到专门的实验室，可满足农产品现场快速检测的需求。传统的免疫层析法主要以定性检测为主，也能够满足很多目标分析物的检测要求，例如，最早出现的早孕定性试纸条，但是对于生物毒素、农兽药残留等农产品食品重要污染物，定性和定量都很重要。而且，农产品食品中黄曲霉毒素污染常常几种成分同时存在，因此，在前人研究基础上，提出黄曲霉毒素多检测线免疫层析分析的理念和技术路线，研制多组分免疫检测试纸条，以实现黄曲霉毒素成分和含量的测定（李培武等，2013l）。

一、黄曲霉毒素多检测线半定量纳米金试纸条模型

（一）黄曲霉毒素多检测线半定量免疫层析模型

黄曲霉毒素多检测线半定量化免疫层析分析模型示意图见图 6-30。与传统试纸条一样，该试纸条（digital-strip）由 5 部分组成，依次是吸水垫、硝酸纤维素膜（NC 膜）、金标垫、样品垫和背衬。传统试纸条的 NC 膜上只有两条线，即质控线 C 线（control line）和检测线 T 线（test line），而多检测线免疫层析试纸条则由几条检测线组成（Li P W et al., 2012a）。多检测线免疫层析试纸条的 NC 膜上也包含两部分，一部分是与传统试纸条相同的质控区即质控线，不同之处在于检测区不是仅由一条检测线组成，而是由几条检测线组成的尺子测量区（ruler zone），示意图中以三条检测线为例，将三条检测线依次命

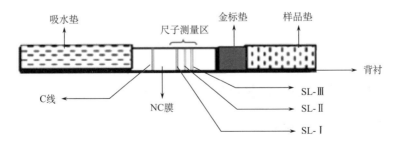

图 6-30　黄曲霉毒素多检测线半定量化免疫层析分析模型

名为刻度线（scale line, SL）Ⅰ、Ⅱ、Ⅲ（SL-Ⅰ，SL-Ⅱ和SL-Ⅲ）（Zhang D H et al., 2012a）。三条刻度线上含有相同的捕获试剂，这三条刻度线是试纸条半定量测定的基础。

（二）黄曲霉毒素多检测线半定量化免疫层析技术原理

通过精确控制捕获试剂的用量，在检测区平行包被几条检测线；调整几条检测线上捕获试剂的用量，使几条检测线的显色强度呈现由弱到强的梯度，第一条最浅，其次是第二条、第三条……最后一条最深（李培武等，2013l）。检测时将检测液滴加至试纸条的样品垫，当检测液层析至金标垫时，其上固定的金标探针被迅速溶解一起向上层析，随着溶液层析的进行，游离金标探针浓度不断降低，当层析至第一条检测线时，金标探针浓度降至最小值，根据竞争原理，此时有利于进行竞争反应，第一条检测线首先被完全抑制而不显色；检测液中目标分析物的浓度越大，则游离金标探针浓度越低，被抑制的条数越多，显色的条数越少。当反应结束时根据检测线的显色与否、显色的条数即可用肉眼读出目标分析物的含量范围。每条检测线均指示一种检测浓度，类似于日常生活中测量长度所用刻度尺上刻度线对长度的指示。

（三）黄曲霉毒素多检测线半定量化试纸条结果判定

试纸条层析结果判定示意图见图6-31（Zhang D H et al., 2012a），阴性样品会在检测区出现三条清晰的刻度线，颜色由浅到深呈梯度，目标分析物含量较低的样品在检测区仍会出现三条刻度线，但颜色均较阴性对照条变浅，则对应的样品判为阳性样品，此时检测液中目标分析物的浓度称为该试纸条的可视检出限（visual detection limit, VDL）。按照竞争原理，使刻度线颜色比阴性对照浅的样品均称为阳性样品，此处图例仅列出具有代表性的 VDL 和能使三条刻度线刚好完全消失的阳性结果。无论三条刻度线有无显色，只要质控线不显色，表明该试纸条已失效，检测结果为无效。

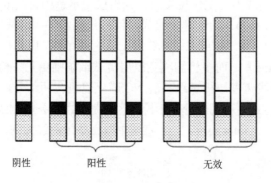

阴性　　　　阳性　　　　　无效

图 6-31　多检测线试纸条结果判定示意图

二、黄曲霉毒素多检测线半定量化纳米金免疫检测技术的建立

（一）黄曲霉毒素多检测线半定量化纳米金免疫检测技术

以黄曲霉毒素为目标分析物，对所构建的多检测线层析模型进行实验与验证。以建

立黄曲霉毒素总量抗体 1C11 免疫层析法为例，反应条件的优化过程如下。

1. 检测线间距和条数

在几条检测线之间分别设置 1~5 mm 的间距，用点膜仪在 NC 膜上分别均匀喷出 2~4 条检测线，选择能使最多的检测线同时显色的间隔距离作为最佳间距。

2. 各种反应试剂最佳浓度组合

选择 0.01 mol/L pH 7.4 PBS + 1% BSA + 0.02% NaN$_3$ 作为抗原和二抗的包被液，0.01 mol/L pH 7.4 PBS+1% OVA+2.5%蔗糖+0.05%吐温 20 作为封闭液对金标垫和样品垫进行封闭。对所选用的各种反应试剂进行系列稀释，并将系列浓度的抗体用于纳米金标记，使抗体的终浓度为 4~10 μg/mL，同样采用类似于 ELISA 实验中棋盘滴定方法选择最佳浓度组合，并用黄曲霉毒素标准品作为阳性对照，以确定能获得最佳灵敏度的最佳反应试剂浓度组合。

以黄曲霉毒素为目标分析物，对所构建的多检测线层析模型进行应用验证实验。通过优化选择，在检测区平行包被三条检测线，三条检测线之间的间距均为 2 mm，样品提取液的最佳稀释倍数为 5 倍。免疫试剂的浓度和用量优化结果见表 6-21（Zhang D H et al., 2012a），其中用于标记的抗体选用黄曲霉毒素总量抗体 1C11，定性免疫层析法的最佳标记量是 4 μg/mL，定量免疫层析法时要选择能使几条检测线同时显色的标记量，因此，需要使用≥4 μg/mL（4~10 μg/mL）作为定量标记浓度，优化结果表明，选用 8 μg/mL 的浓度可作为最佳标记浓度，表 6-21 中列出的是浓缩 10 倍之后的应用浓度。

表 6-21　黄曲霉毒素多检测线试纸条免疫试剂的最佳浓度和用量

位置	试剂	浓度/（mg/mL）	速率/（μL/cm）
质控线	兔抗鼠 IgG	0.50	0.75
SL-Ⅰ	AFB$_1$-BSA	0.20	1.40
SL-Ⅱ	AFB$_1$-BSA	0.20	0.20
SL-Ⅲ	AFB$_1$-BSA	0.20	0.20
金标垫	金标探针	0.08	8.00

3. 样品分析条件

样品分析条件的选择只需对样品提取液的最佳稀释倍数进行测试。以花生提取液为例选择最佳的稀释倍数，将空白样品提取液进行逐级稀释，并取 100 μL 作为反应液加入酶标板微孔中，插入试纸条，15 min 后观察结果，选择能使层析试纸条上几条检测线均能清晰显色的最小稀释倍数作为样品提取液最佳稀释倍数。

（二）多检测线试纸条性能评价

1. 检测参数与浓度范围

将系列浓度的黄曲霉毒素 B_1、B_2、G_1 和 G_2 标准溶液添加于样品稀释液中，用试纸条进行测定，重复 6 次，肉眼观察判定其检出限和分别使几条检测线（刻度线）刚好消失的阈值浓度（threshold level），见彩图 9。

图 6-32（Zhang D H et al., 2013）依次为黄曲霉毒素 B_1、B_2、G_1 和 G_2 的检出限和三条刻度线的阈值浓度。从图上可以读出黄曲霉毒素 B_1 的可视检出限（VDL）和三条刻度线（SL-Ⅰ、SL-Ⅱ和 SL-Ⅲ）的阈值浓度依次为 0.06 ng/mL，0.12 ng/mL、0.50 ng/mL 和 2.00 ng/mL。因此，试纸条对检测液中黄曲霉毒素 B_1 的检测范围有五个，依次为<0.06 ng/mL、0.06~0.12 ng/mL、0.12~0.50 ng/mL、0.50~2.00 ng/mL 和>2.00 ng/mL；黄曲霉毒素 B_2 的检出限和三条刻度线的阈值浓度依次是 0.25 ng/mL、0.50 ng/mL、1.00 ng/mL 和 2.00 ng/mL，对检测液中黄曲霉毒素 B_2 的五个检测范围依次为<0.25 ng/mL、0.25~0.50 ng/mL、0.50~1.00 ng/mL、1.00~2.00 ng/mL 和>2.00 ng/mL；黄曲霉毒素 G_1 的检出限和三条刻度线的阈值浓度依次是 0.12 ng/mL、0.50 ng/mL、2.00 ng/mL 和 5.00 ng/mL，对检测液中黄曲霉毒素 G_1 的五个检测范围依次为<0.12 ng/mL、0.12~0.50 ng/mL、0.50~2.00 ng/mL、2.00~5.00 ng/mL 和>5.00 ng/mL；黄曲霉毒素 G_2 的检出限和三条刻度线的阈值浓度依次是 0.25 ng/mL、0.50 ng/mL、2.00 ng/mL 和 10.00 ng/mL，对检测液中黄曲霉毒素 G_2 的五个检测范围依次为<0.25 ng/mL、0.25~0.50 ng/mL、0.50~2.00 ng/mL、2.00~10.00 ng/mL 和>10.00 ng/mL。

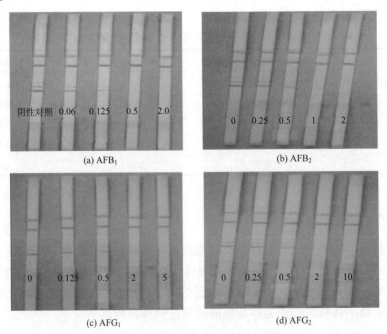

图 6-32　多检测线试纸条对四种黄曲霉毒素的检出限和三条刻度线阈值浓度

图中数字的单位为 ng/mL

2. 精密度和准确度评价

将系列浓度的黄曲霉毒素 B_1、B_2、G_1 和 G_2 标准溶液添加于阴性花生样品提取液中，用间接竞争 ELISA 法和所制备的多检测线层析试纸条同时进行检测，间接竞争 ELISA 法设 4 个重复，多检测线层析试纸条进行 10 次平行实验，比较两种方法检测结果的符合率以及免疫层析方法 10 个平行实验间的符合率与重复性。

以黄曲霉毒素 B_1 为例对试纸条的精密度和准确度进行评价，试纸条检测的实测浓度范围均与 ELISA 定量免疫分析方法测出的实际浓度相符，两种方法测定结果的符合率为100%，结果见表 6-22（Zhang D H et al., 2012a），表明多检测线试纸条具有很高的准确度。虽然与定量免疫分析方法测出的实际浓度相比，当黄曲霉毒素 B_1 的添加浓度在试纸条的检出限或刻度线阈值的临界值附近时，10 次平行实验结果的符合率为 90%，但其余结果 10 次平行实验的符合率为 100%，表明这种金标试纸条具有较高的精密度。

表 6-22　多检测线试纸条和间接竞争 ELISA 法对 AFB_1 加标回收检测结果比较

添加浓度 / （µg/kg）	ELISA[a] （$n=4$）			试纸条[b] （$n=10$）	
	平均值 / （µg/kg）	CV /%	回收率 /%	平均值 / （µg/kg）	符合率[c] /%
加标至研磨后样品					
0.40	0.41	1.80	102.50	阴性	100.00
0.60	0.58	1.50	96.83	0.60~1.25	90.00
1.00	0.97	2.10	97.40	0.60~1.25	100.00
2.00	2.01	3.40	100.60	1.25~5.00	100.00
8.00	8.08	3.50	100.98	5.00~20.00	100.00
16.00	15.98	5.10	99.87	5.00~20.00	100.00
32.00	32.29	5.30	100.91	>20.00	100.00
加标至提取液					
0.30	0.30	2.40	101.00	≥0.30	90.00
0.65	0.64	1.50	98.92	≥0.62，<2.50	100.00
2.50	2.49	3.00	99.68	≥2.50，<10.00	100.00
10.00	10.19	5.80	101.86	≥10.00	100.00

注：a 表示表中数据为实测浓度与稀释倍数的乘积，磨好的样品中黄曲霉毒素的稀释倍数为 16，空白提取液中黄曲霉毒素的稀释倍数为 8；b 表示表中数据为实测浓度与稀释倍数的乘积，研磨样品中黄曲霉毒素的稀释倍数为 10，空白提取液中黄曲霉毒素的稀释倍数为 5；c 表示符合率为正确测定结果的数目与重复次数的比值。

3. 稳定性评价

稳定性实验结果表明，室温条件下保存，多检测线试纸条三条刻度线的颜色在第 18 周时开始变浅，20 周时 SL-Ⅰ几乎看不到颜色，因此，该试纸条能在室温稳定保存 16

周。若将该试纸条放置于低温（如 4 ℃）冷藏环境中，将能够延长其保存时间。

三、黄曲霉毒素多检测线半定量化纳米金免疫检测技术应用

通过对黄曲霉毒素多检测线半定量化纳米金免疫检测试纸条、提取液、稀释液等进行组装，研制成黄曲霉毒素多检测线半定量化纳米金免疫检测试剂盒。应用多检测线免疫层析法和 HPLC 法对花生和饲料样品中黄曲霉毒素 B_1 含量的平行检测结果见表 6-23（Zhang D H et al., 2012a）。可见多检测线免疫层析法和 HPLC 标准方法对 31 个花生和饲料样品检测结果的符合率为 100%，因此在实际农产品及饲料样品检测中具有较广阔的应用前景。

表 6-23　多检测线试纸条在花生和饲料样品 AFB_1 检测中的应用及与 HPLC 检测结果比对

方法	样品 AFB_1 污染水平/（μg/kg）					样品总数 [b]
	<0.60	0.60~1.25	1.25~5.00	5.00~20.00	>20.00	
HPLC	25[a]	1	2	2	1	31
试纸条	25	1	2	2	1	

注：a 表示表中的数据为含有相应污染水平样品的数量；b 表示样品总数包含 26 个花生样品与 5 个饲料样品。

第六节　多种真菌毒素纳米金同步检测技术

花生、玉米、饲料等农产品食品与饲料往往同时受到几种真菌毒素的污染，如黄曲霉毒素、玉米赤霉烯酮（ZEA）和赭曲霉毒素（OTA）等。为提高真菌毒素污染检测效率，针对黄曲霉毒素与其他真菌毒素混合污染，研究建立黄曲霉毒素 B_1、赭曲霉毒素、玉米赤霉烯酮等多种真菌毒素同步免疫层析检测技术对实现快速同步筛查检测具有重要意义。基于研制的黄曲霉毒素抗体 1C11（Zhang D H et al., 2009）、赭曲霉毒素抗体 1H2（Li X et al., 2013b）、玉米赤霉烯酮抗体 2D3（Tang et al., 2014）等高灵敏度、高特异性抗体，研究探索多种真菌毒素同步免疫层析检测技术，可为实现多种真菌毒素同步免疫层析检测提供技术参考（李培武等，2014m）。

一、多种真菌毒素纳米金免疫探针制备

（一）纳米金标记抗体最适标记 pH

按照黄曲霉毒素 B_1 金标试纸条实验方法，选择含 8 μL 0.1 mol/L K_2CO_3 溶液/mL 的纳米金溶液为 1H2 抗体的最佳标记 pH 条件，选择含 8.5 μL 0.1 mol/L K_2CO_3 溶液/mL 纳米金溶液为 2D3 抗体的最佳标记 pH 条件，选择含 8 μL 0.1 mol/L K_2CO_3 溶液/mL 纳米金溶液为 1C11 抗体的最佳标记 pH 条件。

（二）抗体最佳标记量

1. 最小稳定抗体标记浓度

在抗体最小稳定标记浓度测定中，以加入 10% NaCl 溶液后仍能使纳米金溶液保持稳定、不聚沉、颜色不发生显著变化的抗体浓度为最小稳定标记浓度。三种真菌毒素抗体最小稳定标记浓度测定结果见图 6-33。结果表明 1H2 抗体的最小稳定标记浓度为 3 μg/mL，2D3 抗体的最小稳定标记浓度为 4 μg/mL，1C11 抗体的最小稳定标记浓度为 4 μg/mL（彩图 5e）。

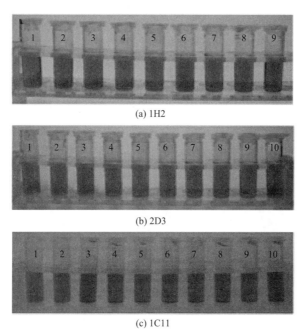

(a) 1H2

(b) 2D3

(c) 1C11

图 6-33　OTA、ZEA 和 AFB$_1$ 三种真菌毒素抗体最小稳定标记浓度

图中数字代表对应各离心管中加入抗体浓度，单位为 μg/mL

2. 最佳抗体标记量

用 5%甲醇水溶液作为检测溶液，加入 100 μL/孔到 96 孔板微孔中，插入用不同抗体浓度标记探针制备的试纸条，观察试纸条检测线颜色，结果见表 6-24。实验表明三种真菌毒素免疫层析试纸条均随着抗体标记浓度的增大，检测线颜色逐渐加深。

表 6-24　OTA、ZEA 和 AFB 三种真菌毒素抗体最佳标记浓度优化选择

抗体	抗体终浓度/（μg/mL）及 T 线颜色						
	2	3	4	5	6	7	8
1H2	非常浅	较浅	红	红	红	深红	深红
2D3	非常浅	非常浅	浅红	红	红	红	红
1C11	浅红	红	红	红	深红	深红	深红

真菌毒素的免疫层析技术是基于对小分子抗体的竞争结合原理，高浓度的抗体尽管有利于 T 线颜色的观测，但是并不利于提高竞争分析的灵敏度，因此选取最佳标记浓度时，在保证检测线显色清晰的前提下，尽量选取较低浓度的抗体标记浓度，这样既有利于层析结果的判读，又有利于提高检测分析的灵敏度。因此，优化选择的 1H2 抗体的最佳标记浓度为 4 μg/mL，2D3 抗体的最佳标记浓度为 5 μg/mL，1C11 抗体的最佳标记浓度为 3 μg/mL。

二、多种真菌毒素纳米金试纸条制备

构建的多组分免疫层析试纸条技术模型如图 6-34（a）（Li X et al., 2013c）所示。在 NC 膜上通过点膜仪喷涂上完全抗原形成检测线，喷上兔抗鼠 IgG 形成质控线，将喷涂好抗原和二抗的 NC 膜、吸水垫、金标垫和样品垫按先后顺序依次粘贴于衬板上后，纵向切割形成免疫层析试纸条。构建的多组分免疫层析试纸条与常规的免疫层析试纸条不同点在于有三条检测线，三条检测线上分别固定一种特定真菌毒素完全抗原，从上往下依次固定赭曲霉毒素抗原（OTA-BSA）、玉米赤霉烯酮抗原（ZEA-BSA）和黄曲霉毒素 B$_1$ 抗原（AFB$_1$-BSA），从而实现一次免疫层析能同时检测三种真菌毒素（彩图 5 f）。

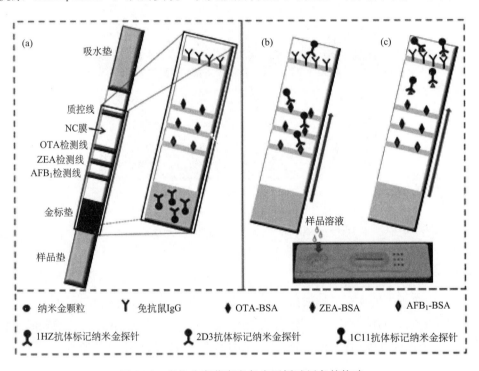

图 6-34　多组分真菌毒素免疫层析试纸条的构建

基于免疫竞争反应原理，当待测液中真菌毒素浓度均为 0 时，黄曲霉毒素 B$_1$、赭曲霉毒素 A 或玉米赤霉烯酮三种毒素纳米金探针免疫探针（1C11 抗体标记纳米金探针、1H2 抗体标记纳米金探针、2D3 抗体标记纳米金探针）与 T 线上相应的固定化抗原结合，从而使得三条 T 线均显色，见图 6-34（b）；当待测液中含有一定量的三种真菌毒素（黄曲霉毒素 B$_1$、赭曲霉毒素 A、玉米赤霉烯酮）或其中两种或其中一种时，三种毒素纳米金探针免疫探针（标记抗体）与待测液中相应的真菌毒素特异性结合，使得标记抗体与 T 线抗原的结合受到抑制，导致相应 T 线不显色或显色变浅，如图 6-34（c）所示。将 T 线颜色与空白对照进行比对，即可分析样品中真菌毒素的含量。

（一）包被液的选择

选择 0.01 mol/L pH 7.4 PBS + 1% BSA + 0.02% NaN$_3$ 混合溶液作为抗原和二抗的最佳包被液。

（二）金标垫和样品垫最佳封闭液的选择

采用优化选择的封闭液（0.01 mol/L pH 7.4 PBS+1% OVA+2.5%蔗糖+0.05%吐温 20）对金标垫和样品垫进行封闭。

（三）免疫试剂最佳浓度组合

三种纳米金标记抗体溶液均为原纳米金溶液的 10 倍浓缩物，在喷涂前将 1H2 标记探针、2D3 标记探针和 1C11 标记探针按体积比为 7：9：5 混合，将混合探针以 14 μL/cm 的速率喷涂到金标垫上，真空冷冻干燥后，置于干燥箱中备用。

三、多种真菌毒素纳米金免疫检测技术的建立

（一）真菌毒素混合污染样品同步检测前处理技术

1. 样品待测液加样量的优化

将制备的免疫层析试纸条插入含有不同样品溶液的微孔中，室温反应 15 min，观察显色结果和微孔中是否有样品溶液残留。研究结果显示，当样品加液体积为 30~80 μL 时，会影响金标垫上探针的释放，从而影响显色或者背景色过深；当样品加液体积≥100 μL 时，金标探针释放充分，显色较好；但是当样品加液体积≥120 μL 时，15 min 反应结束后微孔中仍有样品溶液残留。优化结果表明，100 μL 为最佳的待测液加样量。

2. 试样甲醇浓度的选择

张道宏等（Zhang et al., 2011b）研究报道，1C11 抗体标记纳米金探针在免疫层析中对甲醇的耐受浓度为 40%以下，1H2、2D3 两种抗体标记纳米金探针的甲醇浓度耐受浓度分别为 32%、40%，综合考虑三种毒素同步检测，该多组分试纸条用于样品分析时，样品液中甲醇浓度应低于 30%。

（二）多种真菌毒素免疫层析试纸条性能评价

1. 特异性评价

分别向样品孔中加入溶于 10%甲醇的黄曲霉毒素 B$_1$、赭曲霉毒素 A、玉米赤霉烯酮

溶液和三种真菌毒素混合溶液，试纸条显色结果见图 6-35（Li X et al., 2013c）。

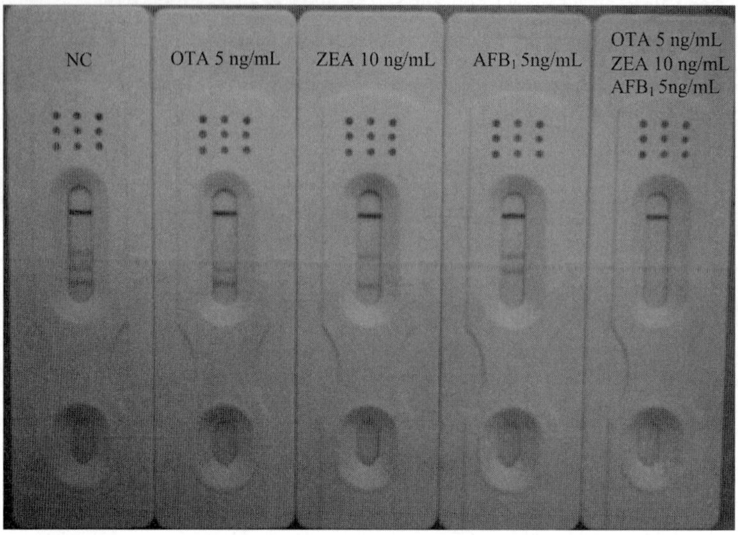

图 6-35　三种真菌毒素混合污染同步检测试纸条特异性评价

　　加入单种真菌毒素溶液的试纸条，由于竞争反应，对应这种真菌毒素检测线不显色，其他两种真菌毒素对应的检测线显色与阴性对照相当。例如，加入赭曲霉毒素 A 溶液的试纸条赭曲霉毒素 A 检测线不显色，黄曲霉毒素 B_1 和玉米赤霉烯酮检测线显色与阴性对照试纸条上的检测线显色相当。加入三种真菌毒素混合溶液的试纸条，由于三种真菌毒素均与对应抗体探针发生竞争反应，抗体无法结合到检测线上，因此三条检测线均不显色。上述结果说明该多组分试纸条的特异性好，能用于黄曲霉毒素 B_1、赭曲霉毒素 A、玉米赤霉烯酮三种组分真菌毒素的同步检测。

2. 三种真菌毒素的检出限

　　将不同浓度的三种真菌毒素混合溶液添加到试纸条样品孔中，室温下反应 15 min，试纸条显色结果见图 6-36（Li X et al., 2013c）。当样品中黄曲霉毒素 B_1、赭曲霉毒素 A、玉米赤霉烯酮浓度分别为 0.25 ng/mL、0.5 ng/mL、1 ng/mL 时，各真菌毒素对应的检测线颜色明显比阴性对照试纸条检测线显色变浅，因此该试纸条对黄曲霉毒素 B_1、赭曲霉毒素 A、玉米赤霉烯酮肉眼可见的检出限分别为 0.25 ng/mL、0.5 ng/mL、1 ng/mL。另外，当黄曲霉毒素 B_1、赭曲霉毒素 A、玉米赤霉烯酮浓度为 1 ng/mL、2 ng/mL、4 ng/mL 时，三条检测线颜色基本完全消失（见彩图 10），因此试纸条对黄曲霉毒素 B_1、赭曲霉毒素 A、玉米赤霉烯酮肉眼可视的消线浓度为 1 ng/mL、2 ng/mL、4 ng/mL。

3. 准确性和重现性评价

　　向空白玉米样品提取液中添加黄曲霉毒素 B_1/赭曲霉毒素 A/玉米赤霉烯酮真菌毒素系列浓度混合标准溶液，每个浓度重复测定 20 次。当黄曲霉毒素 B_1/赭曲霉毒素 A/玉米

OTA/(ng/mL)	0	0.1	0.2	0.5	1	2	5	10
ZEA/(ng/mL)	0	0.2	0.4	1	2	4	10	20
AFB$_1$/(ng/mL)	0	0.05	0.1	0.25	0.5	1	2.5	5

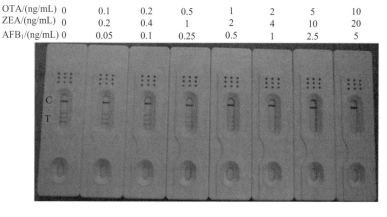

图 6-36 OTA、ZEA 和 AFB$_1$ 三种真菌毒素试纸条可视检出限

赤霉烯酮添加浓度较试纸条检出限浓度低时，试纸条检测线与阴性对照显色相当；当真菌毒素浓度介于试纸条检出限和消线浓度之间时，试纸条检测线显色明显变浅；当真菌毒素浓度高于试纸条消线浓度时，检测线不显色，与表 6-25（Li X et al., 2013c）中结果相符。

表 6-25 多组分真菌毒素检测试纸条准确性和重现性测定结果

浓度/（ng/mL） AFB$_1$/OTA/ZEA	ICA 肉眼观察结果 （n=20）					
	OTA 检测线 OTA T 线	异常率 /%	ZEA 检测线 ZEA T 线	异常率 /%	AFB$_1$检测线 AFB$_1$ T 线	异常率 /%
0/0/0	+[a]	0	+	0	+	0
0.1/0.2/0.4	+	0	+	0	+	0
0.5/1/2	±[b]	5	±	5	±	0
2/4/8	−[c]	0	−	0	−	0
5/10/20	−	0	−	0	−	0

注：a 表示显色；b 表示颜色明显变浅；c 表示不显色。

当真菌毒素浓度接近试纸条检出限时，可能出现假阴性。研究结果表明，当黄曲霉毒素 B$_1$/赭曲霉毒素 A/玉米赤霉烯酮分别为 0.5/1/2 ng/mL 时，20 次重复测定中有 1 次结果异常，呈假阴性，异常率为 5%，而在浓度高于检出限后，就不再未出现假阴性结果。说明多组分真菌毒素免疫层析试纸条的准确性和重现性均较好。

4. 稳定性评价

将试纸条置于恒湿干燥器（湿度 35%）中，室温放置 180 d 后，检查试纸条检测线显色结果，显色尚未明显变浅，说明该试纸条有效使用期至少为 6 个月以上。

5. 多种真菌毒素免疫层析试纸条法与定量 ELISA 法检测结果的比较

以玉米样品为例，研究结果表明，玉米基质对试纸条检测的影响不大，因此可根据试纸条的检出限和消线浓度换算该试纸条对实际玉米样品的检测能力，样品中真菌毒素含量是试纸条实际检测液浓度的 20 倍，当样品中黄曲霉毒素 B_1/赭曲霉毒素 A/玉米赤霉烯酮的浓度低于 5/10/20 μg/kg 时，试纸条检测呈阴性；当样品中黄曲霉毒素 B_1/赭曲霉毒素 A/玉米赤霉烯酮的浓度介于 5/10/20 μg/kg 和 20/40/80 μg/kg 时，试纸条检测线较阴性对照检出限明显变浅，检测结果呈阳性；当样品中黄曲霉毒素 B_1/赭曲霉毒素 A/玉米赤霉烯酮的浓度高于 20/40/80 μg/kg 时，试纸条检测线不显色，结果呈阳性。

为评价所建立方法的准确度，用免疫层析试纸条同步检测实际样品中黄曲霉毒素 B_1、赭曲霉毒素 A 和玉米赤霉烯酮，并采用 ELISA 法分别平行测定三种真菌毒素的含量，结果表明试纸条检测结果与 ELISA 法检测结果一致，但当样品中真菌毒素浓度接近检出限或消线值时，存在显色差异，需要综合几次重复结果判断，以减少异常显色干扰。

与已报道结果相比较见表 6-26（Li X et al., 2013c），可见，研究建立的真菌毒素混合污染同步检测免疫层析技术在检测真菌毒素组分和检测灵敏度方面均有显著提高。

表 6-26　多组分真菌毒素试纸条与现有试纸条比较

文献	靶标物	真菌毒素种类	可视检出限/（ng/mL）
Zhang et al., 2011a	AFB$_1$	1	1
Tang et al., 2009	AFB$_2$	1	0.9
Zhang et al., 2011b	AFB$_1$、AFB$_2$、AFG$_1$、AFG$_2$	1	AFB$_1$: 0.03, AFB$_2$: 0.06, AFG$_1$: 0.12, AFG$_2$: 0.25
Shim et al., 2009	ZEA	1	2.5
Hervás et al., 2009	ZEA	1	1
Lai et al., 2009	OTA	1	10
Kolosova et al., 2007	ZEA 和呕吐毒素（DON）	2	ZEA: 100 DON: 1500
Shim et al. 2009	OTA 和 ZEA	2	OTA: 5, ZEA: 10
多组分试纸条（Li X et al., 2013c）	AFB$_1$、OTA 和 ZEA	3	AFB$_1$: 0.25, OTA: 0.5, ZEA: 1

四、多种真菌毒素纳米金免疫检测技术应用

通过对多种真菌毒素免疫层析试纸条、提取液、稀释液等进行组装，研制成多种真菌毒素同步检测纳米金试剂盒，并应用于实际样品检测。以玉米为例，多种真菌毒素同步检测试纸条准确性及应用优化条件研究表明，玉米基质对试纸条的影响差异不明显。因此，可根据试纸条的检出限和消线浓度换算试纸条对实际样品的检测结果，需注意的是，通常情况下，首先需要对样品稀释一定倍数后，再用多组分试纸条检测。

采用多种真菌毒素同步检测试纸条和定量 ELISA 法分别测定花生、玉米和大米等实际样品黄曲霉毒素 B_1、赭曲霉毒素 A 和玉米赤霉烯酮含量，结果比较见表 6-27（Li X et al., 2013c），多组分试纸条检测结果与 ELISA 法检测结果基本一致。表明研制的多组分真菌毒素免疫层析试纸条可用于农产品、饲料等实际样品中真菌毒素混合污染的同步检测，如能根据不同产品真菌毒素污染具体种类，选择高灵敏、高特异性抗体制备免疫探针，进一步提高试纸条检测灵敏度，则应用前景更加广阔。

表 6-27　多种真菌毒素同步检测试纸条与 ELISA 法检测玉米花生大米结果比较

样品编号	样品类型	多组分试纸条（n=4）			ELISA/（μg/kg）		
		AFB_1	OTA	ZEA	$AFB_1 \pm SD$	$OTA \pm SD^e$	$ZEA \pm SD$
1	玉米	＋＋＋＋[a]	＋＋＋＋	±±±±[b]	ND^d	2.6 ± 0.3	21.2 ± 1.9
2	玉米	±±±＋	＋＋＋＋	－－－－[c]	6.8 ± 0.5	ND	93.7 ± 10.6
3	玉米	＋±＋＋	＋＋＋＋	±±±±	ND	ND	39.8 ± 0.4
4	玉米	＋＋＋＋	＋＋＋＋	－－－－	3.1 ± 0.3	4.2 ± 0.5	153.4 ± 12.9
5	玉米	＋＋＋＋	＋＋＋＋	±±±±	ND	ND	46.9 ± 3.7
6	玉米	－－－－	＋＋＋＋	－－－－	27.5 ± 0.2	3.6 ± 0.3	163.2 ± 11.8
7	玉米	＋＋＋＋	＋＋＋＋	±±±－	3.1 ± 0.4	2.9 ± 0.2	67.2 ± 5.1
8	玉米	＋＋＋＋	＋＋＋＋	±±±±	ND	ND	56.8 ± 4.7
9	大米	＋＋＋＋	＋＋＋＋	＋＋＋＋	ND	ND	ND
10	大米	＋＋＋＋	＋＋＋±	＋＋＋＋	ND	3.9 ± 0.2	ND
11	花生	－－±±	±±±±	±－±±	19.5 ± 1.6	14.2 ± 1.1	58.3 ± 4.9
12	花生	±＋＋＋	±±±±	－±±－	3.76 ± 0.2	21.3 ± 1.7	71.7 ± 5.5
13	花生	－－－－	±＋＋＋	±±±±	34.8 ± 2.9	5.6 ± 0.4	32.5 ± 2.6
14	花生	－－－－	＋＋＋＋	±±±±	27.1 ± 1.8	3.5 ± 0.2	28.6 ± 3.0

注：a 表示显色；b 表示颜色明显变浅；c 表示不显色；d 表示未检出；e 表示标准偏差。

第七章　黄曲霉毒素时间分辨荧光免疫层析检测技术

黄曲霉毒素在乳及乳制品、中药材特别是婴幼儿食品中限量标准极为严格，例如，中国、美国等国家规定乳及乳制品中黄曲霉毒素 M_1 最大允许限量为 0.5 μg/kg，欧盟规定婴幼儿配方食品（包括婴幼儿奶粉等）及特殊医疗作用膳食食品黄曲霉毒素 M_1 最大允许限量仅为 0.025 μg/kg，比花生、玉米等粮油产品黄曲霉毒素 B_1 限量值严格数十倍至百倍。如此严格的黄曲霉毒素限量标准对黄曲霉毒素免疫检测技术灵敏度提出了更高挑战，现有抗体及胶体金免疫层析检测技术难以满足这种高灵敏检测要求。

为了满足黄曲霉毒素日趋严格的限量标准对高灵敏检测的要求，在自主创制系列黄曲霉毒素高特异性、高亲和力单克隆抗体核心材料的基础上，研制新型黄曲霉毒素铕标记免疫探针，创建黄曲霉毒素时间分辨荧光免疫层析技术（time-resolved fluorescence immunochromatographic assay，TRFICA），兼具时间分辨荧光免疫分析（time-resolved fluorescence immunoassay，TRFIA）的高灵敏定量特性和免疫层析的快速简便高特异性等优点，灵敏度可比现有纳米金免疫层析技术提高 1 个数量级以上，在农产品食品及饲料、中药材等黄曲霉毒素污染检测与控制领域具有广阔应用前景。

第一节　黄曲霉毒素铕标记时间分辨荧光免疫层析检测技术原理

黄曲霉毒素时间分辨荧光免疫层析检测技术是在黄曲霉毒素荧光检测技术的基础上发展起来的。利用荧光发射波长与激发波长的斯托克斯位移（Stokes shift）以及信号荧光与背景荧光寿命的差异，时间分辨荧光免疫检测技术可以克服背景荧光干扰，是解决背景荧光信号干扰的有效途径。基于黄曲霉毒素系列高特异性、高亲和力抗体和镧系元素铕标记微球，解决黄曲霉毒素快速高灵敏定量检测中背景荧光干扰的技术难题，创建黄曲霉毒素时间分辨荧光免疫层析高灵敏检测技术。

一、概述

黄曲霉毒素铕标记时间分辨荧光免疫层析技术是以稀土铕微球标记抗原或抗体构建探针为特征的高灵敏检测技术。与传统的酶标记抗体相比，时间分辨荧光铕标记的抗体探针克服了酶标记物的不稳定、易受环境干扰等缺点，能有效降低非特异性荧光信号，达到更高的信噪比，从而获得更高的灵敏度，甚至可超过放射性同位素检测技术的灵敏度。同时，具有标记物制备简便、储存时间长、无放射性污染、检测结果重复性好、操作流程短、标准曲线工作范围宽、不受样品背景荧光干扰以及应用范围广泛等优点，开辟了黄曲霉毒素高灵敏免疫分析的新途径（Zhang et al., 2015a），实用性强，应用前景广阔。

二、黄曲霉毒素时间分辨荧光探针的构建

黄曲霉毒素铕标记时间分辨荧光免疫层析检测技术是基于黄曲霉毒素时间分辨荧光探针的独特性能，即稀土元素铕配合物荧光寿命长的特性，通过延时技术测定铕标记探针发射的时间分辨荧光，避免采集到短寿命荧光物质发射的背景干扰荧光，可显著提高信噪比，有效消除农产品食品等样品基质产生的背景荧光及层析膜材料产生的本底荧光，从而提高黄曲霉毒素荧光免疫层析检测技术的灵敏度。因此，时间分辨荧光探针的构建至关重要。

黄曲霉毒素时间分辨荧光免疫探针的构建主要包括两个步骤。

首先，合成铕乳胶微球。利用铕（Ⅲ）先形成配合物，再通过掺杂方式，在聚苯乙烯微球上自组装成铕乳胶微球，经表面修饰后形成具有活性基团羧基或氨基的铕乳胶微球。通常情况下，铕乳胶微球表面修饰有合适密度的羧基功能基团，可用于与抗体或蛋白质的氨基共价偶联。

然后，铕乳胶微球与黄曲霉毒素特异性抗体进行共价偶联。具有活性基团羧基或氨基的铕乳胶微球作为标记材料，可以直接标记黄曲霉毒素抗原或黄曲霉毒素抗体。例如，可用 1-（3-二甲氨基丙基）-3-乙基碳二亚胺盐酸盐（EDC）和 N-羟基琥珀酰亚胺（NHS）将铕乳胶微球的羧基末端活化为活泼酯，再与抗体氨基末端发生酯交换反应，从而实现共价偶联，制备黄曲霉毒素时间分辨荧光探针。

铕乳胶微球结合了镧族元素的长荧光寿命和乳胶纳米微球的信号放大效应，将铕配合物共同掺杂在乳胶微球中，经过表面活化后，将抗体标记于乳胶微球上，形成复合物，将该复合物用于免疫检测，可建立基于镧族元素标记的新型时间分辨荧光检测技术，可显著提高检测灵敏度，并获得较宽的线性范围。以黄曲霉毒素 M_1 时间分辨荧光免疫探针为例，示意图见图 7-1（Tang et al., 2015），时间分辨荧光免疫探针可大大提高荧光的发光强度，并且有效提高免疫探针亲和力，从而有利于提高荧光免疫检测分析方法的灵敏度。

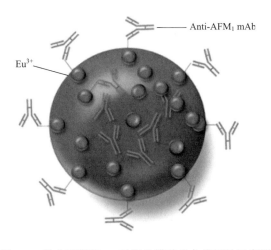

Anti-AFM₁ mAb

Eu³⁺

图 7-1　黄曲霉毒素 M_1 时间分辨荧光免疫探针示意图

在实际铕标记免疫探针构建中，通常需要选择合适粒径的铕乳胶微球，再用 1-（3-二甲氨基丙基）-3-乙基碳二亚胺盐酸盐和/或 N-羟基琥珀酰亚胺活化铕乳胶微球，最后加入适量所需标记的黄曲霉毒素抗原或抗体（需要通过优化确定抗体或抗原用量），搅拌反应一定时间后，形成稳定的抗体（或抗原）-铕乳胶复合物，即得到特异性的黄曲霉毒素时间分辨荧光探针。

制备好的时间分辨荧光探针需要纯化，除去未充分稳定的铕乳胶颗粒及其形成的凝聚物和未标记的黄曲霉毒素抗体或抗原。目前，常使用低温高速离心法进行纯化，离心速度及时间可根据铕乳胶粒径大小不同、标记物的种类不同进行优化与选择。一般先低温低速离心，弃去凝聚物所形成的沉淀，再低温高速离心，将离心得到的沉淀物重悬混匀，即完成时间分辨荧光免疫探针的制备与纯化。

黄曲霉毒素时间分辨荧光铕标记免疫探针构建技术流程如下。

取粒径 190 nm 聚苯乙烯微球，加入 10 mL 去离子水和丙酮混合液（体积比为 1∶1），使反应液中聚苯乙烯微球的密度约为 1 g/L，搅拌均匀，加入 100 μL 0.1 mol/L 三氯化铕、100 μL 0.1 mol/L 三氯化铽、400 μL 0.1 mol/L 三辛基氧化膦菲罗啉，先加热至 60 ℃，恒温搅拌避光反应 10 h，然后降至室温反应 2 h，最后减压蒸馏去除有机溶剂，用去离子水透析 5 d，去除其余剩余小分子物质，收集透析袋内液体，既得铕乳胶微球，加入 0.05% 的叠氮钠于 4 ℃保存。

取少量铕乳胶微球，溶于 10 mL 0.2 mol/L pH 8.0 硼酸缓冲液中，使缓冲液中铕乳胶微球为 1 g/L（密度约为每毫升 10^{12} 个），400 W 超声处理 30 s，然后缓慢加入 200 μL 15 mg/mL　1-（3-二甲氨基丙基）-3-乙基碳二亚胺盐酸盐，室温匀速搅拌温育 15 min，15 000 r/min 离心 10 min，收集沉淀，用 0.2 mol/L pH 8.0 硼酸缓冲液反复洗涤，离心两次，即得活化的铕乳胶微球。

将活化的铕乳胶微球复溶于 5 mL 0.2 mol/L pH 8.0 硼酸缓冲液中，加入一定量的特异性单克隆抗体溶液，4 ℃摇床振荡反应 12 h 后，12 000 r/min 离心 10 min，收集沉淀，复溶于 0.01 mol/L pH 7.4 磷酸缓冲液（可含适量海藻糖、牛血清白蛋白等保护剂）中，即得时间分辨荧光免疫探针，置于 4 ℃保存备用。

黄曲霉毒素时间分辨荧光免疫探针合成与纯化之后，需要经过透射电镜等仪器进行鉴定。以黄曲霉毒素 M_1 时间分辨荧光免疫探针为例，铕乳胶微球在偶联单克隆抗体 2C9 前后的透射电镜（TEM）图像见图 7-2（Tang et al., 2015），由图（a）、（b）、（c）比较分析可见，抗体蛋白已经成功共价偶联到铕乳胶微球上。

探针合成后，在黄曲霉毒素时间分辨荧光检测试剂盒中，需要辅以适当的保护试剂，避免探针抗体活性降低，在检测中充分发挥黄曲霉毒素时间分辨荧光免疫探针的功能和作用。

根据目标检测对象的差异，黄曲霉毒素时间分辨荧光免疫探针包括黄曲霉毒素 B_1 时间分辨荧光免疫探针（李培武等，2013d; Zhang et al., 2015a）、黄曲霉毒素 G_1 时间分辨荧光免疫探针、黄曲霉毒素 M_1 时间分辨荧光免疫探针（李培武等，2013e; Tang et al., 2015）、黄曲霉毒素生物合成前体杂色曲霉素时间分辨荧光免疫探针以及其他生物毒素时间分辨荧光免疫探针等（Majdinasab et al., 2015b; Zhang et al., 2015b）。这些免疫探针是创建黄曲霉毒素铕标记时间分辨荧光免疫层析技术的重要前提和基础。

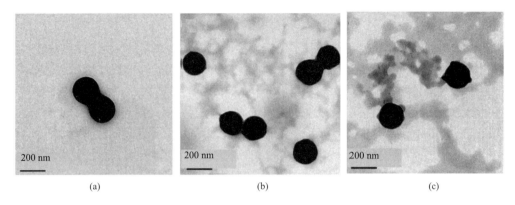

图 7-2　黄曲霉毒素 M_1 时间分辨荧光免疫探针 TEM 鉴定图

（a）偶联前微球；（b）、（c）偶联后微球

三、黄曲霉毒素时间分辨荧光免疫层析检测技术原理

黄曲霉毒素铕标记时间分辨荧光免疫层析检测技术是一种流动滞后（或称侧向流）分析方法，是在免疫层析方法基础上，为了进一步提高检测灵敏度和定量准确性而开发出来的一种新型免疫荧光层析方法。

黄曲霉毒素铕标记时间分辨荧光免疫层析检测技术主要原理是以硝酸纤维素膜为载体，利用微孔膜的毛细作用，使抗原（包括样品中游离黄曲霉毒素和预先固定在膜载体上的黄曲霉毒素抗原）与抗体（铕标记免疫探针）在膜上发生竞争性和特异性免疫反应，最终通过时间分辨荧光强度进行定量测定（彩图 6）。

黄曲霉毒素铕标记时间分辨荧光免疫层析检测技术可以采用双标记分析模式，如图7-3 所示，由两种时间分辨荧光免疫探针构成两套独立的抗原-抗体反应，其中时间分辨

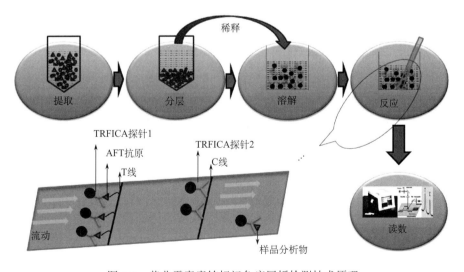

图 7-3　黄曲霉毒素铕标记免疫层析检测技术原理

荧光免疫探针 1（TRFICA 探针 1）为黄曲霉毒素特异性探针，时间分辨荧光免疫探针 2 仅与固定在质控线（C 线）上的物质发生特异性免疫反应，与黄曲霉毒素或黄曲霉毒素抗原均不反应。

黄曲霉毒素铕标记时间分辨荧光免疫层析检测技术原理与主要技术流程如下。

（1）从样品中提取黄曲霉毒素，沉淀或分层后取上清液，经稀释后滴加适量至样品反应瓶（瓶中预先置有冻干的时间分辨荧光免疫探针）。

（2）滴加在反应瓶中的样品提取液溶解时间分辨荧光免疫探针，即开始发生特异性免疫反应，样品中游离黄曲霉毒素和免疫探针特异性结合。

（3）时间分辨荧光免疫探针 1（图 7-3 中 TRFICA 探针 1）或其免疫复合物自免疫层析试纸条样品垫端逐渐向吸水垫端均匀层析。在层析至 T 线过程中，发生竞争性免疫反应——黄曲霉毒素与固定抗原竞争性结合免疫荧光探针上抗体分子，最终通过测定铕乳胶-抗体探针的时间分辨荧光强度表示竞争性结合的结果。

（4）时间分辨荧光免疫探针 2（图 7-3 中 TRFICA 探针 2，或与黄曲霉毒素免疫复合物一起）流过检测线（T 线），继续流至质控线（C 线），探针 2 特异性结合到 C 线上，而黄曲霉毒素免疫复合物将流过 C 线。

（5）采用手持式紫外灯读取定性结果，或者通过黄曲霉毒素免疫时间分辨荧光检测仪定量读取结果。

在黄曲霉毒素时间分辨荧光免疫层析试纸条的"中央判读区"喷有 2 条线，即 C 线、T 线。T 线位置条带荧光强度与样品中黄曲霉毒素的浓度呈负相关，作为检测线；无论样品中是否有黄曲霉毒素存在，C 线都会出现荧光条带，作为质控线。在紫外光激发下，黄曲霉毒素时间分辨荧光免疫层析试纸条 T 线的荧光强度不同，可直观反映样品中黄曲霉毒素的含量高低。

待测试液中的黄曲霉毒素在层析过程中与铕乳胶标记的黄曲霉毒素单克隆抗体结合，抑制了抗体和硝酸纤维素膜 T 线上黄曲霉毒素抗原的结合，使 T 线时间分辨荧光强度降低，而 C 线的荧光强度具有相对稳定性。因此，T 线和 C 线荧光强度的比值（T/C）和黄曲霉毒素浓度呈负相关，通过对标准曲线的数学模拟即可建立定量检测黄曲霉毒素的计算模型，从而实现对农产品食品黄曲霉毒素的定量测定。

第二节　黄曲霉毒素 B_1 铕标记时间分辨荧光免疫层析技术

黄曲霉毒素 B_1 铕标记时间分辨荧光免疫层析技术以高特异性、高灵敏度黄曲霉毒素 B_1 抗体 3G1 铕标记乳胶微球为免疫探针，通过侧向流层析检测技术完成黄曲霉毒素 B_1 的竞争免疫测定，实现农产品食品黄曲霉毒素 B_1 的高灵敏度、高特异性快速检测。

一、黄曲霉毒素 B_1 铕标记时间分辨荧光试纸条的制备

（一）黄曲霉毒素 B_1 铕乳胶微球探针的研制

将 40 μL 的 1-乙基-3-（3-二甲基氨丙基）-碳二亚胺溶液（15 mg/mL）与 200 μL 铕

乳胶微球混合，在硼酸缓冲液中磁力搅拌 15 min，经过离心获得活化的铕乳胶微球，与适量的黄曲霉毒素 B₁ 抗体 3G1 混合后，在缓慢磁力搅拌下，反应 12 h。将所得黄曲霉毒素 B₁ 抗体铕标记探针在 13 300 r/min 转速下离心 15 min，收集沉淀，复溶于含 0.5%（m/V）卵清蛋白的 0.2 mol/L pH 8.0 硼酸缓冲液中，存于 4 ℃保存备用。兔免疫球蛋白（兔 IgG）与铕乳胶微球探针采用相同的偶联方法制备。

（二）黄曲霉毒素 B₁ 铕标记时间分辨荧光试纸条的制备

黄曲霉毒素 B₁ 铕标记时间分辨荧光试纸条的制备技术与黄曲霉毒素 B₁ 纳米金标记免疫层析试纸条制备技术类似。以铕标记探针为显色试剂，以固相层析材料为载体，构建免疫层析试纸条。

试纸条主要由样品垫、硝酸纤维素膜和吸水垫顺序交叠贴附于背衬底板之上构成。选择 6 cm 长的衬板和 2.5 cm 宽的硝酸纤维素膜，样品垫和吸水垫的长度分别设计为 8 mm、15 mm 和 18 mm，样品垫硝酸纤维素膜之间交叠 1~2 mm，层析膜与吸水垫之间交叠 2~3 mm，试纸条的宽度为 4 mm。样品垫用 2%（m/V）卵清蛋白封闭，以降低农产品食品基质非特异性吸附，在 37 ℃下干燥过夜。

用点膜仪在硝酸纤维素膜的 T 线区域喷涂黄曲霉毒素 B₂ₐ 牛血清白蛋白（AFB₂ₐ-BSA），C 线区域喷涂羊抗兔 IgG，T 线和 C 线距离 5 mm。制备好的黄曲霉毒素 B₁ 时间分辨荧光免疫层析试纸条在 4 ℃下保存备用。

（三）试纸条 T 线和 C 线免疫试剂优化

采用棋盘法优化黄曲霉毒素时间分辨荧光免疫层析试纸条黄曲霉毒素 B₁-牛血清白蛋白、羊抗兔 IgG 的用量。将浓度为 0.5 mg/mL 的黄曲霉毒素 B₁-牛血清白蛋白、羊抗兔 IgG 溶解于保护稀释液中，分别喷涂在硝酸纤维素膜的 T 线与 C 线区域，点膜仪的喷涂速度分别设置为 0.3 μL/cm、0.4 μL/cm、0.5 μL/cm、0.6 μL/cm、0.7 μL/cm。喷涂完毕并干燥后，组装成时间分辨荧光免疫层析试纸条。同时，配制黄曲霉毒素 B₁ 梯度浓度标准品溶液，并分别加入由适当体积缓释液溶解的铕标记时间分辨荧光探针中，插入上述时间分辨荧光免疫层析试纸条，根据 T 线与 C 线荧光信号的差别，分别建立不同 T 线抗原用量、C 线羊抗兔抗体用量组合的逻辑斯蒂 S 曲线，并分别计算 IC_{50} 值，优化 T 线和 C 线免疫试剂的用量。

优化实验研究结果表明，为了保证阴性样品在黄曲霉毒素时间分辨荧光免疫层析试纸条上能显示出清晰的红色 T 线，采用 0.6 μL/cm 黄曲霉毒素 B₂ₐ-牛血清白蛋白（浓度为 0.5 mg/mL）和 0.4 μL/cm 羊抗兔 IgG（浓度为 0.5 mg/mL）的 T 线和 C 线免疫试剂组合最为适宜。

二、黄曲霉毒素 B₁ 时间分辨荧光免疫层析检测技术的建立

（一）农产品食品样品前处理方法优化

1. 取样量

分别研究固体样品和液体样品取样量对检测结果重复性的影响，以确定适宜的取样

量。固体样品以花生、玉米、大米、小麦、人参阴性样品为例，添加黄曲霉毒素 B_1 标准溶液；液体样品以植物油和酱油阴性样品为例，添加黄曲霉毒素 B_1 标准溶液。

称取粉碎的花生、玉米、大米、小麦、人参加标样品，每种样品依次称取 5.0 g、10.0 g、20.0 g、30.0 g 和 50.0 g；对植物油加标样品依次称取 1.0 g、2.0 g、5.0 g、8.0 g 和 10.0 g；对酱油加标样品依次移取 0.5 g、1.0 g、2.0 g、5.0 g 和 10.0 g。分别进行 5 次重复测定，比较不同取样量对检测结果重复性的影响，实验结果见表 7-1。

表 7-1　取样量对代表性农产品食品黄曲霉毒素 B_1 检测结果重复性的影响

样品	取样量/g	加标浓度/（μg/kg）	检测结果/（μg/kg）					平均值/（μg/kg）	RSD/%
			1	2	3	4	5		
花生	5.0	20.0	12.8	20.3	16.5	28.2	17.6	19.1	30.1
	10.0	20.0	22.6	16.3	25.4	17.8	19.6	20.3	18.1
	20.0	20.0	19.7	22.7	20.5	18.0	19.2	20.0	8.7
	30.0	20.0	17.9	22.4	19.8	18.9	20.5	19.9	8.6
	50.0	20.0	19.3	17.7	21.6	20.6	21.3	20.1	8.0
玉米	5.0	17.0	15.2	22.3	14.7	17.5	11.1	16.2	25.5
	10.0	17.0	16.9	22.0	14.1	19.1	17.9	18.0	16.1
	20.0	17.0	17.1	17.9	15.6	19.3	16.5	17.3	8.1
	30.0	17.0	15.5	19.0	16.3	17.1	17.7	17.1	7.8
	50.0	17.0	15.3	16.7	18.0	17.8	18.7	17.3	7.7
大米	5.0	6.0	3.8	6.0	5.0	8.2	5.3	5.7	28.8
	10.0	6.0	6.7	5.0	5.3	6.0	7.7	6.1	17.8
	20.0	6.0	6.8	6.0	6.3	5.4	5.7	6.0	9.0
	30.0	6.0	5.4	6.7	5.9	5.7	6.3	6.0	8.5
	50.0	6.0	5.8	5.3	6.5	6.4	6.4	6.1	8.5
小麦	5.0	2.6	3.7	2.6	2.3	1.7	2.0	2.5	31.3
	10.0	2.6	3.0	2.1	3.3	2.6	2.8	2.8	16.3
	20.0	2.6	2.6	2.4	2.2	2.8	2.7	2.5	9.5
	30.0	2.6	2.3	2.6	2.9	2.5	2.8	2.6	9.1
	50.0	2.6	2.5	2.9	2.4	2.6	2.3	2.5	9.1
人参	5.0	4.4	4.8	3.7	5.9	4.7	3.4	4.5	22.4
	10.0	4.4	4.1	4.0	5.6	3.6	5.0	4.5	18.2
	20.0	4.4	4.2	4.8	4.4	4.2	4.0	4.3	7.6
	30.0	4.4	3.9	4.3	4.8	4.5	4.2	4.3	7.4
	50.0	4.4	4.2	3.9	4.7	4.5	4.3	4.3	7.4
植物油	1.0	5.0	5.1	6.4	3.9	4.3	4.0	4.7	22.1
	2.0	5.0	4.0	4.8	5.1	5.6	6.1	5.1	15.8
	5.0	5.0	5.2	5.3	4.8	5.9	4.8	5.2	8.8
	8.0	5.0	5.4	5.4	4.9	5.4	4.3	5.1	9.8
	10.0	5.0	4.8	5.8	5.0	5.0	4.8	5.1	8.2

样品	取样量 /g	加标浓度 / (μg/kg)	检测结果/ (μg/kg)					平均值/ (μg/kg)	RSD /%
			1	2	3	4	5		
酱油	0.5	5.0	4.3	4.8	5.9	4.9	6.9	5.4	19.3
	1.0	5.0	4.8	6.7	5.4	6.3	6.0	5.8	12.9
	2.0	5.0	4.9	5.1	5.4	4.4	5.0	5.0	7.7
	5.0	5.0	4.9	4.8	5.4	5.2	5.7	5.2	7.1
	10.0	5.0	5.2	4.4	5.0	5.2	5.4	5.1	7.6

实验数据显示，对固体样品，当取样量为 20.0 g 时，5 次重复检测结果的相对标准偏差（RSD）分别为花生 8.7%、玉米 8.1%、大米 9.0%、小麦 9.5%、人参 7.6%，显著低于取样量为 5.0 g、10.0 g 时 5 次重复检测结果的相对标准偏差，当取样量为 30.0 g、50.0 g 时，5 次重复检测结果的平均值和相对标准偏差均无显著差异，相对标准偏差在 10%以内，重复性符合检测要求。

综合考虑取样的代表性、前处理时间和试剂用量等因素，固体样品最佳取样量为 20.0 g。采用类似优化实验方法，植物油脂研究结果表明：植物油脂称样 5.0 g，酱油取样 2.0 g 最为适宜。

2. 提取溶剂

测定花生、玉米、大米、小麦、植物油、酱油和人参等农产品食品中黄曲霉毒素 B_1，经常使用的提取溶剂主要有甲醇、乙腈和三氯甲烷等。其中，三氯甲烷提取液主要用于液液萃取或弗罗里硅土柱净化方式，毒性较大；采用乙腈溶液提取黄曲霉毒素，主要用于反向离子交换吸附剂的多功能柱净化；而针对免疫检测的样品，主要使用甲醇溶液为提取溶剂。考虑检测方法的适用性、与相关标准检测结果的可比性，选择甲醇溶液为农产品食品黄曲霉毒素 B_1 提取溶剂为宜。

采用优化的取样量，对花生、玉米、大米、小麦、植物油、酱油和人参 7 种代表性黄曲霉毒素 B_1 阳性样品，分别用浓度为 50%、60%、70%、80%和 90%甲醇溶液提取，进行 5 次重复实验，比较不同浓度甲醇溶液对黄曲霉毒素的提取效果，实验结果见图 7-4。

从图 7-4 可看出，甲醇浓度对花生、玉米、大米、小麦、植物油、酱油和人参样品中的黄曲霉毒素 B_1 提取效果的影响，随着甲醇浓度增高，提取更完全，但甲醇浓度超过 70%后，甲醇浓度再增高提取效果无显著差异。考虑到后续步骤黄曲霉毒素抗体在免疫层析过程中对有机溶剂的耐受性，甲醇浓度不宜过高，因此选择 70%甲醇溶液作为提取溶剂。

3. 提取方式与提取时间

选择均质匀浆提取、剧烈振摇提取和超声提取三种提取方式，研究提取方式与提取时间对花生、玉米、大米、小麦、植物油、酱油和人参 7 种阳性样品黄曲霉毒素 B_1 提取效果的影响。

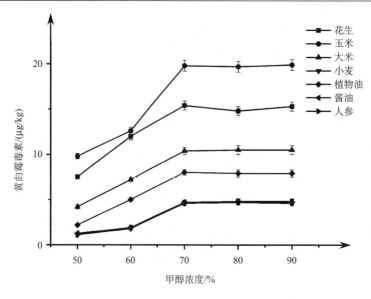

图 7-4　甲醇浓度对代表性农产品食品 AFB$_1$ 提取效果的影响

（1）均质提取时间对提取效果的影响。

采用优化取样量和均质提取方式分别提取 1 min、2 min、3 min、4 min、5 min、10 min，对花生、玉米、大米、小麦、植物油、酱油和人参 7 种黄曲霉毒素阳性样品进行 5 次重复实验结果表明，采用均质方式提取，黄曲霉毒素 B$_1$ 含量随提取时间延长而升高，提取 2 min 后结果趋向稳定，见表 7-2。

表 7-2　均质提取时间对代表性粮油食品中黄曲霉毒素 B$_1$ 提取效果的影响

提取时间/min	花生		玉米		大米		小麦		植物油		酱油		人参	
	含量/(μg/kg)	RSD/%	含量/(μg/kg)	RSD/%	含量/(μg/kg)	RSD/%	含量/(μg/kg)	RSD/%	含量/(μg/kg)	RSD/%	含量/(μg/kg)	RSD/%	含量/(μg/kg)	RSD/%
1	13.7	32.0	12.6	24.0	4.6	29.5	0.6	26.5	3.4	30.9	1.2	35.1	2.4	27.8
2	18.5	25.4	16.2	15.0	5.9	21.9	1.2	21.0	7.6	24.5	2.4	25.9	3.4	22.1
3	20.2	11.9	17.1	11.2	6.2	10.8	2.4	17.0	9.1	13.9	3.9	16.3	5.1	13.7
4	20.5	9.2	17.2	8.6	6.3	8.8	2.5	11.0	9.3	9.6	4.1	9.5	5.1	10.8
5	20.3	5.9	17.0	7.2	6.2	7.5	2.6	7.3	9.9	5.8	4.2	7.5	5.2	8.7
10	20.6	5.5	17.3	5.9	6.3	6.5	2.5	8.1	9.7	5.1	4.1	6.2	5.0	7.9

（2）剧烈振摇时间对提取效果的影响。

基于优化取样量，采用剧烈振摇方式分别对花生、玉米、大米、小麦、植物油、酱油和人参 7 种黄曲霉毒素阳性样品提取 1 min、2 min、3 min、4 min、5 min、10 min，5 次重复实验结果见表 7-3。花生、玉米、大米、小麦、植物油、酱油和人参等样品采用剧烈振摇方式提取，黄曲霉毒素 B$_1$ 检测值随提取时间延长逐渐增大，提取 5 min 后趋向稳定。

表 7-3　剧烈振摇提取时间对代表性粮油食品黄曲霉毒素 B_1 提取效果的影响

提取时间/min	花生 含量/(μg/kg)	花生 RSD/%	玉米 含量/(μg/kg)	玉米 RSD/%	大米 含量/(μg/kg)	大米 RSD/%	小麦 含量/(μg/kg)	小麦 RSD/%	植物油 含量/(μg/kg)	植物油 RSD/%	酱油 含量/(μg/kg)	酱油 RSD/%	人参 含量/(μg/kg)	人参 RSD/%
1	13.3	35.2	11.9	26.5	3.4	32.9	0.8	29.6	4.67	34.6	1.91	38.4	1.87	30.4
2	16.1	28.4	14.6	17.5	3.8	24.6	1.1	23.1	5.68	27.8	2.45	28.9	2.08	24.5
3	18.7	14.0	15.2	12.4	6.1	12.3	1.9	19.8	6.84	15.7	3.84	18.4	3.45	15.7
4	19.6	10.6	17.3	9.7	6.4	10.7	2.5	13.0	7.59	10.7	4.05	11.5	3.98	12.4
5	20.2	7.5	17.9	8.1	6.5	8.4	2.7	8.7	9.01	6.8	5.04	8.4	4.98	9.7
10	20.7	6.7	17.8	7.4	6.5	8.0	2.7	9.4	9.10	6.2	5.02	7.9	5.01	9.0

（3）超声波提取时间对提取效果的影响。

基于优化取样量，采用超声波提取方式分别提取 2 min、5 min、10 min、15 min、20 min，对花生、玉米、大米、小麦、植物油、酱油和人参 7 种阳性样品进行 5 次重复实验，不同提取时间对黄曲霉毒素 B_1 提取效果的影响结果见表 7-4。结果表明，花生、玉米、大米、小麦、植物油、酱油和人参等样品采用超声波方式提取，检测结果随提取时间延长逐渐增大，提取 10~15 min 后测定值趋向稳定。

表 7-4　超声波提取时间对代表性农产品食品黄曲霉毒素 B_1 提取效果的影响

提取时间/min	花生 含量/(μg/kg)	花生 RSD/%	玉米 含量/(μg/kg)	玉米 RSD/%	大米 含量/(μg/kg)	大米 RSD/%	小麦 含量/(μg/kg)	小麦 RSD/%
2	14.7	22.9	11.0	19.5	4.3	19.8	2.68	23.5
5	18.6	11.5	16.5	16.8	5.2	16.7	3.86	16.4
10	20.6	7.4	17.6	9.2	6.6	8.4	4.30	7.5
15	20.4	7.5	17.8	8.7	6.7	8.3	4.42	7.5
20	20.7	7.3	17.4	9.3	6.7	8.5	4.43	7.3

提取时间/min	植物油 含量/(μg/kg)	植物油 RSD/%	酱油 含量/(μg/kg)	酱油 RSD/%	人参 含量/(μg/kg)	人参 RSD/%
2	6.1	23.5	1.7	28.1	1.6	21.5
5	7.8	18.7	2.8	15.4	2.4	15.9
10	7.9	8.9	3.4	7.8	2.9	7.5
15	10.2	8.7	5.2	8.0	4.8	7.6
20	10.8	8.8	5.1	7.7	5.0	7.0

（4）提取方式优化。

相同取样量及提取溶剂条件下，均质提取、剧烈振摇提取和超声波提取三种提取方式的提取效果的结果比较见图 7-5。均质提取 2 min、剧烈振摇提取 5 min 和超声波提取 10 min，三种提取方式黄曲霉毒素 B_1 检测结果无显著差异，相对标准偏差均能满足重复性要求。与剧烈振摇提取和超声波提取相比，均质提取方式具有检测时间短、可减少操作人员误差、设备简单、成本低等特点，适合黄曲霉毒素现场筛查。考虑到推广应用和现场适用性，选择均质提取 2 min 为适宜的提取方法。

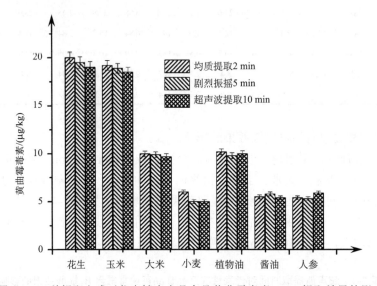

图 7-5　三种提取方式对代表性农产品食品黄曲霉毒素 AFB_1 提取效果的影响

4. 提取液净化方式优化

相同取样量及提取条件下，选择花生、玉米、大米、小麦、植物油、酱油和人参 7 种代表性农产品食品黄曲霉毒素 B_1 阳性样品，分别采用滤膜过滤（0.45 μm 有机相滤膜）、滤纸过滤（中速定量滤纸）和离心（4000 r/min，5 min）三种方法净化样品提取液，进行 5 次重复实验，比较三种净化方式对检测结果的影响，具体步骤如下。

（1）滤膜过滤：样品均质提取后，静置 1 min，取 0.5 mL 上清液，加入 1.5 mL 缓释液，混匀，经 0.45 μm 有机相滤膜过滤，备用。

（2）滤纸过滤：样品均质提取后，中速定量滤纸过滤，取 0.5 mL 滤液，加入 1.5 mL 缓释液，混匀备用。

（3）离心：样品均质提取后，4000 r/min 离心分离 5 min，取 0.5 mL 上清液，加入 1.5 mL 缓释液，混匀备用。三种净化方式实验结果见表 7-5。

由表 7-5 三种净化方式净化效果比较可以看出，滤膜过滤、滤纸过滤和离心等三种提取液净化方式黄曲霉毒素时间分辨荧光试纸条测定结果和相对标准偏差无显著差异，均能满足检测重复性要求。滤膜过滤方式时间短，成本低，不需使用仪器设备，操作简便，适用于现场筛查，因此，选择滤膜过滤（0.45 μm 有机相滤膜）方式净化提取液。

表7-5　样品提取液净化方式对黄曲霉毒素 B₁ 测定结果的影响

样品名称	提取液净化方式								
	滤膜过滤（0.45 μm 有机相滤膜）			滤纸过滤（中速定量滤纸）			离心（4000 r/min，2 min）		
	含量/（μg/kg）	RSD/%	澄清时间/min	含量/（μg/kg）	RSD/%	澄清时间/min	含量/（μg/kg）	RSD/%	澄清时间/min
花生	20.5	9.1	1	20.8	9.0	2~4	20.6	8.6	5
玉米	17.3	8.3	1	17.6	8.5	1~3	17.4	8.0	5
大米	6.4	7.7	1	6.6	7.9	2~5	6.5	6.8	5
小麦	2.6	9.4	1	2.5	9.5	2~5	2.5	8.5	5
植物油	8.4	7.8	1	8.8	8.2	2~5	9.5	7.2	5
酱油	4.5	8.4	1	4.2	8.6	2~5	4.6	8.4	5
人参	4.8	7.8	1	5.0	7.9	2~5	5.1	7.5	5

（二）黄曲霉毒素 B₁ 时间分辨荧光免疫层析技术

1. 样品稀释液的选择

选择花生、玉米、大米、小麦、植物油、酱油和人参等代表性农产品食品黄曲霉毒素 B₁ 阳性样品，分别采用水、20%甲醇溶液、1% 吐温 20 和缓释液（缓释液成分：1% 吐温 20、0.5% BSA 和 2.5%蔗糖）作为样品稀释液，进行 5 次重复实验，比较不同样品稀释液对检测结果的影响，实验结果见表 7-6。

表7-6　不同稀释液对农产品食品黄曲霉毒素 B₁ 检测结果的影响

样品名称	水		20% 甲醇溶液		1%吐温 20		缓释液	
	含量/（μg/kg）	RSD/%	含量/（μg/kg）	RSD/%	含量/（μg/kg）	RSD/%	含量/（μg/kg）	RSD/%
花生	15.6	22.1	14.9	20.1	15.4	18.5	15.7	8.6
玉米	32.5	20.9	31.9	19.5	33.5	16.5	33.4	6.8
大米	3.5	18.5	3.1	18.1	3.3	19.2	18.7	9.2
小麦	2.6	18.5	2.4	16.5	2.7	12.5	2.6	8.5
植物油	4.0	17.6	4.2	14.8	4.0	13.4	3.9	7.1
酱油	3.0	25.4	3.3	18.9	2.9	14.5	3.1	9.5
人参	6.3	19.4	6.8	14.8	6.5	12.6	6.2	8.4

采用缓释液稀释，其 RSD 值小于其他几种稀释液，在试纸条层析过程中，缓释液中的吐温 20 和蔗糖可提高层析效果和色带的均匀性，其结果 RSD 值小于 10%，有利于满

足现场快速筛查的要求。

2. 样品稀释比例的选择

由于黄曲霉毒素时间分辨荧光免疫层析试纸条中抗体活性受提取溶液甲醇浓度影响，而且基质效应对层析结果重复性也有影响。因此，待测液中有机溶剂浓度是影响检测结果的重要因素之一。

选择花生、玉米、大米、小麦、植物油、酱油和人参等代表性农产品食品黄曲霉毒素 B_1 阳性样品，以不同比例用缓释液稀释样品，进行 5 次重复实验，研究稀释比例对黄曲霉毒素检测结果的影响，结果见表 7-7。当稀释比例从 1∶1 至 1∶3 逐渐增大时，检测结果的相对标准偏差（RSD）降低，重复性趋好。当稀释比例从 1∶3 至 1∶5 逐渐增大时，检测结果的相对标准偏差升高，重复性趋差。这是由于在稀释比例为 1∶1 时，待测液中甲醇浓度超过抗体的耐受性，导致层析结果分布不均匀，造成结果重复性变差。在稀释比例为 1∶5 时，由于稀释比例的增大，结果计算时误差同步放大，重复性也变差。考虑到减小基质效应对测定结果的影响以及试剂消耗、相对标准偏差等因素，优化选择适宜的稀释比例为 1∶3。

表 7-7　样品稀释比例对代表性农产品食品黄曲霉毒素 B_1 检测结果的影响

| 样品名称 | 稀释比例 | | | | | | | | | |
| | 1∶1 | | 1∶2 | | 1∶3 | | 1∶4 | | 1∶5 | |
	含量/(μg/kg)	RSD/%	含量/(μg/kg)	RSD/%	含量/(μg/kg)	RSD/%	含量/(μg/kg)	RSD/%	含量/(μg/kg)	RSD/%
花生	17.5	26.5	18.9	9.5	19.1	8.6	19.5	8.6	19.3	13.6
玉米	31.2	24.9	33.6	8.1	33.1	7.4	32.7	9.6	33.6	14.6
大米	1.9	29.5	2.5	9.5	2.4	9.1	2.6	12.4	2.5	18.5
小麦	0.6	26.5	1.1	8.9	1.3	8.7	1.3	14.5	1.6	21.6
植物油	8.7	24.6	8.9	8.7	9.0	7.5	8.8	8.8	8.9	12.2
酱油	4.2	27.5	4.1	9.5	4.2	8.7	4.3	12.4	4.0	17.9
人参	5.0	26.4	5.4	9.7	5.1	8.4	5.1	9.4	5.2	14.2

3. 反应温度和时间的选择

黄曲霉毒素时间分辨荧光免疫层析试纸条在层析过程中发生的抗原–抗体反应，通过 T 线与 C 线上的荧光信号显示出来。样品中的黄曲霉毒素 B_1 在层析过程中与铕乳胶微球标记的特异性单克隆抗体结合，抑制了抗体和硝酸纤维素膜 T 线上黄曲霉毒素 B_1-BSA 偶联物的结合，应用黄曲霉毒素时间分辨荧光检测仪即可对 C 线和 T 线的荧光强度变化进行定量测定。由于免疫反应过程受温度影响，因此反应温度和时间是影响黄曲霉毒素与乳胶铕标记的抗体发生抗原–抗体免疫反应的重要因素。

抗原抗体反应一般在 15~40 ℃范围内进行。研究结果表明，在此范围内，温度升高可使黄曲霉毒素抗原–抗体反应速率常数升高；反之，温度降低，反应速率常数降低，抗原–抗体结合更加牢固，易于观察。为保证反应速率的一致性，选择优化黄曲霉毒素抗原–抗体反应的最适温度为 37 ℃。

反应时间对检测结果影响的研究结果表明，检测结果随反应时间延长而趋向稳定。对花生、玉米、大米、小麦、植物油、酱油和人参 7 种代表性农产品食品黄曲霉毒素 B_1 阳性样品，经提取、稀释和过滤后，取滤液 300 μL，滴加于黄曲霉毒素时间分辨荧光免疫层析检测装置样品反应瓶中，在 37 ℃下分别反应 1 min、2 min、4 min、6 min、8 min，用黄曲霉毒素时间分辨荧光检测仪判读结果，5 次重复实验结果见表 7-8。随反应时间增加，检测结果趋向稳定，反应 6 min 和 8 min 时，检测结果和重复性无显著差异，考虑到黄曲霉毒素现场筛查检测对时间的要求，优化选择反应时间为 6 min。

表 7-8　时间分辨荧光免疫层析反应时间对黄曲霉毒素 B_1 检测结果的影响

样品名称	反应时间									
	1 min		2 min		4 min		6 min		8 min	
	含量/（μg/kg）	RSD/%	含量/（μg/kg）	RSD/%	含量/（μg/kg）	RSD/%	含量/（μg/kg）	RSD/%	含量/（μg/kg）	RSD/%
花生	13.1	39.5	15.9	26.1	18.6	16.4	19.5	8.6	19.3	8.5
玉米	16.7	36.8	24.4	17.6	30.5	14.4	32.7	9.6	33.6	8.9
大米	1.1	49.6	1.5	35.7	2.3	18.7	2.6	9.6	2.5	9.1
小麦	0.4	55.3	0.5	47.6	1.1	21.3	1.3	9.4	1.6	9.5
植物油	4.5	48.1	6.7	34.7	8.9	19.4	9.6	8.8	9.8	8.7
酱油	1.4	54.5	1.9	34.4	2.5	19.7	3.0	8.4	3.1	8.7
人参	1.7	43.6	2.1	34.8	2.9	16.7	5.1	8.0	5.2	7.6

4. 结果计算

黄曲霉毒素时间分辨荧光免疫层析检测法为竞争抑制法。样品中黄曲霉毒素 B_1 浓度与 T 线上的时间分辨荧光强度在一定范围内呈负相关，通过农产品食品基质加标实验建立标准曲线，可实现对样品中黄曲霉毒素的定量分析。

用黄曲霉毒素时间分辨荧光检测仪测定黄曲霉毒素免疫层析装置上 T 线与 C 线的荧光信号值，通过基质加标实验，以各浓度点信号值为纵坐标，对应黄曲霉毒素浓度的自然对数为横坐标，建立标准工作曲线。黄曲霉毒素含量计算公式见式（7-1）（李培武等，2014a），以每千克样品中含黄曲霉毒素的微克数表示（单位为 μg/kg）。

$$X = \frac{\rho \times V \times n}{m} \tag{7-1}$$

式中，ρ 为从标准曲线上查得的测定液中黄曲霉毒素 B_1 含量（ng/mL）；V 为样品测定液的体积 mL；n 为样品稀释倍数；m 为样品质量（g）。

计算结果保留两位小数。

如需对黄曲霉毒素时间分辨荧光法测定结果进行验证,可采用免疫亲和-液相色谱法或免疫亲和-液相色谱串联质谱联用法进行。

(三)黄曲霉毒素 B_1 时间分辨荧光免疫层析检测技术评价

1. 重复性

采用研究建立的黄曲霉毒素 B_1 时间分辨荧光免疫层析检测技术,同一时间(同一天内)测定花生、玉米、大米、小麦、植物油、酱油和人参 7 种阳性代表性农产品食品黄曲霉毒素 B_1 含量,重复测定 11 次,考察重复性,实验结果见表 7-9。

表 7-9 黄曲霉毒素 B_1 时间分辨荧光免疫层析检测农产品食品结果的重复性

样品名称	含量/(μg/kg)											平均值	RSD/%
	1	2	3	4	5	6	7	8	9	10	11		
花生	15.0	16.6	14.5	14.0	14.2	13.9	14.8	14.2	15.5	14.0	13.6	14.6	6.0
玉米	12.6	14.3	13.3	12.8	12.3	13.1	12.6	12.5	12.0	12.5	13.6	12.9	5.1
小麦	2.3	1.7	1.5	1.8	1.8	1.7	1.3	1.7	1.7	2.0	1.9	1.8	14.6
大米	4.5	3.4	3.9	4.0	4.7	4.6	4.2	4.4	4.5	4.8	4.7	4.3	9.8
植物油	3.3	3.4	2.7	3.7	3.0	2.8	3.1	2.3	3.1	3.6	3.2	3.1	13.1
酱油	1.5	1.7	1.8	1.7	1.5	1.4	1.2	0.9	1.8	1.6	1.3	1.5	18.6
人参	0.9	0.8	0.7	1.0	1.1	0.7	1.2	0.9	1.0	0.9	0.8	0.9	17.4

花生、玉米、大米、小麦、植物油、酱油和人参等样品的黄曲霉毒素 B_1 11 次测定结果的最大绝对差值小于 2 μg/kg,相对标准偏差为 5.1%~18.6%,可以满足农产品食品中黄曲霉毒素 B_1 快速测定的重复性要求。

2. 检出限

根据 GB/T 5009.1—2003(附录 A 检验方法中技术参数和数据处理),检出限计算公式见式(7-2)。

$$L = \frac{X_1 - \overline{X_i}}{b} = \frac{KS}{b} \tag{7-2}$$

式中,L 为方法检出限;X_1 为空白溶液响应值;$\overline{X_i}$ 为测定 n 次空白溶液的平均值(n 空白溶液);b 为单位标准溶液的响应值;S 为 n 次空白值的标准偏差;K 为常数,一般为 3。

分别对花生、玉米、大米、小麦、植物油、酱油、人参 7 种代表性农产品食品空白样品进行 21 次重复实验,用时间分辨荧光检测仪读取黄曲霉毒素免疫层析装置中 C 线和 T 线的荧光信号强度值,带入标准曲线方程即式(7-3)。

$$Y = a \times X + b \tag{7-3}$$

式中,Y 为 T 线荧光信号强度值/C 线荧光信号强度值,即 T/C;X 为标准系列浓度值自然对数，即 $\ln c$；a 和 b 由标准曲线给出。

黄曲霉毒素时间分辨荧光免疫层析检测技术的检出限定义为 21 次测定结果标准偏差的 3 倍所对应的浓度值。根据对花生、玉米、大米、小麦、植物油、酱油、人参等农产品 21 次重复测定结果，不同典型农产品食品黄曲霉毒素 B_1 时间分辨荧光免疫层析法的检出限见表 7-10。

表 7-10 典型农产品食品黄曲霉毒素 B_1 时间分辨荧光免疫层析法检出限

样品	花生	玉米	大米	小麦	植物油	酱油	人参
检出限 /（μg/kg）	0.26	0.15	0.21	0.29	0.27	0.30	0.22

3. 实验室内再现性

利用时间分辨荧光免疫层析法在同一实验室不同时间（日间），对花生、玉米、大米、小麦、植物油、酱油和人参等阳性样品中黄曲霉毒素 B_1 进行时间分辨荧光免疫层析法测定，考察方法的日间再现性，实验结果见表 7-11。

表 7-11 典型农产品食品黄曲霉毒素 B_1 时间分辨荧光免疫层析法再现性测定结果

样品名称	含量/（μg/kg）			平均值	RSD/%
	2012 年 09 月 10 日	2012 年 10 月 28 日	2012 年 12 月 10 日		
花生	15.4	16.2	17.4	16.33	6.16
玉米	11.7	12.8	13.5	12.67	7.16
小麦	3.2	3.6	4.1	3.63	12.41
大米	7.2	7.9	8.6	7.90	8.86
植物油	6.4	6.1	6.1	6.20	14.14
酱油	2.3	2.2	2.0	2.17	12.47
人参	5.2	5.4	5.5	5.37	12.48

花生、玉米、大米、小麦、植物油、酱油和人参等农产品食品阳性样品在三个不同日期进行再现性测定，测定结果的相对标准偏差小于 15%，表明方法再现性良好。

三、黄曲霉毒素 B_1 铕标记时间分辨荧光免疫层析检测技术应用

黄曲霉毒素 B_1 铕标记时间分辨荧光免疫试纸条，对空白样品提取稀释液黄曲霉毒素 B_1 的加标检出限为 1 ng/mL，由于样品中黄曲霉毒素 B_1 在检测液中被稀释了 10 倍，理论上当样品中黄曲霉毒素 B_1 的含量不低于 10 μg/kg 时即能够检出。

黄曲霉毒素 B_1 时间分辨荧光试纸条对农产品食品实际样品黄曲霉毒素检测结果和 HPLC 检测结果的比较表明，两种方法检测结果相符，RSD 小于 10%，见表 7-12。

表 7-12　黄曲霉毒素 B_1 时间分辨荧光试纸条与 HPLC 检测结果的比较

样品	编号	HPLC / （μg/kg）	TRFICA/（μg/kg）				RSD /%
			1	2	3	平均值	
花生	1	5.1	4.8	4.9	5.0	4.9	3.9
	2	1.0	1.1	0.8	1.3	1.1	6.7
	3	7.8	7.6	7.5	7.7	7.6	2.6
	4	16.7	17.0	17.2	16.4	16.9	1.0
	5	0.4	0.4	0.5	0.4	0.4	8.3
玉米	1	ND	ND	ND	ND	ND	
	2	0.9	1.0	1.0	0.9	1.0	7.4
	3	5.2	5.0	5.0	5.1	5.0	3.2
	4	9.6	10.0	10.1	9.5	9.9	2.8
	5	7.5	7.2	7.5	7.0	7.2	3.6
小麦	1	ND	ND	ND	ND	ND	
	2	0.4	0.4	0.3	0.4	0.4	8.3
	3	1.8	1.5	1.7	1.6	1.6	11.1
	4	3.2	3.0	3.0	3.1	3.0	5.2
	5	4.5	4.2	4.5	4.3	4.3	3.7
大米	1	ND	ND	ND	ND	ND	
	2	0.9	0.8	0.8	0.9	0.8	7.4
	3	5.0	5.1	5.3	5.4	5.3	5.3
	4	8.4	8.5	8.9	8.4	8.6	2.4
	5	12.7	12.6	12.9	12.8	12.8	0.5
植物油	1	9.4	9.3	9.8	9.9	9.7	2.8
	2	5.9	5.8	6.1	6.0	6.0	1.1
	3	6.0	6.1	6.2	6.0	6.1	1.7
	4	7.2	7.0	7.0	7.1	7.0	2.3
	5	5.5	5.0	5.2	5.2	5.1	6.7
酱油	1	2.7	2.8	2.9	3.0	2.9	7.4
	2	3.1	3.5	3.4	3.0	3.3	6.5
	3	ND	ND	ND	ND	ND	
	4	1.8	1.9	1.9	2.0	1.9	7.4
	5	ND	ND	ND	ND	ND	
人参	1	0.8	0.8	0.9	0.9	0.9	8.3
	2	ND	ND	ND	ND	ND	
	3	1.6	1.7	1.7	1.8	1.7	8.3
	4	3.7	3.7	3.5	4.0	3.7	0.9
	5	ND	ND	ND	ND	ND	

注：ND 表示未检出。

通过对黄曲霉毒素 B_1 铕标记试纸条、抗体-铕乳胶探针反应瓶、提取液和稀释液等技术优化集成，研制出黄曲霉毒素 B_1 时间分辨荧光免疫层析速测试剂盒（李培武等，2013d），不仅可以满足农产品食品黄曲霉毒素 B_1 现场高灵敏快速检测的需求，在饲料原料筛查及产品质量控制领域也具有广阔应用前景。

第三节　黄曲霉毒素 M_1 铕标记免疫层析检测技术

为满足黄曲霉毒素限量标准在 1.0 µg/kg 以下的特殊产品，尤其是生鲜乳、乳制品和婴幼儿食品等产品对黄曲霉毒素高灵敏、现场定量检测的需求，以黄曲霉毒素 M_1 单克隆抗体 2C9 为基础，通过抗体与铕标记材料共价偶联制备铕标记的时间分辨荧光探针，再基于竞争性免疫层析原理，创建黄曲霉毒素 M_1 时间分辨荧光免疫层析检测技术，对满足严格限量产品高灵敏检测具有重要现实意义。黄曲霉毒素 M_1 时间分辨荧光免疫层析检测技术不仅具有高灵敏、高特异性以及免疫层析方法的快速、易操作、适合现场检测等特点，还具有时间分辨荧光分辨率高、背景荧光干扰小、信噪比高等独特优势。

一、黄曲霉毒素 M_1 铕标记试纸条的制备

为了保证黄曲霉毒素 M_1 铕标记试纸条定量的准确性与稳定性，黄曲霉毒素 M_1 铕标记试纸条的免疫试剂采用两个独立的反应体系：①样品液中游离的黄曲霉毒素 M_1 与检测线上固定的黄曲霉毒素 M_1-BSA 对黄曲霉毒素 M_1 抗体铕探针的竞争免疫反应；②兔免疫球蛋白铕探针与试纸条质控线上固定的羊抗兔抗体进行的特异性免疫反应。

（一）黄曲霉毒素 M_1 铕乳胶微球探针的制备

将 200 µL 0.2 mol/L pH 8.0 硼酸缓冲液与 200 µL 铕乳胶微球混合，经过两次 3 s 超声处理后，加入 40 µL 1-（3-二甲氨基丙基）-3-乙基碳二亚胺盐酸盐溶液（15 mg/mL），涡旋 15 min，弃上清液，沉淀用 1 mL 硼酸缓冲液重悬，超声 3 s。

为确定最佳抗体反应量，分别加入 15 µL、25 µL、35 µL、40 µL、50 µL 黄曲霉毒素 M_1 抗体 2C9（1 mg/mL），室温摇床振荡反应 12 h。

将反应混合液 13 300 r/min 离心 10 min，弃上清液，沉淀用 1 mL 含 0.5% BSA 的硼酸缓冲液复溶，室温摇床反应 2 h 进行封闭。经封闭后分装，即制备成黄曲霉毒素 M_1 铕标记探针，并于 4 ℃保存备用。兔免疫球蛋白与铕乳胶微球偶联采用与 2C9 抗体相同的偶联方法。

优化研究结果表明，1 mg/mL 黄曲霉毒素 M_1 抗体 2C9 加入量为 25 µL 时所得的铕标记探针最稳定、检测灵敏度最高；1 mg/mL 兔免疫球蛋白（IgG）加入量为 40 µL 时所得的铕标记探针最稳定、检测灵敏度最高。

采用荧光分光光度计对偶联的黄曲霉毒素 M_1 铕探针和兔免疫球蛋白铕探针进行结果鉴定，如图 7-6（Tang et al., 2015）所示，黄曲霉毒素 M_1 抗体与铕微球偶联物（a）、兔 IgG 与铕微球偶联物（b）和铕微球（c）三者的发射波长均为 617 nm，表明铕微球偶联后不会影响其荧光特性，可用于抗体标记。如果两种探针偶联成功，则黄曲霉毒素

M$_1$抗体与铕微球偶联物、兔免疫球蛋白与铕微球偶联物荧光强度均低于空白的铕微球的荧光强度。

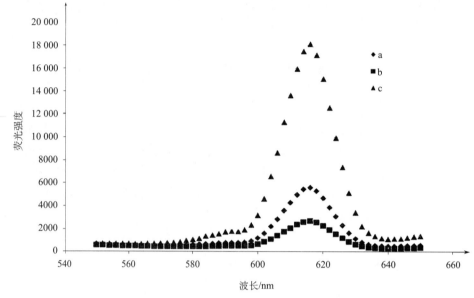

图 7-6　铕微球偶联黄曲霉毒素 M$_1$ 抗体与兔 IgG 前后荧光发射光谱对比

a 为黄曲霉毒素 M$_1$ 抗体与铕微球偶联物；b 为兔 IgG 与铕微球偶联物；c 为铕微球

（二）黄曲霉毒素 M$_1$ 铕标记试纸条的制备

黄曲霉毒素 M$_1$ 铕标记试纸条的制备与黄曲霉毒素 M$_1$ 纳米金试纸条的制备技术相似，以铕标记物为免疫探针，以固相层析材料为载体，构建免疫层析试纸条。

将黄曲霉毒素 M$_1$-BSA 和羊抗兔抗体以 0.75 µL/cm 速率分别喷涂在硝酸纤维素膜（HF07502S25，Millipore）上，分别作为 T 线和 C 线，置于 37 ℃烘箱 2 h。将样品垫置于封闭液[2.0%（m/V）蔗糖、2%（m/V）牛血清白蛋白、0.1%（m/V）叠氮化钠]中封闭，37 ℃烘箱中干燥过夜。

将封闭好的样品垫、硝酸纤维素膜和吸水垫依次交叠贴附于背衬之上。衬板选择 6 cm长，层析膜 2.5 cm 宽，样品垫和吸水垫的长度分别设计为 15 mm、8 mm 和 18 mm，样品垫层析膜之间交叠 1~2 mm，层析膜与吸水垫之间交叠 2~3 mm，试纸条的宽度为 3 mm。

（三）标记物分装与样品杯的准备

偶联好的黄曲霉毒素 M$_1$ 铕探针和兔免疫球蛋白铕探针用冻干保存液[2.0%（m/V）牛血清白蛋白，0.5%（m/V）蔗糖，0.5%（m/V）吐温 20]稀释到适当浓度，分装于样品杯中，冻干、密封，保存在 4℃备用。

二、黄曲霉毒素 M$_1$ 铕标记免疫层析检测技术的建立

黄曲霉毒素 M$_1$ 铕标记时间分辨荧光定量检测方法基于竞争抑制模式，样品中黄曲

霉毒素 M_1 浓度与 T 线的时间分辨荧光强度在一定范围内呈负相关。通过检测试纸条上 T 线与 C 线的荧光信号值，将 T/C 值作为纵坐标，对应的黄曲霉毒素 M_1 对数值为横坐标，绘制标准工作曲线，从而实现样品黄曲霉毒素时间分辨荧光定量检测。

（一）黄曲霉毒素 M_1 铕标记免疫层析检测步骤

以生鲜乳中黄曲霉毒素 M_1 检测为例，技术步骤如下。

（1）取适量体积的生鲜乳样品至样品瓶中，混匀。

（2）将试纸条样品垫一端放入样品瓶中，37 ℃恒温反应 6 min。

（3）用吸水纸吸干样品垫上残余的液体，放入时间分辨荧光检测仪进行检测，读取黄曲霉毒素 M_1 的含量值。

（二）黄曲霉毒素 M_1 铕标记免疫层析条件优化

1. 免疫试剂最佳浓度优化

在建立黄曲霉毒素 M_1 铕标记免疫层析技术时，应对 T 线、C 线的包被浓度以及黄曲霉毒素 M_1 铕探针、兔免疫球蛋白铕探针的稀释倍数进行优化，以达到最适合的测定条件和最佳灵敏度。

用含 0.5%牛血清白蛋白的磷酸盐缓冲液包被液稀释黄曲霉毒素 M_1-牛血清白蛋白与羊抗兔抗体，浓度分别为 0.8 mg/mL、0.4 mg/mL、0.2 mg/mL、0.1 mg/mL。黄曲霉毒素 M_1 铕探针、兔免疫球蛋白铕探针用冻干保存液分别做 1∶50、1∶100、1∶200 稀释。采用棋盘法选择检测线最佳试剂用量组合。表 7-13（Tang et al., 2015）中的实验结果表明，黄曲霉毒素 M_1-牛血清白蛋白浓度选择 0.2 mg/mL，黄曲霉毒素 M_1 铕探针稀释 100 倍时检测灵敏度最高。

表 7-13　黄曲霉毒素 M_1 铕标记免疫层析检测线试剂用量棋盘法优化结果

编号	AFM$_1$-BSA 浓度/（mg/mL）	AFM$_1$ 铕探针稀释倍数	IC$_{50}$ ±SD/（ng/mL）
1	0.10	50	0.27±0.06
2	0.20	50	0.27±0.04
3	0.40	50	0.30±0.07
4	0.80	50	0.32±0.06
5	0.10	100	0.28±0.05
6	0.20	100	0.25±0.04
7	0.40	100	0.28±0.05
8	0.80	100	0.31±0.06
9	0.10	200	0.28±0.06
10	0.20	200	0.29±0.05
11	0.40	200	0.30±0.06
12	0.80	200	0.29±0.06

对 C 线上羊抗兔抗体浓度及兔免疫球蛋白稀释倍数做棋盘法优化选择检测，结果见表 7-14（Tang et al., 2015），当包被浓度为 0.4 mg/mL，兔免疫球蛋白稀释倍数为 200 时，检测灵敏度最高。

表 7-14 黄曲霉毒素 M_1 铕标记免疫层析质控线试剂用量棋盘法优化结果

编号	羊抗兔抗体浓度 /（mg/mL）	兔 IgG 铕探针稀释倍数	$IC_{50} \pm SD$ /（ng/mL）
1	0.10	50	0.29±0.07
2	0.20	50	0.29±0.09
3	0.40	50	0.30±0.08
4	0.80	50	0.32±0.08
5	0.10	100	0.34±0.04
6	0.20	100	0.26±0.04
7	0.40	100	0.34±0.01
8	0.80	100	0.38±0.06
9	0.10	200	0.28±0.04
10	0.20	200	0.25±0.06
11	0.40	200	0.23±0.06
12	0.80	200	0.29±0.05

2. 取样量优化

采用空白生鲜乳样品，进行黄曲霉毒素 M_1 加标（0.5 μg/kg），并测定回收率，比较 2.0 g、5.0 g、10.0 g、15.0 g 和 20.0 g 不同取样量对检测结果重复性的影响。每个样品吸取相同体积试样至样品瓶中，采用相同涡旋法混匀，恒温孵育相同时间后，用黄曲霉毒素时间分辨荧光检测仪测定，实验结果见表 7-15，优化选择牛奶取样量为 10.0 g 时，相对标准偏差最小，结果重复性较好。

表 7-15 牛奶取样量对黄曲霉毒素 M_1 铕标记免疫层析检测结果的影响

取样量 /g	检测结果/（μg/kg）						RSD /%
	1	2	3	4	5	平均值	
2.0	0.51	0.42	0.43	0.58	0.52	0.492	13.58
5.0	0.52	0.46	0.53	0.56	0.45	0.504	9.37
10.0	0.47	0.52	0.48	0.49	0.51	0.494	4.19
15.0	0.50	0.52	0.46	0.46	0.52	0.492	6.16
20.0	0.46	0.48	0.55	0.53	0.51	0.506	7.21

3. 样品混合方法优化

分别采用匀浆 2 min、涡旋 2 min 以及往复振荡 10 min 等三种方法进行样品混匀，对加标样品（0.5 μg/kg）进行检测，比较不同混合方法对检测结果重复性的影响。具体实验步骤如下：准确称取 10.0 g 样品至样品瓶中，采用不同的混匀方法混匀后，恒温孵育相同的时间，用黄曲霉毒素时间分辨荧光检测仪测定黄曲霉毒素 M_1 含量。结果表明三种混匀方式得到的检测结果重复性均较好（RSD 均在 10%以下，且无显著差异）。由于涡旋混合比较便捷简单，便于现场操作，选择涡旋混匀方式。

4. 加样量优化

分别量取 100 μL、150 μL、200 μL、300 μL、350 μL 和 400 μL 生鲜乳样品，加标浓度为 0.25 μg/kg、0.50 μg/kg 和 1.00 μg/kg，对加标样品进行 5 次重复实验，比较不同加样量对检测结果重复性的影响。具体实验过程如下：量取不同体积样品至样品瓶中，涡旋混匀后，恒温孵育相同时间，用黄曲霉毒素时间分辨荧光检测仪检测。实验结果（表7-16）表明，当加样量为 150~400 μL 时，相对标准偏差均能满足定量分析的要求，考虑到样品的均一性和层析效果的稳定性，优化选择加样量为 300 μL。

表 7-16　生鲜乳加样量对黄曲霉毒素 M_1 时间分辨荧光检测结果的影响

加标浓度 /（μg/kg）	加样量 /μL	检测结果/（μg/kg）					平均值 /（μg/kg）	RSD /%
		1	2	3	4	5		
0.25	100.0	0.27	0.22	0.29	0.23	0.25	0.25	11.3
	150.0	0.21	0.26	0.27	0.23	0.27	0.25	10.8
	200.0	0.23	0.22	0.27	0.26	0.27	0.25	9.3
	300.0	0.23	0.27	0.25	0.22	0.23	0.24	8.3
	350.0	0.26	0.25	0.21	0.22	0.23	0.23	8.8
	400.0	0.26	0.25	0.21	0.25	0.27	0.25	9.1
0.50	100.0	0.52	0.61	0.56	0.55	0.45	0.54	10.9
	150.0	0.45	0.46	0.53	0.56	0.53	0.51	9.5
	200.0	0.53	0.44	0.52	0.55	0.56	0.52	9.1
	300.0	0.52	0.56	0.53	0.54	0.45	0.52	8.0
	350.0	0.43	0.51	0.50	0.55	0.53	0.50	9.0
	400.0	0.45	0.55	0.53	0.52	0.53	0.52	7.4
1.00	100.0	0.96	1.23	1.22	0.98	1.20	1.12	12.1
	150.0	0.95	1.07	1.18	1.17	1.18	1.11	9.1
	200.0	0.96	1.20	1.12	1.19	1.17	1.13	8.7
	300.0	1.15	1.16	0.98	0.96	1.12	1.07	8.9
	350.0	1.10	1.16	1.20	1.15	1.12	1.15	3.3
	400.0	1.20	1.14	1.00	1.13	1.12	1.12	6.5

5. 涡旋混合时间优化

量取 300 μL 生鲜乳样品至样品瓶中，分别涡旋混匀 2 s、5 s、10 s、15 s 和 20 s，比较不同涡旋混合时间对黄曲霉毒素 M_1 检测结果的影响，结果见图 7-7。可见，当涡旋时间为 5 s 时测定结果即达到稳定，5 s 时测定结果与 10 s、15 s 测定结果无显著差异。因此，涡旋混合时间选择 5 s。

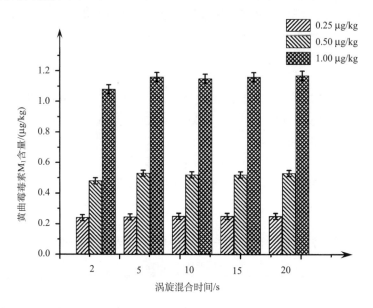

图 7-7　涡旋混合时间对黄曲霉毒素 M_1 免疫时间分辨荧光检测结果的影响

6. 恒温孵育时间优化

优化选择适宜的恒温孵育时间对实现生鲜乳快速准确的时间分辨荧光检测至关重要。生鲜乳空白样品中分别添加 0.25 μg/kg、0.50 μg/kg、1.00 μg/kg 黄曲霉毒素 M_1 标样后，恒温孵育 4 min、5 min、6 min、8 min、10 min、12 min、15 min、18 min、20 min、23 min、26 min，用黄曲霉毒素时间分辨荧光检测仪检测的结果见图 7-8。可以看出，当恒温孵育时间为 6~10 min 时，黄曲霉毒素 M_1 测定结果趋于稳定，当恒温孵育时间为 10~15 min 时，检测结果有升高趋势，当恒温孵育时间为 15~20 min 时，达到稳定，而后又呈下降趋势。考虑到批量样品快速检测对时间的要求，优化选择恒温孵育时间为 6 min。

（三）黄曲霉毒素 M_1 铕标记时间分辨荧光定量检测技术的建立与评价

1. 标准曲线的建立

将标准样品添加到阴性生鲜乳样品中，通过用黄曲霉毒素时间分辨荧光检测仪检测对应浓度的荧光值大小，建立标准曲线。标准曲线是黄曲霉毒素 M_1 铕标记时间分辨荧光定量检测的基础，因此是至关重要的一步。黄曲霉毒素 M_1 铕标记时间分辨荧光定量

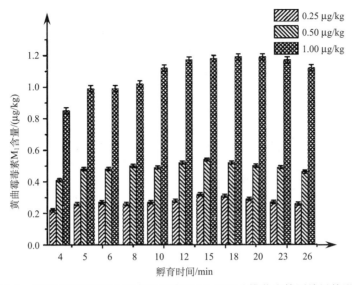

图 7-8 恒温孵育时间对牛奶黄曲霉毒素 M_1 时间分辨荧光检测结果的影响

检测技术的建立与评价，包括检出限、灵敏度、准确度、重现性均需通过标准曲线来验证，并实现对未知实际样品的检测。

经过 HPLC 检测确认为阴性的生鲜乳样品，分别添加黄曲霉毒素 M_1 标准品浓度为 0.12 μg/kg、0.25 μg/kg、0.50 μg/kg、1.00 μg/kg、2.00 μg/kg，用时间分辨荧光检测仪检测 T 线与 C 线的荧光强度，以 T/C 为纵坐标，对应的黄曲霉毒素 M_1 标准品浓度的自然对数为横坐标，绘制标准曲线。结果表明，生鲜牛奶黄曲霉毒素 M_1 标准工作曲线线性范围为 0.10~2.00 μg/kg，相关系数 $R^2 = 0.979$（表 7-17）。在 0.10~2.00 μg/kg 范围内，$\ln c$（c 为样品黄曲霉毒素 M_1 浓度）与 T/C 具有良好的线性关系，结果见图 7-9。

表 7-17 生鲜乳黄曲霉毒素 M_1 时间分辨荧光检测标准工作曲线

加标浓度 / (μg/kg)	荧光强度		T/C	线性方程	R^2
	T	C			
0.00	3276	1486	2.2		
0.12	3262	1711	1.91		
0.25	3035	2053	1.48		
0.50	2152	1667	1.29	$y = -0.5545x + 0.7551$	0.979
1.00	1118	1661	0.67		
2.00	775	2088	0.37		

注：表中 y 为 T/C，x 为 AFM_1 浓度自然对数。

2. 黄曲霉毒素 M_1 含量的计算

生鲜乳黄曲霉毒素 M_1 含量计算公式如下：试样中黄曲霉毒素 M_1 含量以质量分数 X 计，单位以 μg/kg 表示，按式（7-4）（李培武等，2014n）计算。

$$X = \frac{\rho \times V \times n}{m} \tag{7-4}$$

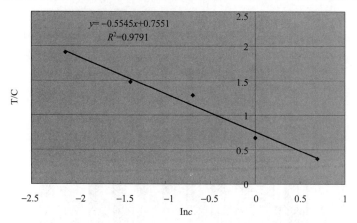

图 7-9　生鲜乳中黄曲霉毒素 M_1 时间分辨荧光测定标准曲线

式中，ρ 为通过标准曲线计算获得的黄曲霉毒素 M_1 含量（ng/mL）；V 为样品测定液体积（mL）；n 为试样的稀释倍数；m 为试样的质量（g）。

计算结果保留两位小数。

若需对时间分辨荧光免疫层析检测结果确认或确证性检测，可采用免疫亲和-液相色谱法或液相色谱质谱联用法。

3. 检出限

采用黄曲霉毒素时间分辨荧光检测仪对阴性生鲜乳进行 21 次重复测定，结果见表7-18。以 3 倍阴性生鲜乳样品测定值的标准偏差相对应值为方法的检出限，结果表明，黄曲霉毒素 M_1 检出限为 0.03 μg/kg。以 10 倍阴性生鲜乳样品测定值的标准偏差相对应的值为方法的定量限，黄曲霉毒素 M_1 时间分辨荧光检测方法定量限为 0.10 μg/kg。

表 7-18　生鲜乳黄曲霉毒素 M_1 时间分辨荧光检测方法检出限

重复	生鲜乳	
	空白 T/C	本底值
1	2.24	0.04
2	2.09	0.06
3	2.14	0.05
4	2.21	0.04
5	2.15	0.05
6	2.11	0.05
7	1.97	0.07
8	2.13	0.05
9	1.95	0.08
10	2.08	0.06
11	2.14	0.05
12	2.05	0.06

续表

重复	生鲜乳	
	空白 T/C	本底值
13	1.97	0.07
14	2.21	0.04
15	2.04	0.06
16	2.08	0.06
17	2.15	0.05
18	1.98	0.07
19	2.23	0.04
20	1.95	0.08
21	2.01	0.07
SD		0.011
检出限计算		0.034

4. 准确度

为评价黄曲霉毒素 M_1 时间分辨荧光检测方法的准确度，分别采用时间分辨荧光检测方法和免疫亲和-液相色谱法平行比对测定不同来源的生鲜乳样品黄曲霉毒素 M_1，结果表明，两种方法检测结果相符。

进一步选择阴性样品进行黄曲霉毒素 M_1 时间分辨荧光检测方法加标回收实验，选取 5 个不同产区的生鲜乳阴性样品，分别取 300 μL 样品至样品瓶中，添加黄曲霉毒素 M_1 的浓度分别为 0.25 ng/mL、0.5 ng/mL、1.0 ng/mL，涡旋混匀 5 s，放置试纸条，37 ℃ 恒温孵育 6 min，采用黄曲霉毒素时间分辨荧光检测仪测定含量，统计其相对标准偏差和回收率，结果见表 7-19。黄曲霉毒素 M_1 回收率范围为 73.0%~110%，可满足生鲜乳中黄曲霉毒素 M_1 检测准确度需求。

表 7-19　生鲜乳黄曲霉毒素 M_1 时间分辨荧光免疫层析法回收率测定

生鲜乳产区	加标浓度 /（ng/mL）	重复测定结果/（ng/mL）					RSD /%	回收率范围 /%
		1	2	3	4	5		
产区 1	0.25	0.21	0.23	0.20	0.27	0.26	13.0	80.0~108.0
	0.50	0.50	0.51	0.51	0.53	0.48	3.6	96.0~106.0
	1.00	1.10	0.98	0.95	1.10	1.10	2.0	95.0~110.0
产区 2	0.25	0.24	0.27	0.21	0.26	0.25	8.2	97.3~106.5
	0.50	0.52	0.49	0.49	0.52	0.53	3.8	98.1~106.3
	1.00	1.09	1.05	1.02	0.96	1.04	4.4	96.0~109.0
产区 3	0.25	0.19	0.21	0.18	0.25	0.26	15.6	73.0~104.3
	0.50	0.46	0.47	0.47	0.53	0.44	7.6	87.6~106.3
	1.00	1.00	0.89	0.87	1.10	1.00	9.8	87.0~110.0

续表

生鲜乳产区	加标浓度/（ng/mL）	重复测定结果/（ng/mL）					RSD/%	回收率范围/%
		1	2	3	4	5		
产区 4	0.25	0.20	0.22	0.19	0.26	0.24	13.2	75.3~102.2
	0.50	0.47	0.48	0.48	0.52	0.43	6.8	86.4~104.5
	1.00	1.04	0.92	0.86	1.04	1.04	8.6	86.0~104.0
产区 5	0.25	0.20	0.22	0.19	0.27	0.24	14.9	75.2~107.3
	0.50	0.47	0.48	0.54	0.50	0.45	7.3	89.0~108.0
	1.00	1.03	0.92	0.85	1.03	1.03	8.6	85.0~103.0

5. 重现性与再现性

采用经过 HPLC 确定为阴性的生鲜乳样品做加标实验，添加黄曲霉毒素 M_1 标准品浓度分别为 0.10 μg/kg、0.20 μg/kg、0.30 μg/kg、0.50 μg/kg、1.00 μg/kg、1.80 μg/kg，对每一个浓度样品在同一天内进行 11 次测定，考察方法的重复性。并继续对每一个样品在不同日期进行测定，共测定 11 次，考察方法的再现性。

实验（表 7-20）结果显示，当生鲜乳中加标浓度低于 0.30 μg/kg 时，其回收率为 80.0%~110.0%，其标准偏差范围为 6.24%~12.77%。当加标浓度高于 0.30 μg/kg 时，其回收率为 90.0%~98.0%，其标准偏差范围为 5.26%~9.86%，检测结果的重复性与再现性良好。

表 7-20　黄曲霉毒素 M_1 时间分辨荧光免疫层析法的重复性与再现性（n=11）

时间	加标浓度/（μg/kg）	平均值/（μg/kg）	回收率/%	标准偏差/%
日内	0.10	0.08±0.03	80.0	9.46
	0.20	0.17±0.07	85.0	6.24
	0.30	0.32±0.09	106.6	9.37
	0.50	0.47±0.06	94.0	5.26
	1.00	0.98±0.10	98.0	9.85
	1.80	1.66±0.08	92.7	9.84
日间	0.10	0.08±0.06	80.0	10.80
	0.20	0.17±0.09	85.0	7.50
	0.30	0.33±0.12	110.0	12.77
	0.50	0.45±0.10	90.0	9.15
	1.00	0.96±0.06	96.0	5.26
	1.80	1.71±0.10	95.0	9.86

6. 影响检测灵敏度和稳定性的主要因素

（1）反应模式的影响。

时间分辨荧光免疫层析检测技术主要有双抗体夹心法、间接法和竞争法。作为小分子，黄曲霉毒素 M₁ 铕标记免疫层析检测技术采用的是通过固相抗原与游离抗原竞争铕标记抗体的竞争法。为了减少样品间游离抗原含量对 C 线的荧光值稳定性的影响，设计了两个独立的反应体系，即 T 线上固定的黄曲霉毒素 M₁-BSA 与游离黄曲霉毒素 M₁ 对黄曲霉毒素 M₁ 铕探针的竞争反应和 C 线上固定的羊抗兔与兔免疫球蛋白铕探针免疫反应，从而保证样品间无论目标物含量多少，其 C 线的荧光值一直保持不变，保证时间分辨荧光免疫层析检测结果的稳定性和可靠性。

（2）免疫试剂浓度与稀释倍数的影响。

对于免疫竞争法，一般情况是固定的抗原浓度越低，检测灵敏度会相应提高。抗体的稀释倍数不宜过小，否则会降低抑制率，影响检测灵敏度。因此，为保证检测灵敏度，需要通过类似于 ELISA 检测的棋盘法，优化确定一组适合的包被浓度和抗体稀释度。

（3）探针偶联率的影响。

在铕标记探针与抗体偶联过程中，应对抗体的加入量进行优化，如果偶联在铕微球上的抗体数目较少必然会影响荧光的强度，从而影响分析的灵敏度。而加入抗体量过多，则会产生絮状沉淀，铕标记物往往卡在样品垫与硝酸纤维素膜交界处，使检测线与质控线的显色减弱，背景值升高，影响检测结果的准确性与灵敏度。

三、黄曲霉毒素 M₁ 铕标记免疫层析检测技术应用

黄曲霉毒素 M₁ 铕标记免疫层析检测技术与免疫亲和-高效液相色谱法对生鲜乳实际样品进行平行比对测定结果表明，两种方法检测结果具有很好的一致性，实验数据见表 7-21（Tang et al., 2015）。比对检测结果表明研制出的黄曲霉毒素 M₁ 铕标记免疫试纸条能够有效应用于生鲜乳等实际样品中黄曲霉毒素 M₁ 的特异性检测。作为现场快速筛查技术，黄曲霉毒素 M₁ 铕标记免疫层析检测试剂盒已广泛应用于乳品尤其生鲜乳黄曲霉毒素 M₁ 的污染检测。

表 7-21　黄曲霉毒素 M₁ 时间分辨荧光试纸条与 HPLC 检测生鲜乳实际样品结果比较

样品	HPLC（n=5）/（ng/mL）	TRFICA/（ng/mL）
1	0.22	0.17
2	ND	ND
3	0.15	0.12
4	0.36	0.32
5	0.10	0.07
6	0.25	0.20
7	0.11	0.08
8	0.52	0.51
9	0.42	0.39
10	0.33	0.30
11	0.34	0.30

样品	HPLC（$n=5$） /（ng/mL）	TRFICA /（ng/mL）
12	0.16	0.12
13	ND	ND
14	0.01	ND
15	0.46	0.50
16	ND	ND
17	0.23	0.18

注：ND 表示未检出。

除了上述基于高特异性、高灵敏度的 2C9 单克隆抗体建立黄曲霉毒素 M_1 时间分辨免疫层析检测技术，同样可采用黄曲霉毒素 M_1 特异性单克隆抗体 AFM1B7 等其他单抗制备时间分辨荧光探针，研制黄曲霉毒素 M_1 铕标记试纸条，并通过对黄曲霉毒素 M_1 铕标记试纸条、抗体-铕乳胶探针反应体系、提取液和稀释液等集成优化，研制黄曲霉毒素 M_1 时间分辨荧光免疫层析速测试剂盒（李培武等，2013e），为满足生鲜乳等产品中黄曲霉毒素 M_1 现场高灵敏快速检测提供可供选择的荧光免疫层析高灵敏检测技术。

第四节　黄曲霉毒素总量铕标记时间分辨荧光免疫层析检测技术

黄曲霉毒素是黄曲霉和寄生曲霉的次级代谢产物，常见的黄曲霉毒素有 B_1、B_2、G_1、G_2、M_1 等。农产品食品常被几种黄曲霉毒素同时污染。因此，近年来对植物性农产品食品中黄曲霉毒素总量（黄曲霉毒素 B_1、B_2、G_1、G_2 之和）的检测备受关注。针对黄曲霉毒素总量高灵敏现场检测难题，以黄曲霉毒素总量抗体 1C11 为核心试剂，与铕标记乳胶微球共价偶联成黄曲霉毒素总量时间分辨荧光免疫层析探针，研究建立侧向流黄曲霉毒素总量铕标记时间分辨荧光免疫层析检测技术，可实现农产品食品黄曲霉毒素总量的高灵敏、高特异性快速检测。

一、黄曲霉毒素总量铕标记试纸条的制备

（一）黄曲霉毒素总量铕乳胶微球探针的研制

基于黄曲霉毒素总量抗体 1C11，黄曲霉毒素总量铕乳胶微球探针制备技术步骤如下。

将 40 μL（15 mg/mL）EDC 溶液与 200 μL 铕乳胶微球混合，在 pH 8.2 硼酸缓冲液中振荡 15 min，经过离心，去上清液，获得活化的铕乳胶微球。

用硼酸缓冲液复溶活化的铕乳胶微球，并与适量的黄曲霉毒素总量抗体 1C11 混合，振荡反应 12 h。反应结束后，13 300 r/min 转速离心，去上清液，沉淀物即为黄曲霉毒素总量抗体铕标记探针。用含 0.5%（m/V）牛血清白蛋白的 0.2 mol/L pH 8.2 硼酸缓冲液复溶黄曲霉毒素总量抗体铕标记免疫探针，4 ℃保存备用。兔免疫球蛋白与铕乳胶微球免疫探针采用相同的偶联方法制备。

（二）黄曲霉毒素总量铕标记时间分辨荧光试纸条的制备

黄曲霉毒素总量铕标记时间分辨荧光试纸条的制备方法与黄曲霉毒素 B_1 的相同，主要区别在于免疫试剂及其用量的差异。在黄曲霉毒素总量铕标记时间分辨荧光试纸条中采用的是黄曲霉毒素总量抗体与铕标记探针，且 T 线和 C 线包被的免疫试剂用量需要针对黄曲霉毒素总量检测需求进行优化确定。

（三）试纸条 T 线和 C 线免疫试剂优化

采用棋盘法，优化黄曲霉毒素总量时间分辨荧光免疫层析试纸条 T 线和 C 线免疫试剂（黄曲霉毒素 B_1-牛血清白蛋白、羊抗兔抗体）的用量。将系列浓度的黄曲霉毒素 B_1-牛血清白蛋白、羊抗兔抗体溶解于水中，分别喷涂在硝酸纤维素膜的 T 线与 C 线区域，点膜仪喷涂速率分别设置为 0.2 μL/cm、0.25 μL/cm、0.5 μL/cm、0.75 μL/cm、1.0 μL/cm。喷涂完毕并干燥后，组装成时间分辨荧光免疫层析试纸条。

将黄曲霉毒素总量铕标记免疫探针原液用缓释液按 1：50、1：100、1：200 和 1：400 进行依次稀释。由于自然条件下，黄曲霉毒素 B_1 的比例占黄曲霉毒素总量的 70%~90%，因此同时配制黄曲霉毒素 B_1 梯度浓度标准品溶液，并分别加入一定体积的铕标记时间分辨荧光探针中（总反应体积 300 μL），插入上述时间分辨荧光免疫层析试纸条，根据 T 线与 C 线荧光信号的差别，分别建立不同 T 线抗原用量、C 线羊抗兔抗体用量组合的逻辑斯蒂 S 曲线，分别计算 IC_{50} 值，根据阴性对照（黄曲霉毒素 B_1 浓度为 0），荧光信号 IC_{50} 值优选 T 线、C 线免疫试剂的最佳用量。

研究结果表明，为了保证阴性样品在黄曲霉毒素时间分辨荧光免疫层析试纸条上在紫外光激发下能显示出清晰的红色 T 线，采用 0.75 μL/cm 黄曲霉毒素 B_1-牛血清白蛋白（0.5 mg/mL）和 0.6 μL/cm 羊抗兔抗体（0.25 mg/mL）的 T 线和 C 线，黄曲霉毒素总量铕标记探针稀释倍数 1：200，免疫试剂组合阴性显色和灵敏度最为适宜。

二、黄曲霉毒素总量时间分辨荧光免疫层析检测技术的建立

根据黄曲霉毒素 B_1 时间分辨荧光免疫层析检测技术优化的样品前处理条件，建立黄曲霉毒素总量时间分辨荧光免疫层析检测技术，具体方法程序如下。

（一）样品提取、纯化与空白基质溶液的制备

1. 固体样品的提取与纯化

准确称取 20.0 g 去壳、磨碎（粒径小于 0.9 mm）的试样于烧杯中，加入 100 mL 70%甲醇溶液，用均质机提取 2 min，静置 1 min，取 1.0 mL 上清液，加入 3.0 mL 缓释液（成分：1% 吐温 20、0.5%牛血清白蛋白和 2.5%蔗糖），混匀，经 0.45 μm 有机相滤膜过滤，滤液备用。

2. 液体样品的提取与纯化

植物油脂：准确称取 5.0 g 试样于 50 mL 离心管中，加入 15.0 mL 70%甲醇溶液，涡

旋混合器振荡混匀 2 min，静置 2 min，移取 1.0 mL 上清液，用 3.0 mL 样品缓释液稀释、涡旋混合器混匀，经 0.45 μm 有机相滤膜过滤，滤液备用。

酱油、食醋：准确称取 2.0 g 试样于 10 mL 试管中，加入 4.0 mL 水、2.0 mL 二氯甲烷，振摇 2 min，5000 r/min 离心 2 min，取下层溶液 1.0 mL，于恒温装置挥至近干，依次加入 1.0 mL 甲醇溶液和 2.0 mL 样品缓释液，涡旋混合器混匀，经 0.45 μm 有机相滤膜过滤，滤液备用。

空白基质溶液的制备：取经免疫亲和-液相色谱或免疫亲和-液质联用法确证检测后的阴性样品，按样品提取方法制备空白基质溶液，滤液备用。

（二）免疫层析反应

先取 150 μL 黄曲霉毒素总量铕乳胶微球探针于 1.5 mL 样品瓶中，然后取上述制备的滤液 150 μL，垂直滴加于样品瓶内，涡旋混合，按箭头方向插入黄曲霉毒素总量铕标记时间分辨荧光试纸条，37 ℃反应 6 min。

（三）时间分辨荧光检测

反应结束后即取出黄曲霉毒素总量铕标记时间分辨荧光试纸条，用黄曲霉毒素时间分辨荧光检测仪检测（若仅是定性检测，在手持式紫外灯装置中直接观测即可）。

（四）标准曲线的建立

将黄曲霉毒素标准溶液用 0.01 mol/L 磷酸盐缓冲液（pH 7.2）和空白基质溶液配制为 0.00 ng/mL、0.05 ng/mL、0.10 ng/mL、0.20 ng/mL、0.50 ng/mL、0.75 ng/mL、1.00 ng/mL 的系列标准工作液，由低到高浓度进行依次检测，根据检测线 T 信号值与质控线 C 信号值的比值（T/C）和标准溶液浓度对数值建立标准曲线。

（五）结果计算

试样中黄曲霉毒素含量以质量分数 X 计，数值以 μg/kg 表示，按式（7-5）计算。

$$X = \frac{\rho \times V \times n}{m} \tag{7-5}$$

式中，ρ 为从标准曲线上查得的测定液中黄曲霉毒素含量的数值（ng/mL）；V 为样品测定液体积（mL）；n 为试样稀释倍数的数值；m 为试样质量的数值（g）。

计算结果保留至小数点后两位。

三、黄曲霉毒素总量时间分辨荧光免疫层析检测技术评价

1. 标准曲线

按照建立的黄曲霉毒素总量时间分辨荧光免疫层析技术，分别建立标样、花生、玉米、大米、菜籽油、饲料、人参和特殊膳食等样品检测标准曲线（表7-22），相关系数为 0.981~0.992。

表 7-22　黄曲霉毒素总量时间分辨荧光免疫层析检测标准曲线方程

样品	标准曲线	相关系数
标样	$Y = -0.6396X - 0.7638$	0.981
花生	$Y = -0.562 X + 1.3396$	0.988
玉米	$Y = -0.511 X + 1.3034$	0.991
大米	$Y = -0.532 X + 1.3123$	0.987
菜籽油	$Y = -0.501 X + 1.0424$	0.992
饲料	$Y = -0.526 X + 1.3142$	0.992
人参	$Y = -0.517 X + 1.2123$	0.986
婴幼儿米粉	$Y = -0.522 X + 1.1076$	0.988
酱油	$Y = -0.6415 X + 1.0939$	0.985

2. 方法检出限

黄曲霉毒素时间分辨荧光免疫层析检测技术的检出限定义为空白样本进行 21 次重复测定，以 3 倍阴性样本测定结果标准偏差对应的浓度值为检出限。依据式（7-5）计算，标样、花生、玉米、大米、菜籽油、饲料、人参、婴幼儿米粉和酱油等不同典型农产品食品黄曲霉毒素总量时间分辨荧光免疫层析法的检出限见表 7-23。

表 7-23　典型农产品食品黄曲霉毒素总量时间分辨荧光免疫层析法检出限

样品	PBS	花生	玉米	大米	菜籽油	饲料	人参	婴幼儿米粉	酱油
检出限/（μg/kg）	0.003	0.015	0.020	0.019	0.017	0.022	0.014	0.019	0.017

3. 方法选择性

为考察方法选择性，采用同一批次的黄曲霉毒素总量时间分辨荧光免疫层析试纸条，依次测定黄曲霉毒素时间分辨荧光免疫层析检测方法对黄曲霉毒素 B_1、B_2、G_1、G_2、玉米赤霉烯酮、赭曲霉毒素、呕吐毒素、T-2 毒素的竞争抑制情况（待测液浓度均为 30 ng/mL），结果见图 7-10（Wang et al., 2015），结果显示黄曲霉毒素 B_1、B_2、G_1、G_2 处理均完全抑制（T 线荧光消失），而玉米赤霉烯酮、赭曲霉毒素、呕吐毒素、T-2 毒素的处理 T 线荧光信号仍清晰可见，表明方法对黄曲霉毒素以外的其他供试真菌毒素均无交叉反应。

4. 方法回收率

为评价黄曲霉毒素总量时间分辨荧光检测方法的准确度，采用经免疫亲和柱-液相色谱法确证的阴性样品进行加标回收率测定。用黄曲霉毒素时间分辨荧光检测仪测定黄曲霉毒素含量，统计其相对标准偏差和回收率，结果见表 7-24。可见黄曲霉毒素总量回收率范围为 95.0%~117.0%，可满足农产品食品中黄曲霉毒素总量检测的需求。

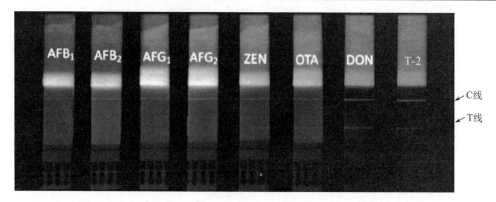

图 7-10 黄曲霉毒素时间分辨荧光免疫层析检测方法的选择性测定

表 7-24 黄曲霉毒素总量时间分辨荧光免疫层析法加标回收率测定（*n*=5）

样品	加标浓度 /（ng/mL）	重复测定结果/（ng/mL）					RSD /%	平均回收率 /%
		1	2	3	4	5		
花生	5	4.75	5.41	4.59	6.49	5.94	5.44	108.8
	10	10.08	10.28	10.09	10.71	9.61	10.15	101.5
	20	22.18	19.85	19.24	22.17	22.28	21.14	105.7
玉米	5	5.16	6.27	4.80	5.97	5.77	5.59	111.8
	10	10.61	9.66	10.06	10.65	10.94	10.38	103.8
	20	21.86	20.98	20.70	19.13	21.22	20.78	103.9
大米	2.5	2.05	2.68	1.95	2.75	3.11	2.51	100.4
	5	4.53	4.92	4.57	5.23	4.49	4.75	95.0
	10	10.15	9.19	8.79	11.12	10.01	9.85	98.5
菜籽油	2.5	2.62	2.91	2.57	3.08	2.78	2.79	111.6
	5	4.94	5.19	4.86	5.14	4.29	4.88	97.6
	10	10.30	9.39	8.79	10.51	10.59	9.92	99.2
饲料	5	5.24	5.56	5.11	6.84	6.31	5.81	116.2
	10	9.66	9.53	11.05	10.03	9.06	9.87	98.7
	20	20.92	18.64	17.21	20.91	20.58	19.65	98.2
人参	2	2.10	2.42	2.14	2.71	2.29	2.33	116.5
	5	5.64	4.82	5.02	5.24	5.59	5.26	105.2
	10	11.18	10.85	10.36	9.76	10.84	10.60	106.0
婴幼儿米粉	2	2.14	2.21	1.79	2.68	2.68	2.30	115.0
	5	4.70	5.03	4.75	5.61	4.65	4.95	99.0
	10	10.26	9.10	8.85	11.04	9.93	9.84	98.4
酱油	2	2.09	2.32	2.00	2.87	2.42	2.34	117.0
	5	4.74	5.15	5.10	5.25	4.43	4.93	98.6
	10	10.44	9.50	8.75	10.26	10.66	9.92	99.2

5. 方法重复性

采用研究建立的黄曲霉毒素总量时间分辨荧光免疫层析检测技术,同一时间(日内)测定花生、玉米、大米、菜籽油、饲料、人参、婴幼儿米粉和酱油 8 种代表性农产品食品黄曲霉毒素总量(实际样品),重复测定 11 次,考察重复性,实验结果见表 7-25。

花生、玉米、大米、菜籽油、饲料、人参、婴幼儿米粉和酱油样品的黄曲霉毒素总量 11 次测定结果的最大绝对差值小于 2 μg/kg,相对标准偏差为 3.6%~16.8%,可以满足农产品食品中黄曲霉毒素总量快速测定的重复性要求。

表 7-25　黄曲霉毒素总量时间分辨荧光免疫层析检测方法重复性

| 样品名称 | 测定值/(μg/kg) | | | | | | | | | | | | RSD/% |
	1	2	3	4	5	6	7	8	9	10	11	平均值	
花生	12.82	13.25	12.45	12.07	12.07	12.40	12.61	12.10	13.25	12.01	12.50	12.50	3.6
玉米	10.79	12.20	11.39	10.95	10.65	11.31	10.80	10.64	10.29	10.70	11.73	11.04	5.0
大米	1.56	1.54	1.45	1.69	1.58	1.64	1.19	1.55	1.62	1.78	1.65	1.57	9.7
菜籽油	3.91	3.06	3.39	3.41	4.04	4.11	3.68	3.88	3.99	4.25	4.07	3.80	9.7
饲料	2.88	2.93	2.33	3.31	2.62	2.58	2.68	1.97	2.71	3.22	2.88	2.74	13.8
人参	1.30	1.42	1.25	1.51	1.36	1.26	1.13	0.77	1.38	1.55	1.16	1.28	16.8
婴幼儿米粉	ND	ND	ND	ND	ND	ND	ND	ND	ND	ND	ND	—	—
酱油	0.95	0.68	0.78	1.01	1.02	0.64	0.85	0.80	0.88	0.80	0.76	0.83	14.9

注:ND 表示未检出。

四、黄曲霉毒素总量铕标记时间分辨荧光检测技术的应用

通过对黄曲霉毒素总量铕标记试纸条、抗体-铕乳胶探针反应瓶、提取液和稀释液等技术的优化集成,研制出黄曲霉毒素总量时间分辨荧光免疫层析速测试剂盒。农产品食品实际样品黄曲霉毒素总量铕标记试纸条检测结果和高效液相色谱检测结果比较表明,两者检测结果符合性很好,见表 7-26。表明该技术方法可满足农产品食品黄曲霉毒素总量现场高灵敏快速检测的需求。在饲料领域应用同样显示高灵敏度和高选择性(彩图 11),具有广阔应用前景。

表 7-26　黄曲霉毒素总量时间分辨荧光试纸条与 HPLC 检测结果的比较

| 样品种类 | 样品名称 | HPLC/(μg/kg) | TRFICA (n=3) | | | |
			1	2	3	平均值/(μg/kg)
植物油	花生油	12.40	12.00	11.80	11.40	11.73
	玉米油	ND	ND	ND	ND	—
	菜籽油	0.87	0.85	0.92	0.99	0.92
	山茶籽油	ND	ND	ND	ND	—
	米糠油	1.21	1.05	1.18	1.10	1.11
	大豆油	ND	ND	ND	ND	—

续表

样品种类	样品名称	HPLC /（μg/kg）	TRFICA（$n=3$）			
			1	2	3	平均值/（μg/kg）
谷物	玉米	7.80	7.60	7.50	7.70	7.60
	花生	16.70	17.00	17.20	16.40	16.87
	大米	5.10	4.80	4.90	5.00	4.90
	燕麦仁	ND	ND	ND	ND	—
	糙米	0.90	1.00	1.00	0.90	0.97
	小麦	0.40	0.40	0.50	0.40	0.43
调味品	花生酱	9.40	9.30	9.80	9.90	9.67
	豆瓣酱	ND	ND	ND	ND	—
	花椒	ND	ND	ND	ND	—
	辣椒	0.32	0.26	0.23	0.29	0.24
	豆腐乳	ND	ND	ND	ND	—
干果	开心果	ND	ND	ND	ND	—
	瓜子	0.80	0.80	0.90	0.90	0.87
人参	红参	ND	ND	ND	ND	—
	西洋参	ND	ND	ND	ND	—
饲料	饼粕饲料	10.56	10.29	10.30	10.53	10.37
	喷浆玉米皮	8.40	8.50	8.90	8.40	8.60
	玉米酒精糟	12.70	12.60	12.90	12.80	12.77
	混合饲料	4.60	4.51	4.65	4.83	4.66
	浓缩饲料	2.80	2.73	2.91	2.84	2.83
茶叶	普洱茶	0.25	0.26	0.23	0.20	0.23
	红茶	0.36	0.34	0.32	0.27	0.31
	绿茶	ND	ND	ND	ND	—
	碧螺春	ND	ND	ND	ND	—

注：ND 表示未检出。

综上所述，为进一步提高黄曲霉毒素检测灵敏度，满足相关科研、特殊食品及产业对黄曲霉毒素高灵敏检测的需求，采用稀土元素铕与聚苯乙烯聚合成粒径 190 nm 的乳胶微球，并与黄曲霉毒素 B_1 抗体 3G1、黄曲霉毒素 M_1 抗体 2C9 及总量单克隆抗体 1C11 等进行共价偶联，研究建立黄曲霉毒素 B_1 铕乳胶免疫层析高灵敏检测技术（李培武等，2014a）、黄曲霉毒素 M_1 铕乳胶免疫层析高灵敏检测技术（Tang et al., 2015）和黄曲霉毒素总量铕乳胶免疫层析高灵敏检测技术（Wang et al., 2015），检出限可达 0.003 ng/mL，灵敏度可比胶体金等同类技术方法提高 1 个数量级。通过对黄曲霉毒素铕标记试纸条、抗体-铕乳胶探针反应瓶、专用提取液和稀释液等集成，研制成系列黄曲霉毒素时间分辨荧光免疫层析速测试剂盒（李培武等，2014n），为农产品食品中黄曲霉毒素高灵敏现场快速检测提供了关键技术支撑。

采用黄曲霉毒素时间分辨荧光免疫层析检测技术和国标高效液相色谱法平行比对测定花生等农产品、液态奶等乳制品、饲料、人参等中药材等实际样品，比对检测结果与国家标准方法符合率高达 98%。此外，通过时间分辨荧光信号的延迟，可显著提高方法抗样品基质干扰能力，检测假阴性率为 0，假阳性率小于 2%。牛奶等液体样品现场检测可在 6 min 完成，其他固态样品检测可在 10 min 完成，为迄今灵敏度最高、特异性最强的免疫层析检测技术，已经广泛应用在农产品食品现场检测领域（李静等，2014；张兆威等，2014；Tang et al.，2015；Wang et al.，2015），解决了原有黄曲霉毒素免疫检测灵敏度低的技术难题，在农产品种、收、储、运、加等不同关键环节及食品安全监管等领域具有广阔的应用前景。

此外，在黄曲霉毒素时间分辨荧光免疫层析高灵敏检测技术取得突破的基础上，利用自主创制的赭曲霉毒素、T-2 毒素、伏马毒素等高亲和力单克隆抗体，创建了赭曲霉毒素、T-2 毒素等其他真菌毒素的铕乳胶免疫层析高灵敏检测技术（Majdinasab et al.，2015b; Zhang et al.，2015b），检测灵敏度均得到显著提高，如 Majdinasab 等建立的赭曲霉毒素铕乳胶免疫层析检测技术灵敏度与文献报道胶体金方法比对结果表明，灵敏度至少提高了 10 倍（Majdinasab et al.，2015b），与作者 Majdinasab 等自己建立的胶体金方法（Majdinasab et al.，2015a）相比，灵敏度也提高了 4 倍。因此，黄曲霉毒素时间分辨荧光免疫层析检测技术的突破，可为农产品食品中其他小分子目标污染物的免疫层析检测技术研发提供参考方法和技术思路。

第八章　黄曲霉毒素绿色免疫检测技术

绿色免疫检测技术源于绿色化学概念。1970 年，美国国家环境保护局在环境保护法案中首次提出无害化学（benign chemistry）。随后洁净化学（clean chemistry）、绿色化学（green chemistry）、环境友好化学（environmentally friendly chemistry）、可持续化学（sustainable chemistry）等一系列绿色化学相关的概念被学术界和工业界提出，并逐渐得到了广泛的应用。绿色化学概念起初主要在化学工程等领域，目前其概念外延，已经涵盖包括化学工程、分析化学、有机化学、材料化学等多个领域。绿色化学在农产品食品质量安全领域研究主要包括：用无毒无害或低毒低害试剂取代高毒高害试剂，节约能耗，减少试剂使用量，减少有害物排放，缩短检测时间等。

绿色免疫检测（green immunoassay）研究主要包括降低对人和环境危害的抗原合成技术、抗体制备技术，选择低毒物质代替传统高毒抗原或标准品，降低待测物或检测方法对操作人员的危害及对环境的污染。就黄曲霉毒素绿色免疫检测技术而言，其主要形式有：采用低毒或无毒的试剂代替有毒试剂；研发环境友好的抗原合成途径与手段；建立快速检测方法代替传统耗时的检测方法；应用基因工程手段合成抗体，减少实验动物使用量，降低抗体生产成本等。

黄曲霉毒素绿色免疫检测是未来的发展趋势，具有以下 6 个主要特点（图 8-1）：节约免疫检测成本，免疫反应更加环境友好，操作更简便，分析过程更快速，试剂消耗更少，以及对操作人员危害风险更小（安全）。

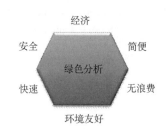

图 8-1　黄曲霉毒素绿色免疫检测的特点

第一节　黄曲霉毒素替代抗原免疫检测原理

黄曲霉毒素免疫检测中，尤其是 ELISA 检测技术体系中，需要用到剧毒强致癌的黄曲霉毒素与载体蛋白的偶联物（如黄曲霉毒素 B_1-牛血清白蛋白偶联物），这些剧毒免疫试剂的长期使用，对操作人员身体健康与生命安全以及环境存在较大危害风险。因此，减少这些剧毒强致癌毒素偶联物的使用量已经成为黄曲霉毒素绿色免疫检测技术的重要发展趋势。其中，黄曲霉毒素替代抗原免疫检测技术已经成为黄曲霉毒素绿色免疫检测的热点关键技术之一。

一、黄曲霉毒素替代抗原的种类

以黄曲霉毒素酶联免疫分析为例，反应示意图见图 8-2（Li et al.，2009）。其原理及主要步骤如下：首先在酶标板上包被黄曲霉毒素抗原，经封闭后加入黄曲霉毒素待测液与抗体溶液，待测液中黄曲霉毒素与固定在酶标板上的抗原竞争结合抗体；加入辣根过氧化物酶标记二抗，与结合在酶标板上的抗体结合；最后加入反应底物，通过酶催化作用使底物显色，终止反应后，使用酶标仪检测 450 nm 处的 OD 值，利用相关软件作双对数或四参数标准曲线图，从而计算样品中黄曲霉毒素的含量。

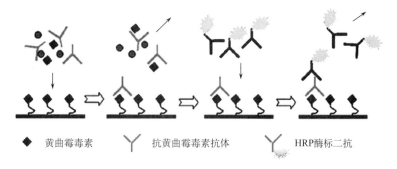

◆ 黄曲霉毒素　　Ｙ 抗黄曲霉毒素抗体　　Ｙ HRP酶标二抗

图 8-2　酶联免疫法检测黄曲霉毒素原理示意图

　　在免疫检测过程中，需要使用黄曲霉毒素 B₁ 抗原与标准品。黄曲霉毒素抗原的合成主要有以下两种途径，如图 8-3（Wang et al., 2013a）所示。第一种方法是在黄曲霉毒素 C3 位点进行活化后与牛血清白蛋白偶联。首先黄曲霉毒素在吡啶∶水∶甲醇（1∶1∶4，体积比）溶剂中与羟甲基羟胺半盐酸盐进行肟化反应，得到黄曲霉毒素肟化衍生物；黄曲霉毒素肟化衍生物在 4-乙基-2,3-双氧哌嗪酰氯的作用下，与牛血清白蛋白反应，产物即为黄曲霉毒素完全抗原。第二种方法是在黄曲霉毒素 B₁ 的 C11、C12 位双键处结合牛血清白蛋白。首先黄曲霉毒素 B₁ 在二氯甲烷中与氯气进行加成反应，然后与牛血清白蛋白结合生成黄曲霉毒素完全抗原。

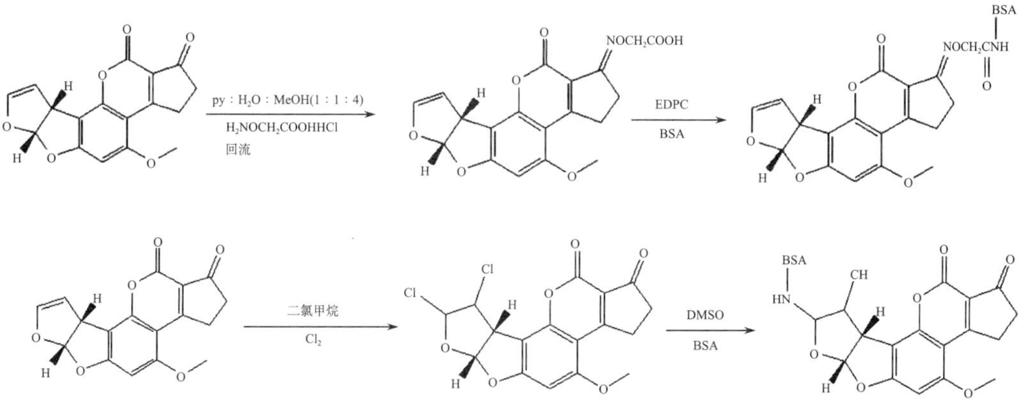

图 8-3　黄曲霉毒素与 BSA 共价偶联物（抗原）的两种制备途径

　　黄曲霉毒素抗原的合成需要使用剧毒的黄曲霉毒素标准品，对操作人员生命健康具有危害风险。目前使用的黄曲霉毒素抗原主要依赖进口，购买价格昂贵，且常遇到国外垄断等问题。因此，研制具有自主知识产权的黄曲霉毒素无毒或低毒替代品，建立黄曲霉毒素绿色免疫检测方法，对黄曲霉毒素免疫检测技术的发展具有重要的理论意义和应用价值。

替代抗原是指应用合成多肽或蛋白质代替传统的包被抗原，模拟黄曲霉毒素化学偶联的人工抗原，并在竞争酶联免疫分析中与待测物分子竞争抗体结合位点，也被称为模拟抗原。因此，研发黄曲霉毒素替代抗原是黄曲霉毒素替代抗原绿色免疫检测技术的重要环节。

目前，黄曲霉毒素替代抗原主要有三种：噬菌体展示肽模拟抗原、抗独特型抗体模拟抗原以及纳米抗体模拟抗原。黄曲霉毒素噬菌体展示肽模拟抗原可以从天然或人工构建的噬菌体短肽库中筛选得到，具有与黄曲霉毒素竞争结合黄曲霉毒素特异性抗体活性部位的能力。黄曲霉毒素抗独特型抗体模拟抗原是通过黄曲霉毒素特异性单克隆抗体或其片段免疫并诱导动物产生的第二抗体（也称抗抗体），具有与黄曲霉毒素特异性抗体可变区发生结合反应的能力。黄曲霉毒素纳米抗体模拟抗原是以黄曲霉毒素特异性单克隆抗体免疫并诱导骆驼科动物（如羊驼等）产生的纳米抗体（VHH），具有与黄曲霉毒素特异性抗体可变区发生结合反应的能力。因此，黄曲霉毒素纳米抗体模拟抗原实质上是黄曲霉毒素抗独特型抗体的一种特殊形式。

二、黄曲霉毒素替代抗原的制备技术

（一）噬菌体展示随机肽库淘选黄曲霉毒素替代抗原技术

研究发现一些人工合成多肽或蛋白质能够与抗体可变区结合，从而起到模拟传统抗原的作用。噬菌体展示技术是筛选这种替代抗原较简便的方法（Wang et al., 2013b），通过将外源蛋白或多肽的基因序列插入到噬菌体衣壳蛋白结构基因的相关位置，使得外源蛋白在噬菌体表面得到表达。当外源基因是随机多肽序列时，构成的噬菌体集合即为噬菌体展示随机肽库。噬菌体展示肽库中往往含有多于 10^8 种不同多肽，通过对肽库进行"吸附—洗脱—富集"的多轮淘选，获得能够与黄曲霉毒素抗体可变区（抗原识别位点）结合的噬菌体展示肽，即可用作替代抗原。

（二）抗独特型抗体模拟黄曲霉毒素替代抗原技术

抗体的抗原识别位点又被称为独特型决定簇，因此识别抗体上抗原特异性结合位点的抗体被称为抗独特型抗体。由于黄曲霉毒素抗独特型抗体能够与黄曲霉毒素特异性抗体的抗原识别位点结合，从而可以与黄曲霉毒素竞争结合黄曲霉毒素特异性抗体，因此黄曲霉毒素抗独特型抗体可以作为黄曲霉毒素的无毒替代抗原应用于免疫检测中。

（三）抗独特型纳米抗体模拟黄曲霉毒素替代抗原技术

在骆驼科动物以及软骨鱼类体内存在一种天然缺失轻链的抗体，被称为重链抗体。对重链抗体可变区进行克隆、表达，便可得到仅包含重链可变区的基因工程抗体，抗体大小仅有 12~15 kDa，是目前发现的具有识别抗原功能的最小抗体，比利时 Ablynx 公司将其称为纳米抗体（nanobody，或称 VHH 抗体）。通过目标分析物的完全抗原诱导，同样可以制备小分子化合物的特异性纳米抗体。与传统的抗体相比，纳米抗体具有体积小、耐高温、耐有机溶剂等特点，具有广泛的适用性。黄曲霉毒素抗独特型纳米抗体是抗独特型抗体的一种，可以以骆驼科动物（羊驼、双峰驼、美洲驼等）或一些软骨鱼类（如鲨鱼）作为免疫对象，制备抗独特型抗体，并采用基因工程手段表达抗体可变区，制备得到抗独特型纳米抗体。

三、黄曲霉毒素替代抗原免疫检测原理

黄曲霉毒素抗原能够与抗体的可变区即抗原识别位点结合，替代抗原能够起到相同的作用，因此能与游离的黄曲霉毒素竞争结合抗体。根据替代抗原的种类不同，黄曲霉毒素替代抗原免疫检测主要有两种反应模式，如图 8-4（Wang et al., 2013b）所示。第一种是以噬菌体展示肽作为替代抗原与黄曲霉毒素混合后，加入包被有黄曲霉毒素抗体的酶标板中，竞争抗体结合位点，并通过抗噬菌体的酶标抗体显色进行定量；第二种是抗独特型抗体作为替代抗原，将其直接包被在酶标板上，然后加入待测样品与黄曲霉毒素抗体，替代抗原与样品中游离黄曲霉毒素竞争结合黄曲霉毒素抗体。

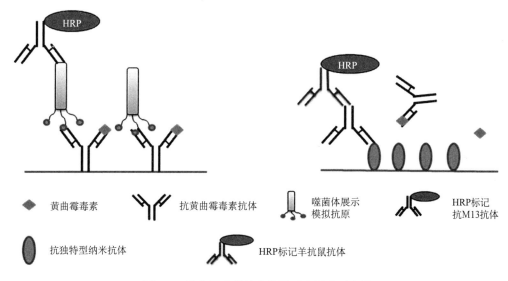

图 8-4　黄曲霉毒素替代抗原反应原理示意图

第二节　黄曲霉毒素替代抗原免疫检测技术

在免疫检测技术中，黄曲霉毒素抗原是竞争原，与样品待测液中黄曲霉毒素竞争性地结合黄曲霉毒素抗体。黄曲霉毒素抗原是黄曲霉毒素与载体蛋白的共价偶联物，属剧毒性化学品。为了减少剧毒黄曲霉毒素抗原的使用，探寻黄曲霉毒素抗原的无毒替代物——黄曲霉毒素替代抗原成为近年来的研究热点。例如，Wang 等（Wang et al., 2013b）以黄曲霉毒素单克隆抗体 1C11 为基础，筛选出五种噬菌体展示八肽可用作黄曲霉毒素替代抗原，其中 CM4 用作黄曲霉毒素替代抗原建立的 ELISA 法检测黄曲霉毒素 B_1 的灵

敏度（IC$_{50}$ 值）达 0.290 ng/mL，可满足花生、玉米、大米等样品中黄曲霉毒素 B$_1$ 的检测要求。Wang 等（Wang et al., 2013b）还以黄曲霉毒素单克隆抗体 1C11 作为免疫原免疫羊驼，研制出三株能够与抗体 1C11 可变区特异性结合的噬菌体展示纳米抗体，建立了纳米抗体用作黄曲霉毒素替代抗原的 ELISA 法，检测四种黄曲霉毒素（黄曲霉毒素 B$_1$、B$_2$、G$_1$、G$_2$）的灵敏度（IC$_{50}$）分别达 0.054 ng/mL、0.140 ng/mL、0.077 ng/mL 和 0.373 ng/mL。无论噬菌体展示八肽替代抗原，还是抗独特型纳米抗体替代抗原，均为黄曲霉毒素等剧毒污染物绿色免疫分析开辟了新途径。

一、基于噬菌体展示肽的黄曲霉毒素替代抗原绿色免疫检测技术

噬菌体展示肽黄曲霉毒素替代抗原是以黄曲霉毒素特异性抗体为关键材料，经特异性捕获后，再用黄曲霉毒素溶液或甘氨酸-盐酸缓冲液洗脱，最后通过扩增获得特异性的阳性噬菌体展示肽。以黄曲霉毒素单克隆抗体 1C11 作为靶标物，研制特异性结合抗体1C11 可变区的噬菌体展示肽，通过对构建的噬菌体随机八肽库进行淘选，得到能够代替黄曲霉毒素包被抗原的噬菌体展示肽，在免疫检测中与黄曲霉毒素分子竞争结合抗体，已应用于花生、玉米、大米等实际样品的检测（李培武等，2014f；Wang et al., 2013b）。

（一）亲和淘选

采用噬菌体展示随机八肽库，淘选黄曲霉毒素替代抗原，经过三轮淘选，分别采用极性洗脱（洗脱液为甘氨酸-盐酸缓冲液，pH 2.2）和竞争洗脱（洗脱液为黄曲霉毒素标准品溶液）两种方法，测定经每轮淘选洗脱后噬菌体滴度的变化。研究结果显示，采用极性洗脱法三轮洗脱噬菌体的滴度依次为 1×10^5 pfu/mL、2×10^5 pfu/mL、2×10^6 pfu/mL；采用竞争洗脱法三轮洗脱噬菌体的滴度依次为 1×10^2 pfu/mL、1×10^4 pfu/mL、2×10^5 pfu/mL。可见，两种洗脱方法每轮淘选后与黄曲霉毒素单克隆抗体 1C11 结合的噬菌体量均有增加，即表明能够与 1C11 抗体结合的噬菌体展示肽得到了有效富集。

（二）阳性噬菌体克隆的鉴定

分别对两种洗脱方法的第三轮淘选洗脱液进行滴度测定，从滴度测定的 LB/IPTG/X-gal 平板上随机挑取 20 个单克隆扩增，通过 Phage-ELISA 筛选阳性克隆。结果显示，采用竞争洗脱法，20 个克隆中有 18 个为阳性；采用极性洗脱法，仅有 10 个为阳性。竞争洗脱法获得阳性克隆比例更高。

（三）噬菌体阳性克隆的序列分析

将 28 个阳性噬菌体斑进行基因测序。经过序列比对分析，这 28 个噬菌体克隆实际为 5 种不同的噬菌体，分别命名为 CM2、CM4、CM8、PM13、PM23，其中极性洗脱法仅得到 PM13 和 PM23 两种噬菌体，竞争洗脱法筛选得到全部 5 种噬菌体，结果详见表8-1（Wang et al., 2013b）。

表 8-1　噬菌体阳性克隆基因序列和氨基酸序列

噬菌体克隆	基因序列	氨基酸序列
PM13	5′-CAGACTACGCATCGTAATTGGGCG-3′	QTTHRNWA
PM23	5′-CCGCGTTATCTGCCGTGGTTTCCT-3′	PRYLPWFP
CM2	5′-TTTCCGCATCCTTGGAATCCGCCG-3′	FPHPWNPP
CM4	5′-CATACGTCTCATCGGAATTGGGAT-3′	HTSHRNWD
CM8	5′-TATCCGCATCCTTGGAATCCTACG-3′	YPHPWNPT

（四）基于噬菌体展示肽替代抗原间接竞争 ELISA 法的建立

（1）采用棋盘法确定最佳包被抗体浓度和最佳噬菌体展示肽浓度。分别对筛选出的 5 种噬菌体展示肽进行扩增、沉淀，采用棋盘法确定包被抗体 1C11 最佳浓度和噬菌体展示肽最佳浓度，选择 OD_{450} 值在 1.0 左右的组合为最佳组合。结果显示，最佳抗体包被量均为 0.5 μg/孔，噬菌体展示肽浓度分别为：CM2 $2.5×10^{10}$ pfu/mL、CM4 和 CM8 $6.25×10^9$ pfu/mL、PM13 和 PM23 $1.56×10^9$ pfu/mL。

（2）基于噬菌体展示肽替代抗原的间接竞争 ELISA 法特异性测定。在最佳抗体包被浓度和噬菌体浓度的条件下，采用 ELISA 法分别测定 5 种噬菌体展示肽对黄曲霉毒素 B_1、B_2、G_1 和 G_2 的竞争抑制率。研究结果表明，5 种噬菌体展示肽对 4 种黄曲霉毒素（黄曲霉毒素 B_1、B_2、G_1 和 G_2）均有很强的抑制作用，其中对黄曲霉毒素 B_1 的检测灵敏度最高。

同样条件下测定基于 5 种噬菌体展示肽建立的 ELISA 法（Phage-ELISA）对黄曲霉毒素 M_1 的交叉反应率，结果表明 5 种噬菌体展示肽替代抗原均能够有效抑制单克隆抗体 1C11 与游离黄曲霉毒素 M_1 分子的结合。

因此，基于噬菌体展示肽建立的 Phage-ELISA 法不仅能够用于检测黄曲霉毒素 B_1，而且可用作检测黄曲霉毒素 B_1、B_2、G_1、G_2 和 M_1 的通用方法。比较 5 种噬菌体展示肽，其中噬菌体展示肽 CM4 对 5 种黄曲霉毒素的 IC_{50} 值最低（检测灵敏度最高），因此 CM4 可作为良好的替代抗原。

（3）基于 CM4 噬菌体展示肽 Phage-ELISA 法的参数优化。分别以 pH 为 5.0、6.0、7.0、7.4、8.0、9.0 的磷酸盐缓冲液稀释抗体至最佳工作浓度，建立黄曲霉毒素 B_1 竞争曲线。结果表明，pH 为 7.0 时，IC_{50} 值最小，即灵敏度最高，随着 pH 升高，IC_{50} 值也相应升高；pH 降低，使得最大 OD 值（不含黄曲霉毒素 B_1 孔的测定值——黄曲霉毒素 B_1 空白对照值）降低，可能是因为酸性环境下，抗体与抗原结合能力下降所致。因此，优化选择最佳 pH 为 7.0。

分别以盐离子浓度为 0 mmol/L、5 mmol/L、10 mmol/L、25 mmol/L、50 mmol/L 的磷酸盐缓冲液稀释抗体至最佳工作浓度，建立黄曲霉毒素 B_1 竞争曲线。结果表明，当盐离子浓度大于等于 10 mmol/L 时，竞争曲线基本重合，IC_{50} 值变化很小；当降低盐离子浓度时，黄曲霉毒素 B_1 空白对照值降低；当盐离子浓度为 0 时，黄曲霉毒素 B_1 空白对照值接近 0，检测不到 IC_{50} 值。因此，优化选择盐离子浓度 10 mmol/L 为最佳，理论上最大 OD 值应出现在黄曲霉毒素 B_1 为 0 时。

黄曲霉毒素为弱极性小分子化合物，溶于甲醇、乙腈等有机试剂，在样品处理中，常用一定浓度的甲醇溶液提取黄曲霉毒素，因此较高的甲醇耐受能力可以减少提取液稀释倍数，提高样品检测的灵敏度。分别选择 10%、20%、40% 的甲醇/磷酸盐缓冲液稀释黄曲霉毒素标准品，与等体积抗体溶液混合后，相应的甲醇浓度分别为 5%、10%、20%，建立竞争曲线。结果表明，甲醇浓度越高，黄曲霉毒素 B_1 空白对照的 OD 值越小，但由于竞争曲线趋于被压扁，可以一定程度上降低 IC_{50} 值，从而显著提高检测灵敏度。因此，综合考虑 IC_{50} 值和最大 OD 值，选择 20% 甲醇/磷酸盐缓冲液作为最适宜甲醇浓度，即反应孔中甲醇最终浓度为 10%。

综上所述，基于 CM4 噬菌体展示肽 Phage-ELISA 的最佳反应条件为：采用 pH 为 7.0 的 0.01 mol/L 磷酸盐缓冲液，甲醇最高耐受终浓度为 10%。

（五）Phage-ELISA 对实际农产品样品检测方法的建立

得到噬菌体展示肽替代抗原后，首先需要对反应体系中抗体包被量与噬菌体展示肽的加入量进行优化，优化采用非竞争 ELISA 法，具体步骤如下：包被不同浓度的抗体后，加入不同浓度的噬菌体展示肽，选择 OD_{450} 值在 1.0 左右的包被浓度和噬菌体展示肽的浓度为最佳浓度。采用竞争 ELISA 法建立标准曲线，以最佳抗体浓度包被 ELISA 板，封闭后，加入 50 μL 噬菌体展示肽和 50 μL 不同浓度的黄曲霉毒素标准品，反应 1 h 后，加入酶标二抗，37 ℃孵育 1 h 后，加入底物，并测定显色值。以黄曲霉毒素浓度的对数值为横坐标，以结合率 B/B_0 的百分数为纵坐标建立标准曲线，计算 IC_{50} 值，即为方法灵敏度。

建立实际农产品中黄曲霉毒素的检测方法，首先需要考察样品基质对黄曲霉毒素检测的影响，以空白样品提取液配制不同浓度的标准品，建立标准工作曲线，比较样品基质的显色值与纯溶液稀释标准品显色值的差别，差别大于 10% 即可判定为有严重基质效应。消除基质效应的方法主要包括对样品提取液进行稀释，用磷酸盐-吐温缓冲液稀释样品提取液，或在样品提取液中加入一定量的牛血清白蛋白等。

1. 样品基质效应

在最佳反应条件下，建立基于噬菌体展示肽 CM4 的 Phage-ELISA 竞争抑制曲线，主要参数见表 8-2（OD_{max} 指黄曲霉毒素空白对照的 OD 值，理论上黄曲霉毒素 B_1 为 0 时，OD 值应最大），对黄曲霉毒素 B_1 的 IC_{50} 值为 0.290 ng/mL，线性范围为 0.09 ~ 0.50 ng/mL（Wang et al., 2013b）。为了降低样品基质效应，在花生、玉米和大米作为代表样品稀释液中添加一定浓度的牛血清白蛋白能够有效减少样品基质效应的影响。因此，最终选择以含 2% 牛血清白蛋白的磷酸盐缓冲液作为大米和玉米提取液的稀释液，含 4% 牛血清白蛋白的磷酸盐缓冲液作为花生样品提取液的稀释液，样品提取液稀释倍数均为 8 倍，甲醇终浓度为 10%，竞争曲线见图 8-5（Wang et al., 2013b）。在上述优化条件下，对花生、玉米、大米样品中黄曲霉毒素 B_1 的检测 IC_{50} 值为 14.0 μg/kg，线性范围为 4.0 ~ 24.0 μg/kg。

表 8-2 基质效应对 Phage-ELISA OD_{max} 及 IC_{50} 值的影响

样品名称	8 倍稀释		20 倍稀释		50 倍稀释	
	OD_{max} 降低百分比	IC_{50} /（ng/mL）	OD_{max} 降低百分比	IC_{50} /（ng/mL）	OD_{max} 降低百分比	IC_{50} /（ng/mL）
花生	47.9%	0.481	47.4%	0.515	35.3%	0.515
大米	74.4%	0.393	60.1%	0.420	31.7%	0.418
玉米	75.1%	0.500	71.6%	0.444	58.3%	0.460

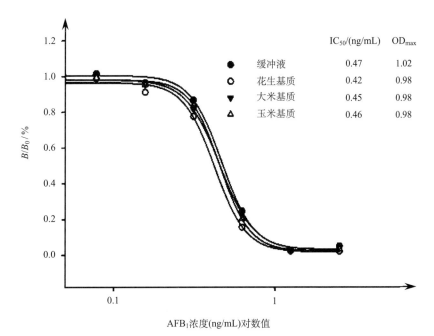

图 8-5 Phage-ELISA 在不同样品基质条件下对黄曲霉毒素 B_1 的竞争曲线

为评价所建立的 Phage-ELISA 法的准确性，对基于黄曲霉毒素替代抗原——噬菌体展示肽 CM4 的 Phage-ELISA 进行黄曲霉毒素 B_1 添加回收实验。分别对花生、玉米、大米三种空白样品添加黄曲霉毒素 B_1 标准品，采用建立的 Phage-ELISA 法测定，结果见表 8-3（Wang et al., 2013b），可见花生、玉米、大米三种样品的加标回收率范围为 62.5%~114.7%。

表 8-3 基于 CM4 的 Phage-ELISA 法测定花生、玉米、大米中黄曲霉毒素的加标回收率

样品名称	添加值/（μg/kg）	检测值/（μg/kg）	添加回收率/%
花生	黄曲霉毒素 B_1 5	4.7±1.0	94.35
	黄曲霉毒素 B_1 10	9.6±1.1	95.97
	黄曲霉毒素 B_1 20	19.2±1.6	96.12
	混合黄曲霉毒素[*] 5	4.3±0.9	85.71
	混合黄曲霉毒素 10	11.3±3.2	112.71

续表

样品名称	添加值/（μg/kg）	检测值/（μg/kg）	添加回收率/%
大米	黄曲霉毒素 B₁ 5	5.1±0.9	102.90
	黄曲霉毒素 B₁ 10	6.2±1.4	62.50
	黄曲霉毒素 B₁ 20	20.9±3.1	100.50
	混合黄曲霉毒素 5	4.5±0.9	89.50
	混合黄曲霉毒素 10	11.5±4.0	114.70
玉米	黄曲霉毒素 B₁ 5	4.0±1.0	81.10
	黄曲霉毒素 B₁ 10	9.7±1.4	97.40
	黄曲霉毒素 B₁ 20	20.7±0.5	103.50
	混合黄曲霉毒素 5	4.4±1.4	87.30
	混合黄曲霉毒素 10	11.4±1.4	114.40

注：*混合黄曲霉毒素中包含 AFB₁：AFB₂：AFG₁：AFG₂=2：1：1：1。每一结果为同一天重复四次测定的平均值。

2. 基于噬菌体展示肽 CM4 的 Phage-ELISA 法与传统 ELISA 法测定结果的比较

分别采用噬菌体展示肽 CM4 的 Phage-ELISA 法与传统 ELISA 法对 9 种样品检测结果进行比对分析，结果表明：当黄曲霉毒素含量为 4~20 μg/kg 时，两种检测方法结果基本一致；当样品中黄曲霉毒素 B₁ 含量小于 4 μg/kg 时，由于低于所建 Phage-ELISA 法的检出限，不能检出；样品中黄曲霉毒素 B₁ 含量大于 20 μg/kg 时，虽能检出但无法定量。因此，基于噬菌体展示肽 CM4 的 Phage-ELISA 法测定样品黄曲霉毒素含量有效范围为4~20 μg/kg。

二、黄曲霉毒素纳米抗体替代抗原绿色免疫检测技术

以黄曲霉毒素特异性单克隆抗体为免疫抗原，采用基因工程抗体技术，将免疫后的羊驼血清中重链抗体可变区基因展示于噬菌体表面，筛选并获得噬菌体展示纳米抗体，模拟黄曲霉毒素抗原，制备纳米抗体替代抗原，可研究建立基于纳米抗体的绿色免疫分析方法（李培武等，2014b；李培武等，2014f；Wang et al., 2013a）。

（一）纳米抗体库的构建

骆驼科动物（羊驼、美洲驼、双峰驼等）以及一些软骨鱼类（鲨鱼）均可以用作构建纳米抗体库的免疫对象。以羊驼为例，黄曲霉毒素纳米抗体库的构建方法如下。

首先，对羊驼进行皮下免疫，每次免疫的抗原量最低为 50 μg，与等体积的弗氏完全或不完全佐剂混合乳化后注射，间隔 2 周免疫一次，每次免疫后 7~10 d 取少量血清测定效价。

其次，经过 4~6 次免疫后，根据血清效价结果，选择效价最高的一次，免疫后一周取血 10 mL，见图 8-6。也可对羊驼同时免疫几种抗原，使得动物对每一种抗原产生免疫反应，从而提高建库的效率。

最后，提取外周血淋巴细胞的总 mRNA，通过反转录得到 cDNA 文库，设计引物并 PCR 扩增羊驼重链抗体可变区（简称 VHH）基因片段，将 VHH 基因连接到噬菌体载体上，形成完整的噬菌体质粒（噬菌粒），通过电转化将质粒导入大肠杆菌宿主菌，噬菌粒可在菌体内组装成完整的噬菌体并分泌至培养液中，沉淀噬菌体即可得到噬菌体展示纳米抗体文库。

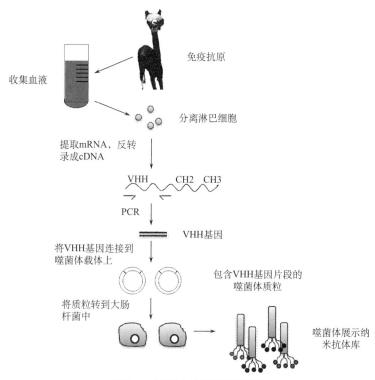

图 8-6 纳米抗体库的构建流程

（二）抗独特型纳米抗体的筛选

黄曲霉毒素抗独特型纳米抗体的筛选与噬菌体展示肽的筛选方法相同，采用"吸附—洗脱—富集"的淘选方式。将黄曲霉毒素抗体 1C11 固定在 ELISA 板上，加入噬菌体展示纳米抗体库，孵育 2 h 后，采用甘氨酸-盐酸缓冲液（pH 2.2）或一定浓度的黄曲霉毒素 B_1 进行洗脱。将洗脱液侵染大肠杆菌后，进行扩增、沉淀，收集得到的噬菌体再进行第二轮淘选。每一轮淘选都逐级减少包被抗体的量和洗脱液中黄曲霉毒素 B_1 的含量，经过 4~5 轮淘选后，随机挑取单克隆进行 ELISA 鉴定。筛选得到的阳性噬菌体克隆，提取质粒转入非抑制型大肠杆菌菌株（如 Top 10F′）进行纳米抗体表达。

（三）以纳米抗体作为黄曲霉毒素替代抗原建立免疫检测技术

1. 包被纳米抗体与 1C11 抗体工作浓度的优化

采用棋盘法分别对纳米抗体包被浓度以及黄曲霉毒素抗体 1C11 的工作浓度进行优

化，选择 OD_{450} 值在 1.0 左右，纳米抗体浓度和黄曲霉毒素单克隆抗体 1C11 浓度相对较低的组合作为最佳工作浓度，结果得到 VHH 2-5 工作浓度为 0.2 μg/mL，对应抗体浓度为 5 μg/mL；VHH 2-12 工作浓度为 0.1 μg/mL，对应抗体浓度为 5 μg/mL；VHH 2-29 工作浓度为 0.1 μg/mL，对应抗体浓度为 5 μg/mL。

2. 抗独特型 VHH-ELISA（VELISA）方法的建立

采用上述优化的 VHH 工作浓度，建立基于三种纳米抗体的黄曲霉毒素 B_1 的 VELISA 竞争曲线，其中 VHH 2-5 用作包被抗原时，灵敏度最高。因此，在 VELISA 分析条件优化与方法建立实验中，均采用 VHH 2-5 作为包被抗原。

3. VELISA 分析条件优化

甲醇耐受浓度：分别在 5%、10%、20% 和 40% 甲醇浓度下建立基于 VHH 2-5 的 VELISA 标准曲线，研究不同甲醇浓度对 ELISA 反应结果的影响。实验结果表明，当甲醇浓度升高到 40% 时，反应不能正常进行。因此，抗独特型纳米抗体的 VELISA 对甲醇的最高耐受浓度为 20%。

缓冲液盐离子浓度优化：分别采用水、磷酸盐缓冲液（pH 7.4，0.01 mol/L）、2×磷酸盐缓冲液、5×磷酸盐缓冲液稀释抗体和黄曲霉毒素 B_1 标准品，建立黄曲霉毒素 B_1 的 VELISA 检测标准曲线。盐离子浓度对 VELISA 的影响研究结果表明，以纯水作为反应介质，检测灵敏度最低；以 5×磷酸盐缓冲液作为反应介质，检测灵敏度升高，但最高显色值同时降低；磷酸盐缓冲液、2×磷酸盐缓冲液对反应结果无明显影响。因此，选择磷酸盐缓冲液作为最适反应缓冲液。

pH 优化：pH 对 VELISA 的影响研究分别用 pH 为 5.0、6.0、7.0 和 8.0 的磷酸盐缓冲液作为抗体稀释液，建立检测黄曲霉毒素 B_1 的 VELISA 标准曲线，研究结果表明，当 pH 为 7.0 时，反应灵敏度最高，升高或降低 pH 对反应灵敏度均有影响。

标准曲线建立与主要技术参数：以 VHH 2-5 作为替代包被抗原，在优化的条件下，选取黄曲霉毒素 B_1 结构类似物黄曲霉毒素 B_2、G_1、G_2 和 M_1，采用所建 VELISA 法测定交叉反应率。所建 VELISA 法对黄曲霉毒素 B_1 的检测灵敏度最高，IC_{50} 值达到 0.16 ng/mL，与黄曲霉毒素 G_1 的交叉反应率为 90.4%，与黄曲霉毒素 B_2 的交叉反应率为 54.4%，与黄曲霉毒素 G_2 和 M_1 的交叉反应率分别为 37.7% 和 37.4%。一般情况自然条件下黄曲霉毒素污染的农产品食品中四种黄曲霉毒素的比例 $AFB_1 : AFB_2 : AFG_1 : AFG_2$ 为　　1 : 0.1 : 0.3 : 0.03。因此，尽管该方法对黄曲霉毒素 B_2 和 G_2 的检测灵敏度相对较低，仍然可以用于农产品食品等样品中黄曲霉毒素总量的检测。

VELISA 法的样品基质效应：为探明样品基质对 VELISA 法检测结果的影响程度，将花生、玉米、大米空白样品提取液分别用磷酸盐缓冲液稀释 4 倍、8 倍以及 20 倍后，用提取稀释液倍比稀释黄曲霉毒素 B_1，建立 VELISA 竞争抑制曲线。研究结果表明，三种样品均存在一定的基质效应，可能导致出现假阳性结果。因此，为尽量避免出现假阳性结果，采用含 4% 牛血清白蛋白的磷酸盐缓冲液作为稀释液，稀释样品提取液后，基质效应明显降低，样品提取液稀释 4 倍时即可有效克服样品基质对竞争抑制曲线的影响。

4. VELISA 方法验证

为了验证 VELISA 方法的准确性，采用 VELISA 法测定花生、大米和玉米空白样品黄曲霉毒素 B_1 的添加回收率。具体步骤为：在上述三种农产品空白样品中分别添加黄曲霉毒素 B_1 或黄曲霉毒素混合标准品（AFB_1：AFB_2：AFG_1：AFG_2=2：1：1：1），然后测定回收率。结果发现，VELISA 方法对黄曲霉毒素 B_1 测定的回收率为 70%~120%，对黄曲霉毒素总量测定的回收率均低于 80%，原因可能与所建 VELISA 法对 B_2、G_1 和 G_2 的交叉反应率较低有密切关系（表 8-4）（Wang et al., 2013a）。

表 8-4　VELISA 法测定粮油样品黄曲霉毒素的加标回收率

样品类型	添加种类	添加浓度/（μg/kg）	检测值±标准差	平均回收率/%
组内				
（n=3）[a]				
花生	黄曲霉毒素 B_1	60[d]	71.8±6.5	120.0
		20	18.4±0.4	91.9
		10	11.8±0.4	118.0
	黄曲霉毒素混标[c]	60	44.8±0.6	74.6
		20	11.3±0.6	56.6
		10	7.1±0.4	71.2
大米	黄曲霉毒素 B_1	60	65.2±10.4	109.0
		20	18.8±0.8	94.1
		10	11.2±0.8	112.0
	黄曲霉毒素混标	60	25.3±4.4	42.1
		20	11.4±0.5	57.2
		10	7.0±0.8	70.0
玉米	黄曲霉毒素 B_1	60	64.0±3.9	107.0
		20	17.2±0.3	85.9
		10	11.6±0.3	116.0
	黄曲霉毒素混标	60	41.2±0.7	68.7
		20	11.9±0.4	59.5
		10	6.9±0.3	69.4
组间				
（n=5）[b]				
大米	黄曲霉毒素 B_1	60	58.2±10.3	97.0
		20	16.5±2.5	82.2
		10	11.0±1.7	109.7

注：a 表示每个结果为同一天内重复三次的平均值。

b 表示组间实验为 5 d 内实验结果的平均值。

c 表示黄曲霉毒素混标中包含 AFB_1、AFB_2、AFG_1、AFG_2，比例为 2：1：1：1。

d 表示黄曲霉毒素添加量为 60 μg/kg 的样品，提取后稀释 20 倍再用于 VELISA 检测。

5. VELISA 法与传统 ELISA 法检测结果的比较

选取 20 份黄曲霉毒素污染的花生、大米、玉米、饲料等阳性样品,分别用传统 ELISA 法和 VELISA 法进行检测,将两种方法的检测结果进行比对,结果见表 8-5(Wang et al., 2013a)。可见,两种方法测定结果具有良好的相关性(R^2=0.89)。建立的 VELISA 法对样品中黄曲霉毒素检测的灵敏度(IC_{50})为 13.8 µg/kg,线性范围为 10~20 µg/kg,可以满足大多数国家对黄曲霉毒素总量的限量标准(20 µg/kg)检测的要求。

表 8-5 黄曲霉毒素 VELISA 法与传统 ELISA 法检测实际样品结果比对

	传统 ELISA 法	VELISA 法
	/ (µg/kg) ±SD, n=3	/ (µg/kg) ±SD, n=3
花生		
1	29.8±3.2	ND
2	10.4±1.4	10.6±0.2
3	30±4.8	ND
4	15.6±1.7	15.1±0.6
5	0.8±0.3	5.8±0.3
饲料		
1	8±0.5	8.4±0.3
2	30±5.4	ND
3	15±2.8	11.8±0.2
大米		
1	21±1.5	17±2.2
2	8.4±1.8	6.0±0.5
3	15.8±0.5	14.8±1.8
4	12.2±2.9	12.8±1.0
5	8.6±0.9	8.5±0.2
6	18.3±1.2	14.1±2.1
7	20.1±1.6	12.5±2.7
8	3.5±0.7	ND
玉米		
1	29.2±2.0	15.6±1.0
2	33.4±5.8	ND
3	1.8±0.2	ND
4	12.8±0.3	13.4±1.2
5	14.3±1.1	18.8±1.7

注:ND 表示未检出。

综上所述，以单克隆抗体 1C11 作为靶标物，成功研制出能够代替黄曲霉毒素包被抗原的特异性噬菌体八肽和抗独特型纳米抗体，可用于免疫分析中与游离黄曲霉毒素分子竞争结合抗体，并可用于花生、玉米、大米等实际样品黄曲霉毒素的检测中。因此，黄曲霉毒素替代抗原（噬菌体八肽或抗独特型纳米抗体）及其在毒素免疫分析中的成功应用，为黄曲霉毒素绿色免疫检测开辟了新途径。

第三节 黄曲霉毒素替代标准物的制备与应用

黄曲霉毒素替代标准物是指在免疫检测中可以用来替代黄曲霉毒素剧毒标准品的无毒或低毒物质，通过替代黄曲霉毒素剧毒标准品实现绿色免疫分析。黄曲霉毒素替代标准物应具有两个特点：一是特异性免疫结合反应特性，即能够与黄曲霉毒素抗体可变区发生特异性免疫结合反应；二是对人体无毒害作用。据此，黄曲霉毒素抗独特型抗体及抗独特型纳米抗体均可以用作黄曲霉毒素替代标准物，在黄曲霉毒素免疫分析体系中扮演黄曲霉毒素标准品的角色，可用于建立检测工作曲线。

一、黄曲霉毒素替代标准物的替代原理

ELISA 法已经广泛应用于黄曲霉毒素的日常检测中。由于检测过程中 ELISA 酶标板间存在一定的差异，为了保证检测结果的准确性，需在每次检测时加入系列浓度的黄曲霉毒素标准品制作标准曲线，对检测结果进行定量与质量控制，因此常需要使用剧毒的黄曲霉毒素标准品。

从绿色免疫分析角度，传统黄曲霉毒素 ELISA 检测技术存在一些局限性，主要包括：①黄曲霉毒素标准品多依赖进口，价格昂贵，如黄曲霉毒素 M_1 标准品 1 mg 价格高达 10 万元人民币，自从美国"9.11"事件之后，作为反恐措施之一，美国及其他西方国家加强了对剧毒化学品的出口管制，使得我国等发展中国家进口黄曲霉毒素类标准品更加困难；②检测过程中使用黄曲霉毒素剧毒标准品，操作稍有不慎，会危害操作人员的身体健康；③存在对环境造成二次污染的风险。因此，若能在 ELISA 检测方法中使用无毒的黄曲霉毒素替代标准物，将可以克服以上局限，使检测过程更安全、更环保，有利于黄曲霉毒素 ELISA 方法的广泛应用。

丹麦免疫学家 Jerne 在 1974 年提出的"免疫网络学说"为黄曲霉毒素无毒或低毒标准品的研制奠定了理论基础。免疫网络学说认为免疫应答并非仅由某个单一克隆细胞的激活而实现，当机体受到外来抗原刺激时，首先激活能识别外来抗原的淋巴细胞克隆，产生针对外来抗原的抗体（Ab_1），随后激活能识别独特型决定簇的第 2 个克隆，产生抗 Ab_1 独特型的抗体（Ab_2），依次类推还可以产生第 3 个（Ab_3），第 4 个（Ab_4）……，这些克隆之间相互制约、相互连锁，形成一个闭合型、多层次、多级联免疫网络。

独特型（idiotype，Id）是位于抗体分子可变区的抗原决定簇，是抗体可变区内高变区的遗传标志。抗独特型抗体（anti-idiotype antibody，Anti-Id）是针对抗体可变区的抗原决定簇产生的特异性抗体，可分为 $Ab_2\alpha$、$Ab_2\beta$、$Ab_2\gamma$、$Ab_2\delta4$ 类。其中 $Ab_2\beta$ 可识别 Ab_1 上与初始抗原互补的可变区部分，可模拟初始抗原，与之形成"内影像"的关系。

　　黄曲霉毒素无毒标准品的制备原理是以黄曲霉毒素单克隆抗体（Ab_1）的独特型决定簇为抗原，制备其相应的抗独特型抗体（Ab_2）来模拟黄曲霉毒素。将 Ab_2 作为替代标准物，建立替代标准曲线。通过比较相同抑制率（或结合率）下，黄曲霉毒素与 Ab_2 浓度量的对应关系，确定二者之间的转换方程。在利用替代标准曲线测定样品黄曲霉毒素含量时，首先计算样品抑制率（或结合率）所对应的 Ab_2（替代标准物）浓度，再通过转换方程即可计算黄曲霉毒素的实际准确含量。

二、黄曲霉毒素替代标准物的制备

（一）黄曲霉毒素单克隆抗体的酶解

　　制备高灵敏度、高特异性的黄曲霉毒素抗独特型抗体时，免疫原十分关键。单克隆抗体由可变区和恒定区组成，因恒定区所占比例较高，若使用单克隆抗体直接免疫动物，产生的抗体大部分是针对恒定区，而所需要的抗独特型抗体却很少。因此，为提高抗独特型抗体产量，需首先采取酶切方式，切除抗体恒定区。由于不同酶的酶切位点不同，可获得 F（ab'）$_2$ 片段或 Fab 片段。Fab 片段缺少铰链区，蛋白质分子不再是屈伸自如的变构蛋白，抗原性不如 F（ab'）$_2$ 片段。因此，高质量的 F（ab'）$_2$ 片段是制备抗独特型抗体的理想免疫原。

　　黄曲霉毒素单克隆抗体 F（ab'）$_2$ 片段的制备可采用胃蛋白酶酶解法（雷佳文等，2013）。在乙酸盐缓冲液中，37 ℃水浴酶解抗体。抗体分子量在 150 kDa 左右，酶解后 F（ab'）$_2$ 片段在 110 kDa 左右。采用聚丙烯酰胺凝胶电泳技术，根据十二烷基硫酸钠-聚丙烯酰胺凝胶电泳结果，优化选择抗体酶解充分、且 F（ab'）$_2$ 片段含量最高所对应的时间为最佳酶解时间。

　　酶解产物中含有 F（ab'）$_2$ 片段和 Fc 片段，需要通过纯化去除 Fc 片段。Protein A/G 能够特异性吸附抗体的 Fc 片段，对 F（ab'）$_2$ 片段没有吸附作用。因此 Protein A/G 柱可以选择性地将酶解产物分开。与普通 IgG 抗体的纯化不同之处在于 Protein A/G 柱的吸附物为非目的片段，而目的片段则不被吸附，存在于通过柱体后的溶液中。

（二）黄曲霉毒素抗独特型抗体的制备与纯化

　　获得黄曲霉毒素抗体 F（ab'）$_2$ 片段后，进行动物免疫以产生抗独特型抗体。免疫时需特别考虑动物的异源性，F（ab'）$_2$ 片段来自鼠源性单克隆抗体，相对于多克隆抗体而言，可以保证纯度。因此，在用 F（ab'）$_2$ 片段免疫动物时，应避免再采用小鼠，一般多选择兔作免疫对象。在免疫充分后，通过颈动脉放血，收集血清。血清经 Protein A 柱或辛酸-硫酸铵法纯化，即可获得黄曲霉毒素抗独特型抗体。

三、黄曲霉毒素替代标准物的应用

（一）黄曲霉毒素替代标准物的检测模式

　　黄曲霉毒素替代标准物，即黄曲霉毒素抗独特型抗体，可模拟抗原表位，与黄曲霉毒素抗体结合。在间接竞争 ELISA 法中，黄曲霉毒素抗独特型抗体与包被抗原竞争结合黄曲霉毒素抗体，从而可抑制 ELISA 显色反应，随着黄曲霉毒素抗独特型抗体浓度的升高，显色值随之降低，显色变化趋势与使用黄曲霉毒素标准品时相同。

利用黄曲霉毒素抗独特型抗体作为替代标准品建立标准曲线，横坐标为黄曲霉毒素抗独特型抗体浓度，纵坐标为结合率，见图 8-7（Guan et al., 2011a）。在检测过程中，将样品的结合率代入标准曲线方程中，首先求出该结合率对应的黄曲霉毒素抗独特型抗体浓度，再根据在相同结合率下，黄曲霉毒素抗独特型抗体与黄曲霉毒素标准品之间量的对应关系，即可求出该黄曲霉毒素抗独特型抗体浓度下对应的黄曲霉毒素标准品的浓度。

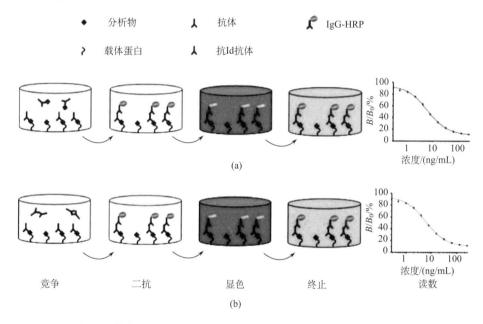

图 8-7　黄曲霉毒素抗独特型抗体替代黄曲霉毒素标准品原理示意图

（二）黄曲霉毒素替代标准物 ELISA 检测结果的两步计算法

黄曲霉毒素抗独特型抗体作为黄曲霉毒素标准品替代物在实际样品检测中需要进行两步计算（李培武等，2012a）。首先，根据在竞争性 ELISA 中样品孔测得的 OD 值算出结合率；然后，将结合率代入黄曲霉毒素替代标准曲线方程中，求得该结合率下对应的黄曲霉毒素替代标准物的浓度，即黄曲霉毒素抗独特型抗体的浓度；最后，将此值代入黄曲霉毒素浓度与抗独特型抗体浓度的对应关系方程（定量转换方程）中，即可求出样品孔黄曲霉毒素的实际浓度。

通过上述两步计算，即可完成从样品结合率到替代标准物的浓度、再到黄曲霉毒素标准品浓度的转换。因此，只要建立了替代标准物浓度与黄曲霉毒素标准品浓度之间量的对应关系方程，即可在日常检测中使用替代标准曲线进行定量，从而可有效避免剧毒强致癌物质黄曲霉毒素标准品的使用。

（三）黄曲霉毒素替代标准物在实际样品检测中的应用

1. 黄曲霉毒素 M₁ 替代标准物

以黄曲霉毒素 M_1 抗独特型抗体作为替代标准物为例，优化黄曲霉毒素 M_1 替代标准物的 ELISA 检测技术，并应用于牛奶和乳制品中黄曲霉毒素 M_1 的实际检测。

首先，明确黄曲霉毒素 M_1 标准品与替代标准物之间浓度的对应关系。分别制作黄曲霉毒素 M_1 标准品和替代标准物的 ELISA 标准曲线。将黄曲霉毒素 M_1 标准品添加到黄曲霉毒素 M_1 的阴性牛奶提取液中，浓度范围为 2~2500 pg/mL，稀释因子为 2，标准曲线见图 8-8（Guan et al., 2011a）。将黄曲霉毒素 M_1 抗独特型抗体加入不含黄曲霉毒素 M_1 的阴性牛奶提取液中，浓度范围为 0.14~100 μg/mL，稀释因子为 3，标准曲线见图 8-9（Guan et al., 2011a）。

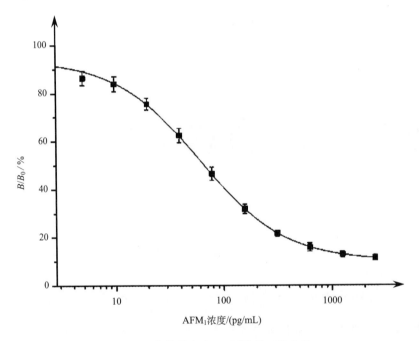

图 8-8　黄曲霉毒素 M_1 标准品工作曲线

比较图 8-8 和图 8-9，可见两种曲线均呈 S 形，且变化趋势一样。根据这两种标准曲线，将 20%~80% 抑制率（80%~20% 结合率）范围内所对应的黄曲霉毒素 M_1 浓度和黄曲霉毒素 M_1 抗独特型抗体浓度算出，间隔为 5% 抑制率。在同一抑制率下，将黄曲霉毒素 M_1 浓度和黄曲霉毒素 M_1 抗独特型抗体浓度作对应关系曲线，以黄曲霉毒素 M_1 抗独特型抗体浓度为横坐标、黄曲霉毒素 M_1 浓度为纵坐标作图，并对结果进行线性回归分析，得出二者之间的对应关系，结果见图 8-10（Guan et al., 2011a）。

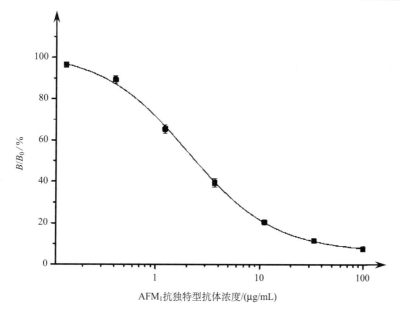

图 8-9　黄曲霉毒素 M_1 替代物标准曲线

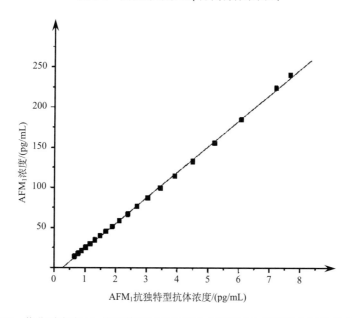

图 8-10　黄曲霉毒素 M_1 抗独特型抗体与黄曲霉毒素 M_1 标准品之间的对应关系

从图 8-10 可以看出，在相同抑制率下，黄曲霉毒素 M_1 标准品浓度和黄曲霉毒素 M_1 抗独特型抗体浓度之间呈正相关。经线性回归分析之后，所得线性回归方程见式（8-1）。

$$y = 31.91x - 8.47 \tag{8-1}$$

式中，y 表示黄曲霉毒素 M_1 浓度；x 表示黄曲霉毒素 M_1 抗独特型抗体浓度；相关系数 $R^2 = 0.9997$。

　　黄曲霉毒素 M₁ 抗独特型抗体作为黄曲霉毒素 M₁ 标准品替代物在实际样品检测中需要进行两步计算。首先根据在间接竞争 ELISA 法中测得的吸光度值计算抑制率，再将抑制率代入黄曲霉毒素 M₁ 替代标准曲线方程中，求得该抑制率下对应的黄曲霉毒素 M₁ 替代标准物的浓度。

　　黄曲霉毒素 M₁ 替代标准曲线采用四参数逻辑斯蒂拟合，根据图 8-9，黄曲霉毒素 M₁ 替代标准曲线方程见式（8-2）。

$$y = 95.86/[1+(x/2.05)^{1.05}] + 6.28 \tag{8-2}$$

式中，y 表示抑制率；x 表示黄曲霉毒素 M₁ 抗独特型抗体浓度。

　　通过式（8-2）计算得出黄曲霉毒素 M₁ 抗独特型抗体浓度，即替代标准物浓度，再将此值代入式（8-1）中，通过黄曲霉毒素 M₁ 和黄曲霉毒素 M₁ 抗独特型抗体二者之间的定量关系，可求出黄曲霉毒素 M₁ 的实际浓度。

　　为了验证黄曲霉毒素替代标准物用于 ELISA 实际检测牛奶样品的准确性，针对黄曲霉毒素 M₁ 高、中、低三个浓度，分别在同一天内做 6 次重复测定，并重复测定 6 d，黄曲霉毒素 M₁ 加标回收率测定结果见表 8-6（Guan et al., 2011a）。

表 8-6　基于替代标准曲线的黄曲霉毒素 M₁ 的加标回收率

时间	添加量 /（pg/mL）	测定值 /（pg/mL）	回收率 /%	RSD /%
同一天（n=6）	200	221.8 ± 12.5	110.9	5.6
	50	50.3 ±2.8	100.6	5.6
	20	17.0 ±1.4	85.2	8.0
不同天（n=6）	200	200.7 ± 12.2	100.3	6.1
	50	48.9 ±3.1	97.8	6.4
	20	17.5 ±1.9	87.6	10.8

　　从表 8-6 可见，研究建立的黄曲霉毒素 M₁ 替代标准物定量间接竞争 ELISA 法，在同一天重复内和在不同天之间重复中均能够对 200 pg/mL、50 pg/mL、20 pg/mL 三个浓度的黄曲霉毒素 M₁ 进行准确测定。回收率范围为 85.2%~110.9%，相对标准偏差（RSD）不超过 10.8%。表明应用替代标准曲线可以准确测定牛奶样品中黄曲霉毒素 M₁ 的含量。

　　为了评价黄曲霉毒素 M₁ 替代标准物间接竞争 ELISA 法在实际样品检测中的实用性，随机购买市场 30 份牛奶样品来测定其中黄曲霉毒素 M₁ 含量。同时为了探明所建方法的准确性，采用国家标准方法免疫亲和层析-高效液相色谱法进行比对验证。牛奶样品经过离心脱脂后直接用两种方法测定，结果见图 8-11（Guan et al., 2011a）。通过线性回归分析，两种方法回归方程为 $y=0.81x+9.82$（式中，y 表示间接竞争 ELISA 法测定结果；x 表示免疫亲和层析-高效液相色谱法测定结果），相关系数 R^2 达 0.992，表明所建立方法与标准方法的相关性良好。

　　通过对 30 份牛奶实际样品进行检测，结果发现有 4 份样品未检出黄曲霉毒素 M₁，其他 26 份样品均受到不同程度黄曲霉毒素 M₁ 的污染，但是都没有超过我国对乳及乳制

品中黄曲霉毒素 M_1 的限量标准（0.5 µg/kg）。

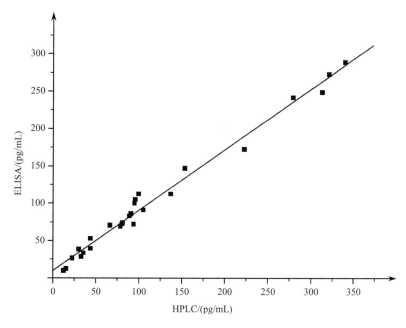

图 8-11　黄曲霉毒素 M_1 替代标准物 ELISA 方法与 HPLC 标准方法测定实际牛奶样品结果的相关性

2. 黄曲霉毒素 B_1 替代标准物

以黄曲霉毒素 B_1 抗独特型抗体作为替代标准物为例，黄曲霉毒素 B_1 替代标准物在 ELISA 检测方法中的应用步骤如下。

首先，建立黄曲霉毒素 B_1 抗独特型抗体与黄曲霉毒素 B_1 标准品的对应关系方程。根据黄曲霉毒素 B_1 标准品和黄曲霉毒素 B_1 抗独特型抗体各自的 ELISA 标准曲线，计算 20%~80% 抑制率范围内所对应的黄曲霉毒素 B_1 浓度和黄曲霉毒素 B_1 抗独特型抗体浓度，间隔为 5% 抑制率，再以黄曲霉毒素 B_1 浓度为横坐标、黄曲霉毒素 B_1 抗独特型抗体浓度为纵坐标作图，间隔为 5% 抑制率。在同一抑制率下，建立黄曲霉毒素 B_1 浓度和黄曲霉毒素 B_1 抗独特型抗体浓度的对应关系曲线，并对结果进行指数回归分析，得出二者之间的对应关系，结果见图 8-12（管笛等，2011）。

由图 8-12 可知，随着黄曲霉毒素 B_1 浓度的增加，黄曲霉毒素 B_1 抗独特型抗体的浓度呈指数递增趋势。二者之间的关系式见式（8-3）。

$$y = -3.27 + 2.52 e^{\left(\frac{x}{22.19}\right)} \tag{8-3}$$

式中，y 为黄曲霉毒素 B_1 抗独特型抗体浓度（µg/mL）；x 为黄曲霉毒素 B_1 浓度（ng/L）。

通过添加回收实验验证方法的准确性。分别向阴性花生样品中添加一定量的黄曲霉毒素 B_1，最终浓度分别为 200 ng/L、400 ng/L、800 ng/L。经过提取回收，利用黄曲霉毒素 B_1 抗独特型抗体作出标准曲线，对检测结果进行定量，并利用式（8-3）转换为黄曲

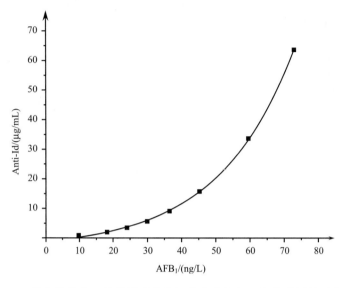

图 8-12　黄曲霉毒素 B_1 抗独特型抗体与黄曲霉毒素 B_1 标准品间的对应关系

霉毒素 B_1 浓度，计算回收率，实验结果见表 8-7（管笛等，2011）。加标浓度在 200 ng/L 时平均回收率为 90.4%，在 400 ng/L 时平均回收率为 91.0%，800 ng/L 时平均回收率为 100.2%。表明黄曲霉毒素 B_1 抗独特型抗体可以作为黄曲霉毒素 B_1 的无毒替代物应用于实际花生样品黄曲霉毒素 B_1 的检测。

表 8-7　黄曲霉毒素 B_1 替代标准物测定花生样品中黄曲霉毒素 B_1 加标回收率

花生样品编号	添加值/（ng/L）	实测值/（ng/L）	回收率/%
1	200	184.2	92.1
2	200	176.4	88.2
3	200	181.5	90.8
4	400	329.7	82.4
5	400	387.8	97.0
6	400	373.5	93.4
7	800	804.4	100.6
8	800	810.6	101.3
9	800	789.5	98.7

以上分别利用黄曲霉毒素 B_1 单克隆抗体和黄曲霉毒素 M_1 单克隆抗体的 F（ab′）$_2$ 片段免疫新西兰白兔，研制出黄曲霉毒素 B_1 抗独特型抗体和黄曲霉毒素 M_1 抗独特型抗体，并将其成功应用于黄曲霉毒素 ELISA 法，在牛奶等实际样品检测中大大减少了剧毒标准品的使用，降低了对操作人员的健康危害及环境污染风险，推动了黄曲霉毒素无毒绿色免疫检测技术的发展。

第四节　黄曲霉毒素免疫荧光猝灭检测技术

在黄曲霉毒素特异性抗体与黄曲霉毒素免疫反应研究中，偶然发现黄曲霉毒素免疫荧光猝灭现象，即黄曲霉毒素特异性抗体与黄曲霉毒素发生特异性免疫结合反应后，黄曲霉毒素自身荧光强度大幅降低，甚至完全消失（李培武等，2012f；李培武等，2012g；Li X et al., 2014）。基于特异性免疫结合反应诱导的荧光猝灭效应，可否研究建立简单、直接、非标记的黄曲霉毒素免疫分析方法？以黄曲霉毒素 B_1 为例，黄曲霉毒素 B_1 荧光能够被特异性的黄曲霉毒素 B_1 单克隆抗体 1C11 猝灭，本节介绍利用荧光猝灭效应研究建立黄曲霉毒素 B_1 定量检测技术。

一、黄曲霉毒素免疫荧光猝灭现象的发现

基于特异性抗体的免疫分析方法是一种快速、简单、经济的分析方法，广泛应用于药物代谢产物、植物激素、蛋白质、微生物等免疫检测。免疫分析方法包括标记和非标记两种，随着标记技术与标记材料（如酶、放射性同位素和荧光物质等）的不断创新，标记免疫检测方法近年来得到迅速发展。标记材料的创新使检测技术的灵敏度得到大幅提高，并扩大了应用范围，如竞争性标记免疫检测技术被广泛应用于黄曲霉毒素 B_1 的快速检测。与标记法相比，非标记法只需要一步反应就可以完成检测，如免疫扩散以及荧光共振能量转移技术。因此，非标记法是一种更直接、快速的检测方法，尤其在即时检测中有很大的发展潜力。

由于黄曲霉毒素自发荧光信号微弱，比较难以直接测定，一般情况下黄曲霉毒素的荧光免疫检测方法都是以荧光标记材料为基础建立的。在扫描和评估加入特异性抗体或非特异性抗体及蛋白质前后，黄曲霉毒素 B_1 自发荧光信号的变化定量检测黄曲霉毒素 B_1 含量的研究中，意外发现了黄曲霉毒素 B_1 的自发荧光能够有效地被黄曲霉毒素 B_1 特异性抗体猝灭的现象，图 8-13（Li X et al., 2014）为对黄曲霉毒素荧光猝灭变化的原理推测，其中环绕着黄曲霉毒素 B_1 的颜色深浅代表其荧光的强度（见彩图 12）。

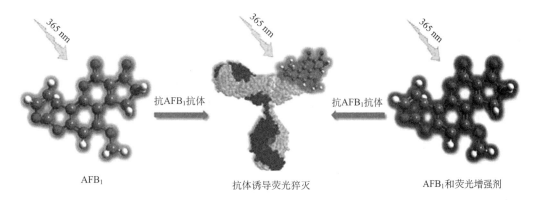

图 8-13　黄曲霉毒素 B_1 免疫荧光猝灭原理示意图

为了验证这种黄曲霉毒素抗体诱导的荧光猝灭效应，进一步开展了蛋白质对黄曲霉毒素 B_1 自发荧光猝灭效果研究。采用两种抗黄曲霉毒素 B_1 单克隆抗体（1C11 和 3G1，在 ELISA 中的灵敏度分别为 0.0012 ng/mL、1.6 ng/mL）、一种非特异性单克隆抗体（1H2，赭曲霉毒素 A 特异性抗体，与黄曲霉毒素 B_1 无交叉反应）、一种非特异性的多克隆抗体（兔抗鼠多克隆抗体）、牛血清白蛋白以及卵清蛋白。在每个实验中，黄曲霉毒素 B_1 的浓度均为 50 ng/mL，体积为 1 mL；加入的每种蛋白质量均为 40 μg（浓度为 1 mg/mL，加 40 μL），研究结果见图 8-14（Li X et al., 2014）。

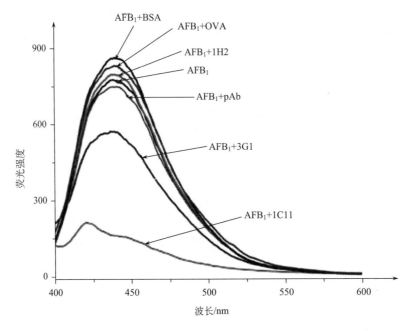

图 8-14　甲醇溶液中黄曲霉毒素 B_1 与 1C11、3G1、1H2、pAb、BSA、OVA 反应前后荧光变化扫描图谱

比较图 8-14 可以看出，只有抗体 1C11 能够显著诱导荧光猝灭效应，荧光强度被猝灭 79.6%；而抗体 3G1 只能使荧光猝灭 26.2%。1H2、兔抗鼠多抗、牛血清白蛋白和卵清蛋白都没有荧光猝灭效应。这些结果表明，只有抗黄曲霉毒素 B_1 的特异性抗体才能使黄曲霉毒素 B_1 荧光猝灭，并且不同的抗体有不同的猝灭效果，非特异性的抗体及蛋白质都不能诱导产生荧光猝灭效应。

依据对抗体 1C11 与黄曲霉毒素 B_1 高亲和力互作的分子机理研究结果（Li et al., 2012）推测，免疫反应诱导荧光猝灭效应的主要原因可能是抗体重链区 49 位丝氨酸与 103 位苯丙氨酸和黄曲霉毒素 B_1 分子的苯环及其邻位的呋喃环所形成的氢键和疏水作用，从而改变了黄曲霉毒素 B_1 的分子共轭体系，导致黄曲霉毒素 B_1 分子荧光值的变化，为黄曲霉毒素免疫荧光猝灭检测技术的研究建立提供了理论基础。

二、黄曲霉毒素免疫荧光猝灭检测技术的建立

基于抗体诱导的荧光猝灭效应，建立直接、非标记的免疫检测技术，可对有自发荧

光的目标分析物进行定量检测。以黄曲霉毒素 B_1、黄曲霉毒素 B_1 特异性抗体 1C11 和花生样品中黄曲霉毒素 B_1 的检测为例，阐述基于黄曲霉毒素抗体诱导荧光猝灭效应免疫检测技术的建立。

由于黄曲霉毒素分子中有共轭键和杂原子，黄曲霉毒素 B_1 有自发荧光，最大激发波长为 365 nm，最大发射波长为 440 nm。但是，由于黄曲霉毒素 B_1 在低浓度时荧光值很低，若采用抗体直接猝灭黄曲霉毒素自身荧光，检测灵敏度难以满足限量标准检测要求。例如，在 20 ng/mL 黄曲霉毒素 B_1 溶液中加入一定量的抗体 1C11，结果仅有 26.6% 的荧光被猝灭，见图 8-15（Li X et al., 2014）。因此直接荧光猝灭法对黄曲霉毒素 B_1 的检测灵敏度很低。

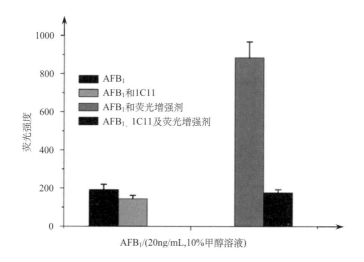

图 8-15　抗体 1C11 直接猝灭和经 2,6-二甲基-β-环糊精增强后猝灭黄曲霉毒素 B_1 荧光测定结果比较

激发波长 365 nm；发射波长 440 nm；1C11：20 μL，1 mg/mL；黄曲霉毒素 B_1：20 ng/mL

为了提高荧光猝灭检测灵敏度，需研究开发黄曲霉毒素 B_1 荧光增强技术。在前期免疫亲和荧光增强剂研究的基础上，对 β-环糊精、2，6-二甲基-β-环糊精以及其他荧光增强剂增强黄曲霉毒素自发荧光的效果研究表明，2，6-二甲基-β-环糊精作为黄曲霉毒素 B_1 荧光增强剂，其荧光猝灭效应最为明显。与前人研究报道的 2，6-二甲基-β-环糊精在水溶液中，对黄曲霉毒素 B_1 这类含有不饱和呋喃环结构的化合物具有荧光增强效应的研究结果一致。

另外，采用主-客体复合物进行黄曲霉毒素检测技术的研究中，黄曲霉毒素 B_1 荧光值的变化，一般认为是黄曲霉毒素 B_1 作为客体分子时理化性质发生了显著改变。实验加入增强剂后，黄曲霉毒素 B_1 的荧光值明显增加，结果见图 8-15（Li X et al., 2014）。黄曲霉毒素 B_1 在 440 nm 的荧光值增加了 4.3 倍，在与 1C11 进行免疫结合反应后，荧光值猝灭达 80.1%，但黄曲霉毒素 B_1 的最大荧光波长没有改变。

为了使黄曲霉毒素免疫荧光猝灭效应能够应用于实际农产品的检测，需要研究样品提取过程中使用的有机溶剂对荧光值的影响。农产品食品、饲料等样品中黄曲霉毒素 B_1 通常用 70% 甲醇溶液提取，高浓度甲醇和其他有机溶剂都可能会对黄曲霉毒素抗体的活性造成影响。因此，需优化甲醇溶液的最佳浓度，从而使其对抗体活性的影响最小。研究结果表明，10%甲醇溶液对抗体活性的影响最小。先通过 2，6-二甲基-β-环糊精对黄曲霉毒素 B_1 荧光增强，然后将黄曲霉毒素 B_1 抗体 1C11 加入上述混合液中，进行免疫结合反应。荧光扫描结果表明，在 10%的甲醇溶液中，黄曲霉毒素 B_1 与 1C11 抗体反应完毕后，黄曲霉毒素 B_1 的荧光值显著降低。

　　1C11 抗体用量优化。为得到最显著的猝灭效应并最大效率地利用 1C11 抗体，实验将不同量的 1C11 抗体加入黄曲霉毒素 B_1（20 ng/mL，1 mL）和 2，6-二甲基-β-环糊精（0.01 mol/L，500 μL）的混合液中，反应完毕后，测量混合物的荧光值，研究优化 1C11 加入量。结果见图 8-16（Li X et al., 2014），10~200 μg 不同 1C11 抗体加入量对荧光的猝灭效果没有显著差异。考虑到降低检测成本，选择 1C11 抗体用量为 10 μg。根据黄曲霉毒素 B_1 和抗体的分子量，计算黄曲霉毒素 B_1 的分子数量，结果表明每个单克隆抗体只能与一个分子的黄曲霉毒素 B_1 进行反应，并诱导黄曲霉毒素 B_1 的荧光猝灭。

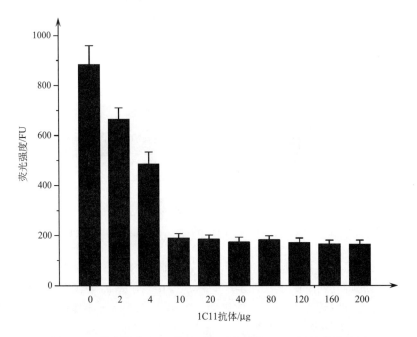

图 8-16　黄曲霉毒素 B_1 荧光猝灭反应抗体 1C11 用量优化结果

　　荧光猝灭反应时间优化。对 3 min、5 min、8 min、15 min、20 min、30 min、40 min、50 min、60 min 不同反应时间 1C11 抗体对荧光猝灭效率的影响研究结果见图 8-17（Li X et al., 2014）。抗体在 3 min 内就可以使黄曲霉毒素 B_1 的大部分荧光猝灭。继续增加反应时间，猝灭效率无明显增加。在反应 15 min 时，猝灭反应基本进行完毕。因此，选择 15 min 作为最佳的荧光猝灭反应时间。

　　在对甲醇浓度、抗体用量和反应时间等参数优化的基础上，可采用免疫荧光猝灭非标记的免疫分析技术定量检测黄曲霉毒素 B_1。采用 0.1 ng/mL、0.2 ng/mL、0.5 ng/mL、1 ng/mL、2 ng/mL、5 ng/mL、10 ng/mL、20 ng/mL 不同浓度的黄曲霉毒素 B_1 标准溶液，分别在加

入抗体进行免疫结合反应前和反应后，对体系的荧光值进行测定，重复 10 次，以猝灭荧

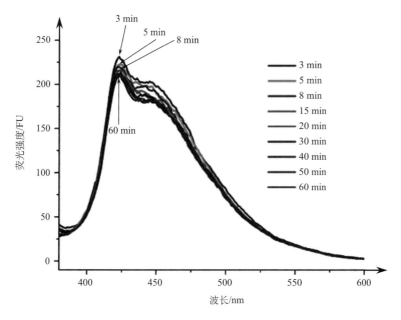

图 8-17　免疫反应时间对黄曲霉毒素抗体 1C11 荧光猝灭的影响

光值（荧光强度变化量）为纵坐标，黄曲霉毒素 B_1 浓度为横坐标，研究建立的黄曲霉毒素 B_1 荧光猝灭标准曲线如图 8-18（Li X et al., 2014）所示。经回归分析，线性方程为

$$y=33.67x+13.68 \qquad (8-4)$$

式中，y 为荧光变化量；x 为黄曲霉毒素 B_1 浓度。标准曲线相关系数 $R^2=0.9998$，线性浓度范围为 1~20 ng/mL，检出限为 0.35 ng/mL。

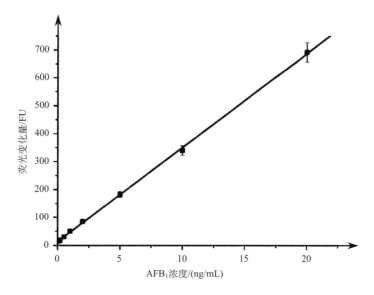

图 8-18　黄曲霉毒素 B_1 荧光猝灭检测技术标准曲线

黄曲霉毒素荧光猝灭检测技术是一种简单且比较灵敏的黄曲霉毒素免疫检测技术，具有以下优点。

（1）基于黄曲霉毒素抗原抗体免疫反应，不引入其他试剂或材料，避免了其他试剂或材料本底荧光的影响。

（2）与传统的免疫检测技术相比，更简便，更省时，可节省检测成本。

（3）由于不需要剧毒的黄曲霉毒素标准品制备人工抗原，对环境友好，可有效减少对操作人员健康和环境危害的风险。

三、黄曲霉毒素免疫荧光猝灭检测技术的应用

建立新型非标记、基于特异性抗体诱导荧光猝灭的黄曲霉毒素 B_1 免疫检测方法，高特异性、高灵敏度的黄曲霉毒素抗体是免疫荧光猝灭检测技术的基础。黄曲霉毒素 B_1 被其特异性抗体识别，并诱导其荧光猝灭，而其他非特异性抗体及蛋白质则不能诱导黄曲霉毒素 B_1 荧光猝灭。这种一步式非标记的荧光猝灭检测方法可以用于有自发荧光的待测物检测，具有简单、快捷、成本低的特点，对检测人员及环境友好，因此可以作为农产品及饲料等黄曲霉毒素现场快速筛查可供选择的方法之一。

以花生为例，黄曲霉毒素免疫荧光猝灭检测技术应用于花生实际样品黄曲霉毒素检测，具体方法步骤如下：称取 20 g 磨碎的花生阴性样品，用 50 mL 70%甲醇溶液进行提取。经双层滤纸过滤，滤液收集于 50 mL 离心管内，再用氧化铝柱净化 2 次后，将阴性基质液稀释至甲醇浓度为 10%，添加 0 ng/mL、0.1 ng/mL、0.2 ng/mL、0.5 ng/mL、1 ng/mL、2 ng/mL、5 ng/mL、10 ng/mL、20 ng/mL 系列浓度的黄曲霉毒素 B_1 标准溶液。按照优化的荧光猝灭反应条件，进行黄曲霉毒素 B_1 的荧光猝灭检测，建立的标准工作曲线为 $y = 35.95 x + 69.63$，$R^2=0.9959$，线性范围为 1~20 ng/mL。

按照同样的技术步骤，取阴性花生样品，分别添加 10 μg/kg、20 μg/kg、50 μg/kg 黄曲霉毒素 B_1 标准品，采用黄曲霉毒素荧光猝灭检测技术和液相色谱法检测的结果见表8-8。从表 8-8 实验结果可以看出，黄曲霉毒素免疫荧光猝灭检测技术的回收率与 HPLC 法回收率基本相符，因此，免疫荧光猝灭检测技术可以定量快速检测花生等样品中的黄曲霉毒素 B_1 含量。但与液相色谱标准方法相比，黄曲霉毒素免疫荧光猝灭检测技术灵敏度较低，需要进一步提高检测灵敏度，降低检出限，以适应更多农产品食品、饲料等样品的黄曲霉毒素快速检测的需求。

表 8-8　花生黄曲霉毒素 B_1 荧光猝灭检测与液相色谱检测结果比较

添加量/（μg/kg）	荧光猝灭检测结果/（μg/kg）	液相色谱检测结果/（μg/kg）
10	10.3	9.2
20	21.9	20.7
50	47.3	49.4

第五节　黄曲霉毒素绿色免疫芯片检测技术

随着分析科学技术的快速发展，不断推出新型现代化的分析检测仪器，其中集成化微纳检测器件的发展尤为引人注目。基于微电子机械系统（micro electromechanical system, MEMS）技术的微全分析系统（micro total analysis system，μTAS）近十年得到迅速发展，又被称为芯片实验室、微纳芯片等，免疫抗体芯片就是一种典型代表。与传统检测技术相比，免疫抗体芯片检测具有以下优势。

（1）易于集成化、便携化，可用于现场检测和实时分析。

（2）试剂消耗从毫升级降低至微升或纳升级，显著降低抗体、抗原用量和检测成本。

（3）免疫芯片检测系统效率高，易于实现高通量检测。

为实现对黄曲霉毒素等真菌毒素混合污染同步定量免疫分析，已经研制出针对三种真菌毒素同步检测的微阵列免疫芯片（李培武等，2014o；李鑫等，2012c；Hu et al., 2013）。以黄曲霉毒素 B$_1$、赭曲霉毒素 A 和玉米赤霉烯酮三种真菌毒素为检测对象，以普通载玻片为芯片载体，通过对其表面进行活化和聚合物化反应后生成三维结构的聚合物刷，以微接触式点样固定三种真菌毒素的完全抗原，基于竞争性免疫分析原理可对三种真菌毒素进行同步检测，为农产品食品黄曲霉毒素等真菌毒素混合污染分析提供了新型同步检测技术。

一、黄曲霉毒素等真菌毒素混合污染免疫芯片同步检测技术

（一）真菌毒素混合污染免疫芯片同步检测步骤

（1）刷状聚合物改性芯片表面处理。首先需要将玻片预处理，通过氢氧化钾、乙醇等将玻璃清洗干净，除去灰尘、有机和无机杂质，然后用 5% 3-氨丙基三乙氧基硅烷-乙醇溶液将玻璃表面硅烷化，再进行分子刷改性。以现配的聚合物前体物（聚甲基丙烯酸寡聚乙二醇酯、甲基丙烯酸缩水甘油酯等）处理玻璃表面，在去氧环境中进行聚合物分子刷的聚合反应，清洗后即完成表面改性。

（2）黄曲霉毒素等真菌毒素抗原的固定。用微阵列点样仪将一定浓度的真菌毒素完全抗原（黄曲霉毒素 B$_1$-牛血清白蛋白，赭曲霉毒素 A-牛血清白蛋白、玉米赤霉烯酮-牛血清白蛋白）分别以 4 mm×4 mm 和 0.4 mm×0.4 mm 的微阵列点到具有刷状聚合物的玻片上，同时设置同样浓度的牛血清白蛋白微阵列，作阴性对照。

（3）微阵列芯片抗原-抗体反应。将不同的抗体溶液加到各个微阵列上，室温下反应 1 h，再进行竞争反应；然后将花青染料 Cy3 标记的羊抗鼠 IgG 加到各个微阵列上进行反应；最后，用 ScanArray GX 微阵列扫描仪在激发波长为 543 nm 的条件下扫描各个阵列的荧光信号，并将各信号强度值进行统计分析。

（4）黄曲霉毒素 B$_1$、赭曲霉毒素和玉米赤霉烯酮的同步检测技术建立。分别选择对黄曲霉毒素 B$_1$、赭曲霉毒素和玉米赤霉烯酮具有高度特异性的抗体（确保相互之间没有干扰），优化 3 种真菌毒素的抗原与抗体最佳工作浓度。将等体积的 3 种真菌毒素混

合液与抗体混合液混合，室温下反应 10 min 后，再加到微阵列表面；未被游离真菌毒素结合的抗体与微阵列表面固定的抗原反应，已被游离真菌毒素结合的抗体被清洗去除。再加入二抗探针反应，最后用芯片读数仪测定并计算样品中 3 种真菌毒素的含量。

（二）真菌毒素混合污染免疫芯片同步检测条件的优化

1. 抗体对不同真菌毒素抗原的特异性

在固定有 3 种真菌毒素抗原与牛血清白蛋白的组合阵列上加不同真菌毒素抗体反应后，各阵列上的荧光信号见图 8-19（Hu et al., 2013）。3 种抗体均能高特异性地与对应真菌毒素抗原反应，与其他真菌毒素抗原和牛血清白蛋白均不发生交叉反应。

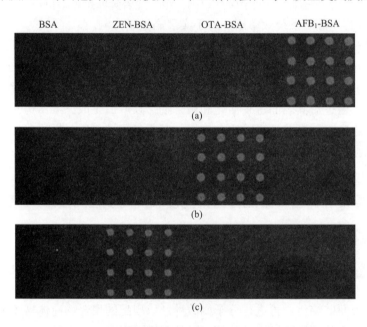

图 8-19　3 种真菌毒素抗体在组合阵列上的荧光扫描图

（a）1C11 抗体；（b）1H2 抗体；（c）2D3 抗体

2. 抗体对各种真菌毒素反应的特异性

用单种真菌毒素溶液（终浓度为 3 ng/mL）分别与 3 种抗体混合溶液混合，室温反应 10 min 后，再与固定抗原的微阵列反应，鉴定抗体对单种真菌毒素免疫竞争反应的特异性，结果见图 8-20（Hu et al., 2013）。

从图 8-20（a）可以看出，3 种真菌毒素抗体的特异性均较好。每种抗体均特异性地与其对应真菌毒素反应，使该真菌毒素抗原阵列因结合的抗体减少而荧光信号变弱或消失。例如，当在抗体混合液中添加黄曲霉毒素 B_1 时，黄曲霉毒素 B_1 与 1C11 反应，占据 1C11 抗体的反应位点，使结合到微阵列的黄曲霉毒素 B_1-牛血清白蛋白上的 1C11 减少，因此，结合在 1C11 上的 Cy3 标记的羊抗鼠 IgG 也少，荧光信号就弱，而 1H2 和 2D3 抗体因无法与黄曲霉毒素 B_1 结合，则分别结合到微阵列的赭曲霉毒素 A-牛血清白蛋白和玉米赤霉烯酮-牛血清白蛋白上，因此荧光信号强。

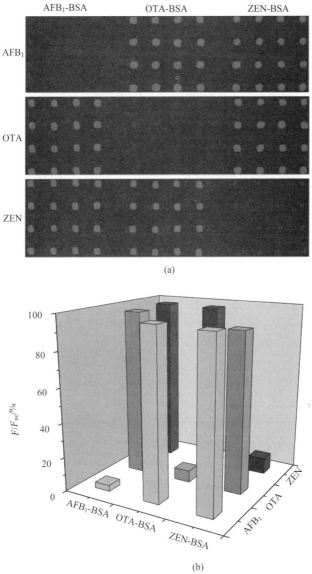

图 8-20　单种真菌毒素竞争抑制抗原与抗体特异性反应结果
（a）微阵列扫描图；（b）各个微阵列荧光信号柱状图

图 8-20（b）柱形图更直观地显示了各真菌毒素对其对应抗体与抗原免疫反应的抑制率，3 ng/mL 的黄曲霉毒素 B_1、赭曲霉毒素 A 和玉米赤霉烯酮产生的抑制率分别为 96.6%、93.2% 和 90.5%。同时，同一微阵列上，另外两种抗体与对应抗原的结合反应信号强，几乎不发生显著改变（黄曲霉毒素 B_1 仅在黄曲霉毒素 B_1 抗原微阵列区发生竞争抑制反应，而在赭曲霉毒素 A 和玉米赤霉烯酮的抗原微阵列区均未发生竞争抑制反应；赭曲霉毒素 A 仅在赭曲霉毒素 A 抗原微阵列区发生竞争抑制反应，而在黄曲霉毒素 B_1

和玉米赤霉烯酮的抗原微阵列区均未发生竞争抑制反应；玉米赤霉烯酮仅在玉米赤霉烯酮抗原微阵列区发生竞争抑制反应，而在黄曲霉毒素 B_1 和赭曲霉毒素 A 的抗原微阵列区均未发生竞争抑制反应）。结果表明，每种抗体只与其对应的真菌毒素特异性结合，不影响其他抗体的活性，不与其他真菌毒素抗原反应，能满足微阵列免疫芯片对 3 种真菌毒素同步检测的需求。

3. 微阵列抗原浓度优化

微阵列上固定的抗原量直接影响荧光信号的强弱，同时也影响检测灵敏度。采用微阵列的方式将抗原固定到聚合物刷上，每个阵列点上固定的抗原溶液量一定，均为纳升水平，因此主要对抗原使用浓度进行优化。图 8-21（Hu et al., 2013）中（a）、（b）、（c）分别显示了不同浓度黄曲霉毒素 B_1-牛血清白蛋白、赭曲霉毒素 A-牛血清白蛋白、玉米赤霉烯酮-牛血清白蛋白点阵所获得的荧光信号强度，结果表明，在低抗原浓度条件下，荧光信号强度随抗原浓度增大而逐渐增强，当抗原浓度达到 200 μg/mL 及以上时，荧光信号强度趋于稳定，因此 3 种抗原的优化使用浓度均选择 200 μg/mL。

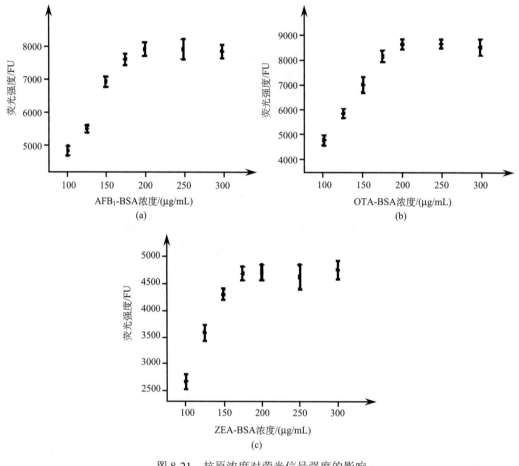

图 8-21　抗原浓度对荧光信号强度的影响

（a）AFB_1-BSA；（b）OTA-BSA；（c）ZEA-BSA

4. 抗体浓度优化

抗体浓度对荧光信号强度和检测灵敏度都有影响。抗体浓度越高，荧光信号越强，但是对真菌毒素的检测是基于竞争性免疫反应原理，当抗体浓度过高时，检测灵敏度会降低。因此，需要确定一个最佳的抗体工作浓度，在保证荧光信号强度的同时，也可获得较高的检测灵敏度。研究结果表明，在抗体浓度为 80~100 ng/mL 时，荧光信号强度值随浓度变化增幅最大，继续增加抗体浓度，荧光强度变化不明显。因此，选择 100 ng/mL 作为 1C11 抗体最佳反应浓度；同理，100 ng/mL 为 1H2 抗体最佳反应浓度，200 ng/mL 为 2D3 抗体最佳反应浓度。

5. 黄曲霉毒素 B_1、赭曲霉毒素 A 和玉米赤霉烯酮 3 种真菌毒素的同步检测

黄曲霉毒素 B_1、赭曲霉毒素 A、玉米赤霉烯酮 3 种真菌毒素混合溶液与抗体混合溶液反应后，各微阵列荧光扫描结果见图 8-22（Hu et al., 2013）。图（a）、（b）、（c）分别显示出加入不同浓度 3 种真菌毒素混合液时黄曲霉毒素 B_1-牛血清白蛋白、赭曲霉毒素 A-牛血清白蛋白、玉米赤霉烯酮-牛血清白蛋白微阵列荧光扫描结果，从左往右各真菌毒素浓度分别为：（a）0、0.012、0.037、0.33、3 ng/mL 黄曲霉毒素 B_1；（b）0、0.012、0.33、1、3 ng/mL 赭曲霉毒素 A；（c）0、0.003、0.24、0.74、2 ng/mL 玉米赤霉烯酮。

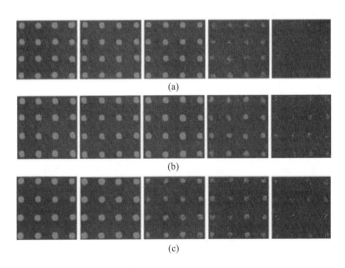

图 8-22　三种真菌毒素同步检测微阵列荧光扫描图

以真菌毒素浓度为 0 的微阵列荧光信号值为阴性对照，当微阵列荧光信号值为阴性对照荧光信号平均值 3×SD 时，对应的真菌毒素浓度为该方法的检出限（LOD），计算微阵列免疫芯片检测方法对黄曲霉毒素 B_1、赭曲霉毒素 A 和玉米赤霉烯酮的 LOD 分别为 0.004 ng/mL、0.004 ng/mL 和 0.003 ng/mL。

黄曲霉毒素 B_1、赭曲霉毒素 A 和玉米赤霉烯酮 3 种真菌毒素的检测范围、线性方程、线性区间等见表 8-9（Hu et al., 2013）。可见微阵列免疫芯片检测方法的检测灵敏度高，

线性范围为 3~4 个数量级，可用于 3 种真菌毒素的高灵敏度同步检测。

表 8-9　免疫微阵列芯片对 3 种真菌毒素的检测参数

真菌毒素	LOD / (pg/mL)	线性范围 / (pg/mL)	线性方程	R^2
AFB$_1$	4	4~330	$y=-1153.1-2442.1\times \lg x$	0.958
OTA	4	12~3000	$y=944.5-1333.3\times \lg x$	0.976
ZEA	3	3~2000	$y=537.2-740.8\times \lg x$	0.987

二、微阵列免疫芯片在花生样品真菌毒素检测中的应用

（一）加标回收率

采用空白花生阴性样品添加真菌毒素实验结果见表 8-10（Hu et al., 2013），微阵列免疫芯片检测技术对 3 种真菌毒素的加标回收率介于 85.9%~109.2%，表明该技术对不同真菌毒素的检测回收率高，检测结果准确。因此，研发多种真菌毒素混合污染同步检测技术将具有更大的实际应用价值（李培武等，2013h；李培武等，2013i）。

表 8-10　微阵列芯片应用于花生空白样品真菌毒素加标回收率测定结果

添加浓度 / (μg/kg)	AFB$_1$ 测定值±SD / (μg/kg)	回收率 /%	OTA 测定值±SD / (μg/kg)	回收率 /%	ZEA 测定值±SD / (μg/kg)	回收率 /%
0.05	<LOD	—	<LOD	—	<LOD	—
0.5	0.46±0.03	92.6	0.51±0.02	102.1	0.43±0.05	85.9
5	5.09±0.17	101.8	5.46±0.15	109.2	4.72±0.24	94.4

（二）微阵列免疫芯片与现有同步检测技术比较

与国内外报道的同步检测真菌毒素的方法进行比较，特别是对不同检测技术 LOD 和检测范围参数比较结果表明，建立的微阵列免疫芯片真菌毒素检测技术 LOD 值最小，即技术方法灵敏度最高；在检测范围上，微阵列免疫芯片检测技术与 Mak 等 2010 年建立的基于磁阻免疫分析技术均能达到 4 个数量级，高于其他报道方法的检测范围。由此可见，微阵列芯片技术具有最高的灵敏度和较宽的线性范围。

综上所述，建立的基于刷状聚合物改性的微阵列免疫芯片可实现多种真菌毒素的同步检测。由于真菌毒素微阵列免疫芯片同步检测方法所用试剂少、检测时间短、检测成分多，在快速、灵敏、高通量的农产品多污染物同步检测领域，具有较大的发展潜力。

第九章　黄曲霉毒素专用检测仪器

黄曲霉毒素专用检测仪是采用现代光、机、电、计算机等技术手段,将农产品食品试样中黄曲霉毒素提取、纯化、荧光增强或流动滞后免疫层析测定结果予以准确量化和输出,实现检测技术物化的专用仪器设备。我国自主研制成功的黄曲霉毒素免疫亲和荧光检测仪、单光谱成像检测仪和免疫时间分辨荧光检测仪等系列黄曲霉毒素专用检测仪器(彩图 7),对推进黄曲霉毒素定量快速高灵敏检测技术的成果转化与推广应用,特别是满足农产品食品中黄曲霉毒素现场快速检测与筛查的需求,具有重要现实意义。目前,市场上已相继有各种读卡仪、读条仪、速测仪、检测仪等快速专用检测设备,其原理基本相同,可作为黄曲霉毒素高灵敏检测可供选择的仪器设备。基于黄曲霉毒素专用检测仪的快速定量检测方法,可有效弥补高效液相色谱仪和液质联用仪等大型仪器检测方法仪器设备昂贵、成本高、环境条件要求严格、难适于现场检测的不足,有利于实现农产品种、收、储、运、加各环节现场检测和从农田到餐桌全程管控,从源头保障农产品食品质量安全。

第一节　黄曲霉毒素免疫亲和荧光检测仪

黄曲霉毒素免疫亲和荧光检测仪是将黄曲霉毒素免疫亲和荧光检测结果快速量化表达与显示输出的专用检测仪器。免疫亲和荧光检测技术的基本原理是先通过免疫亲和柱特异性捕获样品提取液中的黄曲霉毒素目标物,再通过荧光增强剂放大检测信号,最后通过黄曲霉毒素免疫亲和荧光检测仪测定荧光强度来确定黄曲霉毒素的含量。

一、黄曲霉毒素免疫亲和荧光检测仪的原理

黄曲霉毒素免疫亲和荧光检测仪是用于测定经过免疫亲和柱捕获、富集和净化后样品提取液中黄曲霉毒素及其衍生物荧光信号的一种黄曲霉毒素专用检测设备。免疫亲和荧光检测仪预先内置有不同类型样品的定量标准曲线,因此实际样品检测过程中,仅需要使用校准液对检测仪器进行校准,选择与实际样品(农产品食品或饲料)相应的标准曲线,可避免薄层色谱和高效液相色谱检测中必须使用剧毒性黄曲霉毒素标准物质的问题,不仅可减少对检测人员的危害和环境的污染,具有分析速度快、测定方法安全可靠、准确度高等特点(肖志军等,2006)。

(一)黄曲霉毒素荧光产生机理和特性

黄曲霉毒素基本结构为二呋喃环和氧杂萘邻酮(香豆素),在紫外光照射下发出特定波长的荧光,其中 B 族黄曲霉毒素发蓝色荧光,G 族黄曲霉毒素发绿色荧光。苯环仅

在紫外区有微弱的荧光，但当苯环上有亲电基团，如氨基和羟基时，荧光增强；当苯环数量或共轭双键增加，荧光也会随之增强，因此，黄曲霉毒素具有较强的荧光特性，可吸收紫外光，产生荧光。由于分子间碰撞和热耗散，一部分吸收能以其他非光的形式损失，余下能量以荧光形式发射出来，所以荧光的能量比吸收光的能量小，因此荧光波长要比激发光的波长更长。黄曲霉毒素具有以下荧光特性。

（1）黄曲霉毒素荧光强度和吸光系数成正比，即最大吸收的激发波长将得到最大荧光强度。

（2）荧光强度和黄曲霉毒素浓度成正比。

（3）荧光强度与激发光强度成正比。

（二）黄曲霉毒素免疫亲和荧光检测仪工作原理

黄曲霉毒素免疫亲和荧光检测仪利用黄曲霉毒素的荧光特性，对黄曲霉毒素自身发射的荧光进行直接测定，或采用特定的荧光增强剂对黄曲霉毒素荧光进行荧光增强后测定。其工作流程与原理为：仪器光源发光，经光栅、滤光片等分光系统分出单色光入射到样品池上，激发出的荧光信号由光电倍增管转化为电信号，经过信号处理系统的采集、转换、显示，最后根据标准曲线进行定量检测。采用黄曲霉毒素标准品，配制成系列标准溶液，并测定其荧光强度，以荧光强度对标准溶液浓度建立标准曲线，实际样品测定中根据所测得试样溶液的荧光强度，利用标准曲线计算试样溶液黄曲霉毒素的浓度。

（三）定量分析原理

使用黄曲霉毒素免疫亲和荧光检测仪检测实际样品的过程中，虽然有柱前提取和免疫亲和柱的富集纯化等两次净化，但洗脱液中仍然可能存在来自于样品提取液的其他物质产生的荧光干扰，且不同基质样品荧光干扰差异很大。因此，如果直接以洗脱液荧光强度定量，会影响检测结果的准确度和精密度，并可能导致结果假阳性。为降低基质效应，可利用荧光增强技术来避免或减少基质干扰，提高检测技术的准确性。

现有的黄曲霉毒素荧光增强方法主要通过利用黄曲霉毒素 B_1 二呋喃环上的双键结构在酸性溶液中容易水解的特性，将黄曲霉毒素 B_1 转化为含羟基的衍生物黄曲霉毒素 B_{2a}，从而使荧光大大增强；或者在黄曲霉毒素 B_1 双键处加成多个卤族元素，取代基之间形成氢键，增加分子的平面性而使荧光增强。国内外报道的黄曲霉毒素衍生剂主要有金属离子、卤素化合物及其衍生物、三氟乙酸、环糊精类（刘雪芬等，2010），常用的强氧化剂如三氟乙酸、卤族元素（碘、溴）以及其衍生物过溴化溴化吡啶等。但是这些衍生试剂存在诸如需加热衍生、稳定性差、挥发性强、腐蚀性强、保存时间短等不足，因此，研究开发反应快速而稳定的新型荧光增强剂，提高检测灵敏度成为研究黄曲霉毒素免疫亲和检测技术的重点。

研究发现汞荧光增强剂仅对黄曲霉毒素有荧光增强作用（李培武等，2005c），而对杂质背景荧光不会产生增强作用。其主要反应机理是黄曲霉毒素和 Hg^{2+} 之间发生螯合作用，增加化学键的共轭效应，从而导致荧光增强。进一步研究表明，汞荧光增强剂仅对黄曲霉毒素 B_1 有特殊增强作用，对杂质无荧光增强作用（马良等，2007）。为尽可能降低背景荧光干扰，创建了两次荧光定量分析方法：首先，直接测量洗脱液的荧光值，包括杂质荧光和黄曲霉毒素 B_1 荧光。然后，加入荧光增强剂，再测定荧光值，增强后溶液的荧光值包括溶液体积变化后而引起的杂质荧光和增强后的黄曲霉毒素 B_1 荧光。利用两次测量值，即可扣除杂质背景荧光，得到黄曲霉毒素 B_1 荧光值。最后，将计算所得的黄曲霉毒素 B_1 荧光值代入标准曲线计算，即可得到样品黄曲霉毒素 B_1 的浓度。

1. 两次荧光定量分析计算方法

加入荧光增强剂前，洗脱液荧光强度值包括黄曲霉毒素荧光强度值和杂质荧光强度值两部分，设 L_1 为洗脱液荧光强度值，L_n 为洗脱液中黄曲霉毒素荧光强度值，L_m 为洗脱液中杂质荧光强度值，可用式（9-1）表示：

$$L_1 = L_n + L_m \tag{9-1}$$

加入荧光增强剂后，洗脱液荧光强度值由黄曲霉毒素荧光增强后荧光强度值和杂质荧光强度值两部分构成，设 L_2 为洗脱液加入荧光增强剂后荧光强度值，a 为杂质荧光变化系数（加入荧光增强剂后溶液体积变化系数），b 为黄曲霉毒素荧光增强系数，可用式（9-2）表示：

$$L_2 = b \times L_n + a \times L_m \tag{9-2}$$

根据加入荧光增强剂前后两次测量的荧光强度值来扣除杂质荧光干扰，$L_2 - a \times L_1$ 可得式（9-3）：

$$L_2 - a \times L_1 = (b-a) \times L_n \tag{9-3}$$

由式（9-3）可换算得到洗脱液中黄曲霉毒素荧光强度值，用式（9-4）表示：

$$L_n = (L_2 - a \times L_1) / (b-a) \tag{9-4}$$

以黄曲霉毒素溶液浓度和荧光增强后黄曲霉毒素溶液荧光强度值作标准曲线，设 Y 为荧光增强后黄曲霉毒素溶液荧光强度值，C 为黄曲霉毒素溶液浓度，e 为标准曲线斜率，黄曲霉毒素增强后的标准曲线用式（9-5）表示：

$$Y = e \times C \tag{9-5}$$

黄曲霉毒素荧光增强后荧光强度值用式（9-6）表示：

$$Y = b \times L_n \tag{9-6}$$

由式（9-4）~式（9-6）换算黄曲霉毒素溶液浓度，用式（9-7）表示：

$$C = b \times (L_2 - a \times L_1) / e \times (b-a) \tag{9-7}$$

2. 两次荧光定量分析法计算公式

对于黄曲霉毒素免疫亲和荧光检测仪稀释系数 a 为 0.9091，加入增强剂后的荧光增强系数 b 为 4.4291，标准曲线斜率 e 为 7.3881，计算公式为

$$C = 9.27 \times L_2 - 8.34 \times L_1 \tag{9-8}$$

不同类型的荧光分光光度计或荧光检测仪的定量计算原理是一样的，只是标准曲线斜率等不同，因此具体定量公式有所变化，需针对不同检测仪器建立各自相应的标准曲线。

　　两次荧光定量分析法检测样品中黄曲霉毒素 B_1 含量比直接一次荧光测量法有显著优势，可显著提高检测的精确度，大大减少假阳性率。部分实际农产品食品样品黄曲霉毒素检测结果见表 9-1。

表 9-1　二次荧光测量法与一次荧光测量法检测黄曲霉毒素 B_1 结果对比

检测样品	增强前荧光值 /mV	增强后荧光值 /mV	一次测量 （增强后值） / （µg/kg）	二次测量 / （µg/kg）	HPLC 法 / （µg/kg）
标样（4.0 µg/kg）	8.237	29.215	3.8	3.7	4.0
阴性花生	7.447	6.842	0.8	<0.3*	ND**
阳性花生	19.185	43.250	5.7	4.4	4.5
阴性花生油	4.990	4.961	0.5	<0.3*	ND**
阳性花生油	7.577	17.485	2.2	1.8	2.0
阴性食醋	6.512	4.511	0.5	<0.3*	ND**
阳性食醋	8.678	20.580	2.6	2.2	2.0

注：*当检测结果大于等于 0，小于 0.3 时，实际检测结果显示为小于 0.3 µg/kg。

**液相色谱的检测结果为未检出，表示为 ND。

二、黄曲霉毒素免疫亲和荧光检测仪的组成结构

（一）仪器结构

　　黄曲霉毒素免疫亲和荧光检测仪的结构框图如图 9-1（李培武等，2006；李培武等，2007b）所示。光路系统包括用于激发光源的高精度供电电源，激发光通过分光系统（365 nm 带通滤光片等）射入样品池，激发试液中黄曲霉毒素发射荧光。黄曲霉毒素发射的荧光信号由光电倍增管采集并转化为电信号，再由前置放大器提取微弱响应信号，信号经放大之后由微控制器控制 A/D 采集，采集的信号经单片机微处理系统储存转换后进行荧光光谱定量分析。

　　检测池中待测样品溶液荧光信号经光电倍增管进行光电转换，再经电路滤波放大，使信号值在 0~10 V 内，经过 A/D 转换输入微处理器。微处理器采用查询的方式读入 A/D 转换值，在单位周期内进行采样，采样值经数字滤波求出信号值，数字滤波方法主要采用平均值滤波法和加权平均滤波法。

　　（1）微处理器：采用美国 ATMEL 公司生产的 AT89C55WD 微处理器。AT89C55WD 是一个高性能的低电压 CMOS 8 位单片机，片内含 20 k 字节（bytes）可反复擦写的只读程序存储器（PEROM）和 256 字节的随机存取数据存储器（RAM），器件采用 ATMEL 公司的高密度、非易失性存储技术生产，兼容标准 MCS-51 指令系统，引脚兼容工业标准 AT89C51 和 AT89C52 芯片，采用通用编程方式，芯片内置通用 8 位中央处理器和 Flash 存储单元，内置功能强大的微处理器的 AT89C52，可提供许多高性价比的解决方案，适用于多数嵌入式应用系统。

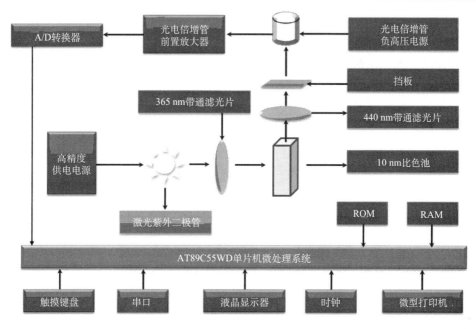

图 9-1　黄曲霉毒素免疫亲和荧光检测仪结构框图

　　AT89C55WD 有 40 个引脚，32 个外部双向输入/输出（I/O）端口，内含 2 个外中断口，2 个 16 位可编程定时计数器，2 个全双工串行通信口，2 个片内振荡器和时钟电路。AT89C55WD 支持节电模式或空闲模式下停止 CPU，同时允许 RAM、定时/计数器、串行口和外部中断唤醒睡眠状态而继续工作。在睡眠模式下，RAM 被冻结，其他功能全部停止，直至下个外中断触发或硬件复位方可运行。采用可反复擦写的 Flash 存储器可有效地降低开发成本。

　　（2）模数转换：模数转换采用美国模拟数字公司（Analog）推出的单片高速 12 位逐次比较型 A/D 转换器 AD574A，为内置双极性电路构成的混合集成转换显片，具有外接元件少，功耗低，精度高，可自动校零和自动极性转换功能等特点，只需外接少量的阻容件即可构成一个完整的 A/D 转换器，其主要功能特性如下：12 位的分辨率，非线性误差小于±1/2LBS 或±1LBS，转换速率为 25 μs，模拟电压输入范围为 0~±10 V 和 0~±20 V，0~±5 V 和 0~±10 V，两挡四种；电源电压为±15 V 和±5 V，数据输出格式为 12 位/8 位，芯片工作模式为全速工作模式和单一工作模式。

　　此外，黄曲霉毒素免疫亲和荧光检测仪还对微型打印机、系统时钟、通信接口等均进行系列优化配置。

（二）光路系统组成与结构

黄曲霉毒素免疫亲和荧光检测仪的光路图见图 9-2。

1. 光路系统

光路系统主要由激光二极管、365 nm 滤光片、凸透镜、狭缝、检测池、440 nm 滤光片和光电倍增管组成。工作时，首先由激光二极管作为光源产生多色光；经过 365 nm 滤光片后，仅允许 365 nm 的单色光透过；再经过凸透镜和狭缝进行聚光；聚光后的单色光入射到检测池，激发比色皿中待测溶液的黄曲霉毒素发射荧光；黄曲霉毒素发射出的荧光经 440 nm 滤光片后，入射到光电倍增管进行信号放大与转换。为了尽量减少仪器激发光的背景干扰，发射光光路与激发光光路成 90° 夹角。

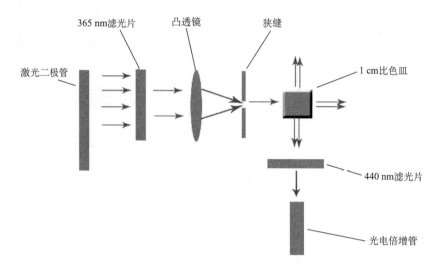

图 9-2　黄曲霉毒素免疫亲和荧光检测仪光路图

2. 光学结构设计

黄曲霉毒素检测仪器光学结构设计的主要目标是获得高质量的平行光束，并减小温度对被测样品的影响。为了获得高质量的平行光束，仪器光路采用 0.6 mm×8 mm 的狭缝和 15 mm 焦距的透镜产生平行光。为了减少光的反射和杂散，全部光路用特殊表面处理铝材制造，使光路元件表面有很高的黑度，黄曲霉毒素测定的样品池等关键部件采用高消光效果的材料，并在光源结构上能确保进行准确调焦。

考虑到黄曲霉毒素测定对温度敏感，为了增加荧光强度，在黄曲霉毒素测量光路中采取加热、控温、通风以及降低热辐射等诸多措施，使样品池的温度能够维持恒温状态。

仪器的检测部分采用端窗式光电倍增管（head-on PMT），它是一种具有极高灵敏度和超快时间响应的光探测器件。因为采用二次发射倍增系统，光电倍增管在可以探测到紫外、可见和近红外区的辐射能量的光电探测器件中，具有极高的灵敏度和极低的噪声，同时还有快速响应、低本底等特点。所采用的光电倍增管紫外光照灵敏度（luminous sensitivity）为 23 mA/Lm，阳极电压（anode voltage）为 680 V，暗电流（anode dark current）为 2 nA。

（三）软件控制系统

黄曲霉毒素免疫亲和荧光检测仪软件设计的基本原则为：采用结构化设计，程序本身具有模块特性，内部也是由若干小模块组成，包括算法的合理性、程序的透明性设计、程序的相容性、程序的容错性。黄曲霉毒素免疫亲和荧光检测仪的仪器软件控制系统框图如图 9-3 所示。

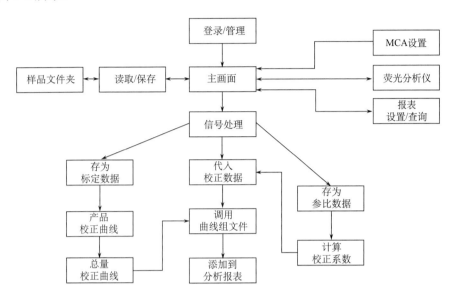

图 9-3 黄曲霉毒素免疫亲和荧光检测仪软件控制系统框图

仪器软件模块主要由三部分组成：仪器设置与检测报表模块、信号处理与结果计算模块和数据存储模块。仪器设置与检测报表模块的主要功能是设置仪器状态、输入样品信息和输出检测结果。信号处理与结果计算模块主要功能包括信号处理、定量曲线校准、结果计算等。数据存储模块的主要功能是检测结果的保存和读取。

三、黄曲霉毒素免疫亲和荧光检测仪器的性能与主要参数

黄曲霉毒素免疫亲和荧光检测仪是在以黄曲霉毒素免疫亲和柱高灵敏特异性分离纯化为核心技术的基础上，根据荧光分光光度法的基本原理和黄曲霉毒素荧光特性，采用现代光、机、电、计算机等技术手段设计和研制出来的，它将农产品食品等预处理、快速纯化、荧光增强反应产物予以快速量化和直接表达，提高黄曲霉毒素检测的特异性和灵敏度，缩短测试时间，适于黄曲霉毒素定量快速检测，便于实际应用。仪器结构紧凑、成本低廉、性能稳定，适合现场快速检测推广普及应用。黄曲霉毒素免疫亲和荧光检测仪主要技术参数如下。

定量检测种类：黄曲霉毒素 B_1、M_1、G_1 及总量；

内置产品检测曲线种类：50 余种；

测量线性范围：0~400 μg/kg；

测量精度：± 0.1 μg/kg；

检测时间：≤10 s/次；

重复性：≤1%；

其他功能：自动校正 USB 2.0 数据输出；

内置微型打印机：检测结果直接输出和打印；

功率：50 W；

环境温度：5~35 ℃；

外观尺寸：350 mm×320 mm×180 mm。

黄曲霉毒素免疫亲和荧光检测仪可定量检测黄曲霉毒素 B_1、M_1、G_1 及总量，内置 50 余种农产品食品等检测曲线，结果直接显示黄曲霉毒素含量（µg/kg），无需计算；检测结果直接输出和打印，适于国际贸易和粮油乳品加工企业及地市级农产品、食品、饲料等质量检测机构应用。

四、黄曲霉毒素免疫亲和荧光检测仪的应用

黄曲霉毒素免疫亲和荧光检测仪适用于农产品、食品、饲料等试样中黄曲霉毒素含量检测，如大米、花生、大豆、食用植物油、饼粕、饲料和酱油等产品中黄曲霉毒素 B_1、M_1、G_1 及总量的测定。

以花生及食用油等样品中黄曲霉毒素免疫亲和荧光检测为例，阐述黄曲霉毒素免疫亲和荧光检测仪的操作与应用，黄曲霉毒素免疫亲和荧光检测仪操作技术规程如下。

（1）花生样品制备：试样采用四分法，采样量为 5 kg，充分混匀后制成样本备用。每份测定用的试样应从所取样品中连续多次用四分法缩减至 0.5 kg 后全部粉碎，花生样品过 20 目筛后混匀。

（2）提取：准确称取已磨细、粒径小于 20 目的花生样品 5.0 g，于 50 mL 具塞圆底试管。加入 15 mL 70%甲醇水溶液（含 4% NaCl），用高速均质器在 20 000 r/min 条件下提取 2 min，定量滤纸过滤。取 4 mL 滤液加入 2 mL 石油醚振荡提取，静置分层后，取下层水相 3 mL，用 8.0 mL 水稀释，混合器混匀，经玻璃纤维滤纸过滤，待免疫亲和柱净化。

（3）免疫亲和柱富集净化：将黄曲霉毒素免疫亲和柱与泵流操作架连接，加入 10.0 mL 纯水平衡，当亲和柱中仅余少量液体时，加入 10.0 mL 样品提取液，流速为 1.5 mL/min；取 10.0 mL 水分两次淋洗，当亲和柱中液体被抽干时，停止抽滤，弃去全部流出液。加洗脱液甲醇（1.0 mL）于亲和柱中，流速为 1 mL/min，收集洗脱液，待测。

（4）开启免疫亲和荧光检测仪后，进入仪器校准界面，进行仪器调零后，用试剂盒中的仪器校准液校准。

（5）校准仪器后，选择进入"花生"、或"花生油"、或"花生酱"样品检测界面，将待测样品液倒入比色池中，放进样品室，测定本底值。

（6）向比色池中加入荧光增强剂（0.01 mol/L 氯化汞溶液）0.2 mL 并混合均匀，按测定键，即可直接读取结果并打印实验结果（µg/kg）。

在市场上随机抽取 2 个花生样品，2 个花生油样品和 2 个花生酱样品，同时选取 1 个黄曲霉菌接种后培养的花生阳性样品，每个样品进行 3 次重复测定，采用黄曲霉毒素免疫亲和荧光检测仪和高效液相色谱仪进行平行比对测定，结果见表 9-2（马良等，2007）。

从表 9-2 可以看出，黄曲霉毒素免疫亲和荧光检测仪检测结果和高效液相色谱仪国

家标准 GB/T 18979—2003 检测结果相符。与我国现行油料、食用植物油等食品黄曲霉毒素 B_1 限量标准比较，只有经黄曲霉菌接种培养的样品中黄曲霉毒素 B_1 含量很高，远超过限量值；其余随机抽取检测的花生、花生油、花生酱中的黄曲霉毒素 B_1 均在标准允许的限量范围内。但是，花生酱产品中黄曲霉毒素 B_1 的含量水平相对比其他花生制品高，可能与花生酱加工采用花生原料来源及等级不一、质量参差不齐有关。

表 9-2　花生产品黄曲霉毒素免疫亲和荧光检测仪和高效液相色谱仪检测结果比较

样品	免疫亲和荧光检测仪 /（μg/kg）± CV（%）	高效液相色谱仪 /（μg/kg）± CV（%）
花生 1	< 0.3*	0.2 ± 11.27
花生 2	5.72 ± 1.57	5.34 ± 0.15
接种黄曲霉菌的花生	> 25**	150.3 ± 5.32
花生油 1	2.80 ± 3.57	3.18 ± 5.05
花生油 2	2.53 ± 2.28	2.68 ± 3.47
花生酱 1	10.83 ± 6.93	11.35 ± 9.34
花生酱 2	13.22 ± 4.33	13.96 ± 3.93

注：*检测结果≥0 且<0.3 时，实际显示结果为<0.3 μg/kg。

**检测结果≥25，实际显示结果>25 μg/kg。

植物油液态样品黄曲霉毒素的测定步骤如下：准确称取 5.0 g 植物油试样于 50 mL 离心管中，加入 15 mL 70% 甲醇水溶液，涡旋混匀 2 min，5000 r/min 离心 2 min，移取 10 mL 甲醇溶液层，用 20 mL 水稀释，混合器混匀，经玻璃纤维滤纸过滤。将黄曲霉毒素免疫亲和柱与泵流操作架连接，加入 10 mL 纯水平衡亲和柱，当亲和柱中仅余少量液体时，加入 10 mL 样品提取液，流速为 1.5 mL/min 通过亲和柱；取 10 mL 水分两次淋洗，亲和柱中液体被抽干时，停止抽滤，弃去全部流出液。加 1.0 mL 甲醇于亲和柱中，流速为 1.0 mL/min，抽滤至液体全部流出，收集全部洗脱液，待用免疫亲和荧光检测仪测定。

免疫亲和荧光检测仪测定步骤包括：开启黄曲霉毒素免疫亲和荧光检测仪，进入仪器校准界面，进行仪器调零和用试剂盒中的仪器校准液校准等与固体花生样品测定步骤相同。主要区别在于校准仪器后进入植物油样品检测界面，将待测试液倒入比色池中，放进样品室中，测定本底值后，再向比色池中加入黄曲霉毒素 B_1 荧光增强剂 0.2 mL 混合均匀，按测定键，直接读取结果并打印实验结果（μg/kg）。

在市场上随机抽取植物油 5 个样品，包括花生油、菜籽油、大豆油及两个调和油等，采用黄曲霉毒素免疫亲和荧光检测仪对样品进行测定，并与高效液相色谱法进行检测结果比对。3 次重复测定平均值结果见表 9-3（马良等，2007）。从表 9-3 可以看出，黄曲霉毒素免疫亲和荧光检测仪与高效液相色谱仪国家标准方法检测结果相符。虽然食用植物油中黄曲霉毒素 B_1 的检出率比较高，但与我国现行油料及食用植物油中黄曲霉毒素 B_1 限量标准比较，所检测的植物油样品中黄曲霉毒素 B_1 含量均在国家限量标准允许的范围内。

表 9-3　食用植物油中黄曲霉毒素免疫亲和荧光检测仪和高效液相色谱仪检测结果比较

食用油样品编号	免疫亲和荧光检测仪 / (μg/kg) ± RSD （%）	高效液相色谱仪 / (μg/kg) ± RSD （%）
1	<0.3	0.2 ± 11.27
2	2.53 ± 2.28	2.68 ± 3.47
3	2.80 ± 3.57	3.18 ± 5.05
4	<0.3	ND
5	0.83 ± 6.93	0.85 ± 9.34

注：ND 表示未检出。

综上所述，黄曲霉毒素免疫亲和荧光检测仪测定黄曲霉毒素时间短，准确度高，操作简单，检测结果直接读数，检测中不直接接触毒素标准品，有机试剂用量少，对环境及检验人员安全性高，显示出专用检测仪的优势，适于农产品食品生产过程现场控制和口岸快速检测，在农产品食品生产及监管中推广应用前景广阔。

第二节　黄曲霉毒素单光谱成像检测仪

纳米金免疫层析技术是 20 世纪 80 年代在酶联免疫吸附技术基础上，随着单克隆抗体和纳米金新材料及免疫层析技术的发展而建立起来的一种免疫分析方法，具有快速、简便、低成本、可视化等优点，适用于现场检测和大规模样品筛查，已被广泛应用于生物学诊断检测，在农产品质量安全检测领域也得到广泛应用（张道宏等，2010；Majdinasab et al., 2015a）。目前，用于农产品食品中黄曲霉毒素检测的纳米金免疫层析技术主要为定性或半定量技术，靠肉眼进行结果判读。肉眼判读带有主观性，易造成结果假阳性或假阴性。因此，研制开发替代肉眼判读显色结果，具备检测信息处理、按标准判断免疫层析结果功能的黄曲霉毒素成像检测仪，对满足纳米金免疫层析定量检测需求具有重要的现实意义。

一、黄曲霉毒素单光谱成像检测仪的原理与结构

黄曲霉毒素单光谱成像检测仪是专用于黄曲霉毒素纳米金标记免疫层析技术的检测仪器，其原理为黄曲霉毒素单光谱成像检测仪识别纳米金免疫层析显色特征，根据朗伯-比尔定律，颜色的深浅与光的吸收和反射程度有关，通过采集光信号的强弱实现对黄曲霉毒素的定量测定（王督等，2014）。

黄曲霉毒素单光谱成像检测仪识别纳米金免疫层析显色特征，包含生化、光、电和软件处理的综合过程。采用现代光、机、电、计算机等技术手段，将黄曲霉毒素免疫层析试纸条的显色信号转换成图像信息，再利用计算机处理技术将图像信息转换为光谱信息，通过光谱剥离技术获取检测区域 T 线和 C 线的单色光谱信息，最后根据单色光谱信号的强弱实现对黄曲霉毒素的定量测定。

（一）纳米金检测信号的产生

纳米金免疫技术是以纳米金作为标志物应用于抗原–抗体反应的一种免疫标记技术。纳米金是氯金酸（HAuCl₄）被还原后的水溶胶，氯金酸在还原剂的作用下，聚合成特定大小的金颗粒，由于静电作用形成一种稳定的胶体状态。纳米金材料具有电特性，在弱碱性条件下带负电荷，这就使得它可以和蛋白质分子的正电荷基团牢固地结合，因为是一种静电结合，故而不会影响蛋白质分子的生化特性。此外，纳米金材料在电子密度、颗粒大小、形状、颜色反应等物理性状方面也很具特性，加上结合物在免疫和生物学方面的特性，使得纳米金被广泛地应用在生物学各个领域，如免疫、组织学、病理研究和细胞生物学等领域。

纳米金免疫层析试纸条以硝酸纤维素膜为载体，利用微孔膜的毛细作用，滴在膜条一端的液体试样慢慢向另一端渗移，通过抗原–抗体结合，并利用纳米金呈现颜色（红色）反应，检测抗原/抗体。纳米金免疫层析试纸条主要包括样品垫、金标垫（纳米金结合垫）、硝酸纤维素膜、吸收垫、塑料基板等部分。

黄曲霉毒素免疫层析基本原理为：将特异性的黄曲霉毒素抗原或抗体以条带状固定在膜上，纳米金标记试剂（纳米金-黄曲霉毒素单克隆抗体）吸附在金标垫上，当待检样滴到试纸条一端的样品垫上后，通过毛细作用向前移动，溶解金标垫上的纳米金标记试剂后相互反应，在移动至固定的抗原或抗体的区域时，黄曲霉毒素与金标试剂发生竞争性免疫反应，若样品检测液中不含黄曲霉毒素，纳米金标记试剂被检测线截留，聚集在检测带上；当样品检测液中含有黄曲霉毒素时，黄曲霉毒素与纳米金标记试剂结合，仅剩余的纳米金标记试剂被检测线截留，从而在检测线上产生纳米金检测信号。

（二）黄曲霉毒素单光谱成像检测仪的工作原理

黄曲霉毒素单光谱成像检测仪检测纳米金免疫层析试纸条的原理：把免疫纳米金试纸条作为传感元件，待测试液中黄曲霉毒素在层析过程中与纳米金标记的黄曲霉毒素特异性抗体（针对检测对象黄曲霉毒素种类的不同，应分别采用相应抗体标记物）结合，抑制了黄曲霉毒素抗体和硝酸纤维素膜检测线上固定抗原（如黄曲霉毒素-牛血清白蛋白偶联物）的结合，使检测线纳米金成像信号值降低，采用光电传感器对检测区域信号进行分析，将免疫纳米金试纸条的颜色信号转为数字图像信号，结合现代信息处理技术提取有效信号，根据样品中黄曲霉毒素浓度与检测线纳米金成像信号值呈负相关，建立浓度与信号值之间的标准曲线进行定量分析。

黄曲霉毒素单光谱成像检测仪工作流程如图 9-4 所示。

图 9-4　黄曲霉毒素单光谱成像检测仪检测流程图

（三）黄曲霉毒素单光谱成像检测仪结构

黄曲霉毒素单光谱成像检测仪主要由光源、光谱成像系统、控制系统、显示部分、打印部分和软件部分组成（图 9-5）。

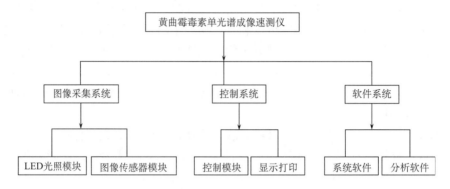

图 9-5　黄曲霉毒素单光谱成像检测仪系统框图

黄曲霉毒素单光谱成像检测仪整机硬件系统包括两大部分：检测系统和数据处理与输出系统。其中仪器检测系统包括光源、CMOS（complementary metal oxide semiconductor）图像传感器、镜头等。仪器数据处理与输出系统包括数字信号处理单元和微型打印机等（图 9-6）。

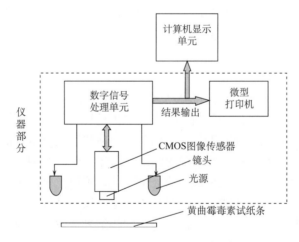

图 9-6　黄曲霉毒素单光谱成像检测仪硬件系统结构框图

1. 图像采集系统

黄曲霉毒素单光谱成像检测仪采用 CMOS 图像传感器芯片作为光电检测器，高亮发光二极管（LED）作为光源构建的图像采集系统来获取纳米金免疫层析试纸条显色图像，通过对图像处理分析得到待检测物质的浓度信息。图像采集系统示意图如图 9-7 所示。

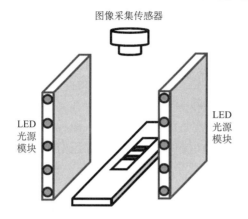

图 9-7　单光谱成像检测仪图像采集系统示意图

（1）LED 光源模块。

黄曲霉毒素单光谱成像检测仪的图像采集系统，对光源的强度、稳定性和光谱特性都有比较高的要求，这些因素会直接影响检测结果的准确性和精密度。光源强度应该适中，如果光源强度太小，会导致拍摄图像整体亮度偏低，图片噪声较大，系统无法分辨有用的免疫反应结果信号；如果光源强度太高，会导致拍摄图像整体亮度太高，图像传感器线性降低，影响检测结果的准确性。

黄曲霉毒素单光谱成像检测仪对光源的稳定性要求较高，如果光源不稳定会导致采集测试图像亮度变化，不能保证测量结果的一致性，影响检测结果，因此光源的光谱特性需要优化。由于纳米金颗粒大小等因素的影响，当白光照在试纸条上，试纸条检测线 T 线呈酒红色至蓝紫色，吸收与之互补的绿色光线，所以如果选择绿色光作为照射光源，可以提高光学传感器对测试区域的灵敏度，提高 CMOS 采集图像的对比度，更有利于图像信息的获取与检测。

综合以上方案分析，选择 LED 照明板作为黄曲霉毒素单光谱成像检测仪面光源，具有亮度高、体积小、耗电量低、使用寿命长、发热量低等优点。使用导光板将点光源照明扩散成面光源，分别设置在镜头与试纸条的两侧，以保证光照的均匀性，增强图像的对比度。

（2）图像采集传感器。

黄曲霉毒素单光谱成像检测仪图像采集传感器采用 CMOS 成像系统。这种成像系统操作方便，通过调整其工作参数就能精细地控制成像，再用计算机系统对采集到的图像数据进行图像处理；该系统成像速度快、抗干扰能力强，还可以通过数据处理软件操作对相关数据进行灵活处理，从而减小甚至消除由振动、扫描速率不恒定、温度变化、光源分布不均和试纸条之间的差异等不稳定因素造成的影响。纳米金免疫层析试纸条作为一级传感元件，面阵 CMOS 图像芯片作为二级传感元件，CMOS 半导体集成图像传感器利用光-电转换原理，将其感光面上的光学图像转化为与图像成相应比例关系的电荷信号"图像"，运用计算机技术有选择性地从中提取出免疫层析反应特征信号，再利用统计数据解析和判读图像，实现免疫检测试纸条的定量测定。

2. 控制系统

控制系统主要由控制模块、显示打印模块组成。控制模块对免疫层析试纸条进行图像采集，提取有效信号，将图像信息与吸光浓度进行对应，采用数学模拟建立浓度与免疫层析试纸条检测线显色之间的对应关系，建立标准曲线，通过标准曲线对未知样品进行定量计算。显示模块可以将黄曲霉毒素单光谱成像检测仪的数据分析、图像采集和结果输出显示在输出设备上，打印模块可以通过内置微型打印机，将数据结果输出。

3. 软件系统

黄曲霉毒素单光谱成像检测仪软件系统包括系统软件和分析软件。系统软件对图像采集、电路和显示界面进行管理，将采集到的图像信息传递到分析软件。分析软件根据图像信息，提取有效信号，依据黄曲霉毒素浓度与信号之间的关系，建立相应的标准曲线，进行定量检测，具体操作流程如图 9-8 所示。

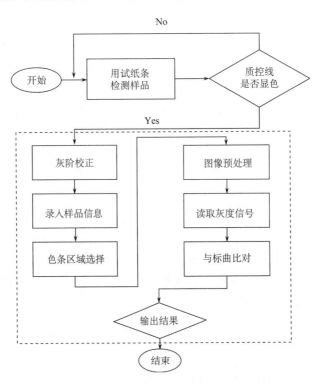

图 9-8　黄曲霉毒素单光谱成像检测仪软件操作流程图

黄曲霉毒素单光谱成像检测仪的软件操作界面采用全中文显示，各软件模块之间接口配置合理、配合紧密，组成仪器检测的中央控制系统，且操作步骤简单，只需点击触摸屏即可设置所需参数。

二、黄曲霉毒素单光谱成像检测仪的性能特征与主要参数

黄曲霉毒素单光谱成像检测仪具有检测速度快、产品适用性广和可定量、便携性强等优点，可定量检测黄曲霉毒素 B_1、G_1 及总量，检出限为 0.03 μg/kg，测量线性范围为 0~50.00 μg/kg，测量精度为±0.01 μg/kg，检测结果直接输出和打印，适用于农产品食品等国际贸易、加工企业及地市县乡农产品过程控制与监管筛查现场检测，主要技术参数如下。

图像采集单元：CMOS 工业相机，图像最大分辨率为 1280×1024；

动态监视：实时预览，多样品连续检测；

图像拍摄：自动聚焦，自动白平衡；

仪器单样品检测时间：≤3 s；

重复性：＜2%；

光源寿命：≥100 000 h；

通信接口：USB 连接计算机或独立操作；

操作界面：中文；

软件数据： Excel 表格存储；

电源： 12 V/4 A 或内置电池供电；

环境温度：–10~ 45 ℃；

结果报告：内置微型打印机，直接打印结果。

三、黄曲霉毒素单光谱成像检测仪的应用

（一）黄曲霉毒素单光谱成像检测仪的操作流程

黄曲霉毒素单光谱成像检测仪测定样品中的黄曲霉毒素，首先要从样品中提取黄曲霉毒素，进行免疫层析反应后，用黄曲霉毒素单光谱成像检测仪进行检测，具体操作步骤如下。

（1）开机：测定前仪器需要预热 30 min，有利于光源稳定。

（2）免疫层析反应：将样品待测液按要求的体积加入黄曲霉毒素纳米金免疫层析试纸条的加样孔，层析反应 5~10 min。

（3）纳米金免疫层析试纸条有效性确认：首先观察质控线颜色，如质控线显色，则检测结果有效，如质控线未显色，则检测结果无效，需要检查黄曲霉毒素纳米金免疫层析试纸条的有效期，并重新进行免疫测定；如检测线未显色，则说明待测液中黄曲霉毒素含量已经达到或超过试纸条的阈值，这两种情况均不能直接用黄曲霉毒素单光谱成像检测仪测量。

（4）采用黄曲霉毒素单光谱成像检测仪测定：当试纸条上质控线和检测线均明显可见，用黄曲霉毒素单光谱成像检测仪测定，根据样品中黄曲霉毒素浓度与检测线纳米金成像信号值之间的定量关系，直接进行定量分析。

不同样品根据其物理性状差异应采用不同的前处理方式，固体样品、植物油脂和酱

油等不同种类样品的制备与检测流程如图 9-9 所示。

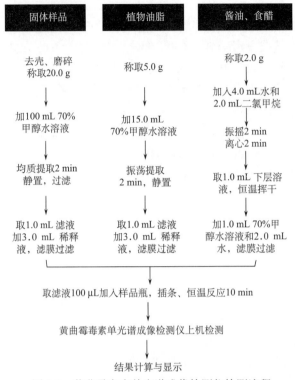

图 9-9　黄曲霉毒素单光谱成像检测仪检测流程

（二）结果计算与输出

黄曲霉毒素单光谱成像检测仪已经内置常见的农产品、食品、饲料等不同种类产品的定量标准曲线和计算程序，在实际应用中只需要对仪器进行校准并选用相应程序即可直接读取测定结果。

若所检产品在仪器中无相应的标准曲线，则采用如下方法进行结果计算：

试样中黄曲霉毒素含量以质量分数 X 计，数值以 μg/kg 表示，按式（9-9）计算。

$$X = \frac{\rho \times V \times n}{m} \tag{9-9}$$

式中，ρ 为从标准曲线上查得的测定液中黄曲霉毒素含量的数值（ng/mL）；V 为样品测定液体积的数值（mL）；n 为试样稀释倍数的数值；m 为试样质量的数值（g）。

计算结果通常保留小数点后一位数字，可以根据需要进行有效数字取舍。

（三）检出限、线性范围和稳定性

1. 检出限和线性范围

黄曲霉毒素单光谱成像检测仪测定玉米、花生、大米、植物油、饲料等常见 7 种农产品、食品、饲料等样品黄曲霉毒素 B_1 和总量的标准曲线、检出限和线性范围见表 9-4。

表 9-4　黄曲霉毒素单光谱成像检测仪测定部分常见产品标准曲线、检出限和线性范围

样品名称	检测项目	标准曲线	LOD /（μg/kg）	LOQ /（μg/kg）	线性范围 /（μg/kg）
标样	黄曲霉毒素 B_1	$y=0.4925x+2.601$	0.02	0.06	0.06~1.2
	黄曲霉毒素总量	$y=0.4811x+2.593$	0.01	0.03	0.03~1.5
花生	黄曲霉毒素 B_1	$y=0.6908x+0.711$	0.27	0.81	0.80~25.0
	黄曲霉毒素总量	$y=0.6908x+0.711$	0.20	0.60	0.60~30.0
玉米	黄曲霉毒素 B_1	$y=0.5524x+0.724$	0.20	0.60	0.60~25.0
	黄曲霉毒素总量	$y=0.8618x+0.9097$	0.17	0.51	0.50~30.0
大米	黄曲霉毒素 B_1	$y=0.9852x+0.5401$	0.30	0.50	0.80~15.0
	黄曲霉毒素总量	$y=0.6749x+0.4283$	0.20	0.50	0.80~15.0
小麦	黄曲霉毒素 B_1	$y=1.3423x+0.4899$	0.30	0.80	0.60~15.0
	黄曲霉毒素总量	$y=1.7894x+0.4811$	0.20	0.60	0.60~15.0
植物油	黄曲霉毒素 B_1	$y=0.7108x+0.7867$	0.30	0.90	0.90~15.0
	黄曲霉毒素总量	$y=0.6853x+0.6678$	0.20	0.6	0.60~15.0
酱油	黄曲霉毒素 B_1	$y=1.0104x+0.9186$	0.30	1.0	1.0~15.0
	黄曲霉毒素总量	$y=1.0781x+1.1102$	0.2	1.0	1.0~15.0
饲料	黄曲霉毒素 B_1	$y=0.6251x+0.8751$	0.3	0.8	1.0~50.0
	黄曲霉毒素总量	$y=0.5735x+0.823$	0.2	0.6	1.0~50.0

2. 重复性和稳定性

以花生中黄曲霉毒素 B_1 的测定为例，通过加标回收实验，用同一批次试纸条进行加标层析测定，对黄曲霉毒素单光谱成像检测仪测定结果的重复性进行评价。选择空白花生样品，加入低、中、高 3 种不同浓度的黄曲霉毒素 B_1 标准品，添加浓度分别为 1 μg/kg、5 μg/kg、10 μg/kg，每一浓度在同一天内重复测定 3 次，并在不同日期（第 1、3、7 天）进行重复测定，进行日内重复性和日间重复性评价，测定结果见表 9-5。从表 9-5 可以看出，加标实际样品中低、中、高 3 个黄曲霉毒素添加水平的回收率为 88%~119%，相对标准偏差（RSD）分布在 5.1%~9.5%，表明仪器测定结果重复性好，仪器性能稳定。

表 9-5　单光谱成像检测仪测定花生黄曲霉毒素 B_1 加标回收率结果

理论值 /（μg/kg）	日内（n=3）			日间（n=3）		
	测定值 /（μg/kg）	回收率 /%	RSD /%	测定值 /（μg/kg）	回收率 /%	RSD /%
1.00	0.91	91.0	9.5	0.89	88.6	9.2
5.00	5.34	106.8	6.2	4.41	88.2	7.8
10.00	11.84	118.4	5.1	11.22	112.2	5.9

采用高效液相色谱仪,依据 GB/T 18979—2003 国家标准方法和黄曲霉毒素单光谱成像检测仪同时分别对 8 份实际花生样品进行黄曲霉毒素 B_1 定量检测,检测结果如表 9-6 所示。黄曲霉毒素单光谱成像检测仪检测结果与国家标准方法检测结果基本相符,绝对误差小于 2.85 μg/kg,相对误差小于 15%,两种检测方法检测结果的符合性高。

表 9-6　花生中黄曲霉毒素 B_1 单光谱成像检测与液相色谱检测结果比较

花生样品编号	液相色谱仪 / (μg/kg)	黄曲霉毒素单光谱成像检测仪 / (μg/kg)	两种方法结果的 RSD /%
1	3.36	3.89	10.34
2	19.12	17.77	5.18
3	7.62	6.81	7.94
4	2.68	2.26	12.02
5	39.22	36.17	5.72
6	1.61	1.97	14.22
7	ND	ND	—
8	ND	ND	—

注:ND 表示未检出。

(四)应用范围

黄曲霉毒素单光谱成像检测仪和纳米金试纸条检测成本低、操作简单,适用于农产品食品过程控制、风险筛查等领域,可广泛地应用于花生、玉米、大米、小麦和植物油等粮油产品(李培武等,2014g),豆粕、菜粕、混合饲料等样品的现场检测、监控和大规模样品筛查(李培武等,2014c),有利于从源头保障消费安全。

食品安全源头在农产品,必须对农产品的生产、收获、晾晒、运输、储藏等各个环节进行全程控制,才能保障食品安全。黄曲霉毒素对花生、玉米、大米、豆类等农产品的污染发生在生产、收获、储藏、加工等各个环节,仅靠大型精密仪器在实验室内检测黄曲霉毒素,难以满足我国农户分散性、小规模生产粮油作物种植模式的国情,难以对农产品中黄曲霉毒素进行全过程检测和监控。黄曲霉毒素单光谱成像检测仪不仅可解决纳米金免疫层析分析技术快速定量的难题,为有效监控农产品黄曲霉毒素污染提供了新的手段措施,可以满足基层农业生产与收储运和监管部门对农产品黄曲霉毒素污染现场检测与筛查的需要,对实现农产品黄曲霉毒素污染生产源头控制与监管具有重要意义。

第三节　黄曲霉毒素免疫时间分辨荧光检测仪

与纳米金免疫层析检测技术相比,黄曲霉毒素时间分辨荧光免疫层析高灵敏检测技术灵敏度可以提高 1 个数量级以上,但大型时间分辨荧光仪价格高昂,不适用农产品食品现场筛查检测。研发专用黄曲霉毒素免疫时间分辨荧光检测仪,与时间分辨荧光免疫层析高灵敏检测技术相配套，从而实现定量检测，可提高黄曲霉毒素时间分辨荧光免疫层析检测技术的实用性，有利于黄曲霉毒素时间分辨荧光免疫层析高灵敏检测技术推广应用（李静等，2014；张兆威等，2014；Majdinasab et al., 2015b）。因此，黄曲霉毒素免疫时间分辨荧光检测仪是时间分辨荧光免疫层析结果量化测定的专用检测仪器。

一、黄曲霉毒素免疫时间分辨荧光检测仪的原理与结构

黄曲霉毒素免疫时间分辨荧光检测仪是基于稀土元素荧光效应研发的免疫层析时间分辨荧光检测仪器，其工作原理为：使用三价稀土离子铕螯合物作为标记物，标记黄曲霉毒素抗体，制备时间分辨荧光免疫探针，当黄曲霉毒素免疫层析反应结束后，通过延迟测量时间消除背景荧光干扰，用时间分辨荧光检测仪测定荧光强度，根据荧光强度或相对荧光强度比值，实现对反应体系中黄曲霉毒素含量的定量检测。

（一）仪器工作原理

1. 稀土离子 Eu^{3+} 螯合物的发光机理及特性

稀土 Eu^{3+} 与配位体形成螯合物，吸收紫外光后，金属离子可发出很强的特征荧光，其发光机理如图 9-10 所示。

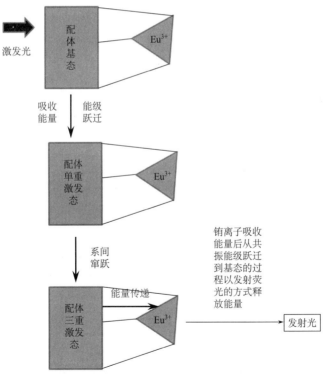

图 9-10 Eu^{3+} 螯合物发光机理

螯合物中配体吸收激发光后从基态跃迁到激发态，然后从单重激发态跃迁到三重激发态，当三重激发态的激发能高于稀土离子所处能级时，能量传递至稀土 Eu^{3+}。当稀土

Eu^{3+}接收传递来的能量后，被激发至共振能级，并在由共振能级跃迁回基态的过程中发出荧光，表现为稀土 Eu^{3+}的特征荧光。因此，这种发光是基于螯合物内由配体到稀土 Eu^{3+}的能量转移所产生的，发光示意图如图 9-11 所示。

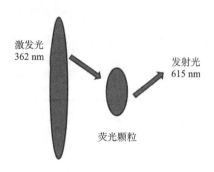

图 9-11　Eu^{3+}螯合物发光示意图

基于上述发光机理，稀土离子 Eu^{3+}螯合物与普通荧光标记物相比具有以下特点。

（1）不同黄曲霉毒素抗体与稀土 Eu^{3+}配合物偶联后的免疫探针拥有几乎相同的荧光发射特征光谱。

（2）荧光寿命长，稀土 Eu^{3+}荧光寿命在 100 μs 以上。

（3）荧光光谱的斯托克斯位移大。

（4）与有机荧光染料相比，稀土 Eu^{3+}荧光光谱的特征峰半峰宽窄，峰形非常尖锐。

2. 黄曲霉毒素免疫时间分辨荧光检测原理

背景光干扰是困扰黄曲霉毒素免疫荧光分析的关键问题。背景光主要来源为散射光和非特异性荧光。散射光包括免疫层析采用的固相材料表面的散射、溶剂分子的瑞利散射及拉曼散射等；非特异性荧光是指样品基质中各种共存物质产生的荧光。由于这些背

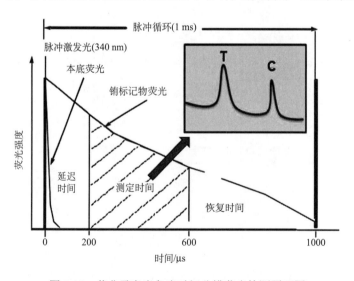

图 9-12　黄曲霉毒素免疫时间分辨荧光检测原理图

景干扰的荧光寿命都在 10 µs 之内，而稀土 Eu^{3+} 荧光寿命在 100 µs 以上，寿命相差达 10 倍以上，黄曲霉毒素免疫时间分辨荧光检测仪正是利用两者荧光寿命的显著差异，避开短寿命的背景荧光后，只采集和放大荧光寿命长的稀土 Eu^{3+} 配合物标记免疫探针发出的荧光，避免采集荧光寿命短的非目标物质发出的荧光，有效实现屏蔽背景荧光干扰，从而大幅提高黄曲霉毒素检测的灵敏度。

黄曲霉毒素免疫时间分辨荧光检测仪原理如图 9-12 所示。

（二）黄曲霉毒素免疫时间分辨荧光检测仪结构

黄曲霉毒素免疫时间分辨荧光检测仪由光源系统、单色光系统、扫描系统、信号采集与转化系统、微机系统五大系统组成，其结构如图 9-13 所示。

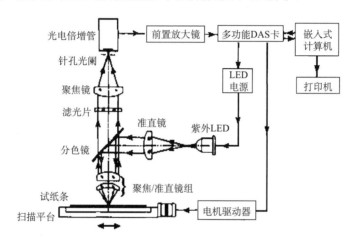

图 9-13　黄曲霉毒素免疫时间分辨荧光检测仪结构图

光源系统主要由紫外半导体光源等部件组成，产生激发光。

扫描系统主要由扫描平台和电机驱动器等部件组成，其功能是扫描黄曲霉毒素时间分辨荧光试纸条检测线和质控线发射的荧光信号。

信号采集与转化系统主要由光电倍增管等部件构成，主要功能是采集荧光信号，并进行光/电信号转换及放大。

微机系统是黄曲霉毒素免疫时间分辨荧光检测仪的中央控制系统，一方面控制仪器运行的整个检测过程；另一方面要对检测信号进行量化计算和结果输出等。

1. 电路结构

黄曲霉毒素免疫时间分辨荧光检测仪的电路结构如图 9-14 所示，主要由两大硬件模块组成，即检测仪执行模块和检测仪控制模块。

检测仪执行模块主要由单光子计数器、样品运动/定位装置和程控自动门锁及检测装置等组成。

检测仪控制模块主要由计数/储存器、程控高压、控制器等部分组成。

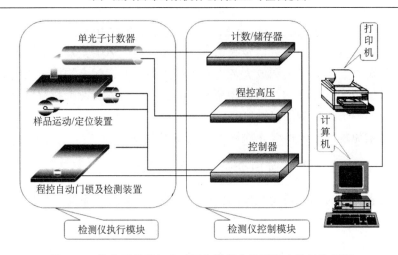

图 9-14　黄曲霉毒素免疫时间分辨荧光检测仪电路结构框图

2. 软件控制系统

黄曲霉毒素免疫时间分辨荧光检测仪的软件控制系统框图如图 9-15 所示，主要由如下五个模块构成。

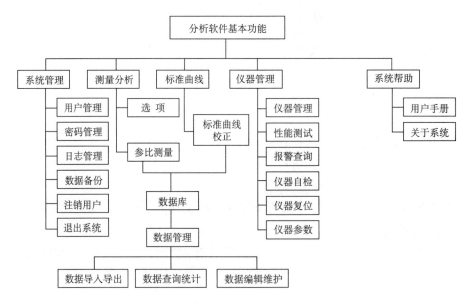

图 9-15　黄曲霉毒素免疫时间分辨荧光检测仪软件控制系统框图

（1）系统管理模块：主要功能包括用户管理、密码管理、日志管理、数据备份等。

（2）测量分析模块：主要功能包括检测设置和数据管理等，在检测时需要与标准曲线模块配合。

（3）标准曲线模块：主要功能包括标准曲线校准存储与选择等，在检测时需要与测量分析模块配合。

（4）仪器管理模块：主要功能包括仪器硬件管理、性能测试、报警查询、仪器自检与复位等。

（5）系统帮助模块：主要功能包括提供用户手册和系统相关信息。

二、黄曲霉毒素免疫时间分辨荧光检测仪的性能特征与主要参数

黄曲霉毒素免疫时间分辨荧光检测仪可检测黄曲霉毒素 B_1、黄曲霉毒素 M_1 及总量，内置 30 余种产品检测标准曲线，具有灵敏度高、检测线性范围宽等特点，仪器测量误差小于 1%，检测结果直接输出和打印。适用于农产品、食品、饲料等样品黄曲霉毒素高灵敏检测与风险隐患排查，特别适合婴幼儿食品、乳及乳制品原料控制、生产、流通、国际贸易等领域中现场筛查，以及中药材等特殊领域黄曲霉毒素超高灵敏度检测与监控。

黄曲霉毒素免疫时间分辨荧光检测仪主要参数如下。

检测项目：黄曲霉毒素总量、黄曲霉毒素 B_1、黄曲霉毒素 M_1；

检测线性范围：0~3.00 μg/kg；

灵敏度：0.001 μg/kg；

仪器重复性：<1%；

检测速度：<1 min/个；

电源：220 V±10 V，50 Hz；

环境温度：10～35 ℃；

相对湿度：20%～80%；

显示器：10 寸彩色液晶触摸屏；

系统接口：USB；

软件升级：可升级；

仪器功耗：平均小于 150 W；

结果打印：自带热敏打印；

数据处理：系统自动处理数据，判别结果；

分析方法：多点定标、参考曲线。

三、黄曲霉毒素免疫时间分辨荧光检测仪的应用

黄曲霉毒素免疫时间分辨荧光检测仪适用于大米、玉米、花生、小麦等农产品和生鲜乳、乳粉等乳及乳制品、食用植物油、酱油、花生酱、花生奶、豆奶等食品原料、食品以及饲料原料、饼粕、饲料与人参等中药材产品中黄曲霉毒素 B_1、M_1 及总量的测定（Tang et al., 2015; Wang et al., 2015; Zhang et al., 2015a）。

黄曲霉毒素免疫时间分辨荧光检测仪测定免疫层析试纸条时，检测结果的准确度以回收率表示，精密度以变异系数表示。选取空白阴性样品进行加标回收实验，可用同一批次的时间分辨荧光免疫层析试纸条进行定量检测，计算回收率和变异系数。

黄曲霉毒素免疫时间分辨荧光检测仪实际应用：以液态牛奶中黄曲霉毒素 M_1 测定为例，黄曲霉毒素免疫时间分辨荧光检测仪与 HPLC 仪器检测结果的比较见表 9-7（Tang et al., 2015）。结果表明，黄曲霉毒素免疫时间分辨荧光检测仪检测牛奶中黄曲霉毒素

M_1 时（含量<0.5 ng/mL），检测结果与 HPLC 标准方法的标准偏差（SD）不超过 0.03 ng/mL，两种检测方法结果相符。

表 9-7　免疫时间分辨荧光检测仪与高效液相色谱仪测定生鲜牛奶中黄曲霉毒素 M_1 结果比较

牛奶样品编号	免疫时间分辨荧光平均值（$n=5$）/（ng/mL）	高效液相色谱法平均值（$n=5$）/（ng/mL）	两种方法标准偏差 SD /（ng/mL）
1	0.17	0.22	0.04
2	ND*	ND	/
3	0.12	0.15	0.02
4	0.32	0.36	0.03
5	0.07	0.10	0.02
6	0.20	0.25	0.04
7	0.08	0.11	0.02
8	0.51	0.52	0.01
9	0.39	0.42	0.02
10	0.30	0.33	0.02
11	0.30	0.34	0.03
12	0.12	0.16	0.03
13	ND	ND	/
14	ND	0.01	/
15	0.50	0.46	0.03
16	ND	ND	/
17	0.18	0.23	0.04

注：ND 表示未检出。

　　黄曲霉毒素免疫时间分辨荧光检测仪检测油料饼粕中黄曲霉毒素 B_1 加标回收率的结果见表 9-8（李静等，2014）。从回收率及变异系数可以看出，同一批次时间分辨荧光免疫层析试纸条测定黄曲霉毒素 B_1 的回收率为 76.00%～117.25%，变异系数为 8.34%～14.63%，表明批次内准确度和精密度良好。

表 9-8　免疫时间分辨荧光检测仪测定油料饼粕中黄曲霉毒素 B_1 的加标回收结果

样品	加标浓度 /（μg/kg）	检测值 /（μg/kg）	回收率 /%	批内变异系数 /%
花生饼粕	2	1.54	77.00	12.35
	5	5.83	116.60	11.24
	10	11.04	110.40	10.06
	20	21.22	106.10	8.45
	40	35.7	89.25	14.28

续表

样品	加标浓度 /（µg/kg）	检测值 /（µg/kg）	回收率 /%	批内变异系数 /%
大豆饼粕	2	1.52	76.00	13.25
	5	5.37	107.40	10.45
	10	10.89	108.90	9.27
	20	22.35	111.75	11.23
	40	30.57	76.43	13.52
菜籽饼粕	2	1.64	82.00	12.85
	5	4.76	95.20	11.36
	10	10.51	105.10	9.92
	20	23.28	116.40	11.47
	40	31.41	78.53	14.63
棉籽饼粕	2	1.53	76.50	13.23
	5	4.32	86.40	11.40
	10	11.07	110.70	9.43
	20	21.65	108.25	8.34
	40	32.98	82.45	13.90
葵花籽饼粕	2	1.56	78.00	14.54
	5	4.55	91.00	10.35
	10	11.13	111.30	11.27
	20	22.47	112.35	9.32
	40	34.49	86.23	14.11
芝麻饼粕	2	1.54	77.00	13.56
	5	4.26	85.20	12.12
	10	10.85	108.50	10.78
	20	23.45	117.25	9.85
	40	31.80	79.50	13.89

采用黄曲霉毒素免疫时间分辨荧光检测仪与液相色谱-串联质谱仪平行比较测定油料饼粕黄曲霉毒素，两种方法检测结果同样具有良好的符合性。选取花生饼粕、大豆饼粕、菜籽饼粕、棉籽饼粕、葵花籽饼粕、芝麻饼粕共 20 份样品，分别采用免疫时间分辨荧光检测仪和液相色谱-串联质谱仪进行平行比对检测验证，考察验证方法的准确性和适用性，结果见表 9-9（李静等，2014）。黄曲霉毒素免疫时间分辨荧光检测仪测定结果与液相色谱-串联质谱仪测定结果的相对误差小于 15%，两种检测方法结果符合性好。

表 9-9 免疫时间分辨荧光检测仪与液相色谱–串联质谱仪测定饼粕黄曲霉毒素 B_1 的结果比较

样品	免疫时间分辨荧光检测仪 /（μg/kg）	液相色谱-串联质谱仪 /（μg/kg）	相对误差 /%
花生饼粕-1	30.07	34.18	12.02
花生饼粕-2	20.05	18.5	8.38
花生饼粕-3	10.17	8.85	14.92
花生饼粕-4	ND	ND	—
花生饼粕-5	26.06	22.83	14.15
大豆饼粕-1	ND	ND	—
大豆饼粕-2	ND	ND	—
大豆饼粕-3	3.18	3.45	12.46
大豆饼粕-4	ND	ND	—
菜籽饼粕-1	1.07	1.20	14.17
菜籽饼粕-2	ND	ND	—
菜籽饼粕-3	ND	ND	—
棉籽饼粕-1	8.36	7.58	10.29
棉籽饼粕-2	ND	ND	—
棉籽饼粕-3	5.48	6.11	14.24
葵花籽饼粕-1	ND	ND	—
葵花籽饼粕-2	1.15	1.30	14.62
芝麻饼粕-1	ND	ND	—
芝麻饼粕-2	ND	ND	—
芝麻饼粕-3	ND	ND	—

注：ND 表示未检出。

对上述两种方法检测结果进行线性回归分析，结果见图 9-16（李静等，2014），线性回归方程为 $y=1.00783x-0.21482$，$R^2=0.98372$，式中 y 表示液相色谱-串联质谱法测定结果，x 表示免疫时间分辨荧光检测仪测定结果。免疫时间分辨荧光检测仪与液相色谱-串联质谱法对油料饼粕中黄曲霉毒素 B_1 的检测结果具有很好的一致性。因此，免疫时间分辨荧光检测仪能满足油料饼粕中黄曲霉毒素 B_1 快速筛查测定的要求。

油料饼粕是优质的饲料蛋白源，广泛用于畜禽养殖业。但饼粕因容易被黄曲霉侵染，常被黄曲霉毒素污染，尤其加工过程使饼粕中黄曲霉毒素进一步浓缩，不仅对畜禽有毒害作用，而且能通过畜禽产品进入食物链，危害人类生命健康。加强饼粕中黄曲霉毒素的监控，需要依靠准确、有效、快速、低成本的检测方法和检测仪。黄曲霉毒素免疫时间分辨荧光检测仪和配套前处理过程简单，检测结果稳定性、可靠性高，检测时间短，能在 10 min 内完成全部检测过程，尤其对于生鲜乳等液体样品，可在 6 min 内完成检测；并且减少了黄曲霉毒素标准品等有毒有害试剂及药品的使用，更有利于操作人员健康和环境安全。同时，黄曲霉毒素免疫时间分辨荧光检测仪是一种小型化便携式、低成本的

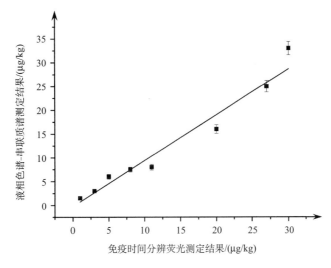

图 9-16　黄曲霉毒素免疫时间分辨荧光检测仪与液相色谱-串联质谱检测结果相关性

快速检测仪器，尤其适合生鲜奶、饲料原料等黄曲霉毒素现场筛查检测，可满足饼粕、饲料原料、农产品、食品等黄曲霉毒素污染快速、高灵敏风险隐患排查的需求。

此外，黄曲霉毒素免疫时间分辨荧光检测仪除黄曲霉毒素总量、黄曲霉毒素 B_1、黄曲霉毒素 M_1 外，可以扩展到其他生物毒素和农药残留污染物高灵敏检测，如赭曲霉毒素、玉米赤霉烯酮、T-2 毒素、辣椒素、甲奈威与拟除虫菊酯类杀虫剂、三聚氰胺、莱克多巴胺等农产品食品污染的高灵敏分析测定（Majdinasab et al., 2015b; Zhang et al., 2015a; Zhang et al., 2015b）。

除在粮油等农产品食品及饲料领域应用外，黄曲霉毒素免疫时间分辨荧光检测仪特别适用于限量更为严格的生鲜牛奶及婴幼儿食品中黄曲霉毒素现场检测。牛奶及乳制品质量安全尤其黄曲霉毒素污染事关社会安定和乳品产业可持续发展，关系到人民身体健康与生命安全。我国是黄曲霉毒素污染比较严重的国家之一，奶牛食用受黄曲霉毒素污染的饲料后，饲料中的黄曲霉毒素 B_1 会转化成牛奶中黄曲霉毒素 M_1，从而污染生鲜乳及乳制品。乳制品中黄曲霉毒素 M_1 限量十分严格，我国限量为 0.5 μg/L，欧盟乳品及婴幼儿乳品限量更严，为 0.05 μg/L 或 0.025 μg/L。由于我国主要是小规模分散型的养殖形式，高效液相色谱或液相色谱-串联质谱等大型仪器很难满足现场快速检测的需求。因此，黄曲霉毒素免疫时间分辨荧光检测仪在牛奶、婴幼儿食品等限量要求严格的产品检测中应用前景广阔，对保障乳品消费安全和乳品产业健康发展具有重要意义。

黄曲霉毒素免疫亲和荧光检测仪、黄曲霉毒素单光谱成像检测仪和黄曲霉毒素免疫时间分辨荧光检测仪在农产品食品及饲料等不同领域应用（部分培训示范与推广应用现场见彩图 8），可为我国农产品食品及饲料质量安全普查、风险监测与预警、风险隐患排查提供关键技术支撑和重要手段，为支撑产业发展和政府依法监管提供科学决策依据。在农产品食品及饲料生产、储藏和流通环节推广应用，可为黄曲霉毒素污染生产过程源头控制提供关键技术，有效提高农产品食品与饲料质量安全水平，促进企业增效、农民增收。在检验检测领域推广应用，为农产品食品及饲料质量安全检测提供科学统一、简便高效的高灵敏检测方法，提升黄曲霉毒素检测能力与水平，降低黄曲霉毒素检测成本与费用。在国际贸易领域推广应用，通过对农产品原料的现场检测与控制，有利于打破国外设置农产品食品黄曲霉素技术贸易壁垒，有效促进农产品食品国际贸易。此外，在科研院所及农产品食品质量安全检测体系建设中应用，可显著提升我国农产品检测仪器设备的自主装备能力，促进我国农产品安全及食品安全检测的技术跨越和行业科技进步。随着我国社会发展、人民生活水平提高，尤其食品安全战略和标准化战略的实施，灵敏、便捷、准确、高效、专用的小型化、集成化、智能化黄曲霉毒素专用检测仪应用前景将更加广阔。

参 考 文 献

白艺珍, 丁小霞, 李培武, 等. 2013. 应用暴露限值法评估中国花生黄曲霉毒素风险. 中国油料作物学报, 35(2): 211-215.

白艺珍, 李培武, 丁小霞, 等. 2015. 我国粮油作物产品真菌毒素风险评估现状与对策探讨. 农产品质量与安全, (5): 54-58.

陈冉, 李培武, 马飞, 等. 2013. 花生黄曲霉毒素污染臭氧脱毒技术研究. 中国油料作物学报, 35(1): 92-96.

丁俭, 李培武, 李光明, 等. 2013. 在线固相萃取富集-高效液相色谱法快速测定牛奶中黄曲霉毒素 M_1. 食品科学, 34(10): 289-293.

丁小霞, 李培武, 白艺珍, 等. 2011a. 中国花生黄曲霉毒素风险评估中膳食暴露非参数概率评估方法. 中国油料作物学报, 33(4): 402-408.

丁小霞, 李培武, 廖伯寿, 等. 2013. 花生黄曲霉毒素污染控制技术规程. NY/T 2308—2013.

丁小霞, 李培武, 周海燕, 等. 2011b. 黄曲霉毒素限量标准对我国居民消费安全和花生产业的影响. 中国油料作物学报, 33(2): 180-184.

范素芳, 李培武, 王秀嫔, 等. 2011. 高效液相色谱和高效液相色谱-离子阱质谱测定花生、玉米和大米中黄曲霉毒素方法比较. 食品科学, 32(12): 254-258.

管笛, 李培武, 张奇, 等. 2011. 黄曲霉毒素 B_1 标准替代物的制备及其在花生样品检测中的应用. 中国油料作物学报, 33(5): 503-506.

姜慧芳, 王圣玉, 任小平. 2002. 花生种质资源对黄曲霉菌侵染的反应. 中国油料作物学报, 22(1): 23-25.

雷佳文, 李培武, 张奇, 等. 2013. 抗黄曲霉毒素单克隆抗体 F(ab')2 片段的制备与活性. 中国油料作物学报, 35(3): 317-320.

李静, 李培武, 张奇, 等. 2014. 时间分辨荧光免疫层析试纸条在油料饼粕黄曲霉毒素B1检测中的应用. 中国油料作物学报, 36(2): 256-262.

李敏, 陈冉, 李培武, 等. 2014a. 氯化钙对花生中黄曲霉毒素 B_1 提取及其快速检测结果的影响. 中国油料作物学报, 36(1): 117-121.

李敏, 马飞, 李培武, 等. 2014b. 基于异源策略的黄曲霉毒素 B_1 酶联免疫(ELISA)分析方法的建立. 中国油料作物学报, 36(6): 802-807.

李培武, 丁小霞, 白艺珍, 等. 2013a. 农产品黄曲霉毒素风险评估研究进展. 中国农业科学, 46(12): 2534-2542.

李培武, 丁小霞, 唐晓倩, 等. 2014a. 饲料中黄曲霉毒素 B_1 的测定 时间分辨荧光免疫层析法. NY/T 2548—2014.

李培武, 丁小霞, 张兆威, 等. 2014b. 一种黄曲霉毒素纳米抗体基因库、构建方法、用途及黄曲霉毒素 M_1 纳米抗体 2014AFM-G2: 中国, 2014101217735.

李培武, 丁小霞. 2011a. 我国粮油质量安全防控技术研究与发展对策. 中国农业科技导报, 13(5): 54-58.

李培武, 管笛, 李鑫, 等. 2011b. 杂交瘤细胞株 2C9、其产生的黄曲霉毒素 M_1 单克隆抗体及其应用: 中国, 201110108230.6.

李培武, 管笛, 张奇, 等. 2012a. 用于 ELISA 检测黄曲霉毒素的标准品通用替代物、其制备方法及黄曲霉毒素 ELISA 检测方法: 中国, 2012101176172.

李培武, 管笛, 张文, 等. 2012b. 黄曲霉毒素测量装置: 中国, 201120156991. 4.

李培武, 管笛, 张文, 等. 2012c. 免疫用抗原乳化装置: 中国, 201120156984. 4.

李培武, 姜俊, 张奇, 等. 2014c. 饲料中黄曲霉毒素 B₁ 的测定 胶体金法. NY/T 2550—2014.

李培武, 李敏, 张奇, 等. 2014d. 杂交瘤细胞株 ST03、黄曲霉毒素生物合成前体物 ST 单克隆抗体及其应用: 中国, 2014101159528.

李培武, 李冉, 丁小霞, 等. 2013b. 黄曲霉毒素单克隆抗体活性鉴定技术规程. NY/T 2309—2013.

李培武, 李冉, 黄家权, 等. 2013c. 黄曲霉菌株产毒力鉴定方法. NY/T 2311—2013.

李培武, 李冉, 张奇, 等. 2012d. 一种提高胶体金免疫层析试纸条检测灵敏度的方法: 中国, 201210507386. 6.

李培武, 李冉, 张奇, 等. 2013d. 黄曲霉毒素 B₁ 流动滞后免疫时间分辨荧光速测试剂盒及其应用: 中国, 201310115724. 6.

李培武, 李冉, 张奇, 等. 2013e. 杂交瘤细胞株 AFM1B7、其单克隆抗体及黄曲霉毒素 M₁ 流动滞后免疫时间分辨荧光速测试剂盒: 中国, 201310115872. 8.

李培武, 李鑫, 等. 2010a. 杂交瘤细胞株 1C11、其产生的黄曲霉毒素通用单克隆抗体及其应用: 中国, 201010245095. 5.

李培武, 李鑫, 等. 2012e. 杂交瘤细胞株 3G1 及其产生的黄曲霉毒素 B₁ 单克隆抗体: 中国, 201210117614. 9.

李培武, 李鑫, 张奇, 等. 2012f. 黄曲霉毒素通用单克隆抗体 1C11 在黄曲霉毒素 B₁ 荧光猝灭中的应用及方法: 中国, 201210501565. 9.

李培武, 李鑫, 张奇, 等. 2012g. 一种检测黄曲霉毒素 B₁ 含量的非标记免疫分析方法: 中国, 201210501665. 1.

李培武, 李鑫, 张奇, 等. 2012h. 杂交瘤细胞株 10G4 及其产生的黄曲霉毒素 B₁、B₂、G₁、G₂ 总量单克隆抗体: 中国, 201210117612. X.

李培武, 李鑫, 张奇, 等. 2012i. 杂交瘤细胞株 1C8 及其产生的黄曲霉毒素 G₁ 单克隆抗体: 中国, 201210117620. 4.

李培武, 李鑫, 张奇, 等. 2013f. 黄曲霉毒素阳性抗体库、构建方法、用途及黄曲霉毒素重组单链抗体 1A7: 中国, 201310054391. 0.

李培武, 李鑫, 张奇, 等. 2013g. 黄曲霉毒素重组单链抗体 2G7、编码基因及其应用: 中国, 201310029279. 1.

李培武, 李鑫, 张奇, 等. 2013h. 同步检测黄曲霉毒素和玉米赤霉烯酮混合污染的免疫层析试纸条、制备方法及其应用: 中国, 201310115725. 0.

李培武, 李鑫, 张奇, 等. 2013i. 同步检测黄曲霉毒素和赭曲霉毒素 A 混合污染的免疫层析试纸条、制备方法及其应用: 中国, 201310115186. 0.

李培武, 李鑫, 张奇, 等. 2013j. 杂交瘤细胞株 2D3、其产生的抗玉米赤霉烯酮单克隆抗体及其应用: 中国, 201310115825. 3.

李培武, 李鑫, 张奇, 等. 2014e. 杂交瘤细胞株 1H2、其产生的抗赭曲霉毒素 A 单克隆抗体及其应用: 中国, 201310115921. 8.

李培武, 马良, 杨金娥, 等. 2005a. 粮油产品黄曲霉毒素 B₁ 检测技术研究进展. 中国油料作物学报, 27(2): 77-81.

李培武, 王妍入, 张奇, 等. 2014f. 一种黄曲霉毒素纳米抗体基因库、构建方法、用途及黄曲霉毒素 B₁ 纳米抗体 2014AFB-G15: 中国, 2014101218422.

李培武, 杨金娥, 张文, 等. 2005b. 一种鼠黄曲霉毒素 B₁ 腹水多克隆抗体的制备方法: 中国,

200510018612. 4.

李培武, 杨湄, 谢立华, 等. 2002. 我国油料质量安全标准现状及展望. 中国农业科技导报, 4(5): 20-24.

李培武, 喻理, 张奇, 等. 2012j. 一种黄曲霉毒素 B_1 液相色谱检测用富集方法: 中国, 201210507390. 2.

李培武, 喻理, 张奇, 等. 2013k. 一种黄曲霉毒素吸附剂及食用植物油中去除黄曲霉毒素的方法: 中国, 201210502692. 0.

李培武, 张道宏, 杨杨, 等. 2010b. 粮油制品中黄曲霉毒素脱毒研究进展. 中国油料作物学报, 32(2): 315-319.

李培武, 张道宏, 张奇, 等. 2010c. 快速检测黄曲霉毒素总量的高灵敏度免疫层析试纸条及其制备方法: 中国, 201010245801. 6.

李培武, 张道宏, 张奇, 等. 2011c. 黄曲霉毒素 M_1 免疫层析试纸条及其制备方法: 中国, 201110108224. 0.

李培武, 张奇, 丁小霞, 等. 2014g. 食用植物性农产品质量安全研究进展. 中国农业科学, 47(18): 3618-3632.

李培武, 张奇, 何婷, 等. 2014h. 一种黄曲霉毒素 M_1 纳米抗体免疫吸附剂、免疫亲和柱及其制备方法和应用: 中国, 2014101217487.

李培武, 张奇, 姜俊, 等. 2014i. 植物性农产品中黄曲霉毒素现场筛查技术规程. NY/T 2545—2014.

李培武, 张奇, 李敏, 等. 2014j. 一种黄曲霉毒素生物合成前体物 ST 的人工抗原及其制备方法: 中国, 201410115645X.

李培武, 张奇, 王妍入, 等. 2014k. 一种黄曲霉毒素纳米抗体免疫吸附剂、免疫亲和柱及其制备方法和应用: 中国, 2014101218348.

李培武, 张文, 丁小霞, 等. 2005c. 一种黄曲霉毒素 B_1 的速测方法: 中国, 200510018555. X.

李培武, 张文, 丁小霞, 等. 2007a. 花生黄曲霉毒素 B_1 的测定 高效液相色谱法. NY/T 1286—2007.

李培武, 张文, 胡小风, 等. 2014l. 饲料中黄曲霉毒素 B_1 的测定 免疫亲和荧光光度法. NY/T 2549—2014.

李培武, 张文, 张奇, 等. 2008. 一种杂交瘤细胞单克隆制备的筛选方法: 中国, 200810047640. 2.

李培武, 张文, 张奇, 等. 2010d. 一种黄曲霉毒素 G_1 人工抗原的制备方法: 中国, 200810047639. X.

李培武, 张新民, 张文, 等. 2007b. 黄曲霉毒素 B 快速测量装置: 中国, 200620097322. 3.

李培武, 张兆威, 张奇, 等. 2013i. 杂交瘤细胞株 AFB3G1、其单克隆抗体及半定量化检测黄曲霉毒素 B_1 的多检测线免疫层析试纸条: 中国, 201310115849. 9.

李培武, 张兆威, 张奇, 等. 2013m. 杂交瘤细胞株 AFG1G6、其单克隆抗体及黄曲霉毒素 G_1 免疫层析试纸条: 中国, 2013101151894.

李培武, 张兆威, 张奇, 等. 2014m. 同步检测黄曲霉毒素、赭曲霉毒素 A 和玉米赤霉烯酮混合污染的免疫层析试纸条及制备方法: 中国, 201310115190. 7.

李培武, 郑楠, 张奇, 等. 2014n. 生鲜乳中黄曲霉毒素 M_1 筛查技术规程. NY/T 2547—2014.

李培武. 2014. 粮油产品质量安全检测技术研究动态. 食品安全质量检测学报, 5(8): 2356-2367.

李鑫, 李培武, 张奇, 等. 2012a. 黄曲霉毒素 M_1 单链抗体基因克隆与蛋白结构模拟. 化学试剂, 34(11): 963-966.

李鑫, 李培武, 张奇, 等. 2012b. 黄曲霉毒素单链抗体基因的克隆与表达. 中国油料作物学报, 34(5): 528-532.

李鑫, 李培武, 张奇, 等. 2012c. 液相芯片及其在粮油主要真菌毒素同步检测中的应用. 中国油料作物学报, 34(4): 449-454.

李园园, 李培武, 张奇, 等. 2012. 量子点标记荧光免疫法检测花生中黄曲霉毒素 B_1. 中国油料作物学报, 34(4): 438-442.

刘红海, 李晓翔, 李培武, 等. 2007. 黄曲霉毒素 B_1 单克隆抗体的制备研究. 湖北大学学报(自然科学版), 29(4): 405-408.

刘雪芬, 李培武, 张文, 等. 2010. 环糊精对花生黄曲霉毒素 B_1 荧光增强作用与应用研究. 中国油料作物学报, 32(4): 546-550.

马良, 李培武, 张文, 等. 2007a. 花生及其制品中黄曲霉毒素 B_1 免疫亲和柱净化-荧光快速检测技术. 中国油料作物学报, 29(2): 199-203.

马良, 李培武, 张文, 等. 2007b. 食用油中黄曲霉毒素 B_1 免疫亲和检测技术研究. 中国油脂, 32(4): 72-75.

马良, 李培武, 张文. 2007c. 高效液相色谱法对农产品中黄曲霉毒素的测定研究. 分析测试学报, 26(6): 774-778.

马良, 张宇昊, 李培武. 2009. LIF-HPCE 法检测食品中的黄曲霉毒素 B_1. 食品科学, 30(10): 135-139.

唐晓倩, 李培武, 张奇, 等. 2012. 玉米赤霉烯酮单克隆抗体的制备及鉴定. 化学试剂, 34(10): 869-871.

王督, 张文, 李培武, 等. 2014. 胶体金免疫层析法快速定量分析粮油农产品中黄曲霉毒素 B_1. 中国油料作物学报, 36(4): 529-532.

王海彬, 李培武, 张奇, 等. 2012a. 粮油产品真菌毒素抗体制备研究进展. 中国油料作物学报, 34(3): 336-342.

王海彬, 李培武, 张奇, 等. 2012b. 脱氧雪腐镰刀菌烯醇免疫分析核心试剂特异性单克隆抗体的研制与特性研究. 化学试剂, 34(9): 771-776.

王恒玲, 喻理, 李培武, 等. 2014. 二氧化硅-氧化石墨烯复合物固相萃取-高效液相色谱法检测植物油中黄曲霉毒素 B_1、B_2. 分析化学, 42(9): 1338-1342.

王秀嫔, 李培武, 杨扬, 等. 2011. 液相色谱-三重串联四极杆质谱测定粮油中的黄曲霉毒素. 色谱, 29(6): 517-522.

王妍入, 李培武, 张奇, 等. 2014. 噬菌体展示纳米抗体模拟黄曲霉毒素抗原的活性表征. 中国农业科学, 47(4): 685-692.

肖达人, 王圣玉, 张洪玲. 1999. 花生抗黄曲霉产毒快速鉴定方法. 中国油料作物学报, 21(3): 72-76.

肖志军, 李培武, 张文, 等. 2006. 粮油黄曲霉毒素 B_1 高效快速检测微柱的研制. 中国油料作物学报, 28(3): 335-341.

肖智, 李培武, 张奇, 等. 2011. 高特异性黄曲霉毒素 B_1 单克隆抗体的制备及特性研究. 中国油料作物学报, 33(1): 66-70.

许琳, 张兆威, 李培武, 等. 2015. 量子点探针应用于粮油中黄曲霉毒素免疫检测的研究. 中国油料作物学报, 37(1): 119-123.

杨春洪, 李培武, 张文, 等. 2005. 聚丙烯酰胺固相微球与黄曲霉毒素 B_1 抗体偶联条件的研究. 中国油料作物学报, 27(2): 62-65.

易建科, 李培武, 张文, 等. 2007. 几种高分子微球与兔免疫球蛋白的偶联及偶联条件的优化. 湖北大学学报(自然科学版), 29(3): 273-276.

喻理, 李培武, 张奇, 等. 2013. 基于石墨烯的真菌毒素检测方法研究进展. 分析测试学报, 32(12): 1515-1522.

喻理, 李培武, 张奇, 等. 2015. 石墨烯吸附材料及其在真菌毒素检测中的应用. 分析测试学报, 34(10): 1204-1212.

张道宏, 李培武, 张奇, 等. 2010. 污染粮油食品的主要真菌毒素及胶体金免疫层析技术在快速检测中的应用. 中国油料作物学报, 32(4): 577-582.

张金阳, 李培武, 张文, 等. 2008. 黄曲霉毒素 G_1 人工抗原的合成. 食品科学, 29(6): 194-297.

张宁, 李敏, 李培武, 等. 2014a. 酶联免疫吸附法(ELISA)测定黄曲霉毒素 B_1 的样品基质效应研究. 中国油料作物学报, 36(3): 404-408.

张宁, 李培武, 张奇, 等. 2014b. 抗单端孢霉烯族 T-2 毒素单克隆抗体的制备及鉴定. 化学试剂, 36(1): 4-8.

张奇, 李培武, 陈小媚, 等. 2013a. 黄曲霉毒素免疫检测技术研究进展. 农产品质量与安全, 63(3): 42-46.

张奇, 李培武, 张兆威, 等. 2013b. 花生黄曲霉侵染抗性鉴定方法. NY/T 2310-2013.

张兆威, 李培武, 张奇, 等. 2014. 农产品中黄曲霉毒素的时间分辨荧光免疫层析快速检测技术研究. 中国农业科学, 47(18): 3668-3674.

周海燕, 丁小霞, 李培武. 2012. 我国油料标准化发展现状与展望. 农产品质量与安全, (6): 32-35.

周茜, 张文, 李培武, 等. 2010. 黄曲霉毒素 G 族人工抗原的合成与免疫效果研究. 化学试剂, 32(10): 869-872.

Broadbent J H, Cornelius J A, Shone G. 1963. The detection and estimation of aflatoxin in groundnuts and groundnut materials. Part Ⅱ. Thin-layer Chromatographic Method). Analyst, 88: 214-216.

Chen R, Ma F, Li P W, et al. 2014. Effect of ozone on aflatoxins detoxification and nutritional quality of peanuts. Food Chem, 146: 284-288.

Coomes T J, Sanders J C. 1963. The detection and estimation of aflatoxin in groundnuts and groundnut materials. Part Ⅰ. Paper-chromatographic Procedure). Analyst, 88: 209-213.

Ding X X, Li P W, Bai Y Z, et al. 2012. Aflatoxin B_1 in post-harvest peanuts and dietary risk in China. Food Control, 23: 143-148.

Ding X X, Wu L X, Li P W, et al. 2015. Risk assessment on dietary exposure to aflatoxin B_1 in post-harvest peanuts in the Yangtze River ecological region. Toxins, 7: 4157-4174.

Guan D, Li P W, Cui Y H, et al. 2011a. A competitive immunoassay with a surrogate calibrator curve for aflatoxin M_1 in milk. Anal Chim Acta, 703: 64-69.

Guan D, Li P W, Zhang Q, et al. 2011b. An ultra-sensitive monoclonal antibody-based competitive enzyme immunoassay for aflatoxin M_1 in milk and infant milk products. Food Chem, 125: 1359-1364.

He T, Wang Y R, Li P W, et al. 2014. Nanobody-based enzyme immunoassay for aflatoxin in agro-products with high tolerance to cosolvent methanol. Anal Chem, 86: 8873-8880.

Hu W H, Li X, Li P W, et al. 2013. Sensitive competitive immunoassay of multiple mycotoxins with non-fouling antigen microarray. Biosens Bioelectron, 50: 338-344.

Hu X F, Hu R, Li P W, et al. 2016. Development of a multiple immunoaffinity column for simultaneous determination of multiple mycotoxins in feeds using UPLC-MS/MS. Anal Bioanal Chem, 408: 6027-6036.

Landsteiner K. 1945. The specificity of serological reactions. Harvard Univ Press: 236-236.

Lei J W, Li P W, Zhang Q, et al. 2014. Anti-idiotypic nanobody-phage based real-time immuno-PCR for detection of hepatocarcinogen aflatoxin in grains and feedstuffs. Anal Chem, 86: 10841-10846.

Li M, Li P W, Wu H, et al. 2014. An ultra-sensitive monoclonal antibody-based competitive enzyme immunoassay for sterigmatocystin in cereal and oil products. Plos One, 9: e106415.

Li P W, He T, Zhang Q, et al. 2015a. Aflatoxin M_1 nanobody 2014AFM-G2: USA, US 9128089B1.

Li P W, Li M, Zhang Q, et al. 2015b. Hybridoma cell line ST03, monoclone antibody against aflatoxin biosynthetic precursor sterigmatocystin and use thereof: USA, US 9176136 B2.

Li P W, Li X, Zhang Q, et al. 2013a. Hybridoma cell line 3G1 and a monoclonal antibody against aflatoxin B1: WIPO, WO/ 2013/155883 A1.

Li P W, Li X, Zhang Q, et al. 2014. A hybridoma cell line 10G4 and a monoclonal antibody against the total of aflatoxin B_1, B_2, G_1 and G_2: USA, US 8, 841, 419 B2

Li P W, Zhang D H, Zhang Q, et al. 2012a. Digital immunochromatographic test strip for semi-quantitative detection of aflatoxin B_1 and preparation method thereof: USA, US 34711 A1.

Li P W, Zhang Q, Zhang D H, et al. 2011. Aflatoxin measurement and analysis//Aflatoxins–Detection, Measurement and Control. Chapter. 11. Croatia: Intech Publisher: 183-208.

Li P W, Zhang Q, Zhang W, et al. 2009a. Development of a class-specific monoclonal antibody-based ELISA for aflatoxins in peanut. Food Chem, 115: 313-317.

Li P W, Zhang Q, Zhang W. 2009b. Immunoassays for aflatoxins. Trac-Trend Anal Chem, 28: 1115-1126.

Li P W, Zhang Z W, Hu X F, et al. 2013b. Advanced hyphenated chromatographic-mass spectrometry in mycotoxin determination: current status and prospects. Mass Spectrom Rev, 32: 420-452.

Li P W, Zhang Z W, Zhang Q, et al. 2012b. Current development of microfluidic immunosensing approaches for mycotoxin detection via capillary electromigration and lateral flow technology. Electrophoresis, 33: 2253-2265.

Li P W, Zhou Q, Wang T, et al. 2016. Development of an enzyme-linked immunosorbent assay method specific for the Detection of G-Group Aflatoxins. Toxins, 8: 1-11.

Li P W. 2009. MAb against aflatoxin G_1. Hybridoma, 28: 71-72.

Li X, Lei J W, Li P W, et al. 2014. Specific antibody-induced fluorescence quenching for the development of a directly applicable and label-free immunoassay. Anal Methods, 6: 5454-5458.

Li X, Li P W, Lei J W, et al. 2013a. A simple strategy to obtain ultra-sensitive single-chain fragment variable antibodies for aflatoxin detection. Rsc Adv, 3: 22367-22372.

Li X, Li P W, Zhang Q, et al. 2012. Molecular characterization of monoclonal antibodies against aflatoxins: a possible explanation for the highest sensitivity. Anal Chem, 84: 5229-5235.

Li X, Li P W, Zhang Q, et al. 2013b. A Sensitive immunoaffinity column-linked indirect competitive ELISA for ochratoxin A in cereal and oil products based on a new monoclonal antibody. Food Anal Method, 6: 1433-1440.

Li X, Li P W, Zhang Q, et al. 2013c. Multi-component immunochromatographic assay for simultaneous detection of aflatoxin B_1, ochratoxin A and zearalenone in agro-food. Biosens Bioelectron, 49: 426-432.

Li X, Zhang Z W, Li P W, et al. 2013d. Determination for major chemical contaminants in tea (*Camellia sinensis*) matrices: a review. Food Res Int, 53: 649-658.

Ma F, Chen R, Li P W, et al. 2013. Preparation of an immunoaffinity column with amino-silica gel microparticles and its application in sample cleanup for aflatoxin detection in agri-products. Molecules, 18: 2222-2235.

Majdinasab M, Sheikh-Zeinoddin M, Li P W, et al. 2015a. Ultrasensitive and quantitative gold nanoparticle-based immunochromatographic assay for detection of ochratoxin A in agro-products. J Chromatogr B, 974: 147-154.

Majdinasab M, Sheikh-Zeinoddin M, Li P W, et al. 2015b. A reliable and sensitive time-resolved fluorescent immunochromatographic assay (TRFICA) for ochratoxin A in agro-products. Food Control, 47: 126-134.

Tang D P, Liu B Q, Li P W, et al. 2013. Target-induced displacement reaction accompanying cargo release from magnetic mesoporous silica nanocotainers for fluorescence immunoassay. Anal Chem, 85:

10589-10596.

Tang X Q, Li X, Li P W, et al. 2014. Development and application of an immunoaffinity column enzyme immunoassay for mycotoxin zearalenone in complicated samples. Plos One, 9: e85606.

Tang X Q, Zhang Z W, Li P W, et al. 2015. Sample-pretreatment-free based high sensitive determination of aflatoxin M_1 in raw milk using a time-resolved fluorescent competitive immunochromatographic assay. Rsc Adv, 5: 558-564.

Wang D, Zhang Z W, Li P W, et al. 2015. Europium nanospheres-based time-resolved fluorescence for rapid and ultrasensitive determination of total aflatoxin in feed. J Agri Food Chem, 63: 10313-10318.

Wang X P, Li P W. 2015. Rapid screening of mycotoxins in liquid milk and milk powder by automated size-exclusion SPE-UPLC-MS/MS and quantification of matrix effects over the whole chromatographic run. Food Chem, 173: 897-904.

Wang Y R, Li P W, Majkova Z, et al. 2013a. Isolation of alpaca anti-idiotypic heavy-chain single-domain antibody for the aflatoxin immunoassay. Anal Chem, 85: 8298-8303.

Wang Y R, Li P W, Zhang Q, et al. 2016. A toxin-free enzyme-linked immunosorbent assay for the analysis of aflatoxins based on a VHH surrogate standard. Anal Bioanal Chem, doi: 10. 1007/s00216-016-9370-x.

Wang Y R, Wang H, Li P W, et al. 2013b. Phage-displayed peptide that mimics aflatoxins and its application in immunoassay. J Agri Food Chem, 61: 2426-2433.

Wu L X, Ding X X, Li P W, et al. 2016. Aflatoxin contamination of peanuts at harvest in China from 2010 to 2013 and its relationship with climatic conditions. Food Control, 60: 117-123.

Xu L, Zhang Z W, Li P W, et al. 2016. Mycotoxin determination in foods using advanced sensors based on antibodies or aptamers. Toxins, 8(239): 1-16.

Yu L, Li P W, Zhang Q, et al. 2013. Graphene oxide: an adsorbent for the extraction and quantification of aflatoxins in peanuts by high-performance liquid chromatography. J Chromatogr A, 1318: 27-34.

Zhang D H, Li P W, Liu W, et al. 2013. Development of a detector-free semiquantitative immunochromatographic assay with major aflatoxins as target analytes. Sens Actuators B Chem, 185: 432-437.

Zhang D H, Li P W, Yang Y, et al. 2011a. A high selective immunochromatographic assay for rapid detection of aflatoxin B_1. Talanta, 85: 736-742.

Zhang D H, Li P W, Zhang Q, et al. 2009. Production of ultrasensitive generic monoclonal antibodies against major aflatoxins using a modified two-step screening procedure. Anal Chim Acta, 636: 63-69.

Zhang D H, Li P W, Zhang Q, et al. 2011b. Ultrasensitive nanogold probe-based immunochromatographic assay for simultaneous detection of total aflatoxins in peanuts. Biosens Bioelectron, 26: 2877-2882.

Zhang D H, Li P W, Zhang Q, et al. 2012a. A naked-eye based strategy for semiquantitative immunochromatographic assay. Anal Chim Acta, 740: 74-79.

Zhang D H, Li P W, Zhang Q, et al. 2012b. Extract-free immunochromatographic assay for on-site tests of aflatoxin M_1 in milk. Anal Methods, 4: 3307-3313.

Zhang J Y, Li P W, Zhang W, et al. 2009. Production and characterization of monoclonal antibodies against aflatoxin G_1. Hybridoma, 28: 67-70.

Zhang Z W, Li P W, Hu X F, et al. 2012. Microarray technology for major chemical contaminants analysis in food: current status and prospects. Sensors, 12: 9234-9252.

Zhang Z W, Li Y Y, Li P W, et al. 2014a. Monoclonal antibody-quantum dots CdTe conjugate-based fluoroimmunoassay for the determination of aflatoxin B_1 in peanuts. Food Chem, 146: 314-319.

Zhang Z W, Liu Y X, Li P W, et al. 2013. Application of biotoxin determination using advanced miniaturized sensing platform//Sensors and Biosensors, MEMS Technologies and its Applications. Vol 2. Chaprer12. Barcelona: International Frequency Sensor Association (IFSA) Publishing: 321-374.

Zhang Z W, Tang X Q, Li P W, et al. 2015a. Rapid on-site sensing aflatoxin B_1 in food and feed via a chromatographic time-resolved fluoroimmunoassay. Plos One, 10: e0123266.

Zhang Z W, Wang D, Li P W, et al. 2015b. Monoclonal antibody-europium conjugate-based lateral flow time-resolved fluoroimmunoassay for quantitative determination of T-2 toxin in cereals and feed. Anal Methods, 7: 2822-2829.

Zhang Z W, Yu L, Li P W, et al. 2014b. Biotoxin sensing in food and environment via microchip. Electrophoresis, 35: 1547-1559.

Zheng X T, Yu L, Li P W, et al. 2013. On-chip investigation of cell-drug interactions. Adv Drug Delivery Rev, 65: 1556-1574.

缩 略 词 表

AFB$_1$	aflatoxin B$_1$	黄曲霉毒素 B$_1$
AFB$_2$	aflatoxin B$_2$	黄曲霉毒素 B$_2$
AFB$_{2a}$	aflatoxin B$_{2a}$	黄曲霉毒素 B$_{2a}$
AFBO	aFB$_1$-8,9-epoxide	8，9-环氧黄曲霉毒素 B$_1$
AFG$_1$	aflatoxin G$_1$	黄曲霉毒素 G$_1$
AFG$_2$	aflatoxin G$_2$	黄曲霉毒素 G$_2$
AFM$_1$	aflatoxin M$_1$	黄曲霉毒素 M$_1$
AFT	aflatoxin	黄曲霉毒素
AOAC	Association of Official Analytical Chemists	美国分析化学家协会
APCI	atmospheric pressure chemical ionization	大气压力化学电离源
AVF	averufin	奥佛尼红素
AVN	averantin	奥佛兰提素
bFGF	basic fibroblast growth factor	碱性成纤维细胞生长因子
BHC	benzene hexachloride	苯并芘
BSA	bovine serum albumin	牛血清白蛋白
CAC	Codex Alimentarius Commission	国际食品法典委员会
CD	cyclodextri	环糊精
CDR	complementarity- determining region	互补决定区
CLIA	chemiluminescence immunoassay	化学发光免疫分析法
CV	coefficient of variation	变异系数
DCC	N, N'-dicyclohexylcarbodiimide	二环己基碳二亚胺
DHOMST	dihydro-OMST	二氢 O-甲基柄曲霉素
DHST	dihydro-ST	二氢柄曲霉素
DMEM	dulbecco's modified eagle medium	一种含各种氨基酸和葡萄糖的培养基
DNA	deoxyribonucleic acid	脱氧核糖核酸
DSB	double-strand break	双链断裂
EDC	1-ethyl-3-（3-dimethylaminopropyl）carbodiimide	1-乙基-3-（3-二甲基氨基丙基）-碳二亚胺
EIA	enzyme immunoassay	酶联免疫分析法
ELISA	enzyme-linked immunosorbent assay	酶联免疫吸附测定法
ESI	electrospray ionization	电喷雾离子源
EU	European Union	欧盟
FIA	fluorecent immunoassay	荧光免疫分析法

FITC	fluorescein isothiocyanate	异硫氰酸荧光素
FPIA	fluorescence polarization immunoassay	荧光偏振免疫分析法
GNP-ICA	gold nano particle immunochromatography assay	纳米金粒子免疫层析技术
HAT	hypoxanthine, aminopterin, thymidine	次黄嘌呤，甲氨蝶呤，胸腺嘧啶核苷
HBV	hepatitis B virus	乙型肝炎病毒
HFCS	hybridoma fusion and cloning supplement	杂交瘤融合与克隆添加物
HPCE	high performance capillary electrophoresis	高效毛细管电泳
HPLC	high performance liquid chromatography	高效液相色谱法
HPLC-MS	high performance liquid chromatography mass spectrometry	高效液相色谱-质谱联用
HRP	horseperoxidase	辣根过氧化物酶
HVN	hydroxyversico lorone	羟基杂色酮
IA	immunoassay	免疫分析法
IAC	immunoaffinity column	免疫亲和柱
IAC-HPLC	Immuno-affinity column high performance liquid chromatography	免疫亲和-高效液相色谱技术
IARC	International Agency for Research on Cancer	国际癌症研究机构
IC$_{50}$	50% inhibition concentration/half maximal inhibitory concentration/	50%抑制浓度
ICA	immunochromatogrphic assay	免疫层析检测
IMGT	the international ImMunoGeneTics information system	国际免疫遗传学信息系统
IUPAC	International Union of Pure and Applied Chemistry	国际纯粹与应用化学联合会
JECFA	Joint FAO/WHO Expert Committee on Food Additives	食品添加剂联合专家委员会
KOBRA	post-column derivatization with electrochemically generated broke	柱后电化学衍生法
LD-DPSSL	laser diode double-pumped solid state laser	半导体泵浦固体激光器
LIF	laser induced fluorescence	激光光源诱导荧光
LIFD	laser induced fluorescence detecter	激光诱导荧光检测器
LOD	limit of detection	检出限
LOQ	limit of quantity	定量限
mAb	monoclonal antibody	单克隆抗体
MECC	micellar electrokinetic capillary chromatography	胶束电动毛细管色谱
MFC	multifunctional cleanup column	多功能净化柱
NaDC	deoxycholic acid sodium salt	脱氧胆酸钠
ND	no detection	未检出
NHS	N-hydroxysuccinimide	N-羟基琥珀酰亚胺
NMR	nuclear magnetic resonance	核磁共振

NOR	norsolorinic acid	降散盘衣酸
OD	optical density	光密度（吸光度）
OMST	*O*-methy lsterigmatocystin	*O*-甲基柄曲霉素
pAb	polyclonal antibody	多克隆抗体
PBPB	post-column derivatization with pyridinium hydrobromideperbromide	柱后过溴化溴化吡啶衍生化
PB	phosphate buffer	磷酸缓冲液
PBS	phosphate buffered saline	磷酸盐缓冲液
PBST	PBS containing tween 20	含吐温 20 的磷酸盐缓冲液
PCR	polymerase chain reaction	聚合酶链式反应
PEG	polyethylene glycol	聚乙二醇
Phage-ELISA	phage-based enzyme-linked immunosorbent assay	噬菌体介导的酶联免疫吸附分析
PHRED	post-column derivatization with photochemical reactor	柱后光化学衍生化法
PMT	photomultiplier tube	光电倍增管
QDs	quantum dots	量子点
rAb	recombinant antibody	重组抗体
RASFF	Rapid Alert System for Food and Feed	欧盟食品和饲料类快速预警系统
RIA	radical immunoassay	放射免疫测定法
RNA	ribonucleic acid	核糖核酸
r/min	rotation per minute	每分钟转数
RSD	relative standard deviation	相对标准偏差
scFv	single chain fragment of variable region	单链 Fv 抗体
SD	standard deviation	标准偏差
RSD	relative standard deviation	相对标准偏差
SDS	sodium dodecyl sulfate	十二烷基硫酸钠
SOE	splicing by overlap extension	重叠延伸
SPE	solid phase extraction column	固相萃取柱
SRM	selective reaction monitor	选择反应监测模式
SSB	single-strand break	单链断裂
ST	sterigmatocystin	柄曲霉素
TFA	trifluoroacetic acid	三氟乙酸
TLC	thin layer chromatography	薄层色谱法
TRFIA	time-resolved fluorescent immunoassay	时间分辨荧光免疫分析法
TRFICA	time-resolved fluorescent immunochromatographic assay	时间分辨荧光免疫层析分析法
TRITC	tetramethyl rhodamin isothiocyanate	四甲基异氰酸罗丹明
TSQ	triple stage quadrupole	三重四极杆

UPLC-MS/MS	ultra-high-performanceliquid chromatography-tandem mass spectrometry	超高效液相色谱-质谱-质谱
VDL	visual detection limit	可视检测限
VELISA	VHH-based enzyme-linked immunosorbent assay	纳米抗体介导的酶联免疫吸附分析
VH	heavy-chain variable region	重链可变区基因
VHA	versiconal hemiacetal acetate	杂色半缩醛乙酸
VHH	variable domain of heavy chain of heavy-chain antibody	重链抗体的可变区
VL	light chain variable region	轻链可变区基因
WHO	World Health Organization	世界卫生组织

索 引

彩　　图

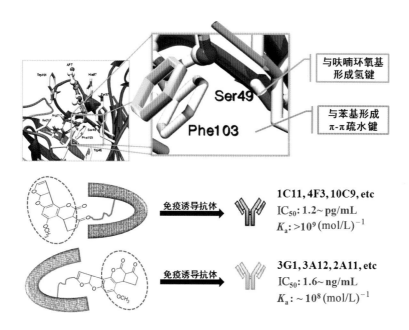

彩图1　黄曲霉毒素与高亲和力抗体互作机制及免疫活性位点靶向诱导效应

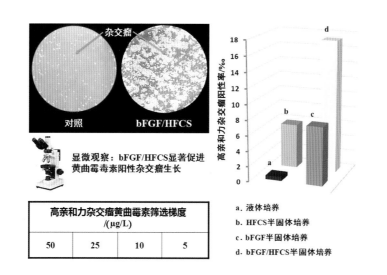

彩图2　黄曲霉毒素杂交瘤一步式半固体培养-梯度筛选法效果

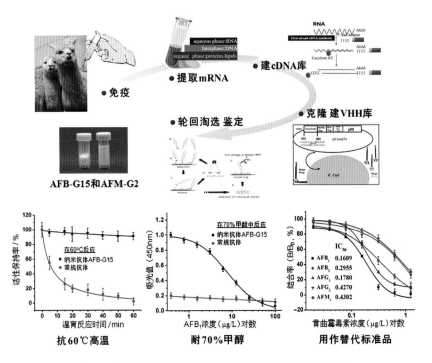

彩图3 黄曲霉毒素纳米抗体的创制技术流程及其特性

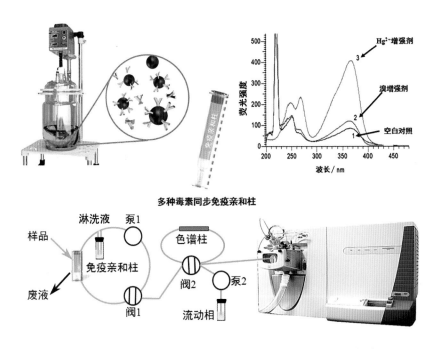

彩图4 黄曲霉毒素高亲和微柱研制及免疫亲和高灵敏检测技术

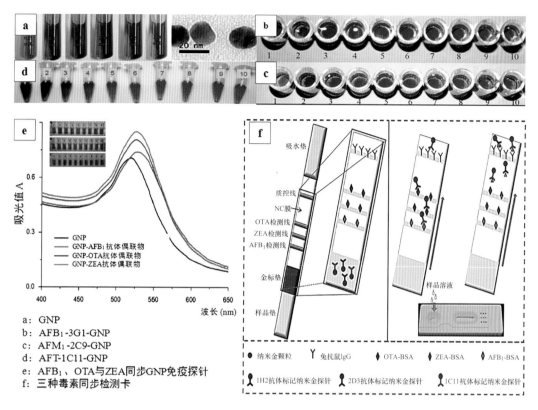

a：GNP
b：AFB₁-3G1-GNP
c：AFM₁-2C9-GNP
d：AFT-1C11-GNP
e：AFB₁、OTA与ZEA同步GNP免疫探针
f：三种毒素同步检测卡

彩图5　真菌毒素混合污染纳米同步检测技术原理与实践

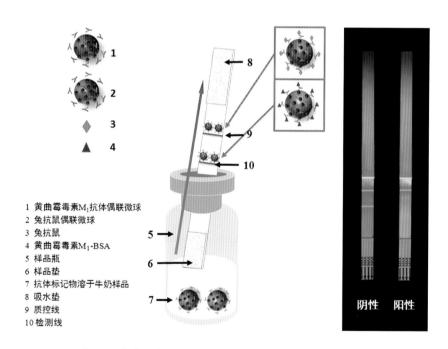

1 黄曲霉毒素M₁抗体偶联微球
2 兔抗鼠偶联微球
3 兔抗鼠
4 黄曲霉毒素M₁-BSA
5 样品瓶
6 样品垫
7 抗体标记物溶于牛奶样品
8 吸水垫
9 质控线
10 检测线

彩图6　黄曲霉毒素时间分辨荧光免疫层析高灵敏检测技术

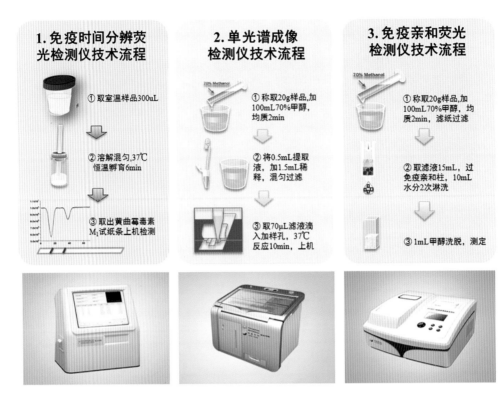

彩图7　三种黄曲霉毒素高灵敏免疫检测仪

彩图8　黄曲霉毒素高灵敏检测技术示范应用推广

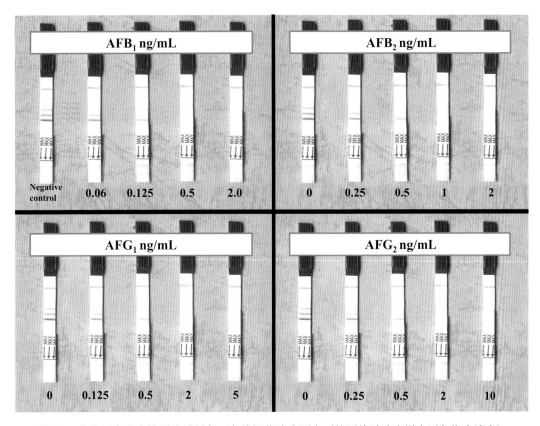

彩图9 黄曲霉毒素多检测线试纸条三条线阈值浓度测定（检测线随浓度增大逐条依次消失）

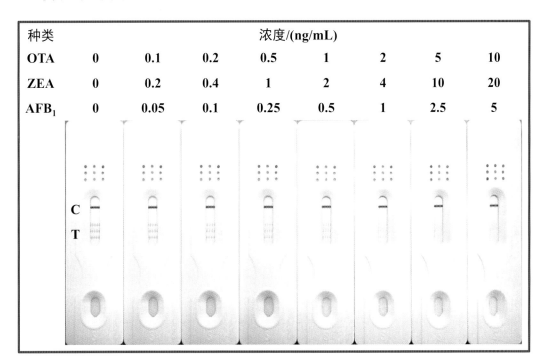

彩图10 三种真菌毒素混合污染同步检测试纸条的可视检测限测定

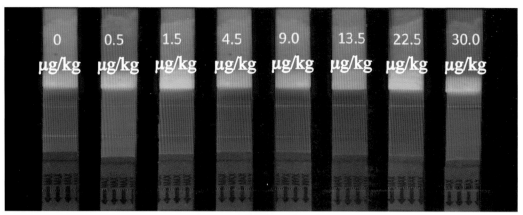

灵敏度测定

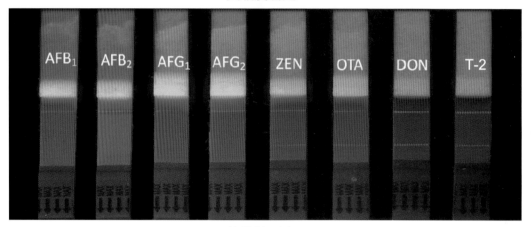

特异性测定

彩图11　时间分辨荧光免疫层析试纸条测定饲料中黄曲霉毒素总量的灵敏度和特异性

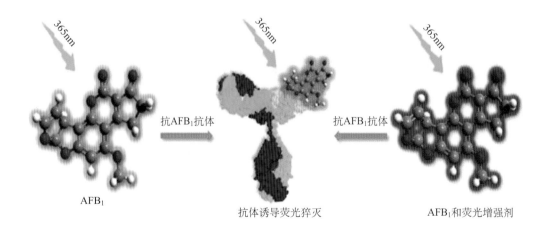

彩图12　黄曲霉毒素B₁免疫荧光猝灭原理示意图